전국일주 가이드북

도로 따라 펼쳐지는
대한민국 여행지 1300

전국일주 가이드북

★2025~2026년 전면 개정판★

개정 7판 | 2025년 03월 20일

지은이 | 유철상 · 김충식 · 신지영 · 신지혜

발행인 | 유철상
기획 | 유철상
책임편집 | 김수현
편집 | 김정민
디자인 | 주인지, 노세희
마케팅 | 조종삼, 김소희
콘텐츠 | 강한나

펴낸곳 | 상상출판
출판등록 | 2009년 9월 22일(제305-2010-02호)
주소 | 서울특별시 동대문구 왕산로28길 37, 2층(용두동)
전화 | 02-963-9891(편집), 070-8854-9915(마케팅)
팩스 | 02-963-9892
전자우편 | sangsang9892@gmail.com
홈페이지 | www.esangsang.co.kr
블로그 | blog.naver.com/sangsang_pub
인쇄 | 다라니
종이 | ㈜월드페이퍼

ISBN 979-11-6782-216-1 (13980)

Go to Travel

도로 따라 펼쳐지는 대한민국 여행지 1300

전국일주 가이드북

유철상·김충식·신지영·신지혜 지음

상상출판

Prologue

유철상

전국일주. 상상만으로도 멋진 여행이다. 여행을 좀 다녀본 여행자라면 전국일주에 대한 로망을 품고 산다. 하지만 전국일주의 동반자가 누구이든 어떤 일정을 계획하든 쉽게 도전하기 어렵다. 이 책은 훌쩍 떠나는 여행이 아니라 작심하고, 준비하고, 계획을 짜서 전국일주에 쉽게 도전할 수 있도록 도와주는 여행 백과사전이다.

지역별, 테마별로 여행 전문가 4명이 직접 짠 코스와 고속도로와 국도를 따라 전국일주를 손쉽게 할 수 있도록 구성했다. 어딘가 가볍게 훌쩍 떠나고 싶을 때, 일상과는 먼 곳으로 장기 여행을 떠나고 싶을 때, 어디로 어떻게 가야 할지 막막한 사람들을 위해 탄생한『전국일주 가이드북』은 우리나라 최초로 알차게 전국을 여행할 수 있도록 늘 곁에 두고 펼쳐 볼 수 있는 여행 책이다.

우리나라의 대표 여행지들을 중심으로 주변 명소와 코스를 더해 약 1,300곳의 여행지를 소개하고 있다. 고속도로별로 코스를 구분한 다음, 볼거리와 체험, 숙소, 맛집 순으로 여행지를 정리하였다. 또한 실제 여행 중에 만날 수 있는 유용한 정보들을 〈Travel Plus〉로 친절하게 안내했고, 여행 코스, 가는 길, 맛집, 전망 포인트, 축제 정보, 체험 여행 등 알찬 정보를 보기 쉽게 정리했다.

5년 만에 전면 개정을 하면서 표지부터 고속도로의 세부 정보와 신규 고속도로와 여행 정보, 베스트 여행 코스 추천 등 많은 변화와 새로운 여행지를 발로 찾아 담았다. 그리고 요즘 핫한 플레이스도 직접 검증하고 추천했다. 작가들이 각고의 노력과 정성을 다해 유용한 정보를 찾아내고 담았다. 베스트 여행 코스도 추가로 검증해 여행을 편하고 안전하게 즐길 수 있도록 많은 배려를 한 것이 특징이다.

여행 전문가 4명이 꼬박 9년 동안 개정을 6번 하고, 22쇄를 찍었다. 전국 각지를 돌아 자료조사를 하고 고속도로 코스별로 직접 여행하며 찾아낸 여행지와 여행 이야기를 꼼꼼하게 기록한 가이드북이다. 장시간 고생하며 이 책을 위해 노력해준 김충식 작가, 신지영 작가, 신지혜 작가에게 응원의 박수를 전하고, 바쁜 일정 속에서도『전국일주 가이드북』전면 개정을 위해 최선을 다해준 상상출판 편집부와 디자인팀에게도 큰 감사의 마음을 전한다.

김충식

2015년에 초판을 찍고 어느덧 10년이 흘렀다. 10년이면 강산도 변한다고 했는데, 지금은 5년마다 강산이 바뀌는 것 같다. 그에 발맞춰 여행 정보를 찾는 법과 여행 패턴에도 많은 변화가 생겼다. 지난 팬데믹 이후 그런 현상은 더욱 도드라졌다.

한때 여행 서적의 베스트셀러 위치를 지키고 있었으나 지난 팬데믹 이후 여행이 주는 의미와 여행법이 바뀌고, 여행 정보를 담고 있는 앱이 더욱 발전하면서 책의 필요성이 약해졌다. 이런 때에 개정판을 내는 것은 모험일지도 모르지만 작게나마 독자의 여행에 도움이 되기를 바라서이다.

『전국일주 가이드북』은 자동차를 타고 떠나는 2박 3일 여행을 기준으로 한다. 서울과 경기 지역 대부분이 빠진 이유이다. 또한, 자동차 여행의 특성상 제주도를 비롯한 섬들도 제외되었다. 독자분들의 양해를 부탁한다. 소중한 사람과 함께 자동차를 타고 떠나는 테마 여행에 대하여 소개하였다. 봄이면 꽃을 찾아 떠나고, 가을에는 단풍을 찾아 떠난다. 여름과 겨울에는 아이들과 함께 산과 바다, 계곡 그리고 축제의 현장으로 떠난다. 이때 활용하기 좋도록 여행지에 테마를 표기했다.

항상 새로운 여행지를 찾아 발로 뛰며 고생한 동료 작가들, 뒤에서 묵묵히 도와주신 유철상 대표님과 상상출판의 에디터님과 디자이너님께 깊은 감사를 드린다.

신지영

이 책을 처음 작업했을 때가 삼십 대 중반이었는데 어느새 40대 중반이다. 최근 여행하면서 느낀 건 여행하는 방식이 많이 바뀌었다는 것이다. 바쁜 여행보다는 편안하고 즐거운 여행을 하고, 보는 것 위주가 아닌 즐기거나 먹는 것 위주의 여행을 하기도 하고. 해외여행 역시 패키지보다 직접 부딪혀 여행하는 사람이 더 늘었다. 몇 년 전 전 세계를 덮친 팬데믹이 끝나고 멈췄던 여행 시계가 다시 돌아가면서 특정한 트렌드가 아닌 개인의 욕구에 맞춰 편안하게 여행을 즐길 수 있게 된 것으로 생각한다.

여행을 일상처럼 즐길 수는 없지만 최대한 편안하고 쉽게 알 수 있도록 많은 여행지를 넣었고, 이벤트 페이지를 추가했다. 한국 사람들이 가장 좋아하는 계절별 꽃놀이와 드라이브 코스, 맛집 등 독자들의 여행에 도움이 되기를 바란다. 무릎 튼튼할 때 최대한 많은 곳을 다녀보고 느끼시기를 바란다. 시간과 환경은 무한하지 않으니.

신지혜

'아시아의 작은 반도에 있는 대한민국. 이 조그마한 나라는 수많은 여행지로 가득하다. 삼면이 바다로 둘러싸인 덕분에 시원한 물빛이 눈을 부시게 하고 청량감 넘치는 계곡은 계절마다 색색의 매력을 발산한다. 오래전 선조들의 발자취는 예스러움으로 남아 또 다른 매력을 더한다. 한반도 남쪽 그 주옥같은 여행지를 쓸어 담아 여기에 풀어놓았다.'

첫 원고를 쓴 지 많은 시간이 흘렀다. 서점의 한 귀퉁이에는 그간의 결실이 작은 공간을 차지하고, 독자들의 성원에 힘입어 개정판이 계속 출간되고 있다. 작업을 위해 다시 찾은 여행지는 여전히 매력적이다. 시간과 계절이 주는 시각적 효과가 아니더라도 매번 다른 경험과 깨달음을 선사하니 말이다. 까도 까도 뽀얀 속살이 나오는 양파처럼 가도 가도 새롭고 설렘 가득한 것이 여행이다. 지난 몇 년, 세계를 강타한 팬데믹과 가파른 물가 상승, 국내 여행지의 부정적 이슈 등 고단한 소식도 많았지만, 여행은 여전히 우리 곁에서 삶의 활력소가 되고 있다. 곧 포근한 봄바람이 살랑거리는 계절이 온다. 화사한 봄꽃이 전국을 물들이면, 이 책과 함께 떠나보길 권유해 드린다. 이번 개정판은 더욱 간편하게 국내 여행을 즐길 수 있도록 몇 가지 변화를 주었다. 먼저 책의 크기를 줄여 소장이 편해졌고, 주제별로 꾸민 미션 페이지를 통해 더 많은 정보를 담으려 노력했다. 우리나라의 사계절을 온전히 즐길 수 있도록 계절별 꽃놀이, 단풍놀이 지도도 넣었다.

이 책을 사랑해 주신 독자께 진심으로 감사드린다. 특별한 기회를 주신 유철상 대표님, 보이지 않는 곳에서 많은 고생을 하신 상상출판 식구들, 같이 또는 각자 고군분투했던 신지영 작가님, 든든한 버팀목인 부모님과 매 순간 도움을 아끼지 않았던 친구들에게도 감사의 말을 전한다. 여전히 발이 되어주고 방이 되어주며 안전을 책임지는 나의 붕붕이에게도 고마움을 전한다.

전국 지도

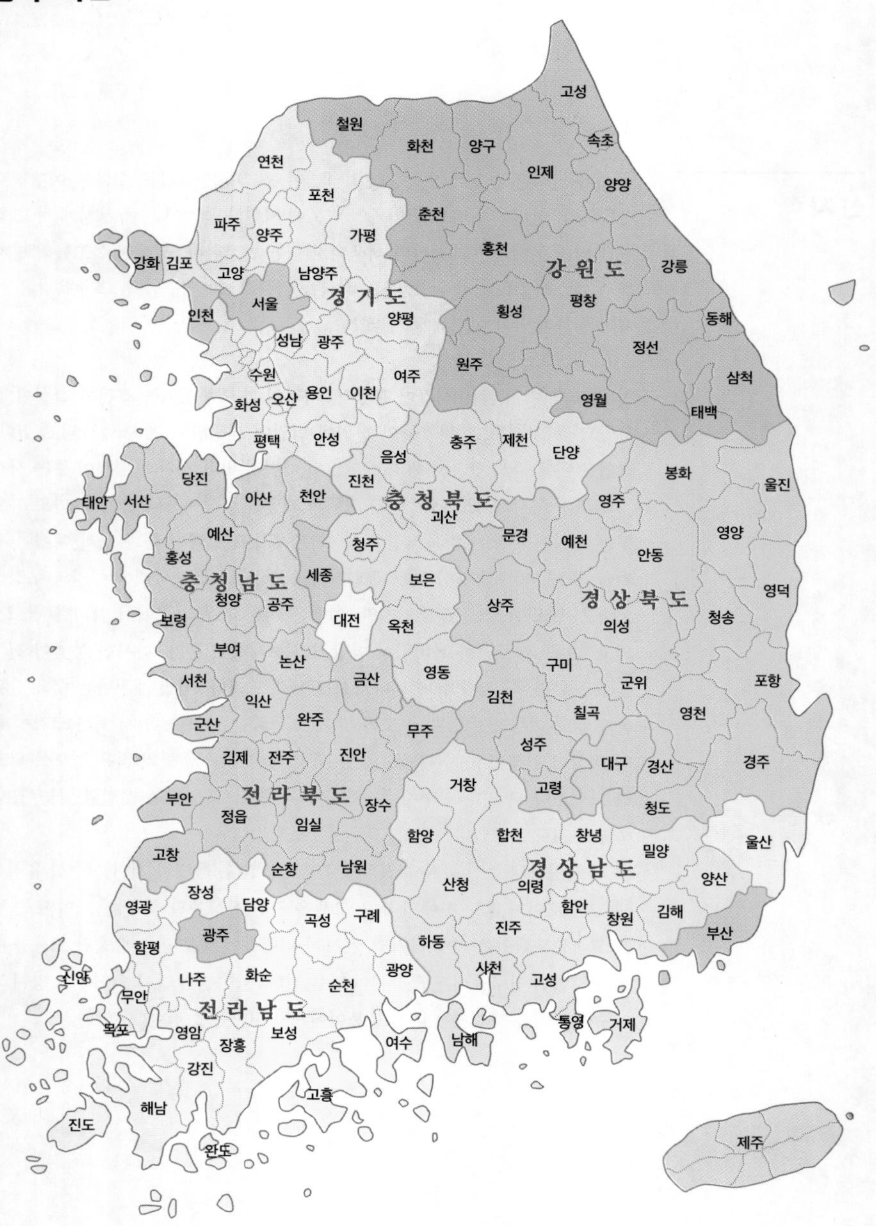
고성
철원
화천
양구
속초
연천
인제
양양
포천
춘천
파주
양주
가평
홍천
강화
김포
고양
남양주
강원도
강릉
서울
경기도
횡성
평창
인천
양평
동해
성남
광주
정선
원주
수원
여주
삼척
용인
이천
화성
오산
영월
태백
평택
안성
충주
제천
단양
음성
당진
진천
봉화
울진
태안
서산
아산
천안
충청북도
영주
괴산
예산
문경
영양
청주
예천
홍성
안동
충청남도
세종
보은
영덕
청양
공주
상주
경상북도
보령
대전
옥천
청송
의성
부여
논산
구미
영동
서천
금산
포항
군위
익산
김천
영천
군산
완주
칠곡
무주
성주
김제
전주
진안
대구
경산
경주
거창
고령
부안
전라북도
장수
청도
정읍
임실
함양
합천
창녕
밀양
울산
고창
순창
남원
경상남도
산청
의령
양산
장성
영광
담양
곡성
구례
함안
창원
김해
광주
진주
부산
하동
함평
신안
나주
화순
광양
사천
고성
순천
무안
전라남도
통영
거제
목포
영암
보성
장흥
여수
남해
강진
고흥
해남
진도
완도
제주

Contents

27번 순천완주 고속도로

35번 중부 고속도로

Mission 1

사계절 베스트 드라이브 코스

계절별로 아름다운 풍경을 즐길 수 있는 드라이브 스폿을 소개한다.
연인끼리 여행을 나서기 좋은 장소도 있고, 벚꽃 터널이 이어지는 곳도 있다.
여행지의 특성에 맞게 제철에 여행하기 좋은 드라이브 코스를 선정해 소개한다.
고속도로에서 쉽게 접근할 수 있고 길을 찾아 헤매지 않고 즐길 수 있는 코스만 엄선했다.

봄

대전 회인선 571 지방도로

대전 동구 신상교차로에서 회남대교를 지나 회남면사무소 방향으로 향하자. 대청호를 따라 이어지는 26.6km의 벚꽃길을 지날 수 있다. 전국에서 가장 긴 벚꽃길로 유명한 이 도로는 충북 보은군으로 이어진다.

대구 팔공산 순환도로

대구를 비롯해 4개의 시 · 군에 걸쳐 있는 팔공산은 그 크기만큼이나 경치가 빼어나기로 유명하다. 특히 봄이 되면 분홍빛 벚꽃이 화사하게 피어난다. 주변 볼거리로는 갓바위의 부처라 불리는 관봉석조여래좌상과 파계사, 신숭겸장군 유적지 등이 있다.

(구간1) 공산저수지 ~ 팔공산분수대광장 ~ 파계삼거리 ~ 파군재삼거리(약 23km)

보성 대원사 벚꽃길

대원사보다 대원사로 이어지는 이 벚꽃길이 더 유명하다. 벚꽃이 화사하게 피어나면 벚꽃 구경을 위해 도로를 통제할 정도다. 3일간의 벚꽃 축제 기간만 피하면 꽃비가 내리는 도로에서 드라이브를 즐길 수 있다. 순천 고인돌 공원을 지나 송광사로 향하는 길도 아름다우니 함께 둘러보아도 좋다.

남해 남면해안도로

해안도로가 많은 남해에서는 봄이 되면 푸른 바다와 어여쁜 꽃망울을 함께 즐길 수 있다. 신전삼거리에서 해안도로를 타고 유구마을로 향하자. 유채꽃이 예쁘게 피어나는 가천다랭이마을과 조용한 사촌해변을 지나게 된다.

남해 물미해안도로

남해의 유명한 드라이브 코스로 독일마을에서 상주은모래비치로 이어지는 해안도로다. 푸른 바다가 눈앞에 시원스레 펼쳐져 절경을 이룬다.

창원 안민고개

안민고개는 여좌천, 경화역과 함께 진해의 벚꽃 명소로 손꼽힌다. 약 9km의 꼬불꼬불한 도로를 따라 벚나무가 늘어서 있다. 산책을 위한 데크길이 조성되어 있고 창원시가 내려다보이는 전망대도 있다.

충북 제천 청풍호반

제천은 '청풍명월(淸風明月)'의 고장이다. '맑은 바람'과 '밝은 달'을 간직한 고장이라는 의미다. 청풍문화재단지를 시작으로 호반 입구에서 청풍면 소재지까지 13km 길이로 벚꽃 터널이 이어져 있다.

(구간1) 금성면 구룡리 ~ 옥순대교(약 20km)

(구간2) 옥순대교 ~ 원대교 ~ 단양(약 20km)

충북 단양 ~ 강원 영월 남한강변길

단양 고수대교를 지나 595번 지방도를 타고 영월까지 남한강 상류로 이어지는 강변길은 전국 어디에서도 찾아볼 수 없을 만큼 완벽한 드라이브 코스이다. 특히 봄날 이 강변길 풍광의 아름다움은 절대 잊을 수 없다.

(구간1) 단양 도담삼봉 ~ 영월군청(약 40km)

(구간2) 고수대교 ~ 선암계곡(약 23km)

749번 국도 임실 운암면 ~ 국사봉

섬진강 다목적댐 건설로 인해 육지에서 졸지에 섬이 되어버린 외앗날은 붕어섬이라고도 불린다. 옥정호는 이른 아침 섬 주변으로 피어오르는 물안개가 유명하다. 한적한 시골의 꼬부랑길 같은 도로에 자동차 불빛이 번지는 시간까지 서정을 품은 호숫가를 달려보자.

하동 쌍계사 십리벚꽃길

섬진강을 따라 분홍빛 꽃망울이 터널을 이룬다. 화개장터에서 쌍계사 입구까지 이어지는 약 10리 길이의 도로로 자동차를 타고 지나가도 좋고 화개장터에 주차한 후 걸어보아도 좋다. 주변에 산수유마을, 매화마을이 있어 봄이 되면 봄꽃 잔치가 벌어진다.

합천 합천호 백리벚꽃길

합천읍에서 합천댐으로 이어지는 도로로 주변에 벚나무가 가득하다. 봄이 되면 온통 분홍빛으로 물들어 장관을 이룬다. 향긋한 꽃향기와 함께 시원한 물내음을 즐길 수 있는 최고의 드라이브 코스. 주변 볼거리로는 정양늪 생태공원, 합천영상테마파크, 합천댐 물문화관이 있다.

여름

진안 모래재 메타세쿼이아길

모래재는 진안군과 완주군을 연결하는 고갯길이다. 길 중간에 모래재 터널을 지나 진안군 방향으로 가면 메타세쿼이아길이 나온다. 약 1.5km의 짧은 구간이지만 여름의 말랑말랑한 연둣빛에 절로 미소가 지어진다.

구간1 모래재 터널 ~ 모래재 메타세쿼이아길

충북 충주 597번 도로

수안보에서 월악산을 돌아 월악나루로 향하는 597번 도로는 마음을 달래기 좋은 코스이다. 특히 이른 아침에 달리는 충주 597번 도로는 감동이 치솟는다. 석굴사원인 미륵리사지, 송계계곡 등을 두루 거칠 수 있다.

구간1 수안보 ~ 월악나루(약 20km)

경북 문경 ~ 예천

문경에서 금천을 따라 59번 도로를 달리다 보면 풍광이 아름다운 경천호를 만날 수 있다. 수평삼거리에서 928번 지방도를 타면 금당실마을, 초간정을 지나 예천에 접어들 수 있다. 금곡천을 따라 벚꽃이 피는 봄부터 신록이 한참 우거지는 여름과 벚나무 낙엽이 지는 가을까지 드라이브하기에 좋다.

구간1 용궁역 ~ 경천호 ~ 금당실 전통마을(약 30km)

변산반도 일주도로

세계 최장의 새만금 방조제를 시작으로 하여 바다 위에 놓인 길을 달린다. 짭조름한 바닷바람이 열린 창으로 들어찬다. 바다를 지나다 마주치는 낙조 한 자락에 살포시 기대어 쫓겨왔던 일상의 시간들을 잠시 내려놓도록 하자.

새만금 방조제 → 부안댐 → 변산해수욕장 → 적벽강 → 채석강 → 모항 → 내소사 → 진서면 곰소리

77번 국도 안면도 섬 드라이브 코스

울창한 소나무 숲과 바다를 배경으로 안면도의 중심을 달리는 20.1km의 드라이브 길이다. 주변으로 꽃지해수욕장, 안면도 자연휴양림, 천상병 시인 생가 등 관광지도 함께 즐길 수 있다.

(구간1) 안면읍 창기리 ~ 태안 고남면

영광 백수해안도로

서해의 대표적인 드라이브 코스로 구불구불한 해안도로 주변으로 전망대와 바닷가 탐방로가 조성되어 있다. 모래미해수욕장을 출발점으로 삼아 남쪽으로 향하자. 전망 포인트인 칠산정을 거쳐 노을 전시관과 백암 전망대로 이어진다.

통영 산양일주도로

동양의 나폴리라 불리는 통영의 해안도로다. 여름이면 짙게 우거진 녹음과 푸른 바다를 한껏 즐길 수 있다. 해안도로의 남쪽 끄트머리에 있는 달아공원은 한려수도를 배경으로 낙조를 감상하기에 그만인 곳.

가을

경기 양평 용담대교

양평군 용담리에서 신원리까지 이어진 2.38km에 이르는 도로다. 남한강의 경치를 제대로 볼 수 있도록 기존 도로보다 높게 만들어졌다. 주변에 양수리, 두물머리 등 다양한 명소가 있다.

(구간1) 양서면 용담 1리 ~ 신원리(국도 6호선)

서울 → 팔당 방향 → 다산정약용 묘 → 두물머리 → 용담대교 → 들꽃수목원 방향 → 벽계구곡 → 청평유원지

강원 춘천 의암호반길

의암호를 따라 20km 정도의 강변길을 달려볼 수 있는 코스다. 산과 강을 배경으로 호반 길을 달려보자.

가평 → 의암교차로 → 춘천문학공원

전남 구례 노고단

지리산을 올라가는 노고단 코스는 말 그대로 절경으로 특히 가을 단풍이 환상적이다.

(구간1) 남원 ~ 노고단(성삼재휴게소) ~ 구례

단양 영춘면 ~ 강원 영월군 영월읍 (595번 도로)

단양 고수대교에서 영월 청령포까지 어어지는 길이다.

경북 영덕 고래불해수욕장

7번 국도와 고래불해수욕장 코스는 산과 바다가 이어지는 영덕 특유의 해안도로를 감상할 수 있다.

(구간1) 고래불해수욕장 ~ 대진해수욕장

호명산 드라이브 코스

75번 국도에서 호명산을 두르고 상천리로 빠지는 20km의 드라이브 코스다. 가을이면 터널처럼 이어지는 아름다운 풍경에 감탄사가 절로 나온다.

충북 청원 대청호 ~ 청남대

대통령 별장으로 이용되던 청남대가 20년 만에 개방되었다. 튤립나무 가로수길은 아름다운 드라이브 코스로 유명하다. 대청호를 따라 가을 단풍이 아름답기로 유명한 청남대 가로수길을 달려보자.

구간1 대청교(현암사) ~ 청남대(약 20km)

보성 18번 국도 메타세쿼이아길

보성 대한다원과 순천 송광사는 18번 국도로 이어진다. 보성 IC를 지나 북쪽으로 향하는 길에 메타세쿼이아가 줄지어 있다. 여름에는 청량한 푸른빛을 자랑하고 가을이면 부드러운 오렌지빛으로 물들어 운치가 있다. 이 길은 벚꽃길로 유명한 보성 대원사와도 이어진다.

정읍 내장산 단풍길

내장산 입구에서 복흥면으로 향하는 산길은 가을이 되면 울긋불긋한 단풍으로 뒤덮인다. 내장산 입구에는 둘레길이 조성된 내장 저수지와 내장산 수목원이 있고 산길의 정상에는 산림박물관이 있다. 가을 단풍여행을 계획한다면 이곳으로 발길을 향하자.

강릉 헌화로 드라이브 코스

강릉시 심곡에서 금진까지 이어지는 해안도로로 바다와 맞닿아 있어 강릉에서 가장 드라이브하기 좋은 코스로 꼽힌다. 주변에는 백두대간, 괴면암 등의 기암괴석이 절경을 이뤄 사진을 찍으려고 차를 세워 둔 관광객들을 쉽게 볼 수 있다. 사계절 내내 아름다운 바다를 감상할 수 있지만 하늘이 청명한 가을에 더 좋은 곳이다.

겨울

강원 정선 소금강계곡

소금강은 화암팔경 중 제6경으로 화암면 화암1리에서 몰운1리까지 4km 구간에 150m의 기암절벽이 펼쳐져 있다. 그 아름다움이 금강산과 같다 하여 소금강이라고 알려진 명승지다. 민둥산을 시작으로 정선읍까지 굽이진 길은 가을과 겨울이 제격이다.

(구간1) 남면사거리 ~ 한치마을 ~ 화암동굴(약 24km)
(구간2) 화암동굴 ~ 북동마을 ~ 병방치(약 20km)
(구간3) 병방치 ~ 가수리 ~ 신동읍 동강 드라이브(약 40km)

강원 영월 주천강 ~ 서마니강

원주의 치악산 자락을 지나 영월의 주천, 도천, 무릉 지역을 휘감아 흐르는 서강은 사행천으로 유명하다. 그 구불거리는 정도가 심해 마치 가운데 부분은 섬처럼 보인다. '섬 안의 강'이 지금의 '서마니강'으로 바뀌었다. 서마니강을 따라 눈 쌓인 영월의 풍경 속으로 들어가 보자.

(구간1) 고판화박물관 ~ 요선정 ~ 법흥계곡(약 20km) (구간2) 요선정 ~ 섶다리마을 ~ 선돌(약 40km)

천수만 동부해안도로

홍성 IC를 지나 김좌진 장군의 생가에서부터 홍성방조제까지는 겨울의 식도락을 즐기기에 충분한 드라이브 코스다.
김좌진장군생가지 → 속동전망대 → 남당항 → 홍성방조제

양평 두물머리

두물머리는 북한강과 남한강이 만나는 지점이다. 덕분에 두물머리로 향하는 길은 시원한 물줄기를 따라 드라이브하기에 좋다. 겨울의 두물머리는 예스러움과 함께 고즈넉함이 짙게 묻어난다. 커다란 느티나무와 오래된 돛배가 운치를 더한다.

Mission 2

바닷길을 따라오세요~

푸른 바다를 따라 달리면 만날 수 있는 그곳. 시원한 물빛 내음 가득한 그곳으로 떠나자.
잔잔한 일상 속 활력을 불어넣을 여행지를 소개한다.

1 정동진 [강릉 헌화로]

금진해변에서 해안도로를 타고 북쪽으로 달리자. 그 끝에 정동진역이 있다. 국내에서 바다에 가장 근접해 있는 역으로 일출 명소로 유명하다.

2 호미곶 [925번 해안도로]

새천년을 기념해 세운 상생의 손. 이 거대한 조각상 위로 떠오르는 태양을 보기 위해 매년 1월 1일에 수많은 사람들이 모여든다.

3 고흥우주발사전망대 [고흥 남열리 해안도로]

지붕 없는 미술관이라 불릴 만큼 아름다운 고흥. 우암마을에서 해안도로를 따라 남쪽으로 향하자. 절벽 위에 세워진 전망대에 오르면 멋진 경치가 한눈에 들어온다.

4 가천 다랭이마을 [남해 남면 해안도로]

봄이 되면 노란 유채꽃이 한가득 피어나는 가천 다랭이마을. 남해 남면 해안도로를 달리면 이 바닷가 마을을 만나게 된다.

5 달아공원 [통영 산양일주도로]

산양일주도로는 통영의 미륵도를 한 바퀴 감아 도는 해안도로다. 해안도로 남쪽에 화려한 낙조로 유명한 달아공원이 있다.

6 바람의언덕 [거제 해안도로]

거제의 가장 유명한 관광지로 그림 같은 경치를 자랑한다. 이곳에 오기 위해서는 아름다운 거제의 해안도로를 지날 수밖에 없다.

Mission 3

대한민국 사계절 꽃놀이 여행지

봄

따스한 봄바람이 분홍색 꽃잎을 흩뿌리는 계절. 포근한 햇살 아래 올망졸망 피어나는 봄꽃을 보러 떠나자. 벚꽃, 산수유, 유채꽃, 매화 향기 가득한 여행지를 소개한다.

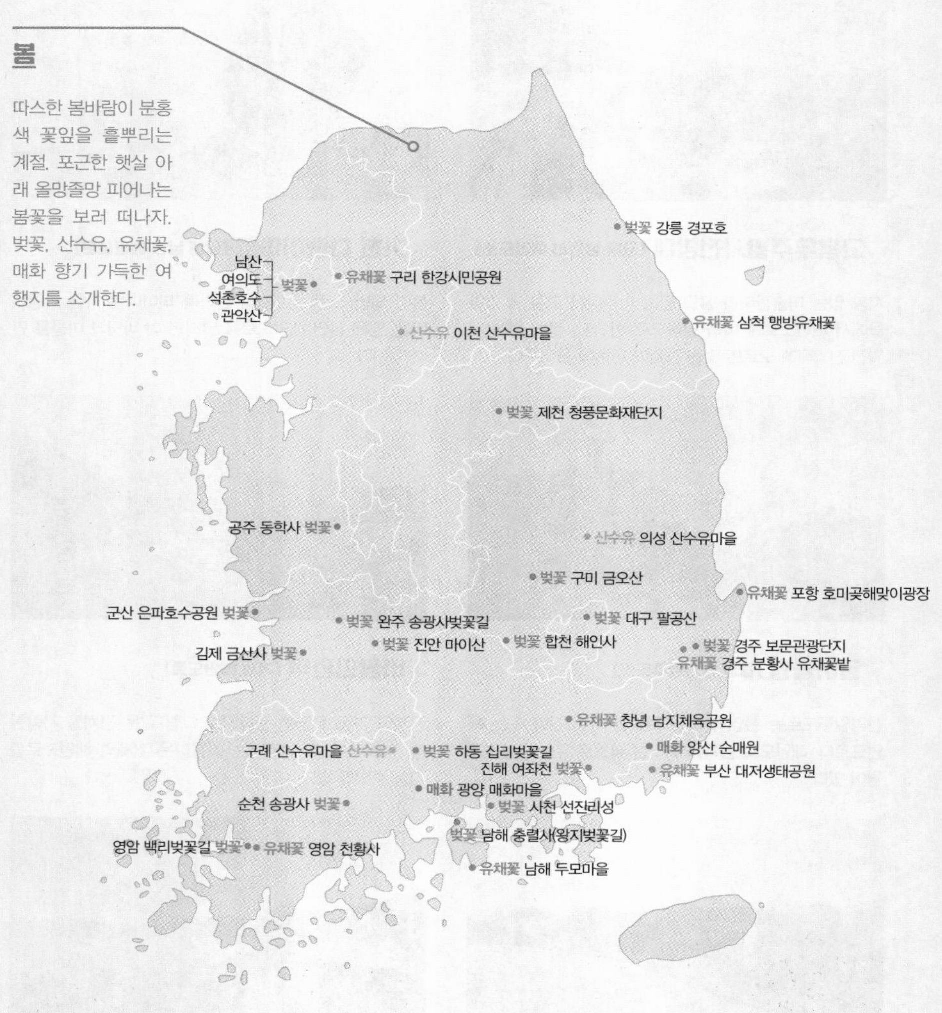

여름

짙어지는 녹음과 함께 색색의 꽃송이가 전국을 수놓는다. 태양을 닮은 노란 해바라기, 붉게 피어나는 양귀비꽃, 푸른빛이 싱그러운 수국, 선홍색 꽃망울을 틔워내는 배롱나무와 연꽃까지. 여름 꽃이 만발한 여행지를 소개한다.

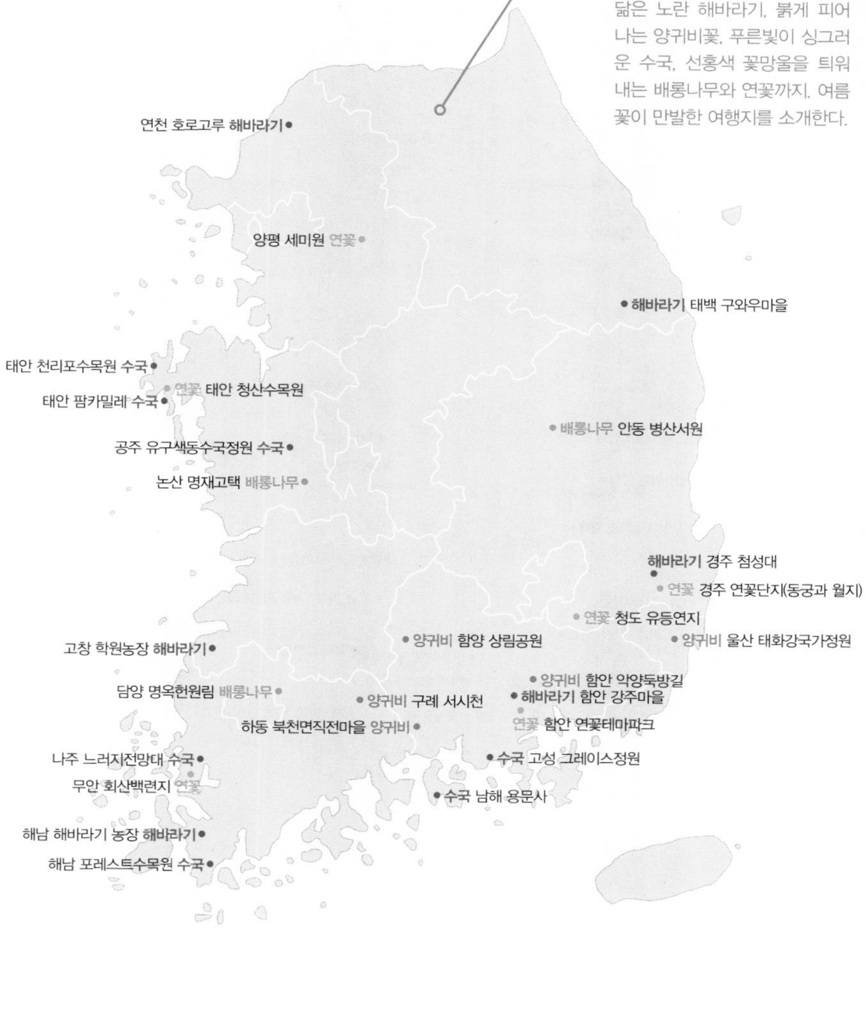

가을

서늘한 바람이 살랑살랑 불어올 즈음, 가을의 낭만에 흠뻑 빠져보자. 꽃무릇, 코스모스와 같은 꽃부터 울긋불긋 단풍, 핑크뮬리 등 매력적인 가을꽃 여행지를 소개한다.

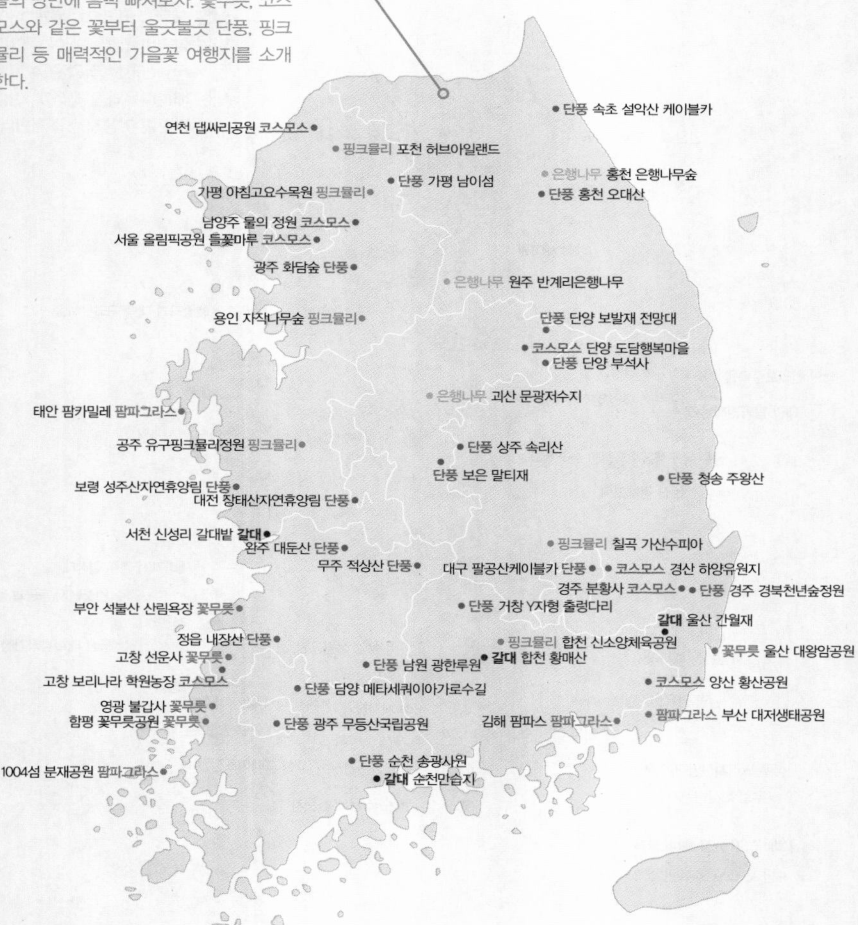

겨울

겨울에도 꽃을 볼 수 있다. 찬바람 속에서도 예쁘게 꽃을 틔우는 동백꽃과 눈 내리는 풍경이 아름다운 눈꽃 여행지를 소개한다.

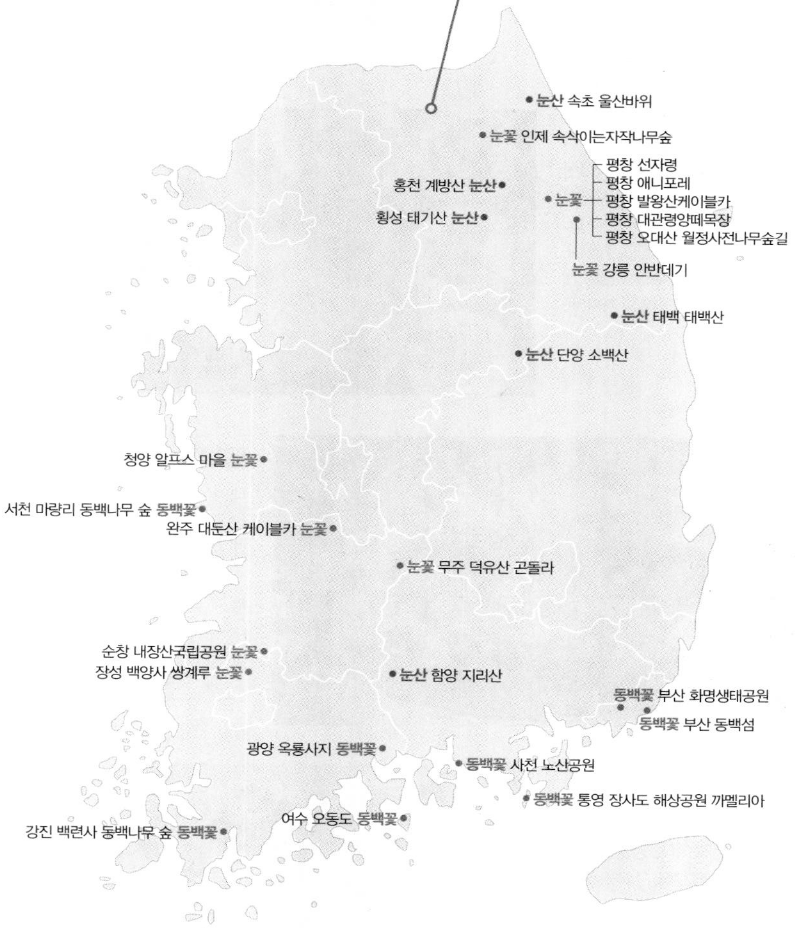

Mission 4

전국에서 손꼽는 맛집 25선

여행에 미식은 이제 빠지면 안 될 중요한 요소다. 볼거리 즐길 거리와 더불어 여행지에서 맛보는 음식은 오래도록 기억에 남기도 한다. 여행의 재미를 배로 늘려줄 맛집을 소개한다.

대중식장 [당진]

대중식당은 할머니가 해주는 가정식 백반집이다. 식당을 방문하면 시골집에 온 듯한 착각이 들고, 실제 식사도 할머니가 거주하시는 방 안에 차려주신다. 다양한 반찬과 구수한 된장찌개는 시골집의 향수를 불러일으키기 충분하다.

충남 당진시 교동길 93

램니쿠야 [서울]

데이식스와 스트레이키즈의 단골 양갈비 집이다. 눈앞에서 바로 익혀주시는 데 보는 즐거움도 있다. 양갈비 외에도 카레 순두부는 꼭 먹어봐야 한다.

서울 강동구 양재대로 87길 23

이모식당 [목포]

남도백박집. 한 상 가득한 반찬과 시원한 바지락국이 일품이다. 평범한 반찬이 집밥을 생각나게 한다.

전남 목포시 수강로12번길 12

까폼 [서울]

한국에서 즐길 수 있는 태국음식점으로 블랙핑크 리사의 단골집으로 유명하다. 대표메뉴인 랭쌥은 예약 필수!

서울 강남구 선릉로153길 18 지하1층

능이칼국수 [양평]

다양한 종류의 버섯과 소고기가 어우러져 국물 맛이 깊다.

경기 양평군 용문면 용문역길 10

제일회식당 [무안]

기절낙지는 낙지를 찬물에 담가 기절시킨 후 칼을 사용하지 않고 손으로 손질한다. 제일회식당의 필살기 젓갈 3종 세트와 함께 유명한 맛집이다.

전남 무안군 망운면 목서리 174

화랑식당 [함평]

삶은 돼지비계를 곁들인 육회비빔밥이다. 느끼할 듯하지만 삶아서 기름기를 뺐기 때문에 고소하고 부드러운 식감을 즐길 수 있다.

전남 함평군 함평읍 시장길 96

나주곰탕하얀집 [나주]

소뼈와 소고기로 우린 국물이다. 기름기 없는 맑은 소고기 국물이라 더욱 담백하다.

전남 나주시 금성관길 6-1

뚝방국수 [담양]

달콤하고 매콤한 양념에 아삭하게 씹히는 열무. 계절과 상관없이 즐기게 되는 비빔국수는 담양에 가면 필수로 먹어줘야 하는 음식~!!

전남 담양군 담양읍 천변5길 20

흥덕식당 [순천]

아침보다 점심을 추천한다. 개운한 조기매운탕에 계절에 따라 조금씩 바뀌는 반찬도 맛깔나다. 반찬의 가짓수도 적당하니 부담 없이 식사하기 좋다.

전남 순천시 역전광장3길 21

여수게장 두꺼비게장 [여수]

감칠맛 나는 간장양념의 간장게장, 살이 꽉 찬 양념게장, 거기에 맛깔나는 남도 반찬까지. 제대로 밥도둑이다. 게장은 세 번 리필 가능한데, 그것도 만만치 않은 양이다.

전남 여수시 봉산남3길 12

벌교꼬막식당(원조꼬막식당) [보성]

삶은 꼬막, 꼬막부침, 양념꼬막, 꼬막 장조림, 꼬막무침과 된장탕까지 다양한 꼬막요리를 먹어 볼 수 있다.

전남 보성군 벌교읍 채동선로 213

우리식당 [남해]

고소하고 담백한 멸치조림에 마늘장아찌는 최고의 조합, 멸치 쌈밥

경남 남해군 삼동면 동부대로1876번길 7

남창식당 [순천]

3대째 운영 중인 향토 음식 전문점이다. 참게탕이 고소할 수도 있다는 걸 처음 알았던 맛집.

전남 순천시 황전면 섬진강로 228

이름 없는 해장국집 [인천]

60년 전통의 노포

인천 동구 동산로87번길 6

우렁이박사 [당진]

'우렁쌈밥' 하면 가장 먼저 떠오르는 곳이다. 2인 세트부터 나오는 덕장이 특히 맛있다. 상추에 밥을 얹고 짭짤한 덕장에 마늘장아찌는 환상의 궁합이다.

충남 당진시 신평면 샛터로 7-1

동흥재첩국 [하동]

재첩 특유의 시원하고 깔끔한 국물 맛에, 숟가락 가득 떠지는 재첩의 씹는 맛까지!

경남 하동군 하동읍 경서대로 94 윤선생영어교실

훈이시락국 [통영]

유명한 현지인 맛집이다. 생선의 머리와 뼈를 고아 만든 국물이 구수하다.

경상남도 통영시 새터길 42-7

카멜리아 [통영]

직접 키운 허브와 야채, 지역농산물과 특산물을 이용한 브런치 맛집이다.

경남 통영시 용남면 연기길 322 카멜리아

수양식당 [고성]

제철 회 백반집으로 집밥 같은 반찬과 제철 회, 생선 등이 함께 나온다.

경남 고성군 동해면 동해로 1590

까만집 [남원]

애호박과 버섯, 청양고추로 매콤하게 시원하게 맛을 낸 다슬기탕은 해장에도 좋고, 언 몸 녹이기에도 그만이다.

전북 남원시 산내면 황치길 10

회영루 [춘천]

땅콩으로 만든 화생장 육수에 말린 해삼과 새우, 채소 등이 어우러져 담백하면서 새콤한 맛을 낸 중국식 냉면을 맛볼 수 있는 곳.

강원 춘천시 금강로 38

할매추어탕 [남원]

동글동글한 미꾸리로 끓인 추어탕이다. 비린내가 적고 된장과 들깨 불린 물로 걸쭉하게 끓여 시원하고 구수하다.

전북 남원시 요천로 1467 3대원조 할매추어탕

부자주걱수제비 [논산]

들깨의 고소한 국물 맛, 쫄깃한 수제비에 겉절이가 화룡점정.

충남 논산시 중앙로500번길 17-1

유정식당 [서울]

특출난 맛은 아니지만 BTS가 연습생 시절 자주 찾았던 식당으로 유명하다. 메뉴는 제육볶음 추천.

서울 강남구 도산대로28길 14

Mission 5

맛있는 빵이 있는 곳이 명소! 빵집 투어 25선

빵세권이 생기고, 빵지순례를 하는 시대.
맛집만큼이나 중요한 전국의 맛 빵집을 소개한다.

1 런던베이글뮤지엄 도산점 베이글 [서울]

베이글 뷔페를 찾으십니까? 그렇다면 런던베이글로 가세요!

서울 강남구 언주로168길 33 1, 2층

2 장충동 태극당 모나카 [서울]

1946년부터 지금까지 변함없는 맛, 모나카! 원가 절감을 위해 기계를 도입하려 했으나 맛이 달라 과감히 포기하고 전통의 맛을 지키고 있다.

서울 중구 동호로24길 7

3 이태원 베이커리 오월의종 호밀무화과 [서울]

담백한 맛의 건강 빵집

서울 용산구 이태원로45길 34 1층

4 오봉베르 크로와상 [수원]

크로와상을 좋아한다면 바로 여기!!!

경기 수원시 영통구 센트럴파크로127 142 지하 1층

5 하얀풍차제과점 치즈바게트 [수원]

이것은 바게트인가 치즈인가!

경기 수원시 권선구 곡반정로 160

6 앙토낭카렘제과점 화이트롤 [성남]

부들부들, 쫄깃쫄깃. 이런 부드러움은 없었다.

경기 성남시 분당구 불정로 380 동남프라자 1층

7 강릉빵다방 크림빵 [강릉]

크림빵의 변신은 무죄. 다양한 크림빵순이라면 여기를 공략하라!

강원 강릉시 남강초교1길 24

8 바로방 야채빵, 소보로빵 [강릉]

바로방의 소보로는 입안에서 녹는다!!!!

강원 강릉시 경강로 2092

9 봉브레드 마늘바게트 [속초]

촉촉한 마늘바게트에 부드러운 소스가 가득!

강원 속초시 동해대로 4344-1

10 뚜쥬루과자점 거북이빵 [천안]

고소, 달달, 짭조름. 거북이는 방부제, 색소, 광택제 등 화학첨가물을 배제한 건강한 빵을 만들기 위한 뚜쥬루의 슬로건이다.

충남 천안시 서북구 백석로 270

11 몽상가인 바게트 [천안]

몽상가인의 바게트는 손으로 뜯어 먹어야 제맛!
72시간 숙성하여 자르는 순간 마르기 시작해 식감이 떨어진다.

충남 천안시 서북구 쌍용대로 85

12 목수정 치즈한모 [대전]

달지 않고 담백한 치즈한모. 치즈케이크를 좋아한다면 꼭 가봐야 할 곳.

대전 중구 계룡로874번길 47 3층

13 성심당 튀김소보로 [대전]

겉바속촉의 정석, 튀김소보로

대전 중구 대종로480번길 15

14 시옷빵집 식빵 [세종]

생크림과 우유로만 반죽하는 큐브식빵, 시간이 지날수록 더 촉촉하고 부드럽다.

세종 마음로 233 Gsd빌딩 2층

15 안셈 팥버터 [청주]

단팥이 아닌 담팥. 담백하게 달아 질리지 않아요~

충북 청주시 흥덕구 서현중로28번길 11 1층

16 이성당 단팥빵 [군산]

단팥빵도 맛있지만 야채빵도 맛있는 빵지순례에 빠질 수 없는 곳!

전북 군산시 중앙로 177 이성당

17 코롬방제과점 새우바게트 [목포]

홍새우의 풍미와 달큰한 머스터드의 만남.

전남 목포시 영산로75번길 7

18 궁전제과 구운 공룡알 [광주]

겉은 바삭, 구운 계란의 고소한 맛이 속을 채운 구운 공룡 알 빵.

광주 광산구 사암로 426

19 양림빵집 양파빵 [광주]

양파 입은 머스터드 소스가 가득!

🏠 광주 남구 양림로 61-5

20 싱글벙글빵집 야채사라다 [여수]

학교 매점에서 먹던 야채사라다, 소세지빵이 그리울 때.

🏠 전남 여수시 관문1길 13-1

21 모리씨빵가게 아몬드크림빵 [보성]

바삭한 빵과 입안 가득 채우는 부드러운 크림의 조화.

🏠 전남 보성군 벌교읍 태백산맥길 40

22 블루일베이커리 앙버터 프레첼 [거제]

이것은! 빵계의 삼합?

🏠 경남 거제시 상동5길 25-1

23 목월빵집 호밀빵 [구례]

건강한 빵집이지만 맛도 좋은 목월빵집.

🏠 전남 구례군 구례읍 서시천로 85

24 명문제과 생크림슈보르 [남원]

소보로 속에 생크림이 가득.

🏠 전북 남원시 용성로 56

25 맘모스제과 크림치즈빵 [안동]

빵은 쫀득쫀득, 달지 않지만 계속 손이 가는 맛!

🏠 경북 안동시 문화광장길 3

Mission 6

먹거리, 재밌거리가 한곳에! 요즘 대세 전통시장

재래시장은 더 이상 필요한 물건만을 구하러 가는 곳이 아니다.
가장 한국적인 것이 가장 세계적인 것. 대한민국 여행자라면 내외국인 할 것 없이
모두의 흥미를 끄는 곳. 떠오르는 놀이 문화, 전통시장을 소개한다.

1 남대문시장

한국을 대표하는 전통 재래시장으로 의류, 액세서리, 그릇, 수입 소품 등 구경거리가 다양하다. 갈치조림골목에서 식사하고 야채호떡으로 마무리하는 것이 남대문시장 구경의 정석!

서울 중구 남대문시장4길 21

2 동묘 벼룩시장

레트로 감성 가득한 구제시장이다. 보물찾기하듯 쇼핑을 즐기고 1,000원짜리 토스트를 먹으러 가자. 영국의 유명 패션디자이너도 반했을 만큼 눈이 즐거운 곳.

서울 종로구 숭인동 102-8

3 광명전통시장

경기 3대 재래시장으로 불릴 만큼 규모가 큰 재래시장. 구경거리도 다양하지만 무엇보다 녹두빈대떡과 해물파전에 막걸리 한잔 곁들이기 좋다.

경기 광명시 광이로13번길 17-5

4 속초 관광수산시장

수산물의 천국. 전국에서도 유명한 닭강정을 비롯해 술빵, 부각, 벌집아이스크림 등 다채로운 먹거리가 가득하다. 갯배를 타고 아바이 순대를 먹으러 가는 것도 좋다.

강원 속초시 중앙로147번길 12

5 봉평 오일장

소박한 재래시장으로 소설 『메밀꽃 필 무렵』의 배경이다. 매월 끝자리가 2일과 7일에 장이 선다. 메밀막국수와 메밀전이 이곳의 주요 먹거리.

강원 평창군 봉평면 창동리 280-6

6 대구 서문시장

대구에서 가장 유명한 만물 시장. 다양한 물건과 많은 먹거리가 지천으로 널려있다. 포근한 바람이 부는 계절에는 야시장도 열린다.

대구 중구 달성로 50

7 통영 중앙시장

동피랑 벽화마을과 인접한 바닷가 수산시장. 고등어회를 비롯한 다양한 수산물뿐만 아니라 충무김밥 맛집도 찾을 수 있다. 야경을 즐기기도 좋다.

경남 통영시 중앙동 233

8 장흥 정남진토요시장

한우삼합을 먹으러 가자. 장흥의 특산물 표고버섯도 저렴한 가격에 살 수 있다. 탐진강의 아름다운 풍경은 덤이다. 여름이면 '정남진 장흥 물축제'가 열린다.

전남 장흥군 토요시장1길 53

Mission 7

특별한 여행지 사진 남기기

촬영 기술이 없어도 누구나 멋진 사진을 찍을 수 있는 곳.
수려한 경치가 끝없이 펼쳐지는 전망 좋은 여행지를 소개한다.
소중한 사람과 특별한 추억을 남기러 떠나보자.

하동케이블카

케이블카를 타고 금오산 정상으로 향하자. 아찔한 높이의 스카이워크와 집라인, 하늘을 향해 뻗은 둘레길이 있다. 옥상 전망대에 올라 커다란 푸른 곰과 찰칵! 하늘길을 걷다 하늘을 향해서도 찰칵!

경남 하동군 금남면 경충로 461-7

스타웨이하동 스카이워크

향긋한 커피를 즐길 수 있는 카페 건물 뒤쪽으로 전망대가 있다.
넓게 펼쳐진 평사리 들판을 내려다보며 찰칵!

⌂ 경남 하동군 악양면 섬진강대로 3358-110

목포해상케이블카

바다 위를 지나는 3.23km의 케이블카로 3곳의 정류장이 있다. 목표의 야경을 감상하기 좋다.
케이블카 타고 목포 바다 위에서 찰칵! 전망대 혹은 바닷가 산책로에서 찰칵!

⌂ 전남 목포시 해양대학로 240 (북항승강장)

순천 낙안읍성

실제로 사람이 거주하고 있는 민속 마을로 소담한 초가들이 모여있다. 성곽 위에 올라 동글동글한 노란 초가지붕을 배경으로 찰칵!

전남 순천시 낙안면 충민길 30

장항스카이워크 전망대

서해 바로 옆에 위치한 장항송림산림욕장에 있다. 여름이면 소나무 사이로 보라색 맥문동이 한가득 피어난다. 전망대에 올라 광활한 갯벌을 배경으로 찰칵!

충남 서천군 장항산단로 34번길 122-16

무주덕유산곤도라

케이블카를 타고 20분만 오르면 된다. 사계절 언제나 좋은 곳. 어떻게 찍어도 그림이 된다. 찰칵! 찰칵!

전북 무주군 설천면 만선로 185

대왕암

대왕암은 간절곶과 함께 우리나라에서 해가 가장 빨리 뜨는 곳이다. 송림이 우거진 산책로와 해안 산책로, 출렁다리도 있다. 대왕암을 배경으로 찍어도 좋고 거대 암석을 잇는 구름다리 위에서 찍어도 좋다. 찰칵!

울산 동구 등대로 110

Mission 8

아이가 더 행복할 국내 여행지 이곳저곳

너른 동산을 마음껏 뛰어다니며 왕성한 호기심을 충족시키는 곳.
아이들의 웃음을 환하게 밝혀줄 여행지를 추천한다.
함께하기 때문에 더욱 행복한 여행지 Best 6!

1
황순원문학촌 소나기마을

황순원 작가의 대표작 『소나기』를 모티브로 조성되었다. 작가의 작품세계를 엿볼 수 있는 실내 공간과 작품 속 배경을 재현한 다양한 실외 공간들로 꾸며져 있다. 특히 인공 소나기가 내리는 넓은 잔디밭은 아이들이 뛰어놀기에 좋다.

경기 양평군 서종면 소나기마을길 24 산 74

2
고성공룡박물관

고성공룡박물관에는 공룡의 골격을 재현해 놓은 모형과 공룡 발자국, 시대별로 전시된 다양한 화석이 있다. 커다란 공룡 조형물이 전시된 공원을 지나면 공룡 발자국 화석이 남아있는 해안가가 나온다.

경남 고성군 하이면 자란만로 618

3

대관령양떼목장

푸른 초원에서 하얀 양 떼들이 풀을 뜯는
이국적인 풍경을 볼 수 있다.
목장을 두르는 1.2km의 산책로가 있다.
축사에서 먹이 주기 체험이 가능하다.

강원 평창군 대관령면 대관령마루길 483-32

4

섬진강기차마을

영화에서 볼 법한 증기기관차가 레일 위를 달린다.
증기기관차는 가정역까지 왕복한다. 그 외에도 색색의
장미로 꾸며진 정원, 멜로디가 흐르는 음악분수,
작은 높이공원 등 즐길 거리가 풍부하다.

전남 곡성군 오곡면 기차마을로 232

5

애니메이션 박물관

알록달록한 조형물이 눈길을 끄는
공간으로 애니메이션에 관한 다양한 자료가
전시되어 있다. 박물관 옆에는 로봇을
조종해 볼 수 있는 로봇 체험관과 넓은
공원이 있어 아이들이 뛰어놀기 좋다.

강원 춘천시 서면 박사로 854

6

뮤지엄 산

오솔길을 걸으며 예술 작품을 감상하는 전원풍
뮤지엄이다. 물에 떠 있는 듯한 워터가든,
예술 작품이 전시된 미술관, 산책하기 좋은
플라워가든과 스톤가든, 풍경을 즐기며
차를 마시는 야외카페가 있다.

강원 원주시 지정면 오크밸리2길 260

Mission 9

인문학의 깊이를 더하다

문학에서 오는 여행의 즐거움이 있다. 책을 읽지 않아 잘 모르더라도
이 한 줄의 정보로 그동안 익숙했던 공간을 조금 다른 시선으로 즐기기를 바란다.

1 동서울 종로 일대

- **이상의집** 서울 종로구 자하문로7길 18
- **북촌** 이혜경 작가의 「북촌」 배경
- **라 카페 갤러리** 박노해 시인의 사진 전시관, 박노해 시인의 책도 판매하고 있다.
- **통의동 보안여관** 서정주, 김동리, 김달진, 오장환 등 여러 문인이 기거했던 곳이다.
  현재는 상설 전시장으로 활용하고 있다.

2 평창 이효석문화예술촌, 이효석문학의숲

- **이효석문화예술촌** 이효석의 고향에 조성된 문학 테마 마을로 가산 이효석을 기념하는 공간이다. 이효석의 생가, 근대문학체험관, 달빛나귀 전망대, 문학관이 조성되어 있다.
- **이효석문학의숲** 『메밀꽃 필 무렵』을 테마로 꾸민 자연 학습장이다. 소설 속 장면을 재현시켜 놓았고, 소소하게 즐길 거리도 마련되어 있다.

3 당진 필경사

필경사는 심훈 작가가 생전 집필했던 공간이다. 필경사의 내부는 볼 수 없으나 『상록수』를 연상시키는 조형물과 아담하게 지어진 필경사를 볼 수 있다. 문학관에는 영화감독이자 작가였던 심훈 작가의 작품과 일생을 엿볼 수 있다.

4 장흥 이청준생가, 천년학 세트장

- **이청준 작가 생가** 좁다란 골목길에 아담하게 자리해 있다.
- **천년학 세트장** 이청준 작가의 소설을 임권택 감독이 영화화하였다. 이청준 소설 문학길의 마지막 코스이기도 하다.

5 순천 와온해변, 순천만습지

김승옥의 『무진기행』은 무능한 주인공이 무진에 2박 3일간 머무르며 생기는 이야기다. 요즘으로 따지면 일탈이라고 할 수 있겠다. 소설에서 무진의 명산물이 안개라 했으니, 와온해변이나 순천만습지를 가보면 좋을 듯하다.

6 여수 일대

『여수의 사랑』은 한국 작가 최초로 노벨문학상을 받은 한강 작가의 첫 작품이다. 소설에는 여수의 아름다운 풍경과 사람들, 자연에 대해 이야기 내내 풀어놓았다. 여수의 아름다운 풍경을 즐겨보자.

7 군산 탁류길 코스

군산의 원도심은 소설 『탁류』의 배경지다. 일본식 가옥(구 히로쓰가옥)이 있는 신흥동 골목부터 채만식 문학비, 째보선창, 한참봉쌀가게 소설비 등을 잇는 탁류길 코스가 있다.

8 남원 일대

- **혼불문학관** 최명희 작가의 대하소설 『혼불』을 기념하기 위해 조성한 문학관이다.
- **혼불마을 신행길 축제** 『혼불』 속 종가댁 효원이 서도역을 통해 시집에 들어가는 행렬을 재현하는 축제다. 매년 10~11월 즈음 개최하고 있다.
- **서도역** 『혼불』에 나왔던 서도역을 재현했다. 〈미스터 션샤인〉 촬영지로도 유명하다.

9 창원 진해

진해는 김탁환 작가가 태어난 곳이다. 많은 작품활동 중에도 어머니에 대한 글을 쓰고 싶다던 작가는 결국 『어머니의 골목』이라는 에세이집을 발표했다. 진해에서 가장 오래된 예술 찻집 흑백다방과 여좌천, 북원로터리, 진해탑 등 김탁환 작가가 어머니와 다녔던 공간은 진해의 유명한 관광지이기도 하다.

Mission 10

우리나라는 어떤 세계문화유산을 가지고 있을까?

고대 백제의 수도였던 공주 웅진성(熊津城), 부여 사비성(泗沘城), 사비시대 백제 두 번째 수도인 익산시의 왕궁리에 남아 있는 유적지들이 2015년 유네스코 세계문화유산으로 등재되었다. 백제역사유적지구 8곳과 우리나라에 흩어져 있는 세계문화유산들을 살펴보자.

서울

창덕궁 (1997년 등재)

📱 02-762-9513

🕒 2~5 · 9 · 10월 09:00~18:00, 6~8월 09:00~18:30, 11~1월 09:00~16:30, 월요일 휴무 ₩ 3,000원

종묘 (1995년 등재)

📱 02-765-0195

🕒 시간제 관람 운영(홈페이지 참고), 매주 토요일 · 매월 마지막 주 수요일 · 공휴일 자유관람, 화요일 휴무

₩ 1,000원 P 10분당 800원 🌐 jm.cha.go.kr

조선왕릉 (2009년 등재)

📱 02-972-0370 ₩ 1,000원 P 무료

경기도

수원화성 (1997년 등재)

📱 031-228-4677

🕒 3~10월 09:00~18:00, 11~2월 09:00~17:00

₩ 행궁 1,500원 P 900원(30분, 이후 10분당 400원)

남한산성 (2014년 등재)

📱 031-743-6610 🕒 행궁 4~10월 10:00~18:00, 11~3월 10:00~17:00, 월요일 휴무 ₩ 행궁 2,000원

충청도

정림사지 (2015년 등재)

📱 041-835-2721 🕒 3~10월 09:00~18:00, 11~2월 09:00~17:00 ₩ 1,500원 P 무료

능산리 고분군 (2015년 등재)

☎ 041-830-2521

⏲ 3~10월 09:00~18:00, 11~2월 09:00~17:00

₩ 1,000원 P 무료

부여 나성 (2015년 등재)

₩ 무료 P 무료

법주사 (2018년 등재)

☎ 043-543-3615 ₩ 무료 P 5,000원

마곡사 (2018년 등재)

☎ 041-841-6221 ⏲ 일출~일몰 ₩ 무료 P 무료

돈암서원 (2019년 등재)

☎ 041-733-9978 ₩ 무료 P 무료

전라도

익산 왕궁리유적 (2015년 등재)

☎ 063-859-5778

⏲ 09:00~18:00, 월요일 휴무 ₩ 무료 P 무료

미륵사지 (2015년 등재)

☎ 063-290-6784

⏲ 09:00~18:00 ₩ 무료 P 무료

고창 고인돌 유적 (2000년 등재)

☎ 063-560-8666 ₩ 무료 P 무료

화순 고인돌 유적 (2000년 등재)

☎ 061-379-3933(효산리), 061-379-3907(대신리)

₩ 무료 P 무료

대흥사 (2018년 등재)

☎ 061-534-5502 ₩ 무료 P 3,000원

선암사 (2018년 등재)

☎ 061-754-5247 ₩ 무료 P 무료

필암서원 (2019년 등재)

☎ 061-393-7270 ⏲ 09:00~18:00 ₩ 무료 P 무료

무성서원 (2019년 등재)

₩ 무료 P 무료

경상도

하회마을 (2010년 등재)

054-852-3588

하절기 09:00~18:00, 동절기 09:00~17:00

₩ 5,000원 P 2,000원

해인사 장경판전 (1995년 등재)

055-934-3000

하절기 08:30~18:00, 동절기 08:30~17:00

₩ 무료 P 4,000원

양동마을 (2010년 등재)

054-762-2633 4~10월 09:00~19:00, 11~3월 09:00~18:00 ₩ 4,000원 P 무료

경주역사유적지구 (2000년 등재)

남산지구 (경주시 배동)

월성지구 (경북 경주시 교동)

대릉원지구 (경주시 황남동)

황룡사지구 (경북 경주시 구황동)

산성지구 (경주시 천군동) 054-779-8585

불국사·석굴암 (1995년 등재)

054-746-9933 ₩ 무료 P 1,000원

부석사 (2018년 등재)

06:30~19:00 ₩ 무료 P 3,000원

통도사 (2018년 등재)

055-382-7182 09:00~18:00

₩ 무료 P 4,000원

봉정사 (2018년 등재)

054-853-4181

하절기 07:00~19:00, 동절기 08:00~18:00

₩ 무료 P 무료

소수서원 (2019년 등재)

054-639-7691~5 3~5 · 9 · 10월 09:00~18:00, 6~8월 09:00~19:00, 11~2월 09:00~17:00

₩ 3,000원(소수서원, 소수박물관, 선비촌 통합요금)

P 무료

옥산서원 (2019년 등재)

054-762-6567 09:00~18:00(10~3월 ~17:00)

₩ 무료 P 무료

도산서원 (2019년 등재)

054-856-1073

2~10월 09:00~18:00, 11~1월 09:00~17:00

₩ 2,000원 P 무료

병산서원 (2019년 등재)

054-858-5929

하절기 09:00~18:00, 동절기 09:00~17:00

₩ 무료 P 무료

남계서원 (2019년 등재)

055-960-6114 09:00~18:00 ₩ 무료 P 무료

도동서원 (2019년 등재)

053-616-6407 08:00~20:00 ₩ 무료 P 무료

Part 1

종과 횡을 연결하는 국토의 대동맥

1번 경부고속도로

서울 서초구에서 부산 금정구까지 연결하는, 길이 416km의 우리나라의 두 번째 고속도로로 국토의 대동맥이라고도 불린다. 기획 당시 서울과 부산까지 5시간 내로 달릴 수 있는 경부고속도로의 건설은 전국이 들썩일 정도의 엄청난 일이었다. 고속도로에 대한 무지와 국가적 재난·재정난 등으로 인해 많은 반대에 부딪혀 무산될 뻔했으나 건설 자금의 70%를 해외자본으로 유치하게 되면서 첫 삽을 뜨게 되었다. 처음 기획부터 완공 이후 초기 10년까지 말도 많고 탈도 많았던 경부고속도로는 지금은 우리나라의 종과 횡을 잇는 국토의 대동맥이 되었다.

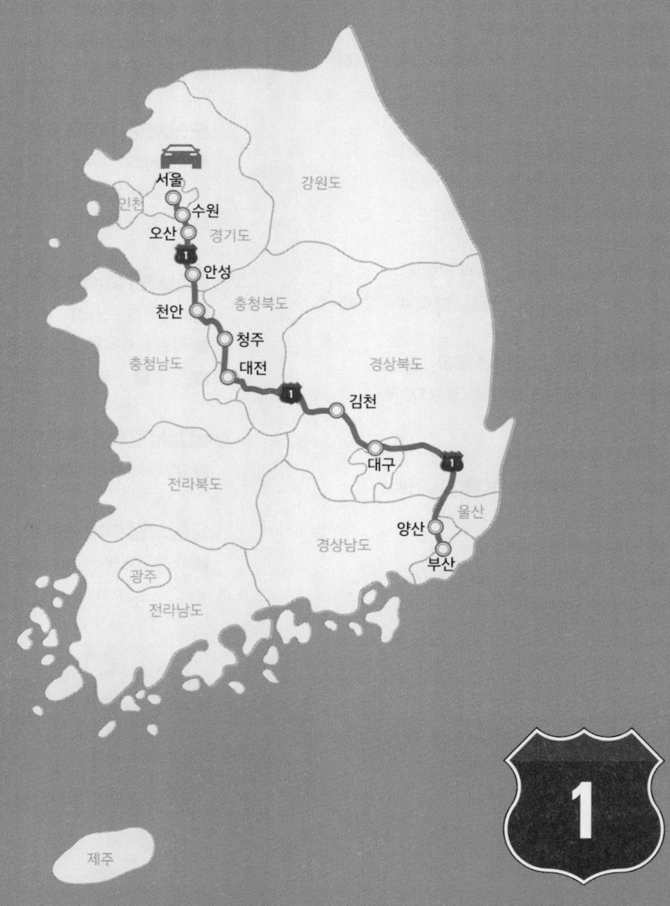

구 간 1

북수원 IC ~ 안영 IC

수원·오산·안성
천안·청주·대전

Best Course

북수원 IC → 수원 해우재 →

1 수원화성 → 월화원 → 오산 독산성 →

2 <더 킹 : 영원의 군주> 드라마 세트장 →

3 물향기수목원 → 안성 미리내성지 →
안성맞춤랜드 → 4 안성팜랜드 →

5 천안 각원사 → 천안삼거리공원 →

6 독립기념관 → 아우내장터&천안병천순대거리 →
유관순열사유적지 →

7 홍대용과학관 → 청주 정북동토성 →

8 청주백제유물전시관 → 9 청주고인쇄박물관 →

10 용두사지철당간&성안길 → 11 수암골 →

12 국립청주박물관 → 동부창고 →

13 상당산성 → 미동산수목원 → 마동창작마을 →

14 문의문화재단지 → 15 현암사 → 16 청남대 →

17 대전 한밭수목원 → 18 테미오래 →
대동하늘공원 → 뿌리공원 → 안영 IC

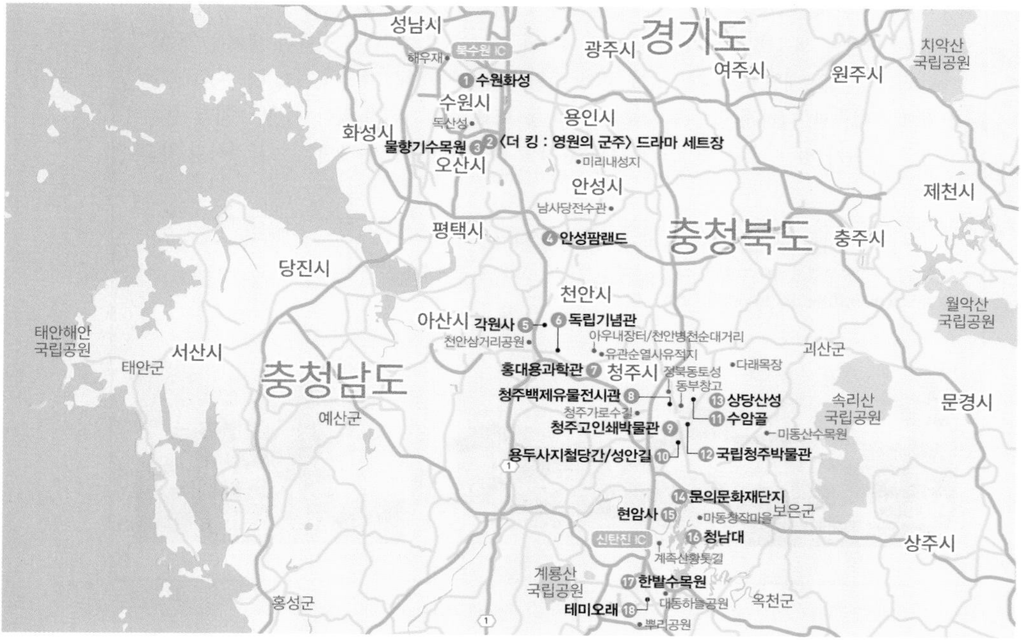

성남시
경기도
광주시
여주시
원주시
치악산 국립공원
해우재
북수원 IC
1 수원화성
수원시
독산성
용인시
화성시
물향기수목원 3
2 〈더 킹 : 영원의 군주〉 드라마 세트장
미리내성지
오산시
안성시
제천시
남사당전수관
평택시
4 안성팜랜드
충청북도
충주시
당진시
천안시
월악산 국립공원
아산시
각원사 5
6 독립기념관
아우내장터/천안병천순대거리
천안삼거리공원
유관순열사유적지
태안해안 국립공원
서산시
괴산군
태안군
다래목장
충청남도
홍대용과학관 7
청주시
정북동토성
동부창고
청주백제유물전시관 8
13 상당산성
속리산 국립공원
문경시
청주가로수길
11 수암골
예산군
청주고인쇄박물관 9
미동산수목원
용두사지철당간/성안길 10
12 국립청주박물관
14 문의문화재단지
현암사 15
마동창작마을
보은군
신탄진 IC
16 청남대
상주시
계족산황톳길
계룡산 국립공원
17 한밭수목원
홍성군
테미오래 18
대동하늘공원
옥천군
뿌리공원

01 수원화성

수원화성은 이상적인 도시 건설과 영조에게 죽은 아버지의 묘를 옮기기 위해 건축되었다. 당시 화성 건설에 대해 확고한 철학을 가지고 있던 정조는 조선 최고의 실학자이자 저술가인 정약용에게 설계를 맡겼다. 정약용은 전통적인 방법을 기초로 중국을 통해 들어온 서양의 여러 도시에 관한 책을 참고하여 우리 전통 성곽과 서양의 도시개념을 접목한 새로운 개념의 계획도시를 2년 9개월 만에 완성했다. 현재 수원의 대표적인 랜드마크이기도 한 수원화성은 안팎으로 미술관, 나혜석 벽화골목, 카페 골목 등 보고 즐길 거리가 많다. 매월 마지막 주 수요일은 '문화가 있는 날'로 지정되어 무료 관람도 가능하다. 단, 야간개장은 불가하니 참고하자.

화성행궁 주차장 031-290-3600 09:00~18:00, 연중무휴
₩ 통합권 3종(화성행궁, 수원박물관, 수원화성박물관) 어른 4,000원, 한복 착용 시 면제
P 최초 30분 900원(이후 10분마다 400원) www.swcf.or.kr

방화수류정

수원 화성의 동북쪽 각루의 이름이다. 용연과 어우러진 풍경은 낮에도 아름답지만, 야경은 보다 더 아름다워 사람들이 많이 찾는 곳이다. 방화수류정 앞의 용연에서는 왜가리와 오리를 만날 수도 있다.

매향 중학교 앞 주차장이나 연무동 공영주차장 이용
P 공영주차장 최초 60분 무료(이후 10분마다 300원)

무예24기 시범

조선 정조 때 발간된 무예 보통지에 실린 24가지 무예로, 관군이 익혔던 궁중 기예를 말한다. 월요일을 제외하고 신풍루 앞에서 주 6일 무료 시범을 보인다. 절도 있는 동작과 활쏘기, 검무 등을 만나볼 수 있다.

031-267-1644~7 화~일요일 11:00~11:30, 월요일 휴무

화성박물관

2009년 4월 개관한 화성박 물관은 수원 화성 축성에 대한 모형과 관련 유물 전시, 어린이 체험 및 다양한 교육 프로그램을 진행하고 있다.

수원화성박물관 09:00~18:00(입장 마감 17:00), 월요일 휴관 ₩ 2,000원 P 최초 1시간 무료 (이후 10분당 300원), 1일 7,000원
smuseum.suwon.go.kr/hs

수원시립아이파크미술관

수원 최초의 시립미술관이다. 2015년 10월 화성행궁 광장 옆에 개관했다.

수원시립아이파크미술관 031-228-3800
동절기(11~2월) 10:00~18:00,
하절기(3~10월) 10:00~19:00, 월요일 휴무
₩ 4,000원 P 최초 30분 1,000원(이후 10분당 1,500원) suma.suwon.go.kr/

수원카페골목

오래된 건물의 형태를 그대로 살린 카페와 음식점, 벽화들이 골목을 채우고 있다. 골목 안에는 나혜석 골목도 있다. 예쁜 벽화와 분위기 있는 건물이 많아 포토존으로도 인기다.

화성행궁 공영주차장 또는 수원시립선경도서관 주차장 이용
P 최초 30분 600원(이후 10분당 300원)

화성박물관

수원카페골목

02 <더 킹 : 영원의 군주> 드라마 세트장

2021년 3월 말에 오픈했다. 평행 세계 설정으로 방영됐던 드라마이다. 세트장은 작지만 황제의 거처와 외부 정원을 잘 묘사하여 사진찍기에 아주 좋다. 무료체험과 유료체험 프로그램이 운영되고 있으니 방문 시 운영되는 프로그램을 이용하면 된다. 외부 정원 끝에는 캠핑존이 있는데 가볍게 소풍을 즐기기에 아주 좋다. 바로 옆에 경기도 국민안전체험관이있으니 함께 관람해도 좋겠다.

더킹영원의군주드라마세트장
10:00~17:00, 월요일 휴무 ₩ 무료 P 무료

03 물향기수목원

'물과 나무와 인간의 만남'을 주제로 하여 습지생태원, 수생식물원, 호습성 식물원 등 물을 좋아하는 식물들로 꾸려져 있다. 덩굴식물로 이루어진 만경원(蔓莖園), 사람이 먹을 수 있는 열매가 열리는 나무를 심어 놓은 유실수원, 여러 종류의 소나무를 모아 놓은 한국의 소나무원 등 다양하게 조성되어 있다. 훼손을 막고 조용하고 깨끗한 환경을 지키기 위해 수목원 안에는 매점이나 식당이 없다. 도시락을 준비하면 숲속쉼터에서 먹을 수 있으니 느긋하게 소풍을 즐겨보자.

물향기수목원(오산시 수청동 282) 031-378-1261
3~5·9·10월 09:00~18:00, 6~8월 09:00~19:00, 11~2월 09:00~17:00(폐장 1시간 전 매표 마감), 월요일·신정·설날 휴무 ₩ 1,500원 P 3,000원

04 안성팜랜드

39만 평의 푸른 초원에서 황소, 당나귀, 면양, 거위, 돼지, 당나귀 등 25종의 가축과 함께하는 체험을 할 수 있는 농축산 테마파크이다. 〈구가의 서〉, 〈신사의 품격〉, 〈각시탈〉, 〈도깨비〉 등 드라마 촬영지로도 유명하다. 가축을 직접 만지고 먹이도 주는 목장체험과 냉이캐기, 산양 비누 만들기, 치즈와 피자 만들기 등의 낙농 체험도 가능하다. 계절마다 다르게 피어나는 꽃을 보며 트랙터 마차를 타고 농장을 둘러볼 수 있다. 사진을 남기기도 좋아 출사지로 많이 찾는 곳으로, 가족들과 힐링하기 좋다.

안성팜랜드 031-8053-7979
하절기(2~11월) 10:00~18:00,
동절기(12~1월) 10:00~17:00(폐장 1시간 전 매표 마감)
10,000~15,000원(시즌별 상이), 체험 및 익사이팅파크 이용요금 별도 P 무료 www.nhasfarmland.com

05 각원사

천안의 태조산은 고려 태조 왕건이 머물렀다 하여 태조산이라 부르게 되었다. 그 태조산 기슭에는 남북통일을 기원하는 각원사가 자리하고 있는데, 높이 15m, 둘레 30m, 무게 60t에 이르는 거대한 남북통일기원 청동대불과 엄청난 규모의 태양의 성종이 특히 유명하다. 이 절의 언덕에는 203개의 계단이 있다. 이 계단은 백팔번뇌와 관세음보살의 32화신, 아미타불의 48소원 및 12인연과 3보(寶) 등 불법과 관계있는 숫자를 합해서 정한 것인데, 보는 것만으로 숨이 차는 듯하다. 한 계단, 한 계단, 차분히 밟아 올라가 보자.

생각을 딛고 올라가서 내려다보는 대웅전의 전경은 더더욱 웅장하게 다가온다. 가을의 단풍도 아름답지만, 청동대불 앞에 피는 왕벚꽃과 겹벚꽃은 특히 아름답다.

각원사 041-561-3545 일출~일몰 ₩ 무료
P 무료 www.gakwonsa.or.kr

06 독립기념관

1987년 국민모금운동으로 건립한 독립기념관은 우리나라의 민족적 수난과 독립쟁취를 위해 외세와 싸운 역사적 사실과 관련된 자료 및 유물을 전시해 놓은 곳이다. 다양한 전시관과 야외에는 독립을 상징하는 조형물, 애국선열들의 시와 어록을 새긴 비 그리고 평화통일을 기원하는 통일 염원의 동산이 조성되어 있으며 철거한 조선총독부 건물을 옮겨와 전시해 놓은 공원도 만날 수 있다. 독립기념관을 에워싸고 있는 가을 단풍나무 길은 꼭 한번 걸어보자. 차량으로 흑성산 전망대에 올라가면 독립기념관을 한눈에 내려다볼 수 있다. 일출 명소로 유명해 전국의 많은 사진작가들이 찾는 곳이다.

독립기념관 041-560-0114
3~10월 09:30~18:00, 11~2월 09:30~17:00, 월요일 휴무
입장료 무료, 태극열차 1,000원(편도) P 2,000원
www.i815.or.kr

07 홍대용과학관

담헌 홍대용 선생은 조선시대 후기 대표적 사상가이자 실학자다. 석실서원에서 공부하면서 박지원, 박제가 등 당대의 실학자들과 교류했다. 저서 『의산문답』을 통해 최초로 지전설(地轉說)과 지구가 둥근 구형이라는 지구구형설(地球球形說)을 주장하였다. 또한, 셀 수 없을 정도로 많은 별들이 우주에 존재한다는 우주무한론도 주장하고, 천문관측기구인 혼천의, 혼상의, 혼천시계 등을 제작, 천체를 관측했다. 천안 홍대용과학관에는 천체투영관, 주관측실과 보조관측실이 있으며, 홍대용주제관, 과학사전시관 등이 있다. 천체투영관에서는 15m 반구형 돔에 있는 프로젝터를 통해 별자리 등을 관찰체험할 수 있다. 주관측실에서는 800m 반사망원경으로 천체 관측이 가능하다.

홍대용과학관 041-564-0113 전시관 10:00~18:00, 천체투영실 3~9월 10:00~22:00, 10~2월 10:00~21:00, 관측실 3~9월 15:00~22:00, 10~2월 14:00~21:00, 월요일 휴무
입장료·관측실 각 3,000원, 천체투영관 2,000원
P 무료 www.cheonan.go.kr/damheon.do

08 청주백제유물전시관

도심을 가로지르는 무심천가에 있는 백제고분군은 우리나라에서 발견된 것 중에 가장 큰 백제인의 무덤군이다. 백제고분군 위에 세워진 청주백제유물전시관은 신봉동 백제고분군을 중심으로 인근의 유적을 포함한 청주의 초기 역사와 관련된 유물들을 전시하고 있다. 아울러 고분과 정북토성 축조과정, 신봉동 집터 등이 재현되어 백제문화를 보다 가깝게 배우고 이해할 수 있게 만들었다.

청주백제유물전시관 043-201-4255
09:00~18:00, 월요일 휴무 ₩ 무료 P 무료
cheongju.go.kr/cjbaekje/index.do

09 청주고인쇄박물관

지난 천 년 동안 인류 역사에 큰 영향을 남긴 사건 중 하나가 금속활자의 발명이다. 현존하는 가장 오래된 금속활자본인 『직지』는 『백운화상초록불조직지심체요절』이 원제목이며, 고려 우왕(1377년) 때 흥덕사에서 간행되었다. 본래 『직지』는 부처님과 큰스님들의 말씀을 간추려 만든 책으로, 인류문화 발전에 가장 큰 공헌을 한 것으로 알려진 독일의 『구텐베르크 42행 성서』보다 무려 78년이나 빠르다. 흥덕사 터에 세운 청주고인쇄박물관은 직지의 제작과정을 포함한 전시실과 삼국시대부터 시대별로 인쇄기술의 발달과 역사가 잘 정리되어 있다. 또한, 직지금속활자공방을 재현한 전시실에서는 인형들이 움직이면서 제작 과정을 설명해주기 때문에 금속활자의 작업 공정을 쉽게 이해할 수 있다.

청주고인쇄박물관 043-201-4266
09:00~18:00, 월요일 휴무 ₩ 무료 P 무료
cheongju.go.kr/jikjiworld/index.do

10 용두사지철당간&성안길

절 앞에 부처의 위신과 공덕을 나타내기 위한 깃발을 다는 기둥을 당간이라 한다. 철로 만든 당간은 매우 드문 것으로 공주 갑사와 이곳뿐이다. 국보 용두사지철당간은 높이 65.5cm, 지름 43cm의 철통 20단으로 이루어져 있다. 원래는 30단으로 당간의 높이가 19m에 달했다. 꼭대기에는 여의주를 물고 있는 용머리가 있었고, 여의주에 고리가 있었다. 당간의 밑에서 3번째 단에는 당간을 만들 당시의 역사적인 사실이 양각으로 기록되어 있다. 과거 청주는 홍수가 빈번한 곳이었다. 청주읍성이 배 형상을 하고 있어 돛대를 세워야 한다는 점술가의 말을 따라 철당간을 세운 뒤에는 홍수가 나지 않았다고 한다. 성문이 있던 4대문 자리에 표지석이 세워져 있는 성안길은 100여 년 전 청주읍성이 있던 자리이다. 비록 일제강점기에 허물어졌지만, 성안길은 조선시대 청주읍성의 가장 중심가였다. 현재도 청주의 명동거리이자 패션1번가로 자리 잡고 있다. 용두사지철당간은 성안길 안쪽에 위치해 있다. 지금은 청주시민의 만남의 장소로 더 유명하다.

용두사지철당간 043-200-2232
무료 인근 유료주차장 이용
www.cheongju.go.kr/ktour/index.do(청주시 문화관광)

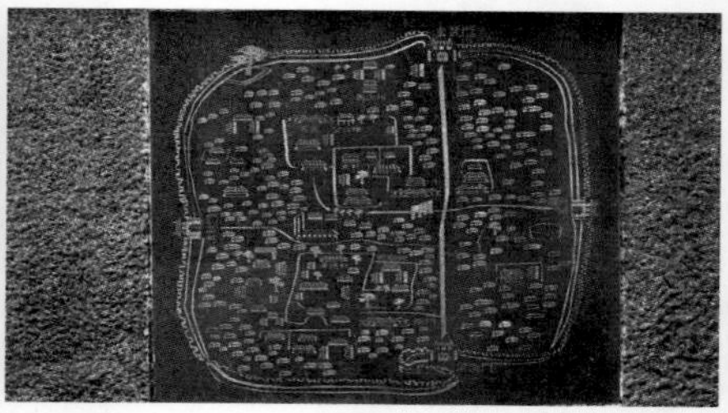

11 수암골

드라마 촬영지로 유명해진 수동 수암골은 청주의 마지막 달동네이다. 한국전쟁 당시 피란민들이 살면서 생겨난 좁은 집들이 다닥다닥 붙어 있다. 2008년 주민들과 함께 추진한 '폐가 재활용 프로젝트'를 통해 충북의 유명한 작가들의 창작 작품을 골목골목 찾아보며 산책하는 '수암골 아트 투어'라는 공동체 문화예술을 만들어 냈다. 허름한 담장에 정감 어린 그림들이 숨어 있는 곳. 〈카인과 아벨〉, 〈제빵왕 김탁구〉, 〈영광의 재인〉 등의 드라마 촬영지로도 유명하다. 관광객들에게 볼거리, 즐길 거리(체험), 먹거리 등을 제공하지만 주민들이 살고 있으니 조용히 관람하자! 수암골 전망대에 올라서면 청주 시내와 우암산 끝자락으로 밀려난 소박한 달동네의 정겨운 골목길들이 한눈에 들어온다.

수암골 · 043-253-1330 · 무료 · 무료 · www.cheongju.go.kr/ktour/index.do(청주시 문화관광)

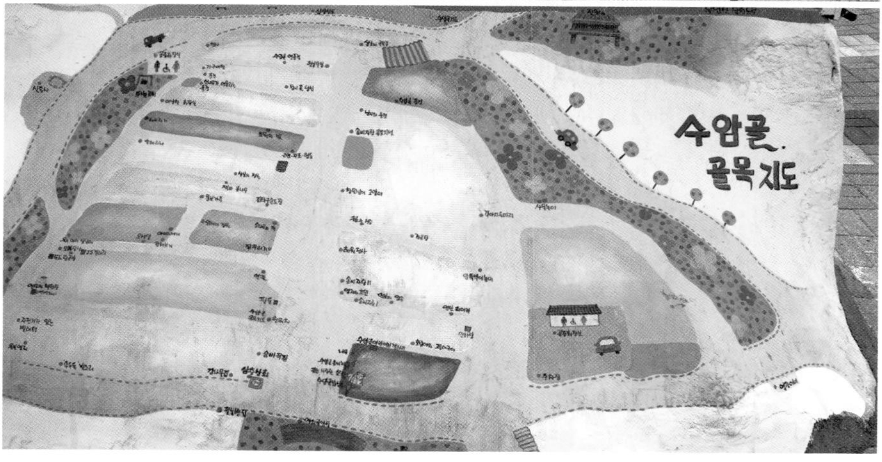

12 국립청주박물관

국립청주박물관은 건축가 故김수근 선생이 산을 깎지 않고 그 경사면에 층층이 건물을 올려서 자연미를 최대한 살릴 수 있도록 설계하였다. 충북 지역에서 출토된 유물과 문화유산을 통해 고구려, 백제, 신라의 군사적 충돌이 빈번한 청주에서 꽃피운 중원문화를 이해하기 쉽게 전시한다. 제1전시관은 구석기시대부터 초기 철기시대의 유물, 제2전시관은 마한과 통일신라시대까지의 유물로 철기문화에 대해 잘 정리되어 있다. 제3전시관은 고려시대 유물을 비롯하여 불교문화를 주제로 하며, 금속공예와 인쇄문화가 전시되어 있다. 제4전시실은 조선의 통치이념인 유교에 관련한 자료를 전시하고 있다.

국립청주박물관 0507-1408-6300
09:00~18:00 ₩ 무료 P 무료
cheongju.museum.go.kr

13 상당산성

멀리서도 머리에 하얀 띠를 두른 듯 또렷하게 보이는 상당산성은 청주의 대표적인 건축물이다. 백제시대 때 토성으로 축성된 산성은 통일신라 이후에 군사적 가치를 인정받아 한양 방어를 위해 석성으로 개축됐다. 드넓은 잔디밭에 오르면 남문이 반갑게 품어준다. 산성에서 청주 시내를 한눈에 내려다보며 서문과 동문을 거쳐 산성일주를 할 수 있다(4.2km/90분 소요). 서문이나 동문으로 내려와 전통한옥마을에서 전통주와 빈대떡 한 상으로 여행의 피곤함을 풀자. 잘 정비된 산성 주위 산책로는 시민과 관광객들의 사랑을 독차지하고 있다. 시간이 된다면 상당산성과 것대산 봉수터를 연결한 걷기코스를 이용해 보자. 남암문에서 출렁다리를 건너고 상봉재를 지나 것대산에 오르면 봉수터가 나온다. 첩첩이 쌓인 산봉우리들이 순식간에 발아래 펼쳐진다(1시간 소요).

상당산성 043-201-0202
일출~일몰 ₩ 무료 P 무료
www.cheongju.go.kr/ktour/index.do(청주시 문화관광)

14 문의문화재단지

문의 지역은 금강의 본류가 흘러 토지가 비옥하여 오래전부터 인류가 정착해온 유서 깊은 곳이다. 1980년 대청댐이 건설되면서 여러 마을이 수몰 위기에 처하게 되자 수몰 지역의 문화재를 보존하고 실향민들의 향수를 달래기 위해 문화재단지를 조성하게 되었다. 시원한 대청호수가 한눈에 들어오는 양성산 기슭에 자리한 단지에는 수몰된 지역에서 옮겨온 마을 가옥과 가호리 고인돌을 비롯한 문화재, 청원군 관내에서 이전한 문화재와 조형물 등이 있으며, 대청호를 품고 있는 주변의 자연경관이 아름다워 드라이브 코스로도 유명하다.

문의문화재단지 043-201-0915 하절기(3~10월) 09:00~18:00, 동절기(11~2월) 09:00~17:00, 월요일 휴무, 신정·설날·추석은 14시까지 ₩ 1,000원 P 무료 www.cheongju.go.kr/ktour/index.do(청주시 문화관광)

15 현암사

대청호가 보이는 구룡산 중턱에 자리하고 있는 사찰로 백제 전지왕 3년(407년)에 고구려 승려 선경이 창건하였다. 그 이후 신라 문무왕 5년에 원효가 중창하였다. 바위 끝에 매달려 있는 듯한 다람절이라는 의미에서 현암사(懸岩寺)라 한다. 대청댐이 들어서기 전 이곳은 자갈길로 이어져 있어서 새 도로가 나기 전까지는 그야말로 구름 위에 앉은 듯한 까마득한 절이었다. 지금은 산 중턱까지 도로가 나고, 철제 계단이 놓였지만 현암사에 오르는 길은 여전히 퍽퍽하다. 하지만 한 발 한 발 더듬어 올라 마침내 현암사에 들어섰을 때, 뒤돌아 굽어보는 풍광은 뻐근한 다리의 통증을 잊게 해준다. 어쩌면 그 옛날 현암사를 세운 이는 아득한 바위 끝에 절을 매달아 깨달음의 길을 한눈에 일러주려 했는지도 모른다. 발아래 펼쳐진 대청댐과 호반을 휘감은 산을 보며 깨달음에 도전해 보자.

현암사 / 042-932-2749 / 일출~일몰 / 무료
무료이나 공간 협소

16 청남대

20여 년간 대통령 전용 별장으로 사용하다가 2003년부터 일반인에게도 개방되었다. 각종 문화행사가 열리며, 하늘정원, 대통령길, 전망대 등이 있다. 대통령광장에는 청와대, 백악관, 버킹엄궁전 등 세계 9개국 대통령 궁과 왕궁의 사진이 들어간 타일 벽화와 역대 대통령의 청동상이 있다. 청남대의 가을 단풍은 대한민국에서 가장 아름답다. 전망대에 오르면 청남대를 품은 대청호의 풍광을 볼 수 있다. 드라마 촬영지로도 유명한 청남대 진입로 역시 최고의 드라이브 코스로, 아름다운 자연이 살아있는 길이다.

청남대 / 043-257-5080
2~11월 09:00~18:00(입장 마감 ~14:30),
12~1월 09:00~17:00(입장 마감 ~15:30), 월요일 휴무
6,000원 / 무료 / chnam.chungbuk.go.kr

17 한밭수목원

정부대전청사와 엑스포과학공원의 중앙 부분에 자리 잡고 있다. 수목원과 어우러져 예술의 전당, 시립미술관 등 문화시설도 잘 갖추어져 있다. 한밭수목원은 전국 최대의 인공수목원으로 도심 속에서 자연을 느끼며 휴식할 수 있는 공간이다. 또한 각종 식물의 유전자 보존과 청소년들의 체험학습의 장이기도 하다. 수목원 안과 밖을 산책하며, 도심 속의 여유를 느껴보자.

한밭수목원 042-270-8452
동절기(11~3월) 07:00~19:00, 하절기(4~10월) 05:00~21:00, 열대식물원 09:00~18:00 무료
최초 3시간 무료(이후 15분당 600원)
www.daejeon.go.kr/gar/index.do

18 테미오래

옛 충남 도지사가 머물던 관사촌이 다중복합문화공간으로 재탄생했다. 1932년에 설립된 관사촌은 시민공모를 통해 '테미오래'라고 이름 붙여졌다. 전국에서 유일하게 남아 있는 일제강점기의 행정 관사촌으로, 관사별로 다양한 전시와 국내외 해외 교류 레지던시 프로그램, 지역 공동체 문예프로그램 등을 운영하고 있다. 전체적으로 일본 건축양식으로 지어진 관사 내부에는 관사촌의 건축양식과 행정양식에 대해 상설전시하고 있다.

테미오래 042-335-5701 하절기(3~10월) 10:00~17:00, 동절기(11~2월) 10:00~16:00, 월요일·공휴일·국경일 다음 날 휴관
무료 무료 temiorae.com

해우재

해우재

해우재는 세계 최초, 또는 국내 유일의 화장실박물관으로 수원 똥박물관이라고도 불린다. 조상들의 화장실문화부터 현대의 화장실문화, 거기에 웃음을 자아내는 여러 가지 조형물 등 화장실 테마공원으로 조성이 되어 있다.

해우재 031-271-9777 3~10월 10:00~18:00, 11~2월 10:00~17:00
무료 무료 www.haewoojae.com

효원공원 월화원

월화원

수원 효원공원 내에 있는 중국 전통공원으로, 경기도와 광둥성의 우호교류 발전에 관한 실행 협약에 따라 수원에는 월화원을, 광둥성에는 해동경기원을 조성하게 되었다. 월화원은 광둥 지역의 전통 건축양식을 되살려 약 1,820평 규모로 중국 노동자들에 의해 조성되었다. 효원공원 서측에도 주차할 수 있으나 좁을 수 있으니 경기아트센터에 주차 후 걸어가도 된다.

경기아트센터 1899-3300 09:00~22:00
무료 경기아트센터 30분당 1,000원

독산성

독산성

백제 때 쌓았던 성으로, 통일신라와 고려를 거쳐 임진왜란 때까지 이용되었다. 평지에서 돌출되어 사방을 두루 살필 수 있어 전략적 요충지이기도 하다. 임진왜란 이후에도 이곳의 중요성이 강조되어 1602년 변응성이 다시 성을 쌓았다. 1796년 수원화성의 축조와 함께 새롭게 고쳐 쌓아 오늘에 이르렀다. 권율 장군이 왜적을 물리쳤던 독산성 전투로 유명하다. 왜장 가토 기요마사는 벌거숭이산에 물이 없을 것이라고 짐작하고 물 한 지게를 산 위로 올려보냈는데, 이를 꿰뚫어 본 권율 장군이 흰쌀을 말에 끼얹어 씻기는 시늉을 했다. 이를 보고 물이 아직 남아 있다고 착각한 왜군이 퇴각했다는 세마대의 일화가 전해지고 있다.

독산성 주차장 031-8036-8036 09:00~18:00 무료 무료
www.osan.go.kr/osanCulture(오산 문화관광)

미리내성지

미리내성지

미리내는 우리말로 은하수라는 뜻이다. 신유박해와 기해박해를 피해 숨어든 천주교 신자들이 이곳에 교우촌을 형성했는데, 밤이면 집집마다 흘러나오는 불빛이 달빛 아래 비치는 냇물과 어우러져 마치 은하수처럼 보인다고 해서 붙여진 이름이다. 우리나라 최초의 사제 김대건 신부와 어머니 우르술라, 그에게 사제품을 준 조선교구 제3대 교구장 페레올 주교, 그리고 김신부의 시신을 이곳에 안장했던 이민식 빈첸시오의 묘가 자리 잡고 있다.

미리내성지 031-674-1256~7 09:00~17:00
무료 무료 www.mirinai.or.kr

안성맞춤랜드

안성 8경 중 하나로 박두진문학관, 공예문화센터, 천문과학관, 남사당 전수관, 캠핑장 등이 10만 평이 넘는 부지에 조성된 시민 공원이다. 숲놀이터나 물썰매장 등 아이들이 놀기에도 좋고 공원 내에 있는 저수지에 마련된 수변데크는 산책하기에 좋다.

안성맞춤랜드 031-678-2672~3 www.anseong.go.kr/tour/main.do

남사당전수관

남사당패 바우덕이를 기리고 남사당 풍물놀이를 계승하기 위해 설립되었다. 최초의 남장 여성 꼭두쇠로 알려진 바우덕이의 고장인 안성에 있다. 백성들의 놀이문화인 남사당놀이는 중요무형문화재로 인정받았다. 매주 주말에 공연하고 있으니 둘러보자.

남사당전수관 031-675-3925
3~11월 토요일 16:00~18:00, 일요일 14:00~16:00
입장료 10,000원(홈페이지 예약 가능) P 무료
www.anseong.go.kr/tourPortal/namsadang

남사당전수관

박두진문학관

박두진은 정지용의 추천으로 1939년 6월 한글 시 작품으로 등단했다. 박목월, 조지훈 등과 함께 청록파 시인 중 한 사람으로 불린다. 문학관은 일제강점기부터 활동해온 박두진 시인의 문학 사상을 알리고 기념하기 위해 설립되었다. 상설전시와 기획전시 등을 하고 있으며, 시민을 위한 다양한 프로그램을 진행 중이다.

박두진문학관 031-678-2466
09:00~18:00, 월요일·신정·설날·추석 당일 휴무 무료
www.anseong.go.kr/tourPortal/munhak/main.do

한택식물원

자연생태원, 수생식물원, 월가든, 암석원, 억새원 등 자연환경에 맞게 구성한 아름다운 정원과 다양한 식물품종을 전시한 원추리원, 비비추원, 아이리스원 등이 있으며, 『어린왕자』에서 볼 수 있었던 바오밥나무가 있는 호주온실과 남아프리카온실, 허브&식충식물원, 편안한 휴식과 여유를 느낄 수 있는 잔디화단, 쉼터 등 서른여섯 가지의 색다른 정원을 갖추고 있다. 또한 자연을 배울 수 있는 다양한 체험 및 전시 등을 진행하고 있다.

한택식물원 주차장 031-333-3558 09:00~일몰
10,000원 www.hantaek.co.kr

한택식물원

아우내장터&천안 병천순대거리

아우내장터

아우내란 '두 개의 내를 아우른다'라는 뜻으로, 3 · 1 운동 당시 유관순 열사가 만세를 부른 곳도 아우내장터이다. 아우내장터는 인근 장터 가운데 가장 크게 번성했는데, 이 장터를 더욱 유명하게 만든 것이 '병천순대'다. 과거에는 장이 서는 날만 순대를 팔았지만 터를 잡고 순대를 파는 가게가 많아지면서 평상시에도 찾는 사람들이 많다. 아우내장터는 지금도 1과 6이 들어가는 날마다 5일장이 서고 있다.

병천순대거리 ₩ 무료 P 무료

유관순열사유적지

유관순열사유적지

18세의 어린 나이에 3 · 1 만세 시위를 주도하다 옥중에서 순국한 유관순 열사를 기리기 위해 조성된 유적지다. 추모각과 기념관과 생가, 매봉산 자락에는 열사의 초혼묘를 마련해 놓았다.

유관순열사유적지 041-564-1223

3~10월 09:00~18:00, 11~2월 09:00~17:00 ₩ 무료 P 무료

www.cheonan.go.kr/yugwansun/

정북동 토성

정북동 토성

전국에서 유일하게 보존 상태가 좋은 고대의 평지 토성이다. 출토유물, 축성 방식으로 보아 약 2세기경 청동기 말기나 원삼국시대에 최초로 축성이 이루어진 것으로 판단된다. 정북동 토성은 초기 토성 연구에 중요한 자료로, 토성의 둘레는 약 675m, 4개의 문터가 남아 있다. 넓은 들판에 자리한 낮은 토성은 소중한 농토와 곡식을 지키려는 사람들의 마음이다. 해가 질 무렵이면 토성을 배경으로 아름다운 사진을 담을 수 있다. 청주의 대표적인 일몰 핫플레이스이다.

정북동토성

동부창고

동부창고

동부창고는 옛 청주연초제조창의 담뱃잎 보관창고이다. 1960년대 공장 창고의 원형을 유지하고 있으며, 적벽돌과 목조 트러스로 건축되어 근대 문화유산으로서 보존 가치가 높다. 동부창고 34동과 36동은 다목적홀, 푸드랩실, 갤러리, 목공예실, 동아리실, 댄스 연습실, 강의 및 소규모 공연이 가능한 빛내림홀 등 누구나 일상에서 문화를 쉽게 즐길 수 있는 생활문화공간이다. 35동은 음악, 무용, 연극, 뮤지컬 등 연습실을 제공하고 있으며, 6동은 2017년 폐산업단지 문화재생사업 대상지로 선정되어 전시, 공연, 마켓 등 다양한 이벤트가 열린다. 동부창고 8동은 카페 C로 지역 예술가들이 인테리어에 참여하여 공간 속에 녹아든 예술작품을 감상할 수 있다.

동부창고 화~금요일 10:00~22:00, 토~일요일 10:00~17:00, 월요일 휴무

₩ 무료 P 무료 www.dbchangko.org

미동산수목원

우수한 나무 유전자를 보호하기 위해 산 전체를 수목원으로 조성하고 있으며, 곳곳에 나무를 테마로 하는 산림체험공간을 만들었다. 천연기념수와 희귀한 나무를 보존하는 유전자보호원과 우리나라 산림 자료를 모아둔 산림박물관도 있다. 따뜻한 곳에서 자라는 나무를 모아둔 난대식물원과 약재로 사용되는 풀을 모아둔 산야초전시관 등이 있다. 나무로 만든 물건을 전시하고, 나만의 가구를 만들어 볼 수 있는 목재체험장도 인기라고 한다. 복잡한 도시를 떠나 숲길을 걸으며 자연을 즐겨보자.

미동산수목원

🏠 미동산수목원 📱 043-220-6101 ⏰ 3~10월 09:00~18:00, 11~2월 09:00~17:00, 월요일 휴무 ₩ 무료 P 무료 🌐 www.cbforest.net

마동창작마을

1995년에 폐교된 분교를 개조해 만든 전업 작가들의 창작공간이다. 이홍원 화가를 촌장으로 하고 다른 예술 분야에서 일하는 작가들이 작업을 하고 있다. 아이들이 뛰어놀던 운동장은 야외조각공원으로 꾸며졌고, 교실은 작가들의 작업실과 전시실 그리고 찻집으로 바뀌었다. 여러 작가의 작품을 한곳에 모아둔 전시실에선 각자의 특색이 느껴지는 작품을 감상할 수 있다. 또한 셀프로 운영하는 찻집은 이곳을 찾는 사람들의 사랑방이다. 교실 창문으로 파고드는 햇살을 받으며 향기 가득한 차 한잔을 즐겨보자. 차 향기 너머 창문 밖 풍경 또한 하나의 작품이다.

마동창작마을

🏠 마동창작마을 📱 043-221-0793 ₩ 무료 P 무료

대동하늘공원

대전의 대표적인 달동네인 대동 산1번지는 6 · 25전쟁 이후 대동 언덕배기에 사람들이 들어와 살면서 동네를 이루었다. 현재 약 40여 가구가 이곳에 살고 있다. 지은 지 40~50년 된 오래된 집들을 따라 골목길에는 벽화가 그려져 있다. 동네의 꼭대기에 대동하늘공원이 조성되어 있는데 야경이 특히 아름답다. 좁은 골목이라 주차할 곳이 마땅치 않다. 우송대 쪽에 주차 후 걸어가면 된다. 도보 약 10분 소요.

대동하늘공원

₩ 무료

뿌리공원

땅은 대전 중구에서 제공하고, 각 문중에서 조형물을 제작하여 설치했다. 우리나라 모든 성씨가 한곳에 모여 있다는 의미의 만성교와 표석, 만남의 집 등이 있다. 효문화마을, 한국족보박물관, 한국효문화진흥원 등을 아우르는 효문화테마공원의 일부다.

뿌리공원

🏠 뿌리공원 📱 042-288-8310
⏰ 3~10월 06:00~22:00, 11~2월 07:00~21:00 ₩ 무료 P 무료
🌐 www.djjunggu.go.kr/hyo/index.do

추천 맛집

서문시장 삼겹살 골목

할머니묵집

수원 그때그집
수원시 영통구 매탄로168번길 8-2 031-216-2517

천안 박순자아우내순대
천안시 동남구 병천면 아우내순대길 47 041-564-1242

청주 동그라미
청주시 상당구 상당로81번길 53 043-252-9862

청주 육거리종합시장
청주시 상당구 석교동 131 043-222-6696

청주 서문시장 삼겹살 골목
청주시 상당구 서문동 124

대전 할머니묵집
대전시 유성구 금남구즉로 1378 0507-1357-5842

대전 진로집
대전시 중구 중교로 45-5 042-226-0914

다래목장

SNS 핫플레이스

다래목장
청주시 청원구 내수읍 초정약수로 526-15
0507-1329-0827

카페 수원 빈야커피
수원시 팔달구 화서문로45번길 6-5
031-292-3751

카페 이리부농
수원시 권선구 매곡로 6-8
0507-1325-8626

카페 일상엔베이커리카페
수원시 팔달구 고화로 8
0507-1398-0922

카페 커피주택
수원시 팔달구 일월로42번길 8-15 1층
031-291-0524

카페 정지영커피로스터즈 장안문점
수원시 팔달구 정조로905번길 13
070-7537-0120

카페 홍라드 행궁 본점
수원시 팔달구 정조로 844-1 2층
0507-1369-3736

카페 정조살롱
수원시 팔달구 화서문로32번길 4 1층 카페 정조살롱
0507-1409-9269

카페 팜투하녹
수원시 팔달구 신풍로23번길 63-18 한옥 1층
0507-1309-8120

카페 태그원
청주시 상당구 상당로115번길 36
0507-1468-4585

카페 이숲
천안시 서북구 성거읍 남창마을1길 32
0507-1344-0613

카페 카페코지 청주점
청주시 상당구 낙가산로 9 1층
043-287-0878

카페 라비린스
청주시 상당구 수암로20번길 10
043-224-2525

카페 에클로그
청주시 상당구 남일면 효덕길 26-84
043-297-3300

카페 JS커피바
청주시 흥덕구 진재로110번길 19
0507-1333-3780

카페 이안테라스 베이커리카페
청주시 청원구 율량로 191 이안스퀘어 빌딩 4층
043-211-3072

구 간 2

옥천 IC ~ 신녕 IC

옥천·영동·김천
구미·칠곡

Best Course

옥천 IC → 옥천 이지당 →

1 옥천 부소담악 → 수생식물학습원 →

2 장계국민관광지 → 3 정지용생가&정지용문학관 →

4 옥천성당 → 5 용암사 →

6 영동 영국사 → 7 강선대 →

8 난계국악박물관 → 영동와인터널 → 과일나라 테마공원 →
→ 와인코리아 → 노근리 평화공원 →

9 월류봉 → 10 김천 직지사 →

11 직지문화공원 → 연화지 → 방초정 →
청정부항레인보우짚와이어 →

12 청암사 → 13 수도암&수도계곡 →

14 구미 금오산도립공원&케이블카 →

15 금오산저수지 → 칠곡 가산수피아미술관 →

16 왜관철교 → 구상문학관

17 가실성당 → 대구 달성 하목정 → 신녕 IC

속리산 국립공원
보은군
상주시
수생식물학습원
부소담악 1
2 장계국민관광지
옥천 IC
이지당
3 정지용생가/정지용문학관
4 옥천성당
대전 광역시
1
5 용암사
9 월류봉
8 난계국악박물관
노근리 평화공원
와인코리아
영동군
과일나라 테마공원
영국사 6
강선대 7
영동와인터널
연화지
세계도자기박물관
사명대사공원 /김천시립박물관
11 직지문화공원
직지사 10 김천시
금산군
방초정
청정부항레인보우짚와이어
무주군
성주군
청암사 12
옛날솜씨마을
13 수도암/수도계곡
덕유산 국립공원
가야산 국립공원
거창군
구미시
의성군
군위군
14 금오산도립공원/케이블카
15 금오산저수지
금오산 도립공원
가산수피아미술관
신녕 IC
영천시
칠곡군
왜관철교 16
구상문학관
별별미술마을/시안미술관
17 가실성당
달성 하목정
대구국제공항
1
경산시
대구 광역시

01 부소담악

추소리 부소무니 마을은 금강의 물길을 막아서 만든 대청호 주변의 굽이진 길에 자리하고 있다. 이 마을 앞 잔잔한 호숫가에 늘어서 있는 기암괴석이 병풍처럼 펼쳐진 바위가 부소담악이다. 부소무니 마을의 물 위에 떠 있는 산이라 해서 '부소담악'이라 불리고 있으며, 우암 송시열 선생이 소금강이라 예찬할 정도로 아름다운 곳이다. 능선부에 세운 추소정에 오르면 아름다운 경관을 확인할 수 있으나 부소담악을 제대로 감상하려면 추소리 마을 앞에서 추소정을 바라보는 것을 권한다. 보현사 주차장 앞에 부소담악 입구가 있다. 나무 데크 길을 따라 800m를 걸으면 추소정과 전망대가 있다.

충북 옥천군 군북면 환산로 518 추소정
043-730-3114 일출~일몰 ₩ 무료 P 무료

02 장계국민관광지

대청호반 품에 안겨 있는 장계국민관광지. 산을 담은 호수가 주위 풍경과 어울려 아름다움을 더욱 부각한다. 입구에는 우리나라 역사와 전통문화, 삶을 느낄 수 있는 향토자료전시관이 있다. 전시관을 중심으로 3개의 코스로 나누어져 있다(총 1.7km). 통유리로 된 모단가게에서 내려가면 정자와 같은 방갈로를 시작으로 야외 음악당, 지용문학상시비가 있다. 대청호반을 따라 정지용 시인의 작품을 테마로 꾸며진 '멋진 신세계'를 산책하면 솔향과 함께 여유를 느낄 수 있다. 특히, 해 질 무렵 붉은 노을이 내려앉은 대청호는 쉽게 잊을 수 없다. 봄에는 옥천읍에서 장계국민관광지로 오는 37번 벚꽃 가로수길이 대표적인 드라이브 코스이다. 겨울에도 대청호반의 설경을 보기 위해 많은 관광객이 찾는다. 언제든 벤치에 앉아 호수를 바라보는 것만으로도 행복한 곳이다.

장계관광지 043-730-3418
하절기 09:00~21:00, 동절기 09:00~17:00, 월요일 휴무 ₩ 무료 P 무료

Tip 뿌리 깊은 나무
국립수목원 '가보고 싶은 정원 100' 선정
옥천군 안내면 장계길 221-3 043-731-0567

03 정지용생가&정지용문학관

실개천이 졸졸 흐르고, 물레방아가 돌아가는 아담한 공원 옆에 작은 사립문이 달린 초가집 한 채가 있다. 「향수」로 유명한 정지용 시인이 태어나고 어린 시절을 보낸 생가이다. 정지용 시인은 우리나라 현대시의 아버지로 불리며 수많은 아름다운 작품을 남겼다. 특히 대표적인 시 「향수」는 아름다운 시어로 지금까지 많은 사람들의 사랑을 받고 있다. 또한 청록파 시인으로 불리는 박목월, 박두진, 조지훈 시인을 발굴했으며, 한국의 3대 천재 시인 중 하나인 오장환 시인의 스승이기도 하다. 생가 옆에 정지용 시인의 동상과 그의 작품 140여 편과 그의 시세계를 알 수 있는 문학관이 있다. 주차장 건너편 담벼락에 쓰인 시 구절이 머릿속을 맴돈다. 그곳이 참하 꿈엔들 잊힐리야~

정지용문학관 043-730-3408 09:00~18:00, 월요일 휴무
₩ 무료 P 무료 www.oc.go.kr/jiyong/index.do

04 옥천성당

천주교 성당이라 하면 붉은 벽돌의 고딕 건축물로 뾰족한 첨탑 그리고 아치형의 스테인드글라스가 떠오른다. 하지만 나지막한 언덕 위에 세워진 옥천 천주교회는 파란 하늘에 잘 어울리는 하얗고 푸른빛이 도는 철근콘크리트 기와집 형태이다. 1945년 무렵에 세워진 옥천 천주교회는 근대화시대 대표적 건축물로 평가되며 이후의 성당 건축물에 큰 영향을 미쳤다. 마치 엽서 위의 그림과도 같은 옥천 천주교회는 대한민국 근대문화유산으로 지정되었다.

옥천 천주교회 043-731-9981 일출~일몰
₩ 무료 P 무료

05 용암사

용암사는 신라 진흥왕 13년(552년) 때 의신(義信)이 세운 사찰로 쌍삼층석탑, 용암사마애불, 용암사 목조아미타여래좌상이 안치되어 있다. 특히 보물로 지정된 쌍삼층석탑은 일반적인 대웅전의 앞이 아니라 사방이 한눈에 조망되는 북쪽 봉우리에 있다. 이는 고려시대에 성행했던 산천비보(山川裨補) 사상에 의한 것으로 추정된다.

산천비보 사상이란, 탑이나 건물을 건립해 산천의 쇠퇴한 기운을 북돋아준다는 것으로 현재까지 이 쌍탑은 확인된 산천비보 사상에 의해 건립된 것 중 유일한 쌍탑이다. 용암사에서 데크길로 180m 정도 산을 오르면 옥천 일대를 한눈에 내려다볼 수 있는 운무대가 있다. 이곳에서 바라보는 새벽녘 운해와 일출은 장엄하면서도 아름다워 관광객들의 발길이 끊이지 않는다.

용암사 043-732-1400 일출~일몰
₩ 무료 P 무료

06 영국사

영국사의 본래 이름은 고려 고종 때 지은 국청사(國淸寺)였다. 공민왕이 홍건적의 난을 피해 이곳에서 노국공주와 함께 나라의 안녕을 빌고서 국난을 극복하고 평온하게 되었다. 이후 영국사(寧國寺)로 바뀌었다. 대웅전으로 안내하는 계곡은 바위 절벽 사이를 흐르며 진주폭포, 삼단폭포(옛명 용추폭포), 삼신바위 등 절경을 만들어준다. 또한 바위 절벽에는 이곳을 찾았던 시인묵객들이 새겨놓은 글도 남아 있다. 영국사에는 원각국사비와 대웅전 앞의 삼층석탑과 망탑봉의 삼층석탑 그리고 영산회후불탱과 같은 보물이 있다. 무엇보다 입구에 있는 은행나무는 천 년 동안 가을을 알리는 전령사로 가장 많은 사랑을 받고 있다. 501번 국도에서 명덕리 마을회관을 지나 누교저수지를 거쳐 산길로 약 20분 정도 올라가면 영국사 은행나무가 보인다.

영국사 043-743-8843 일출~일몰
₩ 무료 P 무료 yeongguksa.com

07 강선대

양산팔경 중 가장 아름다운 곳, 강선대이다. 세월을 안고 흐르는 금강 물줄기 옆에 우뚝 서 있는 바위가 있다. 그 바위 위에 세워진 팔각정자가 노송들과 어우러져 한 폭의 산수화와 같다. 나무로 만들어진 다리를 건너면 정자에 오를 수 있다. 정자에서 내려다보는 금강의 푸른 물결이 여행객의 발걸음을 붙잡는다. 시원한 강바람을 쐬다가 문득 고개를 들면 정자 안에 걸린 시 구절이 보인다. 조선의 이안눌과 임제의 시가 강선대의 아름다움과 고상함을 더하고 있다.

강선대 일출~일몰 ₩ 무료 P 무료

08 난계국악박물관

난계국악박물관은 난계 박연 선생의 음악적 업적을 계승, 발전시켜 나가고 영동을 국악의 본고장으로 가꾸어가기 위한 국악전문박물관이다. 1층은 4개의 구역으로 나누어져 있다. 국악의 역사와 난계 박연 선생의 일대기를 이해할 수 있는 공간(2구역)과 국악과 외국 음악의 차이를 느끼고 종묘 제례악의 재현을 통해 국악을 좀 더 쉽게 이해하는 공간(3구역)이 있다. 그리고 국악기에 대한 구성, 실물 및 각 악기에 대한 연주를 감상할 수 있는 공간(4구역)도 갖추고 있다. 2층에는 세계의 다양한 민속악기가 전시되어 있다. 인근에는 난계 박연 선생의 영정을 모신 난계사와 국악기를 마음껏 체험해 볼 수 있는 난계국악기체험전수관이 있다.

영동국악체험촌 043-742-8843 09:00~18:00, 월요일 휴무 2,000원 무료

09 월류봉

'한천팔경'은 양산팔경과 함께 영동의 양대 선경이라 불린다. 우암 송시열 선생이 머물던 한천정사에서 유래되었다. 월류봉은 맑은 초강천이 흘러 지나가는 400m 높이의 벼랑산이다. 그 모습이 너무 아름다워 '달조차 머물다 가는 봉우리'라고 해서 월류봉이라 불렸다. 밤이 되면 달이 봉우리 끝자락에 걸려 아름다운 달빛 풍광을 만든다. 달이 없는 한낮에도 깎아지른 절벽 아래 초강천 상류가 휘감아 도는 절경 또한 아름답다. 금강 줄기인 석천을 따라 월류봉에서 반야사까지 약 8km의 둘레길이 조성되었다. 맑은 석천의 물소리를 들으며 천천히 걸을 수 있는 완만한 코스로 가볍게 산책하기 좋다.

월류봉 043-744-7898 일출~일몰 ₩ 무료 P 무료

Tip 둘레길

1코스
: 여울소리 코스
(2.6km/월류봉~원촌교~석천~완정교)

2코스
: 산새소리 코스
(3.2km/완정교~백화마을~우매리)

3코스
: 풍경소리 코스
(2.5km/우매리~반야사)

10 직지사

황악산 기슭에 있는 직지사는 신라 눌지왕 2년(418년) 아도화상이 세웠다는 설이 있으나 사적비가 허물어져 확실한 것은 알 수 없다. 직지사란 절 이름은 고려 초 능여(能如) 스님이 절터를 잴 때 자를 사용하지 않고 직접 손으로 측량한 데서 유래한다고 한다. 임진왜란 때 국운을 되살린 사명대사가 출가한 사찰로 유명한 천년고찰이다. 경내엔 1천 구의 아기 부처가 안치되어 있는 비로전(일명 천불전)이 있는데 이 중 벌거숭이 동자상을 찾아내면 아들을 낳는다는 전설이 있다. 또한, 천년 묵은 칡뿌리와 싸리나무 기둥으로 만든 일주문, 조선시대 건물인 대웅전, 그리고 보물인 통일신라시대의 석조약사여래좌상이 있다. 직지사는 사계절 모두 아름다운데 울창한 소나무와 깊은 계곡의 맑은 물, 가을의 단풍 그리고 겨울의 눈꽃 설경이 특히 유명하다.

직지사 | 054-429-1700 | 07:00~19:00, 성보박물관 09:00~17:00, 월요일 휴무 | ₩ 무료 | P 무료 | www.jikjisa.or.kr

11 직지문화공원

직지문화공원은 예술적인 가치가 높은 대형 장승을 앞세워 국내외 유명 조각가들의 작품과 자연석에 아로새긴 애송시 그리고 옛 전통미를 재현한 170m의 성곽과 전통담장 등이 세워져 있다. 아름다운 음악과 조명, 환상적인 원형음악분수, 2단 폭포, 야외공연장 등이 조성되어 있다. 특히, 원형음악분수는 예술성과 작품성이 뛰어나며, 화려한 분수 쇼가 주·야간에 각각 20여 분씩 펼쳐진다. 직지사 경내의 맑은 물이 흐르는 직지문화공원은 시민들의 안락한 휴식공간으로 도심 속에 자리 잡고 있다.

직지문화공원 054-420-6114
일출~일몰, 음악분수공연 6~9월 20:00, 21:00
무료 P 무료

김천 세계도자기박물관

직지사 입구에 자리한 김천 세계도자기박물관은 재일교포 2세가 서양자기, 크리스털 등 1,019점을 김천시에 기증하면서 만들어졌다. 총 3개의 전시실과 1개의 영상실로 구성되어 있으며 제1전시실은 기획전시실로 일반적인 전시를 진행한다. 제2전시실은 유럽도자기를, 제3전시실은 크리스털 및 유리 제품을 전시하고 있으며, 영상실에서는 세계도자기 역사 및 제작 과정을 소개한다. 세계의 다양하고 진귀한 도자기의 화려하고 우아한 아름다움을 직접 볼 수 있는 곳이다.

김천 세계도자기박물관 054-421-1641
09:00~18:00, 월요일 휴무 ₩ 1,000원 P 무료
gc.go.kr/museum/main.do

사명대사공원

2020년 준공된 사명대사공원은 수려한 백두대간 황악산의 아름다움과 직지사 등의 문화역사 자원과 더불어 자연 속에서 쉬어 갈 수 있는 관광형 테마공원 형태로 만들어졌다. 임진왜란 때 승병장으로 활약하며 나라를 구한 사명대사의 뜻을 기리기 위한 곳이다. 김천의 역사와 문화를 한눈에 볼 수 있는 김천시립박물관, 건강문화원, 솔향다원, 그리고 평화의 탑 등이 조성되어 있다. 김천시립박물관은 김천의 역사적인 유래 및 발전사, 김천에서 출토된 유물을 전시하고 있다. 한옥에서 하룻밤을 지낼 수 있는 건강문화원, 사명대사공원을 내려다보며 차 한 잔을 즐길 수 있는 솔향다원이 있다. 공원의 랜드마크 5층 목탑 평화의 탑은 1층에 평화의 탑 제작 영상 및 사명대사 관련 패널이 설치되어 있으며, 외관 조명을 통해 야간에도 웅장한 탑의 모습을 볼 수 있다.

사명대사공원 054-421-1557
체험실 10:00~18:00, 월요일 휴관
₩ 무료 P 무료 gc.go.kr/Sa-myeong/main.tc

김천시립박물관

김천의 역사와 유래 그리고 출토된 유물을 한자리에 모아둔 곳이다. 사명대사공원 조성과 함께 만들어졌다. 제1전시실은 김천의 선사시대부터 조선시대까지를 대표하는 유물과 유적을 정리하였으며, 제2전시실은 김천의 다양한 역사와 문화를 찾아 그 문화적 뿌리를 이해하고 또한 근현대에 일어난 주요 사실을 전시한 공간이다. 특히, 삼국시대 불교부터 조선시대 유교, 천주교와 기독교까지 종교문화의 변천사와 지역에서 배출된 역사적 인물을 바탕으로 김천을 이해하기 쉽도록 정리되어 있다.

김천시립박물관 054-421-1517
09:00~18:00, 월요일 휴무
₩ 1,000원 P 무료 gc.go.kr/museum/main.do

12 청암사

수도산에 둘러싸인 청암사는 신라시대 도선(道詵)국사가 창건한 천년 고찰로 여러 차례의 화재로 중창을 거듭한 후 지금의 모습을 갖추게 되었다. 대웅전에는 중국 항주 영은사에서 조성한 석가모니불상이 봉안되어 있다. 보광전은 조선시대 숙종의 정비 인현황후가 장희빈에 의해 폐위된 시절에 기도를 드리던 곳이다. 그러한 인연으로 조선 말기까지 왕실의 상궁들이 내려와 기도를 한 곳이기도 하다. 목조 42수 관세음보살상이 봉안되어 있다. 현재 청암사는 승가대학을 설립하여 100여 명의 비구니 스님들이 수학을 하는 청정도량이다. 특히, 백련암은 1906년에 창건한 이후 비구니들만 있었다고 한다.

🏠 청암사 📞 054-432-2652 🕐 일출~일몰 ₩ 무료
P 무료 🌐 www.chungamsa.org

13 수도암&수도계곡

신라시대 참선 수도장으로 유명한 수도암은 청암사와 함께 도선국사가 창건하였다. 경내의 대적광전 앞에 있는 삼층석탑은 통일신라시대의 것으로 동탑과 서탑이 마주하고 있다. 대적광전 본존불로 봉안된 비로자나불좌상과 약광전석불좌상 등이 보물로 지정되어 있다. 청암사를 거쳐 수도암을 올라갈 수도 있지만 옛날솜씨마을을 지나 수도계곡을 따라가는 길을 추천한다. 물 흐르는 소리와 숲속 길을 걸으며 수도계곡의 비경을 즐기다 보면 용추폭포의 시원한 물줄기가 피로를 씻어준다. 용추폭포는 수도암 동종을 훔쳐 가던 도둑이 폭포 아래로 굴러떨어진 후 큰 비가 오면 폭포에서 종소리가 난다는 전설이 전해진다.

🏠 수도암 📞 054-437-0700 🕐 일출~일몰 ₩ 무료 P 무료

14 금오산도립공원&케이블카

소백산맥에 자리한 금오산은 산 전체가 바위로 이루어진 기암절벽에 급경사가 많은 곳이다. 예로부터 영남팔경의 하나로 많은 관광객의 발길이 끊이지 않는 금오산은 산중에 유서 깊은 고적과 사찰 등이 있다. 정상에는 약사암이 있고, 중턱에는 해운사와 도선굴, 그리고 높이 28m의 대혜폭포 등 관광명소가 있다. 케이블카를 이용하면 금오산 중턱에 있는 해운사와 대혜폭포, 도선굴까지는 쉽게 관람할 수 있다. 금오산 위에는 길이 약 2km의 산성이 있는데 이는 천혜의 요새지였다는 것을 보여준다. 산 아래에는 길재 선생의 뜻을 추모하는 채미정이 있다.

금오산케이블카 054-451-6177
케이블카 동절기 09:00~17:30, 하절기 09:00~19:30
케이블카 왕복 11,000원, 편도 6,000원 P 1,500원

15 금오산저수지

금오산도립공원 초입에 있는 저수지로 구미시민의 선유장으로 유명하다. 저수지 주변으로 꽃길, 흙길, 나무 데크길, 부잔교 등 산책로가 만들어져 있어 연인이나 가족 단위로 많이 찾는다. 총길이 2.43km의 저수지 주변 데크길에는 LED 등이 설치되어 있어 야경 또한 아름답다. 사계절 내내 금오지에 반영된 금오산의 아름다운 풍경을 볼 수 있는데, 봄이면 벚꽃이 만발해 특히 아름답다.

금오산저수지 상시 무료 P 1,500원

16 왜관철교

일본이 대륙 침략을 위해 1905년에 개통한 군용철도의 교량이다. 낙동강 본류를 건너는 첫 번째의 철골 구조 교량이라 '낙동강 대교'라고도 한다. 한국전쟁 때 이 철교를 사이에 두고 북한군과 유엔군 사이에 격전이 전개되자 미군 제1기병 사단은 이 다리를 폭파하였다. 이로써 국군은 물밀듯이 남하하던 북한군을 막고 낙동강 전투에서 승리하면서 북진의 계기를 마련하였다. 이 철교를 '호국(護國)의 다리'로 부르는 이유이다. 100년 이상 된 트러스교로서 보존상태가 양호하여 교량사와 철도사적인 가치가 매우 높다. 칠곡호국평화기념관과 왜관지구전적기념관을 함께 둘러보자.

칠곡왜관철교 · 연중무휴 · ₩ 무료 · P 무료

17 가실성당

아름다운 가실성당은 대구 계산성당을 설계한 프랑스인 박도행(Victor Louis Poisnel) 신부가 설계하였다. 공사는 중국인 기술자들이 담당했으며, 벽돌은 현장에서 구워서 썼다. 당시 신부가 망치로 벽돌을 한 장씩 두드려가며 일일이 다 확인을 하였다고 한다. 가실성당의 주보성인은 성모 마리아의 어머니 안나이다. 1924년 이전에 프랑스에서 석고로 제작된 한국 유일의 안나 상이며, 성당만큼 오래된 '안나' 종이 현재까지 사용되고 있다. 한국전쟁 당시 낙산리는 피해가 컸지만 남한과 북한 양측 군인들에 의해 병원으로 사용되었던 가실성당은 전혀 피해를 입지 않았다. 가실(佳室)은 아름다운 집을 뜻한다. 영화 〈신부 수업〉의 촬영지이다.

가실성당 · 054-976-1102 · 일출~일몰
₩ 무료 · P 무료 · www.gasil.kr

옥천이지당

한적한 마을 어귀에 있는 다리를 지나면 작은 주차공간이 있다. 그곳에서 개울을 따라 숲길을 조금 오르면 이지당이다. 조선 중기 성리학자 조헌 선생이 지방의 영재를 양성하던 서당이다. 각신동이라는 마을 앞에 있어서 각신서당이라 했으나, 후에 우암 송시열 선생이 '산이 높으면 우러러보지 않을 수 없고, 큰 행실은 그칠 수 없다(高山仰止景行行止)'는 문구의 '지(止)' 자를 따서 이지당(二止堂)으로 고쳐 불렀다. 조헌 선생은 임진왜란 당시 의병을 일으켜 청주를 되찾고, 금산전투에서 700명의 의병과 함께 순국했다. 그 후 퇴락된 것을 1901년에 서당을 세운 금, 이, 조, 안의 4문중에서 재건하여 오늘에 이른다. 널찍한 마루에 오르면 발아래 흐르는 개울물 소리가 학동들의 글 읽는 소리로 들린다.

옥천이지당

이지당 043-730-3588 일출~일몰 무료 무료

수생식물학습원

대청호의 아름다운 호수정원 위에 자리한 수생식물학습원은 5가구의 주민들의 수생식물 재배로 시작되었다. 이후 수련농장, 수생식물 농장, 온대 수련 연못, 매실나무 과수원, 잔디광장, 산책로 등이 조성되었다. 수생식물학습원에는 수련, 가시연, 연꽃, 부레옥잠화, 물양귀비, 파피루스 등 다양한 수생식물을 볼 수 있다. 대청호수를 끼고 조성된 천상의 정원은 바위정원, 천상의 바람길, 꽃산 아래 벼랑, 호수 위의 찻집, 정자, 전망대, 달과 별의 집, 해 뜨는 집, 분재원, 호수 위의 집 등 아기자기한 테마를 갖고 있다. 천천히 걸어도 좋은 곳이다.

수생식물학습원

수생식물학습원 043-733-9020
하절기 10:00~18:00, 동절기 10:00~17:00, 일요일 휴무, 1~2월 휴관
8,000원(사전예약제) 무료 www.waterplant.or.kr

영동와인터널

영동군은 높은 일교차와 풍부한 일조량으로 전국 제일의 포도 주산지이다. 영동와인터널은 우리 땅의 포도와 와인을 테마로 한 다양한 체험과 볼거리를 제공하는 국내 최고의 와인뮤지엄이다. 전체 길이 420m, 높이 4~12m의 영동와인터널은 총 13개의 테마로 형성되어 있다. 와인문화관, 영동와인관, 세계와인관, 이벤트홀, 와인레스토랑, 포토존, 영화 속 와인, 저장조, 체험관, 환상터널 수순으로 구성되어 있다. 와인의 문화와 시음, 체험까지 가능한 영동와인터널에서 색다른 추억을 남기자.

영동와인터널

영동와인터널 0507-1342-3636 4~10월 10:00~18:00,
11~3월 10:00~17:00, 월요일 휴무 5,000원 ht.yd21.go.kr/tunnel/

과일나라 테마공원

과일나라 테마공원

국내에 유일한 과일을 주제로 한 테마공원이다. 포도, 사과, 배, 복숭아, 자두 등의 과수가 있는 공원과 분재원, 곤충체험장, 세계과일조경원 그리고 야외놀이터가 있어 다양한 체험을 즐길 수 있다. 학습관에서는 과일 수확뿐만 아니

라 다양한 과일 요리를 체험할 수 있고 응용 분야도 배울 수 있다. 과일 수확 체험은 아이를 동반한 가족에게 많은 인기를 얻고 있다.

과일나라테마공원 043-740-3657 09:30~17:50, 월요일 휴무 ₩ 무료 P 무료 ht.yd21.go.kr/fruit/

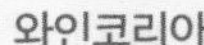

와인코리아

와인코리아

옛 화곡초등학교 건물에 와인 발효실, 숙성실, 오크통 저장고, 전시실 등으로 꾸민 국내 최초 와이너리이다. 영동 포도를 사용하여 재배부터 정통 고급와인 브랜드인 샤토마니(Chateau Mani)를 직접 생산, 가공하고 있다. 와인코리아는 건물 전체가 하나의 커다란 '와인 놀이터'이다. 건물 내 곳곳에서 오감을 자극하고 있다. 붉은 와인에 두 발을 담그고 족욕과 테라피 체험을 즐기다 보면 향긋한 술 향기에 어느새 취기가 오른다. 술 익는 향기 그윽한 오크통 저장고에서 1년 내내 진한 포도 향을 맡을 수 있다. 국산 포도로 우리의 입맛을 위해 만든 와인을 시음하고 다양한 상품들을 구매할 수 있다.

와인코리아 043-744-3211 10:00~17:00, 와이너리 투어 화~토요일 09:00~18:00 ₩ 와이너리 가이드투어(와인갤러리-와인개인셀러-와인상품안내-오크통저장고) 7,000원, 와인 족욕 1인 5,000원 P 무료 www.winekorea.kr

노근리 평화공원

노근리 평화공원

한국전쟁 초기인 1950년 7월 25일 '경부선 철도 영동군 황간면 노근리 쌍굴다리'에서 미군 전투기의 공격에 희생된 이들의 넋을 기리기 위한 공원이다. 평화공원에는 위령탑과 평화기념관, 교육관과 조각공원 그리고 야외전시장이 있다. 해마다 수많은 추모객이 찾는 노근리 평화공원은 인권과 평화를 사랑하는 사람들의 성지와 같은 곳이다. 공원 맞은편에 피해 현장인 쌍굴다리가 있다. 다리 교각에는 당시의 총탄의 흔적이 남아 있다.

노근리평화공원 043-744-1941 상시 ₩ 무료 P 무료

연화지

연화지

조선 후기 김산 군수로 부임한 군수 윤택이 솔개가 봉황으로 변해 날아가는 꿈을 꾼 후 솔개 연(鳶), 바뀔 화(嘩)를 써서 붙인 이름이다. 물이 맑고 경치가 아름다워 풍류객들이 정자에 올라 시를 읊고 술잔을 기울였다고 한다. 연화지 가운데의 봉황대는 연화지에서 날아오른 봉황이 내려앉은 곳이라는 전설이 전해진다. 봄이 되면 벚꽃이 아름다운 풍광을 만들며, 많은 이들이 사진에 담기 위해 찾는 곳이다. 여름에는 시원한 분수가 더위를 잊게 해준다.

연화지 054-420-6448 상시 ₩ 무료 P 무료

방초정

방초정

방초정의 마루 한가운데엔 온돌방이 꾸며져 있다. 이는 영남지방의 정자로는 보기 드문 모습이다. 김천에서 가장 웅장한 크기의 방초정은 연안이씨 이정복이 임진왜란 때 왜병을 피해 정절을 지키다 투신 자결한 부인 화순최씨를 기리기 위해 자신의 호를 따서 '방초정'이라 했다고 전해진다.

방초정 상시 ₩ 무료 P 무료

청정부항레인보우짚와이어

부항댐에는 산내들생태공원, 수달테마공원, 물 문화원 등이 들어서 있고, 댐 상류에 오르면 시원한 풍광이 파노라마와 같이 펼쳐진다. 레인보우짚와이어는 잔잔한 호수와 주변의 아름다운 풍광을 함께 즐길 수 있는 액티비티이다. 93m와 87m의 댐 양쪽에 설치된 2개의 타워 사이로 호수 위 1.7km를 왕복하며 스릴을 즐길 수 있다. 또한, 85m 높이에서 안전줄에 의지하며 타워의 둘레를 걷고, 허공을 점프하며 즐길 수 있는 국내 최초 개방형 스카이워크이다. 출렁다리는 길이 256m, 폭 2m 현수교로 중간 부근에 투명유리가 있어 걷는 내내 아찔함을 더해준다.

청정부항레인보우짚와이어 054-439-5030
3~5·9~11월 10:00~18:30, 6~8월 10:00~19:00, 12~2월 10:00~17:00, 월요일 휴무 10,000원 www.rainbowzip.com

수피아미술관

수피아미술관

유학산 자락에 있는 가산수피아는 예쁜 정원과 빈티지한 카페가 있는 아름다운 정원이다. 개인이 만든 정원으로는 국내 최대의 규모를 자랑하며, 수목원과 테마파크 그리고 미술관 등 사계절 내내 즐길 수 있다. 카라반, 캠핑장에서 숙박을 하며 자연을 즐길 수 있다. 유토피아를 형상화한 수피아미술관 옆에는 화석발굴 체험장, 벽화포토존 그리고 실물 크기의 움직이는 공룡 모형을 만날 수 있다. 아름다운 단풍을 배경으로 펼쳐진 핑크뮬리는 가을철에 빼놓을 수 없는 핫플레이스이다.

수피아미술관 0507-1324-4967 10:00~18:00 7,000원 P 무료

구상문학관

구상문학관

프랑스에서 '세계 200대 문인'으로 뽑힌 시인 구상의 작품은 다양한 언어로 번역되어 세계 문학사의 한 페이지를 장식했다. 함경도 원산에서 「밤」, 「여명도」, 「길」 등으로 데뷔했지만 작품이 반사회주의적이라는 이유로 북한 당국의 조사를 받았다. 이후 공산 체제를 견디지 못하고 월남한 시인은 연합신문사와 국방부 기관지 승리일보 등에서 일한다. 이승만 정권 때 반독재 투쟁으로 투옥된 그는 승리일보가 폐간되자, 부인 서영옥 여사가 의원을 차린 칠곡군 왜관으로 내려와 작품 활동에 매진했다. 이 무렵 화가 이중섭, 시인 오상순, 마해송, 걸레스님 중광 등 당대의 예술가들과 친교를 쌓는다. 1층 전시실에는 유품이 전시되어 있고, 2층은 보존 서고와 사랑방으로 운영되고 있다.

구상문학관 054-979-6447 화~금요일 09:00~18:00, 토요일 09:00~17:00, 일요일 10:00~18:00, 월요일 휴무
무료 P 무료 kusang.chilgok.go.kr

달성하목정

달성하목정

선조 37년, 낙포 이종문이 세운 정자로 성주대교가 보이는 곳의 마을 위쪽에 있다. 하목정이라는 이름은 왕위에 오르기 전 잠시 머물렀던 인조가 이종문 선생의 장남에게 직접 써준 것으로 그 현판이 지금도 정자에 걸려있다. 여름에는 붉은 배롱나무가 정자를 가득 채워준다.

달성하목정 무료 P 없음

추천 숙소

춘추민속관

옥천 춘추민속관

1856년 강화군수가 세웠으며 흥선대원군이 자주 머물던 곳이다. 한국전쟁 당시 인민군 사령관 숙소로도 사용되었다고 한다. 다양한 체험학습도 가능하다.

옥천군 옥천읍 향수3길 19 043-733-4007

구미 호텔금오산

구미시 금오산로 400 054-450-4000

추천 체험

옥천 향수100리길 자전거여행

굽이치며 옥천을 휘감는 대청호를 따라 조성된 향수100리 자전거길. 산악용 자전거를 타고 아름다운 강변을 따라 달리다 보면 어느새 '향수'에 젖는다.

향수100리 코스 : 옥천역–정지용 생가–구읍 벚꽃길–장계관광지–조헌신도비–안남면사무소–벽화마을–금강유원지–석탄리 안터마을 선사공원–옥천역

옥천사랑복지센터(옥천역 좌측) 043-730-3413 일일대여료 15,000원

영동 영동국악체험촌

영동국악체험촌

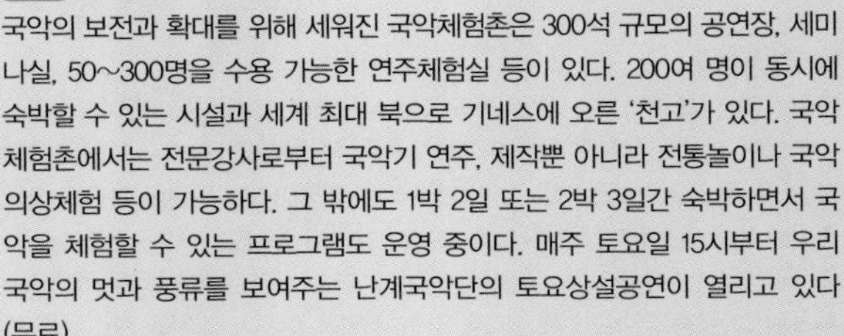
국악의 보전과 확대를 위해 세워진 국악체험촌은 300석 규모의 공연장, 세미나실, 50~300명을 수용 가능한 연주체험실 등이 있다. 200여 명이 동시에 숙박할 수 있는 시설과 세계 최대 북으로 기네스에 오른 '천고'가 있다. 국악체험촌에서는 전문강사로부터 국악기 연주, 제작뿐 아니라 전통놀이나 국악의상체험 등이 가능하다. 그 밖에도 1박 2일 또는 2박 3일간 숙박하면서 국악을 체험할 수 있는 프로그램도 운영 중이다. 매주 토요일 15시부터 우리 국악의 멋과 풍류를 보여주는 난계국악단의 토요상설공연이 열리고 있다(무료).

영동국악체험촌 043-740-3891 국악기 연주(30분) 3,000원, 국악기 제작(장구) 20,000원, (가야금) 40,000원, (단소) 16,500원, 국악의상 체험 2,000원, 천고타북(3회) 3,000원, 난타 3,000원 무료 yd21.go.kr/gugak/

김천 모티길

모티길

'모티'는 경상도 사투리로 모퉁이길을 뜻한다. 소박한 길 위로 옛사람의 사연과 아름다운 자연이 함께하는 코스이다. 청암사는 숙종의 계비 인현왕후가 서인으로 강등되었을 때, 3년간 머물며 복위를 기원하던 사찰로 청암사에 은거하는 동안 수도암까지 왕복하던 길을 복원하였다. (인현왕후길)

Tip 코스

1. 인현왕후길(9.0km/3시간) 2. 수도녹색숲모티길(15km/4시간 30분)

추천 맛집

구미 옛날국수집
구미시 구미중앙로9길 16 054-456-4303

칠곡 한미식당
칠곡군 왜관읍 석전로 159 0507-1419-0390

칠곡 아메리칸레스토랑
칠곡군 왜관읍 석전로 157 054-974-0210

칠곡 엄마밥상
칠곡군 동명면 팔공산로 157 0507-1316-8144

칠곡 버들미식당
칠곡군 가산면 학하3길 89-11 054-977-9608

칠곡 팔공산웰빙부추마을
칠곡군 동명면 구남로 61 054-976-8150

김천 자연속으로
김천시 지례면 지례로 219-21 054-434-5566

양조장카페

SNS 핫플레이스

뿌리깊은나무
옥천군 안내면 장계길 221-3 043-731-0568

갤러리카페거리
칠곡군 가산면 학산3길 86 (갤러리안나)
석적읍 도개리에서 다부IC 사이 약 5km 거리에 예쁘고 특색 있는 갤러리 카페들이 즐비하게 늘어서 있다. 드라이브 및 데이트 코스로 SNS의 핫플레이스이다.

카페 홍차가게 소정
옥천군 군북면 성왕로 1837 043-731-7336

카페 까페호반풍경
옥천군 군북면 성왕로 2007 043-733-0014

카페 프란스테이션
옥천군 군북면 성왕로 1873-10 0507-1365-8205

카페 오네마루
옥천군 군북면 성왕로 1873-13 043-731-1931

카페 그냥찻집
옥천군 옥천읍 향수길 45 0507-1320-6350

카페 양조장카페
김천시 남면 옥산길 12 0507-1342-1188

카페 간판없는커피집
김천시 감문면 배시내길 2

카페 백년찻집
칠곡군 동명면 한티로 573 054-975-2464

카페 담담살롱
구미시 신비로1길 6-1 054-464-5026

카페 너와숲
구미시 고아읍 들성로 171-34

구 간 3

동군위 IC ~ 유천하이패스 IC

대구

Best Course

동군위 IC →

1. 팔공산&팔공산 케이블카 →
2. 대구동화사 →
3. 김광석다시그리기길 →
4. 대구근대화거리 →
5. 두류공원&83타워 →
6. 대구수목원 →
7. 마비정벽화마을 →
8. 옥연지 송해공원 →
9. 달성습지 → 유천하이패스 IC

동군위 IC
영천시
칠곡군
팔공산/팔공산 케이블카 ①
② 대구동화사
1
동구
북구
하중도
서구
④ 대구근대화거리
③ 김광석다시그리기길
두류공원/83타워 ⑤
수성구
경산시
달성습지 ⑨
대구광역시
앞산
유천하이패스 IC
⑥ 대구수목원
⑦ 마비정벽화마을
옥연지 송해공원 ⑧
달성군

01 팔공산&팔공산 케이블카

팔공산은 대구 북쪽 끝자락에서 군위 부계면, 영신시 신녕면의 경계를 이루는 해발 1,192m의 산이다. 비슬산과 더불어 대구의 양대 산으로 불리며 1980년 5월 도립공원으로 지정되었다. 팔공산 케이블카를 이용하여 정상에 올라갔다가 내려가는 편리한 코스가 있으며, 정상에 올라 주변 경관을 보기 위해 많이 찾는다. 정상에는 주변을 가볍게 산책할 수 있는 산책 코스와 매점이 있다.

- 팔공산케이블카 · 0507-1406-8801
- 평일 09:30~18:20, 주말·공휴일 09:30~18:40
- 팔공산 케이블카 왕복 14,000원
- www.palgongcablecar.com

02 대구동화사

삼국시대 승려 극달이 493년에 세운 유가사를 832년 흥덕왕 때 심지대사가 중건했다. 중건 당시 사찰 주변에 오동나무꽃이 만발하여 동화사라 고쳐 불렀다고 한다. 대웅전, 영산전, 봉서루, 심검당 등 현존하는 대부분의 당우는 조선 영조 때 중창한 건물이다. 동화사에서는 보물 6점, 대구 지정 문화재 7점을 소유하고 있다.

- 대구동화사 · 053-980-7900 · 무료
- P 공영주차장 무료 · www.donghwasa.net

03 김광석다시그리기길

33년이라는 짧은 생을 살다 간 故김광석을 기리는 골목으로, 2010년에 그가 태어난 방천시장 부근에 조성되었다. 어렸을 적부터 음악에 관심이 많던 김광석은 형에게 사준 기타를 본인이 가지고 연습했고, 1987년 학창 시절 친구들과 함께 밴드 동물원을 결성했다. 이후 1989년 10월에 솔로로 데뷔하여 1995년 1,000회의 공연 기록을 세우고, 이듬해인 1996년 1월 6일 생을 마감하였다. 그를 화장했을 당시 유해에서 사리 9과가 나와 화제가 되기도 했다. 350m 남짓의 거리에 김광석의 노래와 삶을 주제로 한 다양한 벽화가 들어서며 많은 이들이 이곳을 방문하고 있다.

김광석다시그리기길 ₩ 무료
P 공영주차장 최초 30분 1,000원(이후 10분당 500원)

Tip 방천시장
대구 수성교 옆에 위치한 재래시장이다. 1945년 광복 이후 일본과 만주 등지에서 돌아온 전재민들이 장사를 시작한 것이 방천시장의 시작이었다. 신천 제방을 따라 형성되어 방천시장이라 불렸다. 포차부터 스테이크까지 다양한 먹거리가 있으며 김광석 거리 바로 뒤에 있다.

04 대구근대화거리

근대 골목을 걸으며 대구의 역사를 만날 수 있는 역사체험 여행을 이곳에서 즐길 수 있다. 한국전쟁 당시 다른 지역에 비해 피해가 크지 않았던 덕분에 전시 · 전후의 생활이 비교적 잘 보존되어 있다.

경상감영공원

경상감영이 있던 곳에 도청이 옮겨간 후 공원으로 조성되었다. 공원 안에는 경상감영 관찰사가 집무를 보던 선화당, 처소로 쓰이던 징청각이 남아 있다. 대구 최대 번화가 동성로 인근에 있어 시내 관광 후 휴식하기에 좋다. 주차장은 바로 옆에 있으나 협소하니 참고하자.

경상감영공원 053-254-9404 무료
P 경상감영공원 공영주차장 30분 800원

향촌문화관

옛 한국상업은행 대구지점을 개보수해 2014년 10월 30일 개관하였다. 지하 1층에는 1946년 문을 연 전국에서 가장 오래된 클래식 음악감상실 '녹향'이 있고, 1~2층에는 1950년대 피란 시절 향촌동 일원의 모습을 재현해 놓았다. 넓은 실내에 소소한 체험과 즐길 거리를 마련해두어 심심할 틈 없이 둘러볼 수 있다.

향촌문화관 053-219-4555
4~10월 09:00~19:00, 11~3월 09:00~18:00, 월요일·신정 휴무 1,000원
P 경상감영공원 공영주차장 30분 800원
www.hyangchon.or.kr

이상화고택

한옥 목조주택으로, 1939년부터 작고하기 전까지 말년을 보낸 민족저항시인 이상화 시인이 살던 옛집이다. 한때 도심 개발로 헐릴 뻔했으나, 1999년 전개된 대구고택보존시민운동으로 보존되고, 복원 · 보수 공사까지 할 수 있었다. 주차공간이 협소하니 한의약박물관에 주차 후 도보로 이동하는 것이 좋다.

시인이상화고택 053-256-3762
10:00~17:30, 월요일 휴무 ₩ 무료
P 약령시한의약박물관 30분 1,000원

약전골목

대구 약령시는 1658년부터 한약재를 판매해 왔다. 2001년엔 세계적인 한약재 유통 거점으로 인정받아 한국기네스위원회에서 국내 최고 인증을 받았다. 일제강점기에 철거 및 폐쇄되었다가 광복 이후 재개될 수 있었다. 중앙대로와 달구벌대로를 가로지르는 도심에 위치하고 있으며 한의약박물관도 있다. 박물관에서는 약령시의 역사와 한의학, 독초를 비롯한 약초 등에 대해 전시 및 설명해준다.

약령시한의약박물관 053-253-4729
화·목~일요일 09:00~18:00, 수요일 09:00~21:00, 월요일 휴무(공휴일 개관) ₩ 무료 P 30분 1,000원

대구근대역사관

대구시 유형문화재 49호로 한국산업은행 대구지점으로 이용하던 건물을 대구의 근현대사를 한눈에 볼 수 있는 대구근대역사관으로 개관하였다. 상설전시관과 기획전시실, 체험학습실 등으로 구성되어 있다. 경상감영공원 바로 옆에 있다.

대구근대역사관 053-606-6430
화~일요일 09:00~18:00, 월요일 휴관
₩ 무료 P 경상감영공원 공영주차장 30분 800원
artcenter.daegu.go.kr/dmhm/

청라언덕

가곡 '동무생각'에 나오는 언덕이 바로 대구 동산동의 청라언덕이다. 이곳에는 선교사가 살았던 서양 가옥 세 채가 있는데, 각각 선교, 의료, 교육 역사박물관으로 사용하고 있다. 청라언덕과 맞물려 3 · 1운동 만세운동길, 계산성당, 이상화 고택과 서상돈 고택 등으로 이어진다.

의료선교박물관 평일 10:00~16:00,
토요일 10:00~12:00, 일요일·공휴일 휴무 ₩ 무료
P 계명대학 대구동산병원 후문 30분 800원

05 두류공원&83타워

두류산, 금봉산, 성당못을 중심으로 조성된 대구의 중심부에 위치한 테마공원이다. 공원 안에 부용정, 대구문화예술회관, 이월드 등이 있는데 이월드는 두류산 쪽에, 문화예술회관은 금봉산 쪽에 자리하고 있다. 테마공원에서 특히 인기 있는 곳은 83타워다. 대구의 랜드마크로서 야경이 아름다워 연인들의 데이트 코스로 많이 활용되는 곳이다. 층마다 볼거리와 더불어 촬영 스폿이 있다.

두류공원
053-803-7470 ₩ 무료 P 무료
대구83타워
053-803-7470
11:00~21:00 ₩ 전망대 15,000원
www.83tower.kr

06 대구수목원

대구수목원은 전국 최초로 쓰레기 매립장을 수목원으로 조성한 곳이다. 화목원, 약초원, 야생초원, 침활엽수원, 습지원 등으로 현재까지 25개의 주제로 꾸며진 전문 수목원이라고 할 수 있다. 아이들의 자연생태학습 장소로도 탁월하기 때문에 많은 사람들이 아이들과 함께 이곳을 찾고 있다. 계절마다 피는 꽃과 잘 꾸며진 수목원은 대구에서 가장 사랑받는 곳이기도 하다.

대구수목원 053-803-7270
09:00~18:00 ₩ 무료 P 무료
www.daegu.go.kr/Forestry/

07 마비정벽화마을

녹색 농촌체험마을사업의 일환으로 벽화마을로 재탄생했다. 1960~1970년대의 농촌의 모습으로 마을을 꾸며 놓았다. 토담과 담벼락을 활용하여 유쾌한 벽화를 둘러보는 재미가 있다. 〈런닝맨〉 촬영장소로 알려지게 되면서 관광명소로 이름을 알리고 있다. 마을은 그다지 넓지 않아 천천히 구경하며 돌아보기에 어렵지 않고, 먹거리도 있어 쉬엄쉬엄 다니기 좋다. 마을에서 판매하는 손두부는 꼭 먹어봐야 할 먹거리다. 국내 최고령의 옻나무와 이팝나무 터널길, 연리목 등도 볼 수 있다.

🏠 마비정벽화마을 ₩ 무료 P 무료

08 옥연지 송해공원

송해의 고향은 황해도 재령으로, 6·25전쟁 때 남하했다. 대구와의 인연은 달성공원의 통신병으로 있으면서 시작되었다. 그러다 옥연지가 있는 기세리 출신의 아내를 만나면서 이곳을 제2의 고향으로 여겨 옥연지를 자주 찾게 되었고, 옥연지가 보이는 산기슭에 묏자리도 마련했다고 한다. 대구와의 인연으로 지난 2015년 4월 명예 달성군민이 되었다. 이에 방송인 송해의 동의를 얻어 자연생태공원으로 조성하고 '송해공원'으로 이름 붙였다. 옥연지 주변으로 둘레길을 조성하고, 습지생태체험, 자연체험학습장, 하트터널, 건너면 백세까지 산다는 백세교 등 다양한 볼거리를 준비했다. 특히나 야경이 아름답다.

🏠 옥연지 송해공원 📱 053-668-2705
₩ 무료 P 무료

09 달성습지

낙동강, 금호강, 진천천과 대명천이 합류하는 곳에 형성된 하천 습지다. 봄에는 갓꽃, 여름에는 기생초, 가을이면 억새와 갈대가 장관을 이룬다. 백로, 왜가리, 멸종위기 2종인 맹꽁이 등도 볼 수 있다. 수변 데크길이 길게 마련되어 있어 산책을 위한 지역 주민들과 새벽이면 물안개와 어우러진 습지 풍경이 몽환적이라 출사지로도 많이 찾는다.

달성습지 생태체험관 053-631-0105 09:00~18:00, 월요일 휴관
무료 P 무료 dswetland.daegu.go.kr

Travel Plus

추천 맛집

서문시장
부산이 어묵이면, 대구는 납작만두다. 파와 고춧가루를 얹어 납작한 만두에 싸 먹는다. 납작만두 외에도 삼각만두, 찜갈비, 매운 어묵 등 다양한 먹거리를 골라 먹는 재미가 있다. 규모가 워낙에 큰 시장이라 골목골목을 돌며 물건을 구경하는 재미가 쏠쏠하다. 매주 금요일부터 일요일까지는 야시장도 운영된다.
대구시 중구 달성로 50 서문시장 053-256-6341

안지랑 곱창 거리
대구시 남구 안지랑로16길 67

유창반점
대구시 중구 명륜로 20 053-254-7297

단골식당
대구시 북구 칠성시장로7길 9-1 0507-1320-8349

금이옥
대구시 중구 국채보상로143길 2 053-527-4301

미친뷔페
대구시 달서구 구마로 97 053-525-5798

동곡할매손칼국수
대구시 달성군 하빈면 달구벌대로55길 104-4
053-582-0278

SNS 핫플레이스

카페 MIDWAY
대구시 중구 동덕로14길 21 1층
0507-1311-1421

카페 말랑블링
대구시 중구 국채보상로 608 덕영빌딩
0507-1363-0003

카페 민스크
대구시 남구 현충로6길 9-2
0507-1396-2381

카페 제니아빈
대구시 달서구 성서공단로15길 10 2층

카페 썬빌로우(간판 없음)
대구시 중구 달구벌대로447길 31
P 주차장 없음

카페 헤이마
대구시 동구 파계로 583
053-986-7773

서문시장

헤이마

썬빌로우

구 간 4

통도사 IC ~ 서부산 IC

양산·부산

Best Course

통도사 IC →

1 양산 통도사 → 홍룡사&홍룡폭포→ 부산 아홉산숲→

2 해동용궁사 → 청사포다릿돌전망대 →

3 해운대 → 4 해운대해수욕장 →

5 누리마루Apec하우스&동백섬 →

6 광안대교 → 168계단 모노레일 →

7 자갈치신동아시장 → 8 국제시장 →

9 태종대 → 10 절영해안도로 →

11 송도&암남공원 → 12 감천문화마을 →

13 흰여울문화마을 → 14 더베이101→

15 황령산 봉수대 →

16 이기대수변공원&오륙도 스카이워크 →

17 다대포해수욕장 → 서부산 IC

통도사 IC
양산 통도사 1
홍룡사&홍룡폭포
아홉산숲
금강공원
북구
동래구
1
기장읍
죽도
부산어린이대공원
연제구
해운대구
2 해동용궁사
김해국제공항
사상구
부산광역시
더베이101 14
3 해운대
청사포다릿돌전망대
4 해운대해수욕장
수영구
5 누리마루Apec하우스/동백섬
서부산 IC
15 황령산 봉수대
6 광안대교
동구
남구
168계단 모노레일
16 이기대수변공원/오륙도 스카이워크
중구
8 국제시장
을숙도
감천문화마을 12
7 자갈치신동아시장
서구
오륙도
13 흰여울문화마을
영도구
11 송도/암남공원
9 태종대
10 절영해안도로
17 다대포해수욕장

01 통도사

1300년이 넘는 역사를 가진 통도사는 신라시대의 자장율사가 창건한 사찰이다. 자장율사는 당나라에서 부처님의 진신사리를 가져와 통도사에 봉안하였고, 이로 인해 통도사는 삼보사찰 중 하나인 불보사찰로 불린다. 통도사의 대웅전에는 특이하게 불상이 없다. 금강계단에 부처님의 진신사리를 모시고 있기 때문이다. 이 금강계단 앞에서 승려가 되는 과정 중 가장 중요한 수계의식이 이루어진다. 통도사에는 국보 제290호로 지정된 금강계단을 비롯해 통도사 3층 석탑(보물 제1471호), 봉발탑(보물 제471호), 영산전 벽화(보물 제1711호) 등의 보물이 있다. 한반도에서 가장 먼저 꽃망울을 터트린다는 홍매화도 유명하다.

통도사 055-382-7182 08:30~17:30 무료 2,000원 www.tongdosa.or.kr

Tip 금강계단

금강계단은 입장 가능 날짜와 시간이 제한되고, 문화재 보호를 위하여 촬영이 금지되어 있다.
입장 가능 날짜: 매월 음력 1일~3일, 음력 15일, 음력 18일, 음력 24일
입장 가능 시간: 11:00~14:00 (우천 시 미개방)

02 해동용궁사

고려 우왕(1376년) 때 나옹화상이 창건한 용궁사는 바다와 용이 조화를 이루어 유난히 불심이 깊은 곳으로 알려져 있다.

'해 뜨는 절' 용궁사. 해송을 병풍처럼 두르고 절벽 위에 자리 잡은 용궁사는 입구부터 신비스럽다. 산속에 자리한 다른 사찰과 달리 해송이 둘러싼 산과 바다가 자연스럽게 어울려 있는 것이 인상적이다. 부도전 앞의 조그만 샛길로 들어서면 일출암이라 새겨진 넓은 반석이 나온다. 일출암은 용궁사의 전경을 가장 잘 볼 수 있는 전망 포인트. 사실 날씨가 좋을 때는 용궁사의 운치를 제대로 느낄 수 없다. 바람이 세차게 불거나 비가 오는 날이면 이승과 피안의 경계에 서 있는 것처럼 아찔한 매력을 느낄 수 있다. 동해바다의 거센 파도가 절벽을 때리면 대웅전을 감싸는 불경 소리가 뒤섞인다.

해동용궁사 051-722-7744 ₩ 무료 P 무료
www.yongkungsa.or.kr

Tip 수산과학관

용궁사를 보고 나오는 길의 주차장 옆 국립수산과학원(051-720-2114) 안의 수산과학관은 가족 단위로 들르면 좋은 장소. 수산생물해양과학 등 13개 전시실로 이루어진 이곳에선 어업·어류·수산·해양 등 바다와 관련된 모든 것을 한눈에 볼 수 있다.

03 해운대

바캉스 시즌에 해운대를 찾으면 해수욕보다는 인파로 술렁이는 사람 구경을 하는 편이 낫다. 해수욕을 즐기다가도 잠시 쉬고 싶다면 해변을 따라 이어지는 특급호텔들과 지하에 자리 잡은 디스코텍, 고층빌딩 꼭대기마다 있는 스카이라운지 등으로 엉덩이를 살짝 옮기면 된다. 또한 그랜드호텔 앞 포장마차촌이나 리베로호텔 먹자골목에서 값싸고 푸짐한 저녁을 먹은 후 여유 있게 해변으로 나가 불꽃놀이를 하거나 해수욕을 즐기는 것도 좋다. 저녁에 해변을 찾으면 생각만큼 시끌벅적하지 않다. 휘황찬란한 네온 불빛은 여전하지만 목전에 두고 있는 넓은 백사장과 은은한 파도소리가 빚어내는 아름다운 야경은 부산의 두 얼굴을 느끼게 한다.

배가 출출하다면 해변 옆의 포장마차촌을 찾아가 보자. 바다마을 그랜드호텔에서 조선비치호텔로 가는 솔숲 위쪽에 자리한 횟집촌. 해운대 주변에 산재한 불법 포장마차를 모아 '바다마을'이란 포장마차단지를 조성한 것으로 24시간 영업하고 바가지요금을 없애기 위해 정가 요금제를 시행하고 있다. 바캉스 철에는 시원한 맥주 한 잔이 잘 어울리는 곳이다.

04 해운대해수욕장

해운대해수욕장은 국내외에 널리 알려져 있어 사시사철 많은 피서객과 관광객이 찾아온다. 주위 자연경관도 아름답다. 인근에 동백섬, 해운대온천도 있고 특급호텔과 요트경기장 등 편의시설이 몰려 있다. 특히 아셈회의장과 벡스코, 부산시립미술관 등이 있어 새로운 문화 공간으로 거듭나고 있다.

해운대해수욕장 051-749-7601
tour.haeundae.go.kr

05 누리마루Apec하우스&동백섬

동백꽃은 없지만 여름 동백섬 산책은 운치 있는 데이트 코스. 동백섬을 시계 반대 방향으로 돌아 나오는 1km 구간은 해운대 호텔에서 묵는 외국인들이 애용하는 조깅 코스. 밤이 되면 더욱 낭만적인데 최치원 동상으로 올라가는 소나무길은 연인들에게 인기 장소. 최치원 동상에서 해안으로 내려오면 해운대 백사장과 그 너머 화려한 네온사인이 한눈에 들어오는 암벽 포인트가 나타난다. 해안 바위 옆에 놓인 벤치는 인적이 드물어 한적하게 밤바다의 운치를 누릴 수 있다.

누리마루 051-743-1974, 051-749-7621(동백섬)
무료

06 광안대교

바다를 가로지르는 7.4km의 대교다. 정확하게는 수영구 남천동 49호 광장에서 해운대 센텀시티 부근을 잇는 다리다. 리히터 규모 6의 지진, 초속 45m의 태풍, 7m 높이의 파도에 견딜 수 있도록 건설되었다. 요일과 계절에 따라 다른 색으로 옷을 갈아입으며 부산의 야경 지도마저 바꿔 놓았다. 부산의 부의 상징처럼 여겨지는 광안대교와 해변에는 다리의 모티브가 되었다는 부산 갈매기들이 많이 보인다.

광안대교 051-780-0077

07 자갈치신동아시장

부산 여행을 계획한다면 자갈치시장은 필수 코스. 설명이 필요 없는 부산의 명소인 자갈치시장은 생선을 다듬는 자갈치 아줌마들과 흥정하는 사람들, 펄펄 뛰는 수산물들이 어우러져 언제나 활력이 넘쳐난다. 사람 냄새 물씬 풍기는 부산 사람들과 어울려 여행의 묘미를 제대로 즐겨 보자. 건물형 시장은 신동아시장과 자갈치시장 두 곳이 있으며 거리 곳곳에 회와 곰장어를 파는 노점이 즐비하다. 생선을 직접 고르면서 '자갈치 아지매'들과 흥정하는 재미가 쏠쏠하다. 시장 1층에서 생선을 고른 후에 2층에 있는 양념집으로 가서 먹으면 된다. 양념과 매운탕 값은 별도.

자갈치신동아시장, 부산자갈치시장

050-246-7500(자갈치신동아시장), 051-245-2594(부산자갈치시장)

08 국제시장

영화 〈친구〉가 자갈치시장을 띄웠다면 영화 〈국제시장〉은 부산의 국제시장을 부산의 핫한 명소로 바꾸어 놓았다. 영화의 도시 부산은 영화 배경이 되며 관광객을 또 한 번 끌어들인다. 국제시장은 중구 신창동에 위치한 재래시장으로, 부산국제영화제 전야제 행사가 열리는 BIFF 광장이 가까이에 있다. 한국전쟁 후 몰려든 피난민들이 장사를 하며 세가 커졌고 민국 군용 물자와 부산항으로 밀수된 상품들이 이곳을 통해 전국으로 퍼졌다. 드넓은 빈터에 쏟아져 나온 갖가지 물자들을 이것저것 가리지 않고 있는 대로 싹 쓸어 모아 물건을 흥정하는 도거리 시장이라는 의미도 있고, 도거리로 떼어 흥정한다는 뜻에서 '도떼기 시장'이란 말도 등장했다. 시장은 2층 건물, 여섯 개 공구로 나뉘어져 있으며 미로처럼 얽힌 골목에 다양한 점포가 오늘도 성업 중이다. 부산 사람들은 신창시장, 창선시장, 부평시장을 모두 일컬어 국제시장이라고 부르기도 한다.

국제시장 051-245-7389 09:00~20:00, 매월 1·3주 일요일 휴무 무료 gukjemarket.co.kr

09 태종대

해안에 깎아 세운 듯한 벼랑과 기암괴석으로 이루어진 태종대는 울창한 숲과 굽이치는 파도가 어우러져 아름답고 맑은 날에는 대마도까지 한눈에 볼 수 있는 자연 전망대다. 바라보기만 해도 느껴지는 짜릿한 현기증처럼 태종대는 부산의 맛을 느끼게 하는 곳이다. 하얀 등대와 푸른 파도, 절벽과 기암괴석이 아찔하다. 해안 절벽으로 밀려오는 파도에 몸을 내맡기고 싶은 충동에 사로잡힌다. 전망대 아래 자살바위를 감싸는 하얀 파도가 만들어내는 포말이 특히 매력적이다. 전망대까지 자동차를 타고 순환도로를 드라이브하는 것도 좋지만 연인이라면 이야기를 주고받으며 산책하듯 데이트를 즐기는 것도 좋다. 송림으로 둘러싸인 4.3km의 순환도로 주변 해안에는 등대자갈마당, 감지해변, 곤포의 집, 태원자갈마당 등 4곳의 선착장이 있다. 태종대는 오륙도와 함께 부산을 대표하는 명승지로, 부산광역시청 앞에서 영도해안을 따라 약 9km 남쪽에 자리 잡고 있다.

태종대 051-405-8745

10 절영해안도로

영도의 절영해안도로의 굽이 길을 따라 핸들을 돌리다 보면 절영과 태종대의 중간 지점에 75광장이 나온다. 여기서 계속 직진하면 고개를 넘어 태종대로 가게 된다. 이곳에서 3km 해안도로를 더 달리면 태종대유원지. 숲길이 좋다 보니 손을 잡고 데이트를 즐기는 연인들도 많다. 순환도로와 산책로를 걷는 것만으로도 일상탈출의 묘미를 만끽할 수 있다. 일주로를 따라 30분쯤 걷다보면 탄성이 절로 나오는 기암을 만나게 된다. 거센 파도가 부서지며 하얀 포말을 일으키는 절벽 해안가. 하얀 파도를 보고 있으면 가슴까지 후련해지는 것만 같다. 태종대 자갈마당에서 출발하는 유람선이 오륙도까지 돌아온다.

태종대 051-405-8745
태종대유원지 04:00~24:00
태종대 유원지 무료, 유람선 대인 10,000원

11 송도&암남공원

호젓한 부산의 야경 명소 중에 으뜸인 송도해수욕장. 해운대나 광안리만큼 유명하진 않지만 부산의 참맛을 느낄 수 있다. 송도는 부산 최초 해수욕장으로 많은 사람들의 사랑을 받았다. 어두워진 뒤에 바다 건너편의 남포동과 자갈치시장의 화려한 빛이 바닷물에 반사되는 야경이 일품이다.

고급스러운 횟집이 몰려 있는 해안도로 입구는 송도해수욕장과 사뭇 다른 운치가 펼쳐진다. 해안을 따라 아슬아슬 핸들을 돌리면 매섭게 몰아치는 파도가 해일처럼 일어난다. 해안도로 중간에 차를 세우고 철 계단으로 이어진 절벽 산책로를 걷는 것도 부산 여행의 묘미이다. 해안도로를 달리면 암남공원으로 이어진다.

해안도로 드라이브 길은 특히 가을에 단풍으로 운치가 있다. 해안도로에서 부산외항을 내려다보면 여기저기 닻을 내린 크고 작은 배의 조용한 침묵 또한 장관이다. 잔잔한 바다같이 보이지만 방파제로 다가가 보면 무척 거친 파도가 몰아친다.

암남공원은 도심 한복판에 있지만 오염되지 않아 깨끗하다. 동편에 남항, 서편에 감천항이 있고 전체 면적이 17만여 평에 이른다. 난대성 숲을 이루고 있어 숲이 울창하고 오솔길처럼 잘 다듬어진 산책로가 운치 있다. 바다가 시원스럽게 내려다보이는 산책로 구간마다 전망대가 마련되어 있고 작은 구름다리도 있다. 산책코스가 험하지 않아 천천히 바다를 곁눈질하며 데이트를 즐기기도 좋다.

암남공원 051-240-4538

Tip 송도 대중교통

부산역과 남포동에서 송도행 버스가 수시로 있다. 시내 중심가에서 가까워 택시를 이용하는 것도 방법. 송도 카페촌 입구부터 암남공원까지 이어지는 해안도로는 절벽 위의 드라이브 코스로 주변 풍광이 멋지다. 대중교통 이용 시 부산역에서 7번이나 9번 버스가 수시로 운행된다.

Tip 송도 해상케이블카&송도 용궁구름다리

최대 높이 86m인 송도 해상케이블카는 송도해수욕장 동쪽 송림공원에서 서쪽 암남공원까지 1.65km를 운행한다. 송도해수욕장을 비롯하여 부산 영도와 남항대교까지 조망할 수 있어 인기다. 암남공원과 동섬을 연결하는 송도 용궁구름다리도 함께 둘러보자. 바다 위를 걷는 짜릿함과 기암절벽의 시원한 풍광을 만끽할 수 있다.

12 감천문화마을

옥녀봉 산비탈을 따라 늘어선 계단식 집단주거형태를 지닌 마을이다. 한국전쟁 때 전국의 태극도 신도들이 집단으로 이주하면서 생겨났다. 지금도 당시의 힘겨운 삶의 터전이었던 모습을 그대로 간직하고 있다. 3만 명에 가까웠던 인구가 1만 명으로 점점 줄어들면서 빈집들이 늘어났다. 흉물스러운 마을을 살려보고자 2009년에 마을미술 프로젝트를 진행하였다. 회색빛이던 마을에 파스텔 톤의 색채가 입혀지면서 무지개마을로 바뀌었다. 미로처럼 이어진 골목길 곳곳에는 작품들이 설치되었다. 마을전망대 '하늘마루'에서 비탈진 길에 늘어선 감천마을을 한눈에 볼 수 있다. 마을 전체가 포토존으로, 곳곳에 커피 향이 좋은 카페, 식당 등이 있어 골목길을 걸을수록 즐거워진다.

감천문화마을 051-204-1444 3~10월 09:00~18:00, 11~2월 09:00~17:00
무료(마을지도 2,000원) 감천문화마을 천마주차장(낮 주차) 3,000원 www.gamcheon.or.kr

13 흰여울문화마을

가파른 절벽에 따개비 같은 집들이 옹기종기 모여 있는 흰여울문화마을. 이 마을은 하얀색 선에 둘러져 있는데 바다와 마을을 하얗게 금을 그어 구분한 것이다. 봉래산에서 시작된 물줄기가 빠르게 바다로 굽이쳐 흐르는 모습이 마치 눈이 내리는 듯하다고 해서 흰여울이라 부른다. 나지막한 담장을 따라 길이 좁게 늘어서 있다. 1950~1960년대에는 영도다리에서 태종대로 가는 유일한 길이었다. 봉래산에서 땔감을 구해 와 아궁이에 불을 지피며 살던 시절 이 길을 통해 태종대까지 땔감을 구하러 다녔다. 주민들의 희로애락이 담겨 있는 길이다. 마을 곳곳엔 미로 같은 골목과 가파른 계단 안에 영화 촬영지들이 숨어 있다. 영화 〈변호인〉, 〈범죄와의 전쟁〉, 드라마 〈영도다리를 건너다〉 등의 배경이다.

절영해안산책로(부산 영도구 해안산책길 52)
051-403-1861 P 10분 300원 www.ydculture.com

14 더베이101

밤이 되면 화려하게 불을 밝힌 마린시티가 바다 위로 떠오른다. 마린시티의 야경은 홍콩 침사추이나 상하이 와이탄을 연상하게 한다. 야경을 가장 잘 감상할 수 있는 곳이 '더베이101'이다. 해운대해수욕장과 마린시티가 만나는 동백섬의 끝자락에 떠 있는 더베이101에는 요트마리나, 연회장, 카페, 펍 그리고 레스토랑이 모여 있다. 생맥주 한잔을 기울이거나 야외테라스에서 커피 한잔을 마시며 형형색색의 마린시티 야경을 즐겨보자. 출렁이는 바다 물결 위로 마린시티가 몽환적으로 피어오른다. 더베이101에서 웨스틴 조선호텔을 지나 동백섬 등대공원으로 가보자. 화려한 조명이 반짝이는 광안대교를 배경으로 누리마루Apec하우스의 따스한 불빛이 밤하늘을 수놓는다.

더베이101 051-726-8888
P 시설 이용 시 1~2시간 무료, 최초 60분 3,000원 (이후 10분당 500원) www.thebay101.com

15 황령산 봉수대

부산의 야경은 아름답다. 산과 바다 그리고 화려한 도시의 불빛이 아름다운 야경을 만들어내기 때문이다. 부산의 대표적인 야경은 마린시티를 배경으로 한 더베이101, 광안대교와 함께하는 누리마루Apec하우스, 이기대 전망대에서 보는 광안대교와 해운대 전경 등이다. 그리고 부산을 내려다볼 수 있는 황령산 봉수대 또한 대표적인 야경포인트다. 봉수대는 높은 산봉우리에 설치하여 밤에는 횃불을 피우고 낮에는 연기를 올려 외적이 침입하거나 난리가 났을 때에 나라의 위급한 소식을 중앙에 전하던 통신수단이다. 주차장, 황령산 쉼터, 봉수대에 전망데크가 설치되어 있다. 또한, 내려오는 길에도 해운대 야경을 즐길 수 있는 전망대가 있다. 각각의 전망포인트에서 부산의 다양한 모습을 볼 수 있다.

황령산 봉수대 051-605-4065

16 이기대수변공원&오륙도 스카이워크

광안대교는 세계 최대 규모의 LED 조명등과 음향설비로 유명하다. 해가 지면 광안대교에 아름다운 조명이 밝혀진다. 색다른 조명이 연출되는 탓에 '다이아몬드 브리지'라고도 한다. 이기대 더뷰(The View)는 광안대교와 해운대 마린시티의 아름다운 야경을 한눈에 볼 수 있는 곳이다. 또한, 이곳은 영화 〈해운대〉에서 이민기와 강예원이 야경을 감상하던 곳이다. 오륙도 스카이워크는 이기대 해안산책로 끝자락에 있다. 35m 높이의 투명한 말발굽 모양으로 만든 유리다리가 해안절벽 위에 서있다. 15m 길이의 투명유리 위를 걸으면 바다 위를 걷는 느낌이다. 이곳은 동해와 남해가 구분되는 지점으로 아름다운 풍광을 볼 수 있다. 날씨가 좋으면 대마도도 보인다(입구에서 덧신을 반드시 신어야 한다. 셀카봉 사용 금지).

이기대수변공원(부산 남구 용호동 산122), 오륙도 스카이워크 051-607-6398

오륙도 스카이워크 09:00~18:00 P 10분 300원

17 다대포해수욕장

부산 시내에서 서남쪽으로 약 8km 거리에 있는 해수욕장이다. 백사장 길이 900m, 폭 100m에 평균수온 21.6℃의 조건을 갖추었다. 해안에서 300m 거리의 바다까지도 수심이 1.5m 안팎이어서 가족 단위의 피서지로 적합하다. 민물과 바닷물이 만나는 낙동강 하구에 자리 잡고 있다.

다대포해수욕장 051-220-4161 fountain.saha.go.kr

Tip 을숙도 철새도래지

천연기념물 제179호로 지정된 낙동강 하구의 을숙도는 50여 종, 10만여 마리의 철새들이 쉬어 가는 철새들의 낙원으로 세계적인 관광명소. 낙동강 하굿둑 공사 때문에 을숙도의 갈대숲 절반 정도가 물속에 가라앉았다. 하지만 아직도 세계적인 희귀조인 재두루미, 저어새 등이 날아와 겨울을 나는 모습은 장관을 이룬다.

을숙도 생태공원 051-209-2000

홍룡사&홍룡폭포

신라 문무왕 때 원효대사가 창건한 사찰로, 승려들이 폭포수를 맞으며 수행을 하여 낙수사라 불렸다고 한다. 임진왜란 당시 소실되어 터만 남았으나 1910년대에 통도사의 승려 법화가 재건해 지금에 이르렀다. 홍룡폭포와 어우러진 관음전의 경치가 아름답기로 유명하다. 폭포에 용이 살다가 무지개를 타고 승천했다는 전설이 전해진다.

홍룡사 055-375-4177 무료 P 무료

홍룡사&홍룡폭포

아홉산숲

골짜기 아홉 개를 품고 있어 아홉산으로 불린다. 아홉산이 있는 기장 철마면 웅천리는 1971년 그린벨트로 지정되어 자연환경이 잘 보존되어 있다. 평탄한 숲길을 걸으면 수령 400년의 금강소나무 군락, 향기로운 편백나무와 삼나무를 비롯하여 맹종죽, 희귀 대나무인 구갑죽 등을 만날 수 있다.

아홉산숲 051-721-9183 09:00~18:00
₩ 5,000원 P 무료 www.ahopsan.com

아홉산숲

청사포다릿돌전망대

청사포 마을의 수호신인 푸른 용을 형상화한 전망대다. 수면 위 20m 높이에서 바다를 향해 뻗어 있는 모습이 탁 트여 시원스럽다. 전망대의 투명한 바닥 위를 걸으면 마치 바다 위를 걷는 아찔함을 느낄 수 있다. 날씨에 따라 출입이 통제되며 입구에 비치된 덧신을 반드시 신어야 한다. 청사포는 일출과 낙조, 야경이 아름답기로 유명하며 싱싱한 해산물을 먹을 수 있는 횟집도 많다.

청사포다릿돌전망대 051-749-5720 09:00~18:00 ₩ 무료 P 무료

청사포다릿돌전망대

168계단과 모노레일

초량동에는 피란민이 살던 산동네와 아랫동네를 연결하는 168개의 계단이 있다. 이 가파른 계단 위를 지역주민의 편의를 위해 설치된 전동 차량이 오르내린다. 좁고 투박한 계단에 아기자기한 그림을 그리고 주변 건물은 쉼을 위한 문화공간으로 탈바꿈했다. 작은 공원과 전망대를 갖추고 알록달록 새 옷을 입은 초량동의 포토존, 168계단 모노레일이다.

이바구길모노레일 07:00~20:00
₩ 무료 P 초량2동 공영주차장 10분 100원, 1일 2,400원

168계단과 모노레일

168계단과 모노레일

168계단과 모노레일

추천 숙소

부산 롯데호텔 부산

부산의 중심지 서면에 있는 초특급호텔. 부산역에서 20분, 김해공항에서 40분 거리로 백화점과 연결되어 있다. 교통이 편리해 외국인 관광객들이 자주 찾는다.

지상 43층, 지하 5층, 800여 개의 최신식 객실이 갖추어져 있다. 객실은 14~39층 사이로 고속엘리베이터로 연결된다. 부산 시내가 한눈에 들어오는 전망이 일품이다. 부대시설로는 8개 국어 동시통역 시설이 있는 대규모 국제회의장과 소규모 모임을 위한 연회장이 있어 비즈니스호텔로서도 완벽한 조건이다.

롯데호텔 부산은 특히나 라스베이거스식 공연으로 유명하다. 레이저 조명 속에 헬리콥터와 모터사이클이 무대 위를 날아다니는 '라스베이거스'와 21명이 105개의 북을 웅장하게 연주하는 '오고무'가 특히 멋있다. 부산 최대 규모를 자랑하는 리조트와 비즈니스를 위한 공간이지만 서면 일대가 상습 정체 구간이기 때문에 대중교통을 이용하는 것이 편리하다.

부산시 부산진구 가야대로 772 051-810-1000

부산 웨스틴 조선 부산

해운대 야경이 아름다운 호텔. 동백섬 안에 있어 해운대를 가장 아름답게 느낄 수 있고 부산에서 가장 먼저 지어진 특급호텔로 2005년 APEC 기간에 부시 대통령이 머물며 세간의 관심을 끌었다. 2006년에는 남북 장관회담, 2010년에는 G20재무장관 중앙은행총재회의가 열려 명성을 떨치고 있다.

부산시 해운대구 동백로 67 051-749-7000

부산 허심청

3,000명을 수용할 수 있는 대형온천탕 허심청. 다양한 테마온천 시설을 갖추고 있어 일본인들이 더 좋아하는 온천시설이다. 실내 풀장을 비롯하여 40여 가지의 효능별 욕탕, 그리고 계절에 따라 천연재료와 한방약재를 이용한 이벤트 탕을 갖추어 취향에 맞는 온천욕을 선택할 수 있다.

부산시 동래구 온천장로107번길 32

0507-1352-2201 ₩ 10,000원

추천 체험

양산 통도환타지아

다양한 놀이기구와 파도풀장이 있는 물놀이장, 쉬어 갈 수 있는 숙소까지 갖춰진 놀이공원으로 통도사 옆에 있다.

양산시 하북면 통도7길 68 055-379-7000

₩ 입장권 16,000원, 자유이용권 33,000원

P 무료 www.fantasia.co.kr

양산 에덴밸리 루지

루지는 썰매와 닮은 카트를 타고 트랙을 주행하는 레포츠로 누구나 쉽게 즐길 수 있어 인기다. 에덴밸리 루지 트랙은 2.04km로 국내 루지 트랙 중 가장 길다.

양산시 원동면 어실로 1206 055-379-8159

₩ 월~금요일 13,000원, 주말 17,000원

P 무료 www.edenvalley.co.kr

부산타워

부산 시내 야경

해운대 야경

추천 맛집

백화양곱창

50년 전에 들어선 양곱창집이 어느새 골목을 만들었다. 석쇠에 구워 먹는 부산식 곱창집으로, 입소문이 난 맛집이다. 연탄불에 곱창을 소금과 참기름에 버무려 굽는 소금구이는 부드럽다. 한우 곱창을 연탄불에 직화로 구워내면 석쇠 사이로 기름이 빠지고 꼬들꼬들한 육질만 남아 고소하고 쫄깃한 식감이 일품이다. 곱창을 다 먹고 볶음밥을 추가하면 만족 100%.

부산시 중구 자갈치로23번길 6 051-245-0105

대한명인 기장곰장어

부산의 명물 곰장어는 반드시 먹어볼 필요가 있다. 짚불곰장어구이로 널리 알려진 기장곰장어집은 용궁사 입구 도로변에 있다. 짚불구이는 짚불에 구워내 숯처럼 까맣지만 목장갑으로 슬쩍 비비면 껍질이 벗겨진다. 곰장어의 비린 맛이 없고 쫄깃쫄깃하며 고소한 맛이 특징이다. 생솔잎구이, 곰장어 볶음도 맛있다.

부산시 기장군 기장읍 기장해안로 70 051-721-2934

구름 속의 산책

암남공원 입구의 전망 좋은 통나무 식당. 송도 앞바다의 크고 작은 선박들이 정박하고 있어 항구도시 부산의 풍경을 제대로 감상할 수 있다. 바다로 난 창문이 통유리로 시원스럽고 내부도 넓어 아늑하고 편안한 분위기가 일품이다. 이름과 달리 바닷가의 산책이 더 적절할 듯한 풍경이 멋진 통나무집의 커피와 칵테일도 좋다.

부산시 서구 송도해변로 131 칠칠켄터키3층
051-253-6655

그 외 추천 맛집

18번완당집
부산시 중구 비프광장로 31 051-245-0018

대선횟집
부산시 중구 자갈치해안로 29 051-255-3891

물꽁식당
부산시 중구 흑교로59번길 3 051-257-3230

경북대구횟집
부산시 중구 자갈치로 30 051-246-9762

SNS 핫플레이스

죽성드림세트장

부산시 기장군 기장읍 죽성리 134-7

장림포구

부산시 사하구 장림로93번길 72

카페 헤이든

부산시 기장군 일광면 동백리 449 051-727-4717

카페 웨이브온 커피

부산시 기장군 장안읍 해맞이로 286 051-727-1660

카페 스노잉클라우드

부산시 해운대구 달맞이길 117번가길 120-30 6층
0507-1408-8256

카페 티앤북스 광안점

부산시 수영구 민락수변로 29 8층 051-758-0105

카페 라발스 스카이 카페&바

부산시 라발스호텔점부산 영도구 봉래나루로 82
라발스호텔 28층 051-790-1543

카페 에테르

부산시 영도구 절영로 234 0507-1405-5055

카페 앙로고택

부산시 강서구 식만로 122

장림포구

죽성드림 세트장

Part 2

파도 소리를 따라가는 동해안 여행

동해안 7번 국도

매년 휴가철마다 동해안과 속초 일대는 로망의 대상이다. 푸른 바다는 한가로운 피서를 즐기기에 안성맞춤이고, 7번 국도와 해안도로는 자동차로 드라이브하기에 그만이다. 설악산의 신비로운 풍광을 멀리서 감상할 수 있고 동해안의 크고 작은 포구에서는 감칠맛 나는 싱싱한 회를 맛볼 수도 있다. 그야말로 바다의 모든 것을 만끽할 수 있는 여행이다.

7

구 간 1

고성 속초 양양

Best Course

① 고성 통일전망대 →
② DMZ박물관 → ③ 대진항&대진등대 →
④ 화진포&화진포해수욕장 →
⑤ 건봉사 → 공현진해수욕장 → 하늬라벤더팜 →
⑥ 왕곡마을 →
⑦ 송지호해수욕장 → 삼포해수욕장 → 아야진항&아야진해수욕장 → 바우지움조각미술관 →
⑧ 속초 속초등대전망대&영금정 →
⑨ 동명항 활어직판장 → ⑩ 아바이마을 →
⑪ 속초관광수산시장 → 칠성조선소 →
⑫ 속초해수욕장 →
⑬ 외옹치바다향기로 → ⑭ 대포항 →
⑮ 설악산국립공원 → 설악해맞이공원 →
⑯ 양양 낙산사 →
⑰ 낙산해수욕장 → 미천골자연휴양림 →
⑱ 오색약수&주전골계곡 → 서피비치 →
⑲ 하조대해수욕장 → 남애항

7
① 통일전망대
② DMZ박물관
③ 대진항/대진등대
④ 화진포/화진포해수욕장
건봉사 ⑤
고성군
하늬라벤더팜
왕곡마을 ⑥
공현진해수욕장
⑦ 송지호해수욕장
삼포해수욕장
철원군
아야진항/아야진해수욕장
⑧ 속초등대전망대/영금정
칠성조선소
속초관광수산시장 ⑪
⑨ 동명항 활어직판장
양구군
속초시
⑩ 아바이마을
⑫ 속초해수욕장
설악산국립공원 ⑮
대포항 ⑭
화천군
설악해맞이공원
⑬ 외옹치 바다향기로
설악산 국립공원
⑯ 낙산사
낙산해수욕장 ⑰
인제군
오색약수/주전골계곡 ⑱
서피비치
⑲ 하조대 해수욕장
양양군
춘천시
강원도
미천골자연휴양림
남애항

Travel Point

01 통일전망대

바다가 보이는 해안도로를 계속해서 달리면 통일전망대가 나온다. 거진항에서 11km 떨어진 지점에 해발 700m 높이에 세워진 전망대다. 이곳에 가면 휴전선과 금강산이 한눈에 들어오고 오른쪽으로는 에메랄드빛 동해가 아스라이 펼쳐진다. 비무장지대도 파노라마로 펼쳐지는데, 한국군 관측소도 아련하게 보인다. 이곳에서는 해금강도 조망할 수 있으며 현종암, 부처바위, 사공바위 등 크고 작은 섬들이 기묘한 모습으로 떠 있다. 맑은 날이면 금강산도 손에 잡힐 듯 가깝게 바라보인다. 어렴풋이 보이는 금강산 봉우리들은 왼쪽부터 일출봉, 채하봉, 육선봉, 집선봉, 세존봉, 옥녀봉, 신선대다. CIQ 조립식 건물을 리모델링해 선보인 한국전쟁체험전시관도 볼거리다. 영상과 사진을 통해 전쟁 당시를 한눈에 살펴볼 수 있다.

통일전망대 033-682-0088
하절기 09:00~17:50, 수학여행기 09:00~16:50, 동절기 09:00~15:50 ₩ 3,000원
P 5,000원 www.tongiltour.co.kr

02 DMZ박물관

통일전망대에서 2km 정도 떨어진 곳에 DMZ 박물관이 있다. 최북단 군사분계선과 근접한 민통선 내에 자리한다. DMZ는 군대의 주둔이나 무기의 배치, 군사시설의 설치가 금지되는 비무장지대다. 세계 유일의 DMZ를 통해 통일의 의미를 되새겨볼 수 있는 박물관이다. 5개 구역으로 나뉜 전시관에서는 전쟁의 아픔이 담긴 전시물도 눈길을 끌지만, 60여 년간 사람의 손이 닿지 않은 DMZ의 청정지역을 한눈에 살펴볼 수 있어 흥미롭다.

DMZ박물관 033-681-0625 하절기 09:00~18:00, 동절기 09:00~17:00, 월요일·신정 휴무 ₩ 무료 P 무료
www.dmzmuseum.com

03 대진항&대진등대

동해안에서 가장 북쪽에 있는 대진등대는 1993년에 새로 지었으며, 8각 기둥 위의 둥근 전망대가 우주선처럼 생겼다. 대진등대는 대진항 뒤편의 튀어나온 곳에 자리 잡고 있어 주변 풍경이 아름답다. 특히 대진등대 인근의 바다는 그 색이 아름다워 여행객들에게 특별한 인상을 주는 곳이다. 대진항을 내려다보는 위치이기 때문에 짙은 바다와 하얗게 빛나는 등대가 마주보는 풍경이 일품이다. 그래서 대진등대는 가까이 다가서서 보는 것보다 초도리나 금강산콘도에서 멀찍이 보는 것이 훨씬 예쁘다. 바다와 등대를 배경으로 기념사진을 찍는 것도 잊지 말자.

대진등대 033-682-0172 하절기 06:00~18:00, 동절기 07:00~17:00

04 화진포&화진포해수욕장

고성군 화진포는 가을의 비경을 간직한 아름다운 자연호수로 갈대와 여유롭게 노니는 철새, 코스모스가 인상적이다. 특히 가을철에는 호수 주변으로 갈대밭이 형성돼 새들이 호수를 수놓는다. 화진포는 모래톱이 바다를 가로막아 생긴 석호이며 둘레 16km, 넓이 72만 평으로 남한에서 가장 넓다. 화진포로 진입하는 길은 4곳인데, 모두 7번 국도에서 이정표를 따라 진입하면 된다. 화진포는 경관이 아름다워 광복을 전후로 한반도 최고 권력자들의 별장이 경쟁처럼 세워졌다. 북한의 김일성 주석은 해방 후 별장을 지어 놓고 가족들과 자주 찾았다. 한국전쟁 후 거진이 남한 땅에 편입되면서 이번엔 남한 최고 권력자인 이승만 대통령과 이기붕 부통령이 차례로 별장을 지었다. 지금도 호수 주변에 세 사람의 별장이 모두 남아 있다. 호수 안쪽에 있는 이승만 별장은 아름드리 해송 너머로 호수 전경이 한눈에 들어온다. 호수와 바다를 가르는 솔숲 모래언덕에 자리한 이기붕 별장은 커다란 소나무에 둘러싸여 있고 한때 외국 선교사들이 휴양 시설로 이용하기도 했다. 지금은 안보교육관으로 전시되고 있다.

화진포해수욕장은 바닷물이 깨끗하고 수심이 얕아 여유를 즐기기에 안성맞춤이다. 드라마 〈가을동화〉에서 죽은 은서를 등에 업고 해변을 거닐던 엔딩 장면 촬영지로 알려지면서 인기 여행지가 되었고, 중국 관광객도 많아졌다. 해수욕장 끝 쪽에는 고구려 광개토대왕의 무덤이라는 이야기가 전해지는 금구도가 손에 잡힐 듯 펼쳐진다.

화진포해수욕장 033-680-3356 hwajinpobeach.co.kr/about

Tip 이승만 별장과 김일성 별장

짙푸른 소나무 숲이 둘러싼 이승만 별장은 1999년 7월, 육군에서 본래의 모습대로 신축 복원했다. 현재의 별장은 집무실, 응접실 등이 그대로 재현되어 있다. 특히 당시 사용하던 놋그릇, 침대, 화장대, 두루마기 등 진품이 그대로 전시되어 있어 여행객들의 눈길을 끈다. 김일성 별장은 한국전쟁 이전인 1948년부터 김일성과 그 가족들이 여름 휴양지로 자주 이용하던 곳이다. 1999년 7월 안보전시관으로 개수하여 공개되고 있다. 김일성 별장은 화진포해수욕장을 바로 내려다볼 수 있다. 별장 실내에는 침실과 김일성 일가족의 사진 등을 전시해 놓았다.

Tip 화진포해양박물관

대진중학교 바로 옆에 위치한 해양박물관에서는 바닷속 세상을 한눈에 볼 수 있다. 희귀 해저식물부터(철갑상어, 문어 등의) 다양한 바다생물들을 직접 확인할 수 있다. 세계적인 희귀 패류나 갑각류, 산호 등 4,000여 점이 전시되어 있다.

화진포해양박물관 033-680-3674
하절기 09:00~18:00,
동절기 09:00~17:30(연중무휴)
5,000원

05 건봉사

거진읍에 위치한 건봉사는 신라 법흥왕 7년(520년)에 아도화상이 '원각사'라는 이름으로 절을 세운 후, 고려 공민왕(1358년) 때 나옹화상이 '건봉사'로 이름을 고쳐 다시 지었다. 금강산 건봉사는 임진왜란 때 사명대사가 승병을 모집하여 왜적과 싸운 곳으로도 유명하며, 만해 한용운 선생이 승려 생활을 한 곳이기도 하다. 한국전쟁 중 건봉사의 766칸이 불탔으나, 이곳에 있는 불이문은 1902년에 세워진 당시의 건물로, 현재 강원도 문화재 자료 제35호로 지정·보존되고 있다. 현재까지 군데군데 무너진 건물을 복원하는 공사가 진행 중이지만, 고성 8경 중 제1경이라는 말이 무색하지 않게 고즈넉한 매력이 있는 곳이다.

건봉사 033-682-8100 무료 무료
www.geonbongsa.org

06 왕곡마을

강원도의 문화적 향취를 느낄 수 있는 전통마을이다. 19세기를 전후해 지어진 북방식 전통한옥 21동이 보존되어 있다. 추운 지방이라는 지형적 특성상 부엌 옆에 마구간을 덧붙인 것이 이색적인 가옥 구조다. 전통가옥보다는 개울이나 논을 따라 걸으면서 느끼는 조용한 시골 마을의 정취가 좋다. 왕곡마을에서는 농촌체험도 가능하고 숙박체험도 가능하다.

왕곡마을 033-631-2120(왕곡마을 보존회)
www.wanggok.kr

07 송지호해수욕장

송지호해수욕장은 모래밭 앞에 죽도라 불리는 바위섬이 있어 죽도해수욕장이라고도 불린다. 고성에서 가장 유명한 해수욕장으로, 여행자를 위한 숙박시설과 편의시설을 잘 갖추고 있다. 화진포해수욕장과 같은 성분의 모래밭이 4km 정도 이어지며 여름이 되면 물놀이를 즐기려는 사람들의 발길이 끊이지 않는다. 모래밭을 배경으로 송림이 우거져 있고, 뒤편으로 설악산이 버티고 있어 운치를 더한다. 해수욕장을 끼고 오토캠핑장도 조성되어 있는데, 송지호오토캠핑장은 망상오토캠핑장과 종종 비교된다. 오토캠핑을 위해 본격적으로 조성된 캠핑장으로, 시설이 잘 갖춰져 있으며 인근에는 철새관망타워도 자리한다.

송지호는 송지호해수욕장과 도로로 연결되어 있다. 송지호의 넓이는 약 20만 평, 둘레 4km로 그렇게 큰 편은 아니지만 어느 석호보다 아름다운 모습을 간직하고 있다. 송지호에 첫발을 디딘 모든 사람들이 이국적인 자작나무와 울창한 갈대숲이 어우러진 고혹적인 모습에 한동안 넋을 잃는다. 호수는 거울처럼 잔잔하고 자작나무 숲에서 날아온 새소리가 발치에 내려앉는다. 게다가 호수 주위를 한 바퀴 돌아볼 수 있는 탐방로가 마련되어 있어 한나절 느긋한 산책을 즐길 수 있다. 겨울 철새인 고니 도래지로도 유명하다. 거진등대에서 송지호까지는 해안가 드라이브 코스가 펼쳐진다. 동쪽 해안을 따라 길게 뻗은 도로의 대부분은 해변이 차지하고 있다. 푸른 바다와 함께 기암절벽, 하얀 모래밭이 시야에 한가득 담기며 연인과 함께라면 꼭 들러야 할 코스다.

송지호해수욕장 033-680-3356 songjihobeach.co.kr

Tip 송지호오토캠핑장

캠핑장 바로 앞에 바다가 펼쳐져 더욱 낭만적이다. 캠핑장 앞 해변은 캠핑장 개장시기에만 개방해 전용 해변처럼 이용할 수 있다.

송지호오토캠핑장 033-681-5244 평일 30,000원 camping.gwgs.go.kr

08 속초등대전망대&영금정

속초의 바다 풍경 중 가장 아름다운 곳이다. 특히 넓게 펼쳐진 암반 위에 연륙교처럼 다리가 이어지고, 바다 한가운데 떠 있는 것만 같은 영금정은 감탄이 나올 정도. 탁 트인 전망을 원한다면 속초등대에 올라보는 것도 좋다. 숲길을 조금만 오르면 동해가 한눈에 펼쳐진다.

속초등대는 1957년 속초시 동명동 해안가 바위언덕 정상에 세워져 동해연안을 항해하는 선박들의 길라잡이 역할을 하고 있다. 등대전망대는 가파른 계단을 10분쯤 오르면 죽도를 비롯한 영금정 앞의 오리바위, 영금정 해맞이 정자, 조도 같은 절경이 한눈에 보인다. 등대전망대는 오르는 길이 세 갈래다. 가장 많이 이용하는 길은 영금정 바위 앞에 설치된 철 계단 길이다. 방파제와 영금정 중간 해안가의 바위섬에 자리한 해맞이 정자는 영금정, 속초등대와 함께 일출 조망의 최고 장소로 꼽힌다.

영금정 033-639-2690

09 동명항 활어직판장

동명항 활어직판장은 이곳 어촌계 주민들이 직접 잡은 자연산만 취급한다. 직접 활어판매장에서 활어를 구입하기도 하고 방파제를 따라 길게 형성된 좌판에서 저렴하게 회를 먹을 수도 있다. 회 뜨는 값은 고기 값의 10%(활어가 20,000원이면 2,000원), 초고추장 1,000원, 겨자 1,000원, 고추와 마늘 1,000원, 상추 1,000원이다. 동명활어난전은 대포항보다 가격이 저렴하다. 아울러 어판장 주변에 넓은 무료주차장이 있어 주차도 편리하다. 방파제로 나가면 바다와 설악산을 함께 조망할 수 있다. 해맞이 정자도 풍치를 더한다.

동명항활어직판장주차장 P 30분 500원

10 아바이마을

북에 고향을 두고 피난을 내려와, 통일이 되면 고향에 가고픈 애절한 마음이 담긴 마을이다. 그래서 아직도 판자촌의 흔적이 있고, 집들도 옹기종기 모여 있다. 아바이마을은 북에 고향을 둔 실향민들에 의해 불리는 이름이며 행정상 명칭은 청호동이다.

청초호와 바다로 둘러싸인 마을로, 시청 쪽 바닷가에서 갯배를 타고 줄을 당겨 움직여 들어가는 운치와 낭만은 이곳만의 매력. 시내에서 배를 타고 50m 정도를 건너가면 파란색 지붕의 자그마한 가게가 눈에 들어오고, 드라마 〈가을동화〉의 촬영지를 알리는 안내판이 눈에 띈다.

가게 오른쪽 옆의 골목길로 조금만 들어가면 광활한 동해가 펼쳐진다. 함경도 피난민들의 마을답게 알싸한 함경도 회냉면과 가자미식해, 오징어순대 등 함경도 오리지널 음식이 아바이마을 여행의 묘미를 더한다.

아바이마을 033-633-3171 www.abai.co.kr

Tip 청초호

청초호는 속초시 중앙에 자리한 호수다. 엑스포타워를 중심으로 한 광장에서 즐기는 자전거와 인라인스케이트는 젊은이들에게 인기가 높다. 동해를 유람할 수 있는 유람선도 운항된다.

11 속초관광수산시장

속초시의 최대상권이 밀집된 중앙시장은 설악권의 풍물을 한눈에 훑어보고 설악권의 먹거리를 제대로 살 수 있는 곳이다. 중앙시장은 1990년에 지은 신상가와 주변 난전시장으로 구성되어 있다. 속초의 모든 풍물이 밀집된 지역으로 속초의 역사와 함께한 시장이라고 할 수 있다. 중앙시장에 오면 동해안에서 나는 제철 생선을 저렴한 가격에 살 수 있다는 것이 최고의 장점이다. 또한 설악권의 가장 큰 재래시장으로 인근 양양과 고성 농촌에서 직접 수확한 농산물과 먹거리를 팔기 때문에 설악권의 모든 농산물을 이곳에서 살 수 있다. 아울러 쇼핑과 함께 지역특산물 먹거리로 쉽게 요기할 수 있는 곳도 이곳 중앙시장이다. 중앙시장은 시장의 왁자지껄한 분위기 속에서 이색적인 북한 사투리를 쓰는 함경도 아주머니들의 억센 삶의 모습도 살펴볼 수 있는 문화관광의 명소라고 할 수 있다.

속초관광수산시장 08:00~24:00
sokcho-central.co.kr

12 속초해수욕장

드라마 〈가을동화〉는 강원도 속초의 전원적인 풍경이 주요 배경지로 촬영된 드라마다. 그중에서도 속초해수욕장은 빼놓을 수 없는데, 주인공인 준서와 은서가 행복한 시간을 보냈던 소중한 장소이다. 드라마 방영 이후 오랜 시간이 지났지만 여전히 많은 연인에게 인기 있는 여행지이다. 속초 시내에서 지척인 속초해수욕장은 여름철이면 동해안의 여느 해수욕장처럼 수많은 피서객들로 가득하지만, 제철이 아니라면 호젓한 여행도 가능하다. 해변 뒤로 울창한 송림이 있어 운치를 더하고, 해수욕장 북쪽의 방파제 주변에는 간이횟집이 자리 잡고 있어 즉석에서 싱싱한 회를 맛볼 수 있다.

속초해수욕장 033-639-2027
www.sokchobeach.co.kr

13 외옹치바다향기로

속초해수욕장에서 외옹치항까지 1.74km에 걸쳐 이어진 이색적인 해안 산책 코스다. 크게 속초해수욕장 구간(850m)과 외옹치 구간(890m)으로 나뉘며 구간마다 서로 다른 분위기를 지녔다. 외옹치 구간은 수십 년간 민간인 출입이 통제되었던 곳으로 오랫동안 사람 손때를 타지 않은 천혜의 비경을 품고 있다. 나무 데크 탐방로와 흙길을 오가는 산책로를 따라 푸른 바다가 끝없이 이어지며 철썩이는 파도 소리가 청량감을 더한다. 바닷물이 맑고 깨끗해 바닥이 훤히 비칠 정도다. 외옹치 구간은 대나무 명상길, 하늘 데크길, 안보 체험길, 암석 관찰길 4개 테마 코스로 꾸며졌다. 굴바위, 지네바위 등 해안가에 형성된 기이한 바위들을 관람하는 재미도 쏠쏠하다.

외옹치해수욕장, 속초시 대포동 585-5 (대포동)
033-639-2362 무료 무료
www.sokchotour.com

14 대포항

속초에는 회를 즐길 수 있는 곳이 크게 3곳이 있다. 장사동 횟집촌과 영금정 활어판매장, 그리고 대포항. 부담 없이 편하게 회를 즐길 수 있는 곳으로 알려진 대포항은 그 명성만큼이나 북적거림을 감수해야 한다. 설악 콘도촌에서 가까워 많은 이들이 찾기 때문에 언제나 사람이 많다. 하지만 그만큼 깨끗하지 못하고 예전보다 고기의 질도 많이 떨어진 편이다. 그래도 다른 곳에서보다 싸고 푸짐한 오징어회를 원 없이 먹을 수 있다.

입구 주차장에서 대포항으로 들어가면 왼편에는 제법 규모가 큰 횟집들이, 오른편에는 난전이 펼쳐진다. 횟감만 구입해 방파제나 갑판 위에서 먹으려면 난전을 이용하고, 식사를 하려면 횟집 안으로 들어가는 편이 낫다. 속초 아남프라자에서 7번 국도를 타고 양양 쪽으로 3km 정도 내려오면 왼쪽 해안가에 대포동이 보인다. 유료주차장을 3곳으로 확대해 주차하기가 쉬워졌다.

대포항 033-633-3171 www.daepo-port.co.kr

대포항

15 설악산국립공원

바위산의 백미 설악산은 산세가 험준하고 웅장해 산악미를 감상하는 것만으로도 좋다. 힘든 산행을 하지 않아도 시원한 계곡과 폭포를 찾아 오르거나, 동양에서 가장 큰 돌산인 울산바위에 오를 수 있다. 설악산은 언제나 여행객들로 북적인다. 미리 행선지를 정하고 발길을 옮기는 것이 현명하다. 케이블카를 타고 올라가서 조금만 걸으면 정상에 오를 수 있는 권금성. 권금성의 이름에는 전해오는 이야기가 있다. 이 근처 같은 마을에 살던 권장사와 김장사는 난리가 나자 가족들을 데리고 산으로 올라와 성을 쌓으려 했으나 산 근처에 성을 쌓을 만한 돌이 없었다. 두 장사는 한동안 고민하다가 권장사가 좋은 제안을 냈다. "내가 냇가로 내려가서 돌을 던질 테니 김장사는 산 위에서 그것을 받아 성을 쌓으시오. 밤새 그렇게 하면 성 하나쯤 못 쌓겠소?" 밤새 두 장사는 성을 쌓았고 날이 밝아오자 성은 완성되었다. 권, 김 두 장사가 쌓은 성이라 해서 그 이름이 권금성이 되었다고 한다. 30분 정도의 산책으로 만날 수 있는 신흥사는 설악산 여행의 1번지이다. 통일의 염원을 담아 세워진 동양 최대의 규모 통일대불 청동좌상은 물론, 일주문에 들어서면 화려한 단청과 최북단의 신라 석탑인 향성사지 삼층석탑, 한국전쟁 때 국군들의 땔감으로 사용될 뻔한 명부전 등을 만날 수 있다. 그 외에도 흔들바위, 울산바위 등이 외설악의 대표적인 명소. 근처의 척산온천장, 한화리조트 등에서 유황온천을 즐길 수도 있다.

설악산국립공원 033-801-0900(설안산국립공원사무소) 4,500원 P 5,000원(중·소형, 성수기 기준)
seorak.knps.or.kr

Tip 설악케이블카

케이블카를 타고 오르내리면서 권금성 일대의 깎아 낸 듯한 기암절벽을 구경하고 아득하게 내려다보이는 소공원과 울산바위, 저항령 등을 전망할 수 있다.

설악케이블카 033-636-4300 계절과 기후에 따라 다름 13,000원 www.sorakcablecar.co.kr

16 낙산사

낙산사는 사시사철 관광객이 찾아와 자칫 관광지처럼 인식하기 쉬우나 실제로는 역사적 가치나 운치, 전해 오는 이야기가 많은 절이다. 동해안에 위치한 가장 큰 사찰로 절을 창건한 의상대사와 연관된 곳이 많다. 의상대사가 관음보살의 말을 듣고 창건했다는 이야기와 의상대사를 추모하기 위해 1925년에 지었다는 의상대, 의상대사가 관음보살을 만났다는 홍련암이 있다. 낙산사 경내에 들어서면 빠뜨리지 말아야 할 곳이 낙산사의 동종, 꽃담이다. 동종은 조선시대 예종이 아버지를 위해 만든 것으로 조선의 범종 연구에 귀중한 자료가 되고 있고, 꽃담은 암키와와 흙을 교대로 쌓으면서 사이사이에 화강암을 동그랗게 다듬어 끼워 넣은 멋스러운 곳이다. 바닷가 쪽으로 걸어가면 만나게 되는 해수관음상, 의상대, 홍련암의 전망도 뛰어나다. 해수관음상은 그 시선이 10리에 달한다 하며, 의상대에 올라 내려다보는 동해의 절경은 시원스럽다. 의상대에서 왼쪽을 보면 절벽 위에 세워진 작은 암자 홍련암은 바닷가의 절벽 위에 지어져 발밑으로 올라오는 파도가 실감난다.

낙산사 033-672-2447~8(종무소) 06:00~18:00
무료 P 4,000원 www.naksansa.or.kr

17 낙산해수욕장

2km 남짓 되는 백사장이 타원형으로 시원하게 펼쳐져 있으며, 수심이 얕고 경사도가 심하지 않아 해수욕을 즐기기에 그만이다. 푸른 동해를 시원하게 가르며 스피드를 즐길 수 있는 모터보트를 타는 것도 신나고, 편의시설, 부대시설을 이용해 편한 휴가를 보내기도 좋다. 방파제 위로 간이횟집들이 들어서 있어 광어, 우럭, 전복, 가리비 등의 싱싱한 해산물을 저렴한 가격에 맛볼 수 있다.

해수욕을 즐긴 후에는 관동팔경의 제1경인 낙산사를 비롯해 해수관음상, 의상대 등을 돌아보며 동해의 절경을 감상하는 게 순서다. 해수욕장에는 콘도, 모텔, 민박 등 다양한 숙박시설이 들어서 있어 잠자리는 걱정하지 않아도 된다. 다만, 콘도나 호텔은 예약이 필수며, 민박은 단지에 따라 시설 차이가 많이 나니 천천히 둘러보고 정하는 게 좋다.

Tip 남대천

총길이가 54km에 이른다. 10~11월 북태평양에서 자란 연어 떼가 돌아오는 곳으로 유명하다. 물은 1급수 청정 수역으로 바닥이 들여다보일 정도로 투명하다. 상류 어성전과 법수치리는 특히 맑아 다른 지역에서는 볼 수 없는 희귀 민물고기들이 많이 서식하고 있는 편이다. 낚시 마니아들 사이에서 인기 포인트로 꼽힌다. 채비가 간단한 루어 낚시를 즐기러 오는데, 꺽지가 많이 잡힌다.

낙산해수욕장 033-670-2518(해양레포츠관리사업소)

18 오색약수&주전골계곡

한계령을 넘으면 어느새 산속에 푹 파묻혀 있는 오색지구에 닿는다. 널찍한 바위를 뚫고 솟아오르는 오색약수는 약간 시큼한 맛이 나는 것이 특징. 철, 마그네슘, 규산, 나트륨 등의 성분이 섞여 있어 위장병을 비롯해 소화불량이나 빈혈에 효과가 있다고 한다. 오색약수 뒤로 연결된 주전골은 설악동의 축소판이라 할 만큼 그 경치가 아름답고 수려하다.

주전골은 산적들이 위폐를 찍어냈다는 전설이 전하는 계곡이다. 외설악의 남성미와 내설악의 여성미를 한꺼번에 지니고 있는 남설악의 중심지다. 한여름에도 서늘한 기운이 느껴지는 선녀탕, 미륵암, 12폭포, 용소폭포 등이 운치를 더한다. 주전골의 정수라고 할 수 있는 용소폭포까지 가는 데 걸리는 시간은 대략 1시간 정도. 계곡을 따라 오르는 길이 험하지 않고 평탄한 편이라 아이들과 함께 충분히 갈 수 있는 코스다.

오색약수터

19 하조대해수욕장

넓고 길게 뻗은 모래사장 뒤로 울창한 송림이 우거져 있는 최상의 피서지이다. 바닷물은 수심이 깊지 않고 경사가 완만해서 좋고, 멀리 보이는 바위섬과 우뚝우뚝 솟은 기암괴석이 정취를 더한다. 해수욕장 남쪽 끝으로 있는 하조대는 자칫 스쳐 지나가기 쉬운 명승지. 바위 정상에 세워진 자그마한 정자에 올라 탁 트인 푸른 바다와 하늘을 보고 있노라면 말 그대로 호연지기를 느낄 수 있다. 절벽 가까이에 서 있는 정자 너머로 바다가 끝없이 이어진다. 건너편 암봉에는 수령 100년 이상 된 노송 한 그루가 우뚝 서 있다. 바위에 뿌리를 내리고 해풍을 맞으며 꿋꿋하게 버틴 소나무다. 바위 틈새에 뿌리를 내린 모습이 신기하기만 하다. 하조대 정자 건너편에는 하얀 등대가 그림처럼 자리 잡고 있다. 밤이면 저절로 불이 켜져 바닷길을 밝히는 무인등대다. 등대 앞은 바다가 끝없이 펼쳐지는 기암절벽이다.

하조대해수욕장 033-672-5647(야영장), 033-672-2346(대표전화) www.hajodae.org

More & More

남애항

남애항

강원도 3대 미항 중 한 곳으로, 포구의 정취를 만끽할 수 있다. 낙산사와 함께 최고의 해돋이 명소로 꼽히기도 한다. 포구 한쪽으로 난 방파제를 따라가면 붉은 등대가 나온다. 등대 앞에 서면 포구가 한눈에 보인다. 배 50여 척이 들어설 만큼 넓다. 푸른 바다와 붉은 등대를 배경으로 기념사진을 찍기에 좋다. 포구 주변으로 싱싱한 횟감을 선보이는 횟집이 모여 있으며 낚싯배를 예약하면 바다에 나가서 직접 고기를 잡을 수 있다.

남애항

하늬라벤더팜

하늬라벤더팜

2006년부터 1만여 평에 달하는 부지에 라벤더를 심어 조성한 곳이다. 경기도에서 허브숍을 시작하였다가, 허브 제품의 원료가 되는 라벤더를 직접 재배하고자 이곳에 정착했다. 매년 6월이면 보라색으로 절정을 이룬다.

하늬라벤더팜 033-681-0005 10:00~18:00, 화요일 휴무 6,000원 P 무료 www.lavenderfarm.co.kr

---

바우지움조각미술관

바우지움조각미술관

서쪽으로 울산바위가 보이는 곳에 건립된 조각미술관은 조각가 김명숙의 사립 미술관이다. 갤러리는 세 동으로 이루어져 있다. 주 전시실 A관 근현대조각관과 B관 김명숙 조형관, 기획전시관 아트스페이스 이 세 관에서 전시 관람을 할 수 있다. 전시관은 세 곳이지만 C관 세미나실의 잔디정원이나 외부 테라코타 정원 물의 정원 등 건축된 담벼락까지도 작품으로 느껴진다. 내부에는 카페도 있어 쉬엄쉬엄 관람하기에도 좋다.

바우지움조각미술관 033-632-6632 10:00~18:00(입장마감 17:30), 월요일 휴무 10,000원 P 무료 www.bauzium.co.kr

---

영랑호 습지생태공원

영랑호에 유입되는 하천인 장천천 하류에 있는 습지형 생태공원이다. 영랑호 둘레길과 이어져 있으며 약 1.3km에 걸쳐 생태탐방로가 조성되어 있다. 탐방로를 따라서 억새군락지와 야생화, 코스모스 길이 잘 정비되어 있다. 사람이 많지 않아 한적하고 조용한 분위기 속에서 산책하기 좋다. 공원 중심부에 형성된 습지는 자연 생태를 고스란히 간직해 생태 학습장으로 제격이다.

속초시 영랑호반길 329-1 (장사동) 연중무휴 무료 P 무료 www.sokcho.go.kr/ct/tour

칠성조선소

칠성조선소

1952년에 세워진 조선소로, 전국으로 오징어가 팔리던 시절 호황을 누렸으나 나무배가 점차 사라지면서 2018년 2월 카페와 전시관으로 탈바꿈했다. SNS 사진 맛집으로 그리 크지 않은 장소임에도 많은 이들이 찾는다. 엑스포 민영 주차장에 주차 후 도보로 약 2~3분이면 된다.

칠성조선소 무료 P 엑스포 무료 민영 주차장 무료

서피비치

서핑 전용 해변으로 약 1km 정도 구간에 스위밍존, 빈백존, 해먹존 등 서핑과 휴식을 즐길 수 있는 공간으로 구성되어 있다. 이색적이고 아름다운 풍경으로 서핑 외에도 힐링을 위해 많이 찾는다.

🏠 서피비치 ☎ 033-672-0695 ⏰ 09:00~02:00(연중무휴) 🌐 www.surfyy.com

서피비치

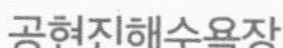

공현진해수욕장

길고 깨끗한 해안선과 끝없이 넓은 백사장이 아름다운 해수욕장이다. 조용하고 인파가 들끓지 않아서 피서를 겸한 휴양지로 안성맞춤이다. 근처의 공현진 항구에서 싱싱한 횟감과 매운탕을 즐길 수도 있다. 1년 내내 자연 그대로의 모습을 유지하기 때문에 깨끗한 환경을 지니고 있다.

🏠 공현진해수욕장

공현진해수욕장

삼포해수욕장

동해안에서 가장 깨끗하다는 바닷물과 고운 모래사장, 오션투유 콘도를 중심으로 잘 들어서 있는 편의시설들이 고급스러운 느낌을 주는 해수욕장이다. 백사장도 넓고 관리가 잘 되어 있어 쾌적한 휴가를 즐길 수 있다. 잘 지어진 콘도식 민박들이 길 건너편에 형성되어 있으며 민박집들은 대부분 콘도와 수준을 맞추어 깔끔하고 고급스럽게 단장해 놓고 있다.

🏠 삼포해수욕장

삼포해수욕장

아야진항&아야진해수욕장

아야진은 원래 해수욕장보다 항구로 유명한 곳이었다. 예쁜 이름만큼 아담한 어항에서 제공되는 싸고 싱싱한 해산물을 사기 위해 근처 해수욕장에서 아침 일찍 일부러 이곳을 찾아오기도 한다. 아야진해수욕장은 주변 경관이 뛰어나고 백사장이 깨끗해 매년 이곳을 찾는 피서객들이 늘고 있다. 해변으로부터 30m까지는 깊이가 1.5m 정도로 얕고 해안선이 만으로 이루어져 있어 파도도 잔잔하다.

🏠 아야진항

아야진해수욕장

미천골자연휴양림

미천골이라는 이름은 '아름다운 냇물'이 아니라 '쌀 냇물'이라는 뜻이다. 계곡에 선림원이라는 큰 사찰이 있었는데, 스님들 공양을 짓는 쌀 씻은 물이 계곡을 하얗게 만들 정도였다고 한다. 매표소에서 1km 남짓 들어가면 계곡을 따라 단풍 숲이 펼쳐진다. 매표소에서 임도를 이용해 7.6km 정도는 자동차로 이동할 수 있다. 아이들과 함께 편안하게 단풍을 감상할 수 있다. 주차장에서 미천골 명소인 불바라기 약수터까지 4.8km에 이른다. 역시 임도를 따라 걷는다. 불바라기 약수는 철분이 다량 함유된 것으로 유명하다. 매표소에서 불바라기 약수터 방면으로 대략 800m 떨어진 곳에 선림원지가 있다. 보물로 지정된 삼층석탑과 석등, 홍각선사탑비, 부도 등이 남아 있다.

🏠 미천골자연휴양림 ☎ 033- 673-1806 ⏰ 09:00~18:00, 화요일 휴무
₩ 1,000원(숙박 예약 별도) P 3,000원(중·소형기준)
🌐 www.foresttrip.go.kr/indvz/main.do?hmpgId=0112

Tip 청간정

바닷가 절벽 위에 동해안을 바라보는 전망이 뛰어난 정자다. 설악산에서 흘러내린 청간천과 동해가 만나는 절벽 위에 자리 잡고 있다. 정자에 오르면 주변의 울창한 숲이 상쾌함을 주고 푸른 파도 넘실대는 백사장이 한눈에 들어와 시원함을 더한다. 정자에 돗자리를 깔고 더위를 피하면서 낮잠을 즐긴다면 신선도 부럽지 않을 정도. 청간정의 최대 장점은 역시 해돋이와 달맞이 전경. 이곳에서 일출을 맞는다면 정철이 이곳을 '관동팔경'으로 칭송한 이유를 알 수 있을 것이다.

🏠 청간정

추천 숙소

고성 켄싱턴리조트설악비치

동해를 바로 옆에 끼고 있다. 바다 전망 객실은 추가 요금이 발생하며 일출을 관망할 수 있다.

고성군 토성면 동해대로 4800 033-631-7601

www.kensingtonresort.co.kr

속초 한화리조트 설악

속초에서 가장 큰 숙박 시설이다. 숙박동이 본관과 별관으로 구분되어 있고 그 사이에 설악 워터피아와 씨네라마, 플라자CC 컨트리클럽 등 즐길 거리가 다양하다.

속초시 미시령로 2983번길 111 033-630-5500

www.hanwharesort.co.kr

속초 금호설악리조트

금호개발에서 1997년에 지은 조형미가 뛰어난 콘도. 별장형으로 지어진 외관과 고급스러운 마감자재를 사용해 우아한 분위기를 연출한다. 247실 전 객실마다 온천수가 공급되는 고급 휴양형 리조트이다.

속초시 사당골길 43 033-636-8000 www.kumhoresort.co.kr

속초 척산온천장

설악산 국립공원 자락에 위치한 척산온천장은 국가승인온천으로 지정될 만큼 수질이 뛰어난 곳이다. 척산온천장의 알칼리성 특수온천수로 유명하다. 2007년에 리모델링하여 여행의 피로를 푸는 온천욕은 물론 숙박도 가능한 곳이다. 또 세미나실이 있어 비즈니스 및 워크숍 등의 목적으로 방문하기에도 좋다.

속초시 관광로 288 033-636-4806 www.chocksanspa.co.kr

양양 하조대비치하우스

양양의 숨겨진 명소로 손꼽히는 하조대해수욕장 입구에 있는 펜션. 바다 전망이 좋고 주변에 산책로와 볼거리가 많아 인기가 좋다.

양양군 현북면 하륜길 26 하조대비치하우스 033-673-8253 www.양양펜션.kr

추천 체험

속초 설악워터피아

설악한화리조트 내에 위치한 종합 온천테마파크. 사계절 내내 물놀이와 온천을 동시에 즐길 수 있다. 노천탕에 몸을 담그고 울산바위의 웅장한 자태를 올려다보는 것도 이곳만의 멋이다. 단, 이용요금이 일반 여행지의 입장료보다 비싼 편이고, 시간대별로 다르다. 여행 일정을 여유 있게 잡았다면 저렴한 시간대를 이용하는 것도 방법. 홈페이지에서 할인쿠폰을 구할 수 있다.

속초시 미시령로 2983번길 111 033-630-5800

www.hanwharesort.co.kr

추천 맛집

고성 성진회관

고성에서는 명태 요리를 맛봐야 한다. 예전만큼은 아니지만 명태가 많이 잡히기 때문이다. 거진항의 성진회관은 명태 요리로 유명하다. 시원하면서도 얼큰한 국물 맛이 일품이다.

고성군 거진읍 거탄진로 99 033-682-1040

속초 아바이식당

예능프로그램 〈1박 2일〉에도 등장한 곳으로 아바이순대와 오징어순대가 유명하다. 아바이순대는 돼지 대창 속에 선지, 찹쌀, 볶은 돼지고기, 배추, 생강, 마늘, 숙주 등을 버무려 속을 채운 후 찜통에 쪄서 만든 순대다. 찰지고 고소한 맛이 난다.

속초시 아바이마을 1길 3-1 0507-1308-5310

아바이식당

속초 단천식당

예능프로그램 〈1박 2일〉을 촬영한 곳이며 전국 100대 맛집 중 하나로 선정되었다. 함흥식 냉면과 오징어순대가 특히 인기다.

속초시 아바이마을길 17 033-632-7828

단천식당

속초 88생선구이

속초 전통 생선구이 식당인 이곳은 아침에 잡은 싱싱한 생선을 제공한다. 항구 인근에는 싱싱한 회를 내오는 횟집이 모여 있다.

속초시 중앙부두길 71 033-633-8892

양양 단양면옥

막국수는 강원도를 대표하는 음식이다. 보통 메밀가루에 밀가루 또는 전분을 섞어 면을 뽑는다. 매콤한 양념장을 곁들여 시원하게 해서 먹는다. 깔끔하고 시원한 동치미 국물을 곁들이면 금상첨화다. 단양면옥은 만화책 『식객』에서도 소개된 집으로 3대째 그 전통을 이어오고 있다.

양양군 양양읍 남문6길 3 033-671-2227

양양 오산횟집

자연산 홍합을 '섭'이라고 한다. 섭과 함께 미나리, 마늘, 양파, 당면, 된장 등을 풀어 얼큰하게 끓여 내오며 보양식으로 여길 정도로 몸에 좋다. 오산횟집은 섭을 재료로 한 다양한 음식을 내놓는다.

양양군 손양면 선사유적로 306-7 033-672-4168

구 간 2

강릉
동해
삼척

Best Course

1 강릉 대관령자연휴양림 →
2 오죽헌&시립박물관 → 3 선교장 →
4 영진해변 선착장 → 5 경포해변 → 강문해변
6 허균&허난설헌기념관 → 7 초당마을 →
8 강릉 커피거리(안목해변) → 바우길 5구간 → 강릉중앙시장 → 강릉솔향수목원
9 정동진역&정동진조각공원 →
10 헌화로 드라이브 코스 → 11 옥계해수욕장 →
12 동해 망상해수욕장 → 13 묵호등대&논골담길 →
14 도째비골 스카이밸리&해랑전망대→ 동해(구)상수시설
15 천곡황금박쥐동굴 → 16 무릉계곡 →
17 추암 촛대바위 → 이사부사자공원&그림책나라
18 삼척 삼척해수욕장 → 서프키키 → 19 새천년해안도로&삼척항 →
20 죽서루 → 삼척미로정원 → 환선굴
21 맹방해수욕장 →
22 장호&용화해수욕장 → 23 삼척해상케이블카 →
24 해신당공원 → 수로부인헌화공원 → 25 호산해수욕장

영진해변 선착장 4
5 경포해변
강문해변
선교장 3
오대산 국립공원
오죽헌/시립박물관 2
8 강릉 커피거리(안목해변)
참소리축음기박물관
6 허균/허난설헌기념관
강릉중앙시장
7 초당마을
대관령자연휴양림 1
7 강릉바우길
9 정동진역/정동진조각공원
강릉솔향수목원
강릉시
10 헌화로
11 옥계해수욕장
횡성군
12 망상해수욕장
13 묵호등대/논골담길
동해(구)상수시설
14 도째비골 스카이밸리/해랑전망대
평창군
동해시
15 천곡황금박쥐동굴
추암 촛대바위 17
서프키키
무릉계곡 16
이사부사자공원/그림책나라
18 삼척해수욕장
19 새천년해안도로/삼척항
삼척미로공원
죽서루 20
삼척테마타운
정선군
21 맹방해수욕장
7
강원도
환선굴
장호/용화해수욕장 22
삼척해상케이블카 23
해신당공원 24
영월군
삼척시
수로부인헌화공원
7
태백시
호산해수욕장 25

01 대관령자연휴양림

한낮에도 더위를 피할 수 있는 계곡과 그늘이 많고 아름다운 금강송 숲길에서 삼림욕을 즐길 수 있는, 대관령 인근의 숨겨진 여행지이다. 대관령자연휴양림은 대관령 기슭에 조성된 국내 최초의 자연휴양림으로, 지난 2000년에는 '한국의 3대 아름다운 숲'으로 선정되기도 했다. 대관령 금강송의 매력을 가장 잘 느낄 수 있는 곳은 관리사무소에서 야영장으로 가는 언덕길에 있다. '소나무 숲으로의 여행'이라 이름 붙은 이 숲길은 1km 정도 소나무 산책로가 만들어져 있다. 휴양림에 예약하면 전문 숲 해설가가 동행하는 숲 체험 프로그램을 무료로 이용할 수도 있다. 약 2시간 동안 트레킹 코스와 솔숲 산책로, 자생식물 정원 등을 돌아볼 수 있다.

대관령자연휴양림 033-641-9990
09:00~18:00, 화요일 휴무(성수기 제외)
₩ 1,000원 P 3,000원

02 오죽헌&시립박물관

바람 부는 날이면 오죽헌에 가야 한다. 가서 검은 대나무 서걱거리며 지나치는 바람을 맞아야 한다. 예쁜 야생화들이 옹기종기 늘어선 꽃길도 좋고, 정원을 산책하는 여유도 일품이다. 율곡 이이와 신사임당이 태어난 곳. 오죽헌은 사임당의 넷째 딸의 아들인 권처균이 집 주위에 까마귀와 비슷한 검은 대나무들을 보고 자신의 호를 '오죽헌'이라고 한 데서 유래되었다. 5천 원권 지폐 뒷면에 나오는 장소가 바로 오죽헌이며, 건물과 지폐를 맞춰보는 것도 재미있다.

오죽헌 033-660-3301
09:00~18:00 ₩ 3,000원 P 무료
www.gn.go.kr/museum

03 선교장

1703년에 건립된 조선 후기의 전형적인 상류저택이다. 선교장은 효령대군 11세손인 무경 이내번(李乃蕃)이 처음 자리를 잡았다. 무경이 이곳에 터를 잡은 후 가세가 크게 번창하고 여러 대에 걸쳐 많은 집들이 지어졌다. 선교장은 대문이 달린 행랑채와 안채, 사랑채, 별당, 사당 및 연당과 정자까지 갖추고 있다. 선교장은 긴 행랑채 가운데 사랑채로 통하는 솟을대문과 안채로 통하는 평대문을 나란히 두었고, 이는 마치 창덕궁 후원의 연경당 중문과 비슷하다. 사랑채인 열화당은 순조 15년(1815)에 건립한 건물로, 선교장 가운데 대표적인 단아한 건물이다. 축대는 대여섯 계단을 딛고 올라가도록 높직하게 위치하고 있고, 작은 대청은 누마루 형식을 지닌 운치 있는 구조다.

선교장 ☎ 033-648-5303
3~10월 09:00~18:00, 11~2월 09:00~17:00
₩ 5,000원 P 무료 knsgj.net

Tip 참소리축음기박물관

세계에서 가장 큰 축음기 박물관으로 1877년 에디슨이 최초로 발명한 축음기인 '탄호일'을 비롯해 최근의 오디오까지 전시되어 있어 100년의 오디오 역사를 한눈에 볼 수 있다.

참소리축음기박물관 ☎ 033-655-1130 10:00~17:00 (입장마감 15:30) ₩ 15,000원 www.edison.kr

04 영진해변 선착장

드라마는 끝났지만 여운은 여전히 남아 있다. 그래서 연인들끼리, 친구들끼리 꼭 가보고 싶어 하는 여행지가 새롭게 만들어졌다. 그곳이 바로 주문진 영진해변 선착장이다. 영진해변 옆 '해랑횟집'을 찾으면 바로 맞은편에 드라마 〈도깨비〉에서 도깨비 소환술 장면을 촬영한 장소가 있다. 드라마에서 공유가 김고은에게 꽃을 주는 명장면이 탄생한 곳이다. 주변에 별도로 주차할 공간이 없기 때문에 공영주차장이나 사설주차장을 이용하는 것이 좋다. 드라마 속의 명장면을 따라 해보고 싶다면 꽃다발이나 케이크 같은 소품을 미리 준비해 가자. 연인끼리 친구끼리 추억을 팍팍 남기는 것을 강력 추천한다.

영진해변

05 경포해변

매년 수많은 관광객들로 인산인해를 이루는 경포대해수욕장. 동해 바다 중 경포의 해변은 제일로 통한다. 길게 늘어진 2km의 백사장과 달려들고 싶은 쪽빛 바다, 울창한 소나무 숲의 그늘과 해변에서 연인의 어깨에 기대어 다정한 대화를 나누는 풍경이 너무나도 자유롭다. 해수욕장 앞은 모터보트를 비롯한 수상스키, 바나나보트, 패러세일링 등 화려한 바캉스를 즐길 수 있는 곳이다. 해수욕장 뒤편에는 넓고 잔잔한 호수에 갈대숲이 우거져 있어 색다른 분위기를 연출한다. 경포호 주변의 4km 정도의 호반길을 자전거로 달려보는 것도 시원한 피서지의 풍경을 즐기는 방법이다.

경포해변

Tip 경포대해수욕장

경포대해수욕장은 주변 교통편을 비롯해 숙박시설, 편의시설들이 고루 갖추어져 있어 해수욕을 즐기기에 더없이 편리한 곳이다. 커피콩을 직접 볶는 보헤미안 커피 전문점에서 커피 한잔 마셔보자. 커피의 진한 향과 맛을 느낄 수 있다.

06 허균&허난설헌기념관

경포호수 바로 옆에 위치한 허난설헌 생가터는 운치가 있는 마을이다. 정겨움과 고풍스러움이 느껴지는 평범한 양반가옥이지만 집 뒤로 나가면 쭉 뻗은 소나무들이 울창한 숲을 이루고 있는데, 한낮에도 새벽을 맞는 기분이 들 정도로 솔숲이 운치 있다. 한 폭의 그림 같은 풍경이라 오래도록 머물고 싶은 장소다. 생가터 입구에 주차장이 있고, 주차장 주변에 초당두부집들이 몰려 있다.

허균허난설헌기념관 033-640-4798
09:00~18:00, 월요일 휴무 무료

07 초당마을

'강릉' 하면 초당두부를 빼놓을 수 없다. 강원도 강릉 경포대에서 남쪽으로 1km쯤 가면 키 큰 소나무들로 둘러싸인 마을이 나온다. 두부로 유명한 초당마을이다. 초당(草堂)이란 이름은 『홍길동전』을 쓴 허균의 부친 허엽의 호에서 따왔다. 초당두부는 16세기 중엽 당파 싸움에 밀려 강릉 바닷가에 정착한 허엽이 만들어 먹던 두부에서 유래됐다고 한다. 집 앞 샘물로 콩을 가공하고 바닷물로 간을 맞추어 만든 두부 맛이 뛰어나 찾는 이들이 많아지자 허엽의 호를 따서 초당두부로 명명했다는 설이 유력하다. 주메뉴는 순두부백반과 모두부. 순두부백반을 시키면 강원도 산간에서 생산된 콩만을 고집해 담백한 맛이 돋보이는 순두부와 대파를 숭숭 썰어 넣은 양념장, 강원도 특유의 강된장으로 끓인 삼삼한 된장찌개와 몇 가지 반찬이 함께 나온다. 서넛이 함께 갈 경우 보통 모두부를 하나 곁들여 먹는다.

초당두부마을 gnchodangdubu.modoo.at

08 강릉 커피거리(안목해변)

강릉은 커피의 도시다. 안목 커피거리에는 진하고 고소한 커피 향이 가득하다. '바다를 보며 커피를 마시고 싶다'는 생각이 들면 안목해변의 커피거리를 찾게 된다. 500m가 되지 않는 해안도로에 20여 곳의 카페가 줄지어 있다. 유명 프랜차이즈 카페도 눈에 띄지만, 저마다의 매력을 뽐내는 로스터리 카페도 많다. 카페 창으로는 바다가 보인다. 바다와 커피 한 잔의 여유, 거리에 가득한 진한 커피 향이 어우러져 안목 커피거리는 젊은 연인들이 즐겨 찾는 아지트다.

안목해변 033-660-3887 ₩ 무료 P 무료
ggcoffeestreet.modoo.at

09 정동진역&정동진조각공원

푸른 바다, 한적한 역, 기차가 어우러진 이곳은 여행자들이 한 번쯤 가보고 싶어 하는 곳으로 꼽힌다. 정동진역은 국내에서 해안에 가장 가까이 있는 역이자 드라마 〈모래시계〉의 촬영 장소로 인기를 얻은 유명 여행지이다. 정동진은 붐비는 사람들로 한적한 여유를 누리기는 어려운 게 사실이다. 정동진역은 살짝 구경만 하고 오른쪽 산등성의 조각공원으로 올라가 조각들을 관람하는 게 좋다. 조각공원 안에는 기차 카페가 있어 차를 한잔하는 것도 낭만적인 휴가가 된다.

정동진조각공원 033-652-5000
₩ 5,000원

10 헌화로 드라이브 코스

헌화로 드라이브 코스는 정동진에서 금진해변까지 이어진다. 어느 방향이든 절경이지만, 이왕이면 금진에서 시작해보자. 옥계 IC에서 헌화로로 들어서서 바다 쪽으로 달리다 보면 왼쪽으로 완만하게 꺾어지는 지점이 금진항 초입이다. 헌화로의 시원한 풍광이 시작되는 지점이다. 고요한 듯 시원하게 펼쳐지는 바다 풍광에 많은 사람들이 차를 세우게 된다. 가장 아름다운 풍광을 품은 곳은 금진항에서 심곡항까지 이어지는 2km 정도의 해안도로다. 자전거를 타고 달려도 좋고, 그냥 걸어도 좋다. 금진항에서부터 심곡항까지는 헌화로의 백미라고 할 수 있다. 굴곡진 해안을 따라 굽이굽이 절경이 펼쳐진다. 백두대간, 괴면암 등의 기괴암석이 절경을 이룬 것이 차를 타고 스쳐 지나기에는 아까운 풍경이다. 심곡항이나 금진항에 차를 세워놓고 잠시 걸어도 좋다. 금진해변 주변에는 빈티지한 카페와 서퍼들이 즐겨 찾는 가게와 식당이 많아 휴식을 취하기도 좋다.

금진항 P 무료

11 옥계해수욕장

강릉에도 이런 곳이 있었던가 하는 감탄을 자아낼 만한 해수욕장을 꼽는다면 바로 옥계해수욕장이 있다. 동해안의 해수욕장 중에서도 모래 질이 뛰어나고, 해수욕장을 병풍처럼 감싸고 있는 소나무 숲이 일품인 곳이다. 옥계해수욕장은 수심이 얕아 어린아이와 동행한 가족 단위 피서객에게 가장 추천할 만하다. 또한 정동진에서 이어지는 정동진~옥계 간 해안도로는 잘 알려지지 않아 한적한 드라이브를 즐길 수 있다.

옥계해수욕장, 옥계면사무소 033-660-3626

12 망상해수욕장

최대 5만 명을 동시에 수용 가능한 망상해수욕장. 동해시 최대의 해수욕장으로 숙박, 식당, 오락실 등 편의시설이 많아 휴가철은 물론 평상시에도 인기가 많은 곳이다. 망상해수욕장은 1.4km의 긴 해변에 완만한 경사를 이루고 있어 어린아이를 동반한 가족 피서객에게 특히 인기가 좋다. 주변에 모터보트나 윈드서핑 등 레포츠 업체가 많아 물놀이를 즐기기에도 좋다.

망상해수욕장 033-530-2800 P 무료

13 묵호등대&논골담길

묵호등대에서는 새벽이 되면 마법이 펼쳐진다. 하늘에서 내리는 별과 밤바다를 수놓는 오징어잡이 어선들의 불빛, 바다로 향하는 레이저 광선 같은 등대 불빛이 빚어내는 빛의 축제가 마치 우주 한가운데 서 있는 느낌을 전한다. 대형주차장이 마련되어 있고 전망대 역할을 하는 작은 공원이 있어 데이트를 즐기기에도 좋다. 주간에는 관사를 제외한 등대시설을 개방하기 때문에 등대학습관이나 해양수산관 등을 둘러볼 수도 있다.

묵호등대에서 묵호항으로 가는 골목에 조그마한 마을이 있다. '붉은 언덕'이라고 불렸던 이 마을은 한때 묵호항에 기댄 뱃사람들이 살아가던 곳이다. 그들의 일상을 그려낸 벽화들은 골목 곳곳에서 활기를 띠운다. 마을에서 동해 시내가 훤히 내려다보여 사진 촬영을 위해 많이들 찾으며, 드라마 〈상속자들〉의 촬영지로 유명해져 외국인 관광객도 늘어났다.

🏠 묵호등대 ☎ 033-531-3258 ⏰ 하절기 06:00~20:00, 동절기 07:00~18:00 ₩ 무료 P 무료

14 도째비골 스카이밸리&해랑전망대

묵호등대와 월소택지 사이에 있는 도째비골에 2021년 5월 도째비골 스카이밸리가 생겼다. 다양한 체험시설과 음식 및 기념품을 판매하는 편의시설 등을 갖추었다. 도째비골 스카이밸리의 인기 코스는 약 59m 높이에서 광활한 동해를 바라볼 수 있는 스카이워크와 원통 슬라이드를 타고 약 30m 아래로 미끄러져 내려가는 자이언트 슬라이드다. 도깨비 가족 조형물을 배경으로 사진을 찍어보는 것도 추천한다. 묵호등대에 주차를 하면 편하다.

묵호 논담골길 주차장 바로 앞에 해상브리지 해랑전망대가 있다. 도깨비방망이를 형상화해 바다 위에서 걷는 듯한 신비로움을 느낄 수 있다. 저녁에는 색깔이 바뀌는 조명이 켜져 또 다른 포토존이 되기도 한다. 전망대는 오전 10시부터 밤 10시까지 개방한다.

🏠 도째비골스카이밸리 ☎ 033-530-2042
⏰ 4~10월 10:00~18:00, 11~3월 10:00~17:00, 월요일 휴무
₩ 어른 2,000원, 청소년·어린이 1,600원(체험시설 이용료 별도) P 묵호등대 무료

15 천곡황금박쥐동굴

동해시 한복판에 있는 천곡천연동굴은 교통이 매우 편리하고 30분 정도면 전체 관람이 가능하다. 천곡동굴은 작은 규모지만 커튼 모양의 종유석, 종유폭포 등 신비한 볼거리가 많다. 한여름 동굴 여행의 묘미인 냉풍욕도 즐길 수 있다. 이 동굴에는 세계적 멸종위기종인 황금박쥐가 서식하는 것으로 알려져 있다. 황금박쥐는 멸종위기 야생생물 1급과 천연기념물로 지정된 희귀종이다. 1,510m 길이의 동굴은 810m만 관람 구간으로 개방하고 나머지는 보존 지역으로 보호하고 있다.

천곡황금박쥐동굴 033-539-3630
08:00~20:00 4,000원
1,000원, 16인승 이상 2,000원

16 무릉계곡

옛 시인이 꿈에서 보았다는 낙원. 그 이름만큼이나 경치가 좋다. 넓은 반석 위로 흐르는 물줄기가 한여름의 더위를 씻어 버릴 만큼 시원하다. 특히 용이 하늘로 승천했다는 전설을 뒷받침하듯 무릉계곡 한가운데 검은색 띠가 새겨져 있어 신비롭다. 두타산과 청옥산을 배경으로 형성된 무릉계곡은 호암소로부터 시작하여 약 4km 상류 용추폭포가 있는 곳까지를 말한다. 무릉반석을 지나 등산로를 오르면 삼화사, 학소대, 옥류동, 선녀탕 등을 지나 쌍폭, 용추폭포에 이르기까지 보기 드문 아름다운 절경이 펼쳐진다. 무릉계곡의 반환점은 용추폭포다. 용추폭포에서 길 쪽으로는 거대한 나무가 우거져 있어 삼림욕도 겸할 수 있다. 피서철에 무릉계곡을 찾는다면 아침 일찍 출발하는 것이 좋다. 대형주차장이 만차가 될 정도로 인파가 몰린다.

무릉계곡 033-539-3700 3~6·9·10월 09:00~18:00, 7·8월 06:00~20:00, 11~2월 08:00~17:00 2,000원 2,000원
www.dhsisul.org

17 추암 촛대바위

바위가 촛대 모양으로 솟아 있고, 그 주위를 호위하듯 둘러싸고 있는 기암들이 신기하다. 일출이 워낙 아름다워 사진작가들과 여행객들에게 사랑받는 곳이다. 동해시와 삼척시의 경계 해안에 절묘하게 걸쳐 있으며 바다에 일부러 꽂아 놓은 듯 뾰족하다. 조선시대 세조 때 한명회가 강원도 제찰사로 있으면서 추암에 와 보고는 그 경승에 취해 '능파대'라 부르기도 했다고 한다.

추암촛대바위 033-530-2801

18 삼척해수욕장

질 좋은 모래가 깔린 백사장이 길고 넓게 뻗어 있고, 수심이 얕은 데다가 물이 맑아 해수욕을 즐기기에 그만이다. 바위로 둘러싸여 반달 모양을 이루고 있는 백사장과 해안가에 크고 작은 바위들이 불쑥불쑥 솟아 있는 모습 또한 장관이다. 백사장 뒤쪽으로는 무성한 송림이 우거져 있고, 해수욕장으로 들어가는 진입로가 잘 포장되어 있다. 주차장과 각종 편의시설, 횟집, 상점 등도 잘 갖춰져 있어 해마다 여름이면 관광객들이 많이 찾는다.

삼척해수욕장 033-570-4401

Tip 추암 출렁다리와 해암정

추암 출렁다리는 2019년 6월에 만들어진 동해안 유일의 해상 출렁다리다. 완만한 경사로가 이어져 휠체어나 유모차도 편리하게 접근할 수 있고 푸른 동해와 능파대, 촛대바위, 추암해수욕장이 파노라마처럼 펼쳐진다.
해변의 작은 동산 앞쪽으로 해암정이라는 조그만 정자가 있다. 이곳 주변에 기암 바위와 어우러진 조각공원이 조성되어 있다. 출렁다리-해암정-촛대바위 순서로 산책하면 딱 좋다.

Tip 삼척테마타운

시내에 인접한 삼척해수욕장 주변에 대형 테마타운이 있다. 매점, 샤워장, 화장실 등 편의시설이 있고, 특히 해변에 '사랑공원'이 조성되어 있어 데이트를 즐기기에 안성맞춤. 테마타운 내에 있는 해수탕과 찜질방도 인기가 좋다.

19 새천년해안도로&삼척항

삼척항에서 삼척해수욕장까지 해안 절경이 빼어난 4.6km 구간의 새천년도로. 도로 곳곳에 경치가 멋있어 데이트를 즐기는 사람들도 많고, 조각공원, 카페, 호텔이 몰려 있다. 여름에는 해수욕과 스킨스쿠버를 즐기고 방파제 낚시나 갯바위 낚시를 할 수 있다. 특히 일출은 환희 그 자체. 해안도로변에 비치조각공원과 소망의 탑 등이 조성되어 사계절 내내 나들이 인파가 끊이지 않는다. 인근의 삼척항과 정라항 활어회센터에서 오징어, 광어 등 싱싱한 활어를 저렴한 가격에 먹을 수 있다.

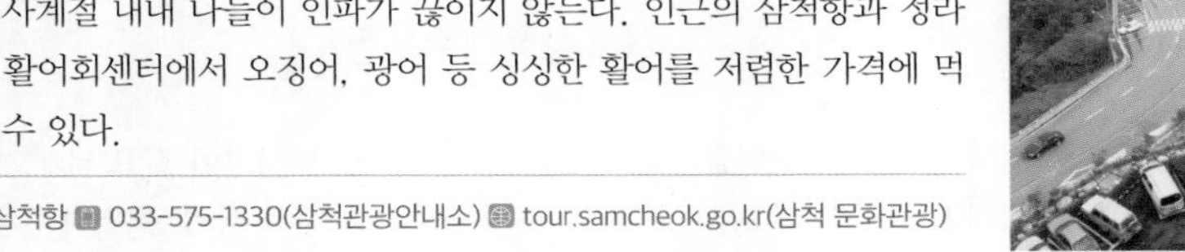

삼척항 033-575-1330(삼척관광안내소) tour.samcheok.go.kr(삼척 문화관광)

20 죽서루

관동팔경 중 제1경으로 꼽히는 죽서루. 삼척의 오십천 절벽 위에 위치한 죽서루는 조선시대에 일종의 관아 시설로 활용되던 누각이었지만, 후대에는 삼척 지방 양반 사대부와 삼척을 찾아오는 시인묵객들의 휴식 공간으로 사용되었다. 지금은 삼척 시민을 위한 휴식 공간으로 사랑받는 곳이다. 입장료는 없지만 문화재 보존 차원에서 이용시간은 제한된다. 너무 늦게 도착하면 들어갈 수 없다는 것을 잊지 말자. 더불어 죽서루는 넓은 마당과 예쁜 정원, 대나무 숲길 등이 조성되어 있어 더위를 피하기에도 좋다.

죽서루 033-570-3670
하절기 09:00~18:00, 동절기 09:00~17:00
무료 P 무료 tour.samcheok.go.kr(삼척 문화관광)

21 맹방해수욕장

광활한 백사장과 끝이 보이지 않는 긴 해안선, 바다 쪽으로 150m까지 들어가도 수심이 1m밖에 되지 않아 해수욕을 즐기기에는 더할 나위 없이 좋은 조건을 갖췄다. 초당동굴에서 흘러든 담수가 교차하고 있어 민물 낚시터로도 각광받고 있으며, 해수욕과 담수욕을 한 번에 즐길 수 있다. 여름이면 조개잡이대회 등의 이벤트가 펼쳐진다. 가까운 곳에 덕산항이 있어 싱싱한 활어회를 먹을 수도 있다.

각종 편의시설과 주차장 등이 잘 갖춰져 있는 대규모 해수욕장이고, 바로 앞마을인 하맹방리에 민박집이 많지만 조금 더 깨끗한 곳을 원한다면 덕산 쪽으로 가자. 덕산마을은 전문적인 민박마을로, 새로 지은 깨끗한 민박집이 많고 요금도 저렴한 편이다.

맹방해수욕장

22 장호&용화해수욕장

동해와 삼척을 통틀어 해안선이 아름다운 해수욕장을 꼽는다면 단연 장호&용화해수욕장. 기암괴석이 빚어내는 풍광에 단연 눈이 즐겁고, 해변 뒤편으로 서 있는 소나무 숲 그늘이 시원하다. 장호해수욕장은 백사장의 모래가 곱고 간단하게 드라이브를 즐기며 둘러보기에 좋다. 용화해수욕장은 활처럼 둥글게 휘어진 해안이 아름답다. 용화해수욕장을 멀리서 바라보는 경치도 좋지만 백사장을 직접 밟아보자. 모래가 곱고 주변 풍경이 아름다워 휴식을 취하기 좋다.

용화해수욕장

삼척해상케이블카

23 삼척해상케이블카

아름답기로 소문난 장호&용화해수욕장을 한눈에 내려다볼 수 있는 케이블카이다. 케이블카에 오르면 에메랄드빛 바다, 기암괴석이 조화를 이루어 아름다운 광경이 펼쳐진다. 탁 트인 동해는 수평선과 맞닿아 있어서 어디까지가 하늘이고 어디까지가 바다인지 구분하기 힘들다. 케이블카에서 보는 광경은 날씨에 따라 제각각으로 맑은 날에는 예쁜 수채화를, 비가 오고 흐린 날에는 운치 있는 수묵화를 보는 듯하다. 용화, 장호 두 곳의 해안가로 이어지는 산책로가 있어 케이블카에서 내린 뒤에는 하늘에서 보던 바다를 가까이서 볼 수도 있다.

또한 한국의 나폴리라 불리는 삼척 장호마을은 '투명카누체험'으로 이름난 곳이다. 여름철 성수기면 마을 입구부터 나들이객이 줄을 잇는다. 둔대다리(구름다리)를 사이에 두고 방파제까지 부표 안에서 자유롭게 유영하면 된다.

삼척해상케이블카(삼척시 근덕면 삼척로 2154-31)
1668-4268 09:00~18:00
왕복 10,000원, 편도 6,000원 P 무료
www.samcheokcablecar.kr

해신당공원

24 해신당공원

해신당이 있는 신남리 남근마을은 오붓하고 정겨운 어촌 풍경을 간직한 곳이다. 바닷가 한쪽 동산에 처녀귀신을 달래주는 해신당과 함께 남근공원이 조성되어 있다. 해신당 한편에는 굴비 두름처럼 꿰어진 남근 조각들이 걸려 있고, 해신당공원에는 갖가지 모양의 장승 크기 남근목들이 세워져 있다. 해신당 옆에는 삼척시에서 어촌민속전시관을 지어 이곳의 어촌 풍습과 민속 등을 덤으로 공부할 수 있다. 해신당공원 아래 바다는 옥빛 파도와 갯바위가 빚어내는 풍경이 특히 아름답다.

해신당공원 033-572-4429
3~10월 09:00~18:00, 11~2월 09:00~17:00, 매월 18일 휴무 ₩ 3,000원 P 무료
www.samcheok.go.kr

25 호산해수욕장

강원도의 해수욕장 중 가장 남쪽에 있는 해수욕장. 오염되지 않은 푸른 물과 널찍한 백사장이 아름답고 울창한 송림이 우거져 있어 여름 피서지로 적격이다. 특히 해수욕장 뒤쪽의 솔밭에서는 오토캠핑을 즐기기에도 좋다. 인근의 가곡천에서 담수가 흘러들어 은어, 황어 등의 민물고기가 많이 잡히고, 해안에서는 바다낚시를 즐길 수 있다.

호산해수욕장 033-570-3846

바우길 5구간

바우길 5구간

무작정 떠나고 싶은 사람들이 가장 먼저 떠올리는 곳. 1년 내내 주민보다 여행자가 많은 듯한 도시. 구석구석이 여행지로 재발견되는 강릉에서도 인기가 많은 곳은 단연 바닷가다. 동해라는 바다에는 힘찬 파도와 아련한 추억, 막연한 동경이 동시에 피어난다. 이런 강릉의 아름다운 풍경과 이야기를 따라 걷는 강릉 바우길 5구간은 사천항부터 관동 최고의 절경으로 명성을 날린 경포호수, 특급호텔이 줄줄이 자리 잡은 강문해변과 안목 커피거리를 거쳐 남항진에 이르는 16km 코스다. 소나무 고장이라는 별명답게 강릉의 바닷가는 걷는 내내 울창한 소나무 숲이 친구가 되어준다.

강릉바우길 · 033-645-0990 · www.baugil.org

강릉중앙시장

강릉중앙시장

여행자 사이에서 꽤 오래전부터 손꼽히는 장소다. KBS2 예능프로그램 〈1박 2일〉에 나와 떡갈비가 유명해졌다. 사실 강릉을 대표하는 이곳은 시장 상인이나 오가는 손님들을 상대하는 소머리국밥으로 더 유명했다. 현지인들은 전날 술을 과하게 마셨거나, 국밥에 소주 한잔이 생각나면 강릉중앙시장으로 향한다. 광덕식당이 가장 유명하지만 근처에 있는 거의 모든 식당에서 무쇠 솥에 푹 끓여낸 소머리국밥을 내어준다.

강릉중앙시장 · 09:00~19:30, 매월 2·4주 목요일 휴무

강릉솔향수목원

강릉솔향수목원

강릉솔향수목원은 강릉의 다른 명소에 비해 아직 덜 알려져 있어서 여행객이 많은 성수기에도 크게 붐비지 않는다. 강릉의 조용한 시골 동네 구정면에 있어서, 한여름에는 강릉 현지인들이 피서지로 즐겨 찾는다. 바다를 끼고 있는 강릉에서 솔숲과 계곡을 갖춘 강릉솔향수목원은 특별한 피서지이다. 금강송이 가득한 숲길을 걸어볼 기대에 차서 수목원에 들어서면 이내 시원한 냇가가 나타난다. 솔숲이 이어지는 중간중간 맑은 계곡물이 있어 더욱 좋다. 여기에 입장료도 무료이니 이만한 휴식처는 드물다.

강릉솔향수목원(강릉시 구정면 구정중앙로 92-177)

033-660-2320 · 09:00~17:00 · ₩ 무료 · P 무료

www.gn.go.kr/solhyang/index.do

헌화로 산책길

강릉 '헌화로 산책길'은 해가 가장 바른 동쪽에서 뜬다는 정동진역에서부터 출발한다. 세계에서 바다와 기차역이 가장 가까운 정동진역에서 마을의 산길을 한 바퀴 돌아 다시 지그재그 길을 따라 심곡 바다로 나간다. 일명 헌화로 산책길이 유명하다. 정동진에서부터 이어지는 헌화로는 신라 향가 헌화가의 무대가 되는 기암절벽 옆길로 방파제 너머로 달려온 파도가 길을 흥건히 적신다. 자연의 신비로운 지형을 볼 수 있는 '정동진 해안반구'를 지척에서 볼 수 있다.

강릉시 강동면 정동역길 17 · 033-645-0990 · www.baugil.org

환선굴

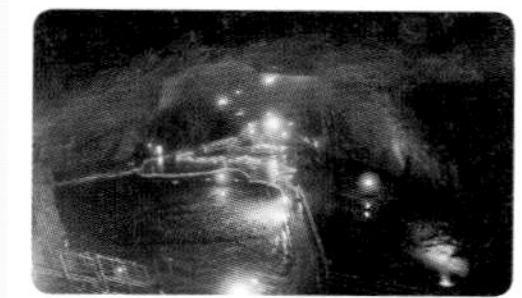
환선굴

대이리 동굴지대는 환선굴을 비롯해 5개의 동굴이 분포하며 천연기념물 제 178호로 지정되어 있다. 지옥굴 내의 버섯형 종유폭포는 세계 어느 동굴에서도 찾아볼 수 없는 환선굴만의 자랑거리이다. 대이리 군립공원 내에 있는 환선굴은 30분 정도 덕항산을 등산해야 만날 수 있다. 환선굴로 올라가는 길은 오르막길과 계단이 있어 다소 힘들지만 동굴에 들어서면 저절로 입이 벌어질 정도. 신비한 풍경이 펼쳐져 지루함을 느낄 새가 없다. 환선굴 주변에는 너와집, 굴피집, 통방아 등 볼거리가 다양하다.

환선굴 033-541-9266

11~2월 09:30~16:00, 3~10월 08:30~17:00, 매월 18일 휴무

₩ 4,500원 P 무료

강문해변

강문해변

여름 휴가지로 인기다. 해변가를 따라 사진 찍기 좋은 포토존이 많아 근접해 있는 경포대에서 강문해변까지 해변을 따라 산책하기 좋다. 스킨스쿠버, 수중 다이빙, 낚시 등을 하기 위해서도 많이 찾는다.

강문해변 033-640-4920 ₩ 무료 P 무료

gangmunbeach.co.kr

이사부사자공원&그림책나라

이사부사자공원&그림책나라

가파른 계단 끝에 만날 수 있는 이사부사자공원은 동해안의 아름다운 절경을 자랑하는 추암해수욕장을 배경으로 들어선 테마공원이다. 삼국시대에 삼척은 실직국으로, 신라에 의해 멸망했다. 지증왕 6년 이사부 장군이 부임하게 된다. 지금의 울릉도인 우산국은 험난한 절벽으로 난공불락 요새와 같았다. 이사부 장군은 배에 나무로 조각한 사자들을 가득 싣고 협상에 나서 마침내 항복을 받아낸다. 왼쪽으로는 추암해변이, 오른쪽으로는 서프키키 해변까지 연결되어 산책할 수 있다. 공원 안에 있는 그림책나라에서는 책을 단순히 읽는 것이 아니라 빅북, 팝업북, VR&AR체험존을 통해 아이들이 책을 가지고 읽고 노는 체험을 할 수 있다.

이사부사자공원 033-570-4616 ₩ 무료 P 무료

북평민속시장

강원도 최대의 5일장. 매달 끝자리에 3과 8이 들어가는 날, 42번 국도와 7번 국도가 만나는 북평삼거리에서 열린다. 요즘 전국의 전통 5일장 규모가 점점 작아지고 있지만 북평장은 날이 갈수록 활성화되고 있다. 북평장에는 없는 것 빼고는 다 있다. 쌀과 보리 등 각종 곡류를 비롯해 태백, 삼척, 정선, 울진 등에서 나는 약초와 산나물, 마늘, 고추 같은 채소류와 토종닭 등 가축들, 옷, 신발, 낫, 곡괭이 등 온갖 것들이 장마당을 메운다.

북평민속시장 033-530-2114(동해 관광)

서프키키

서프키키

삼척솔비치 해안가에 하이네켄과 솔비치가 함께 만든 서핑비치이다. 양양에 서프비치가 있다면 삼척에는 서프키키가 있다. 하이네켄의 고유한 색상인 초록색 조형물과 파라솔이 푸른 바다와 함께 이색적인 풍경을 연출한다. 해변을 따라 가벼운 산책이 가능하며, 여름철에는 서핑 강습 및 체험이 가능하다. 해변에 있는 삼척대왕의자는 대표적인 포토존 핫플레이스이다.

서프키키 / 10:00~19:00 / 서핑강습 70,000원(장비 포함)
surfkiki.modoo.at

삼척미로공원

삼척미로공원

들어가면 나오기 어려운 미로 같은 공원이 아니다. 사계절 힐링이 가능하고 쉼이 있어 이곳에서는 늙지 않는다는 뜻이다. 1999년 폐교된 미로초등학교 두타분교에 공원과 호수, 그리고 숙소가 들어섰다. 아담한 공원에는 돌이나 나무에 그림이 그려져 있고, 호수에는 여름에 투명카누 등 물놀이를 즐길 수 있다. 야생화정원에는 두부체험장, 주막식당, 카페, 사계절 풀장 그리고 야영장과 방갈로가 있다. 투명카누체험이 가능한 사계절풀장은 여름에는 물놀이, 겨울에는 얼음썰매장으로 이용된다.

삼척미로공원 / 033-575-4846 / mirogarden.com

수로부인헌화공원

수로부인헌화공원

삼국시대 실직국은 동해안을 무대로 하고 있었다. 『삼국유사』에 절세가인 수로부인을 주인공으로 한 '헌화가'와 '해가사' 두 편이 수록되어 있다. 이는 성덕왕 때 순정공이 강릉 태수로 부임하는 길에 부인인 수로부인이 겪은 두 가지 이야기를 담고 있다. 하나는 수로부인이 높은 벼랑 위에 핀 철쭉꽃을 갖고 싶어 했을 때, 소를 몰고 지나가던 노인이 꽃을 꺾어 주면서 부른 <헌화가>이다. 다른 하나는 또한 임해정에 이르렀을 때 갑자기 용이 나타나 수로부인을 바닷속으로 끌고 갔다. 한 노인이 "근처 백성을 모아 노래 <해가>를 부르게 하고, 막대기로 언덕을 치면 부인이 나올 것이다"라고 하여, 그대로 하였더니 수로부인이 나왔다고 한다. 공원이 있는 남화산은 원래 동해안의 해맞이 명소이다. 51m 높이의 엘리베이터를 이용하면 편하게 경사진 언덕을 오를 수 있다. 산책로 중간에 쉴 수 있는 곳이 있어 바다를 보며 마음껏 힐링할 수 있다.

수로부인헌화공원 / 033-570-4995
3~10월 09:00~18:00, 11~2월 09:00~17:00 / 3,000원

동해(구)상수시설

동해(구)상수시설

1940년대 초 일제강점기에 지어진 산업시설이다. 착수정, 침전지와 기계실, 여과지, 정수지, 배수지, 염수 투입실 등으로 이루어져 있다. 봄에는 벚꽃이 만발하여 벚꽃 명소로도 알려져 있다.

동해구상수시설 / 무료 / 무료

추천 숙소

강릉 세인트존스호텔

세인트존스호텔은 마치 거대한 크루즈 같다. 강릉에서는 드물게 객실 수가 무려 1,091개에 달한다. 리조트 분위기가 풍기는 호텔답게 객실마다 발코니가 있어서 강릉의 풍경을 즐기기도 좋고, 파도 소리 들으며 일어나는 기분도 근사하다. 군더더기 없이 모던하고 심플하게 디자인되어 다양한 연령대의 투숙객에게 만족스러운 편이다. 호텔 바로 앞에는 강문해변이 자리하고 있는데 곳곳에 다양한 조각이나 예술작품을 비치해두어 사진 찍기에도 좋고, 솔숲길이 이어지는 산책코스도 낭만적이다.

세인트존스호텔

강릉시 창해로 307 033-660-9000 new.stjohns.co.kr

강릉 스카이베이 경포호텔

강릉의 랜드마크로 인기를 끌고 있는 스카이베이 경포호텔. 경포에 도착하면 멀리서부터 싱가포르 마리나베이샌즈호텔처럼 생긴 호텔이 보인다. 경포호수를 따라가면 호텔에 바로 도착한다. 이곳은 현송월 삼지연관현악단장이 호텔 19층 VIP객실에 묵으면서 더 알려지게 되었다. 주말에는 객실이 만실이 되어 예약이 불가할 정도로 외지인들이 많이 찾는 호텔이다.

스카이베이 경포호텔

강릉시 해안로 476 033-820-8888 skybay.co.kr

삼척 삼척 쏠비치호텔&리조트

태양의 해변이라는 뜻의 삼척 쏠비치호텔&리조트는 아이와 함께라면 추천할 만한 숙소다. 쏠비치 전용 해안가, 리조트 내 산책로, 산토리니광장, 레스토랑, 각종 편의시설 및 워터파크 등이 있어서 아이들과 하루 종일 시간을 보내기에 손색없는 곳이다. 그만큼 성수기에는 예약이 어렵다는 점에서 약간의 불편함은 있다. 리조트에 들어서면 하얀 외벽과 파란색 지붕의 조화가 시선을 사로잡는다. 그리스 키클라딕 건축양식을 구경하는 것만으로 먼 나라로 떠나온 느낌을 받을 수 있다. 숙박을 하지 않더라도 산토리니광장이나 부대시설을 자유롭게 이용할 수 있으니, 한 번쯤 둘러볼 만하다. 밤이 되면 아름다운 조명이 더해져 이국적인 풍광을 선사한다.

삼척 쏠비치호텔&리조트

삼척시 수로부인길 453 1588-7788 P 무료
sonohotelsresorts.com/sb/sc

강릉 하슬라아트월드 뮤지엄 호텔

'뮤지엄 호텔'이라는 이름이 무색하지 않게 외관에서부터 컨템퍼러리 아트 분위기를 물씬 풍긴다. 현대적인 호텔 건물에는 로비에서부터 객실 내부까지 예술 작품들로 가득하다.

강릉시 강동면 정동진리 산33-1 033-644-9414 haslla.kr

하슬라아트월드 뮤지엄 호텔

썬크루즈리조트

강릉 썬크루즈리조트

정동진에 자리 잡은 최고 전망 포인트. 외관 자체가 하나의 거대한 범선 모양으로 색다른 여행 기분을 자아내며, 해수풀장, 요트클럽 하우스 등 지역 특화적인 부대시설도 다수 갖추고 있어 꾸준히 인기이다.

강릉시 강동면 헌화로 950-39 033-610-7000
www.esuncruise.com

라카이샌드파인

강릉 라카이샌드파인

하와이 최고급 리조트들을 모티브로 하였다. 객실에서 경포호와 웅장한 대관령 능선을 감상할 수 있다. 비회원은 홈페이지에서 객실 타입 확인 후 전화로 예약하면 된다.

강릉시 해안로 536 1644-3001
lakaisandpine.co.kr

망상오토캠핑리조트

동해 망상오토캠핑리조트

캐러밴에는 침대는 물론 주방과 응접실이 갖춰져 있고, 자동차 전용 캠핑장인 만큼 차가 있는 사람들만 야영할 수 있는 것이 특징.

동해시 동해대로 6370 033-539-3600 P 무료
www.campingkorea.or.kr(온라인 예약 필요)

탑스텐호텔

강릉 탑스텐호텔

강릉에서 여행하기 편리한 숙소를 찾는다면 이곳만큼 좋은 곳은 없다. 헌화로와 정동진을 비롯한 강릉의 관광 명소에 손쉽게 접근할 수 있는 편리한 위치가 장점이다. 원래 금진온천으로 유명한 곳에 호텔이 들어섰다. 금진온천수로 온천욕을 즐기고 호텔 내 수영장 인피니티풀에서 바다를 마음껏 감상하자.

강릉시 옥계면 헌화로 455-34 033-530-4800
www.hotel-topsten.co.kr

경포호수

추천 맛집

강릉 초당할머니순두부

1979년도에 박응순 할머니가 개업했으며, 지금은 돌아가신 어머니를 대신해 아들 부부가 대를 이어 운영하고 있다. tvN 〈수요미식회〉의 두부 편에 소개되었으며, 1주년 특집에서는 MC인 전현무가 '최고의 식당'으로 뽑으면서 다시 한번 화제가 되었다.

강릉시 초당순두부길 77 033-652-2058

강릉 엄지네포장마차

요즘 강릉의 제일가는 핫플레이스다. 오픈 한 시간 전에 도착해도 대기표를 받아야 하고, 세 시간을 기다리는 사람도 많다. 급기야 주인장은 예정 시각을 말해주는데 이게 또 거의 들어맞는다는 것이 신기하다. 벌교산 꼬막에 갖가지 양념과 채소를 넣고 버무린 무침에 밥을 비빈 '꼬막무침'이 이곳의 시그니처 메뉴. 청양고추를 썰어 넣어서인지 알싸한 맛이 코끝과 혀끝에 맴돈다. 밥 한 공기쯤 더 비벼 먹는 것은 당연 그렇잇. 함께 판매하는 육사시미(육회)는 썰어 둔 배와 함께 고소한 기름장에 찍어 먹으면 달콤하면서도 쫄깃하다.

강릉시 경강로 2255번길 21 033-642-0178

강릉 주문진항&주문진회센터

주문진항은 동해 제1의 항구. 오징어, 명태, 청어, 멸치가 많이 잡힌다. 항구 오른쪽 주문진 생선회센터가 회를 먹기에 좋은 곳이다.

강릉시 주문진읍 주문리
033-662-3639(주문진항), 033-662-0388(주문진생선회센터)
06:00~23:00

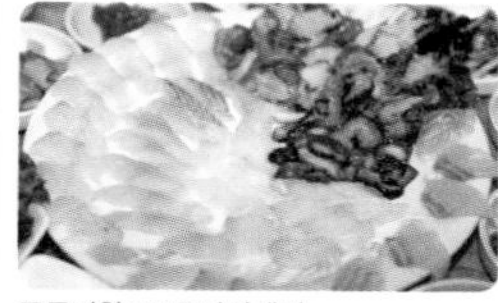
주문진항&주문진회센터

동해 태평양수산

망상해수욕장을 나서서 묵호항으로 가는 해안도로변에 횟집들이 밀집해 있다. 특히 묵호를 상징하는 까막바위를 중심으로 대형 회센터와 소문난 맛집이 많다. 그중 태평양수산이 내부가 깨끗하고 전망이 좋다.

동해시 일출로 38 033-532-2202

초당할머니순두부

대게 요리

구 간 3

울진 영덕 포항

7

Best Course

① 울진 불영사계곡 → ② 불영사 →
③ 금강송 군락지 →
④ 덕구온천리조트스파월드 →
⑤ 후정해수욕장 → ⑥ 죽변항 →
⑦ 민물고기생태체험관 → ⑧ 성류굴 →
⑨ 망양정해수욕장 → ⑩ 월송정 →
⑪ 후포항&후포등대 → ⑫ 영덕 괴시리 전통마을 →
⑬ 축산항&축산등대 → ⑭ 삼사해상공원 →
⑮ 옥계계곡 → ⑯ 영덕 블루로드 고불봉 →
⑰ 장사해수욕장 → ⑱ 영덕해맞이공원 →
⑲ 포항 보경사 → 내연산 12폭포 →
⑳ 영일대해수욕장 → ㉑ 죽도시장 →
㉒ 호미곶등대 → ㉓ 호미곶 해맞이광장 →
㉔ 구룡포항

덕구온천리조트스파월드 ④
⑤ 후정해수욕장
⑥ 죽변항
단양군
소백산 국립공원
소광리 금강송 군락지 ③
⑦ 민물고기생태체험관
⑨ 망양정해수욕장
봉화군
불영사계곡 ①
⑧ 성류굴
불영사 ②
월악산 국립공원
영주시
울진군
⑩ 월송정
속리산 국립공원
문경시
예천군
영양군
⑪ 후포항/후포등대
•고래불해변
안동시
⑫ 괴시리 전통마을
⑬ 축산항/축산등대
보은군
상주시
영덕군
⑱ 영덕해맞이공원
영덕 블루로드 고불봉 ⑯
주왕산국립공원
•강구항
의성군
⑭ 삼사해상공원
옥계계곡 ⑮
경상북도
내연산 12폭포 •
⑰ 장사해수욕장
⑲ 보경사
구미시
군위군
포항시
㉓ 호미곶 해맞이광장
영일대해수욕장 ⑳
㉒ 호미곶등대
죽도시장 ㉑
칠곡군
영천시
㉔ 구룡포항

01 불영사계곡

명승 6호로 지정된 불영사계곡은 장장 15km에 이르는 길고 장엄한 계곡이다. 예전에는 워낙 교통이 불편한 오지라 찾는 이가 거의 없었으나, 불영사계곡을 끼고 달리는 36번 국도가 포장되면서 각광받게 되었다. 불영사계곡은 성류굴의 맞은편인 수산리에서 노음리, 천전동, 건작, 발치발, 하원리 등으로 이어지는데, 광대코바위, 주절이바위, 창옥벽, 명경대, 의상대, 산태극, 수태극 등 각종 이름이 붙은 명소가 30여 군데에 이른다. 베스트 드라이브 코스로 꼽기에 주저함이 없는 곳. 흰빛을 띠는 화강암이 풍화되어 기이한 모습으로, 맑은 물과 어우러져 아름다운 경치를 이룬다.

불영사계곡 054-789-6901

02 불영사

울창한 계곡에 자리 잡은 비구니 도량이다. 주차장 입구에서 절 안으로 들어가는 20여 분의 오솔길에 솔잎 향이 가득하다. 울진읍에서 서쪽으로 약 20km 떨어진 천축산의 서쪽 기슭에 자리 잡은 신라의 천년 고찰로, 이 절을 중심으로 하원리까지 13km에 걸쳐서 비경을 이루는 불영사계곡이 펼쳐진다. 진덕여왕 5년(651년)에 의상대사가 세웠으며, 연못에 부처의 그림자가 비친다 하여 불영사라 이름 지었다. 비구니들이 거처하는 사찰답게, 차분하고 조용한 분위기를 자아내는 가람이다. 대웅전의 기단을 떠받치고 있는 돌 거북 한 쌍이 이채로운데, 불영사 터에 가득한 화기(火氣)를 누르기 위해 동해 용왕의 화신인 거북을 두었다고 한다. 오솔길 굽이를 돌아서면 태극 모양의 연못이 있고, 그 연못 안에 작은 동그라미 연못이 포개져 있다. 독경이 한낮의 졸음을 꾸짖는 것처럼 연못가의 보라색 창포꽃이 수북하게 눈을 찌른다.

불영사 054-783-5004 무료 무료
bulyoungsa.kr

03 금강송 군락지

소광리 소나무 숲을 두고 '우리나라 소나무 숲의 원형'이라고 한다. 원형을 유지할 수 있었던 것은 산 깊고 골 깊은 곳에 자리한 덕분이다. 불영사계곡을 거슬러 올라 다시 소광천계곡을 따라 10여 개의 작은 다리를 건너 비포장도로 15km를 가면 숲에 닿는다. 숲은 지난 1959년에 국가보호림으로 지정된 후 2006년 7월 1일 개방될 때까지 무려 47년 동안 출입이 금지됐다. 이래저래 사람의 손때가 덜 묻은 셈이다. 단풍나무와 굴참나무, 수많은 잡목 또한 숲의 구성원이다. 새와 벌레의 울음소리를 듣는 즐거움은 숲에서 얻게 되는 기분 좋은 덤이다. 숲을 거닐다 보면 금강송 사이를 비집고 흐르는 바람 소리, 바위 사이를 휘돌아 가는 물소리에 마음이 맑아진다.

금강송 군락지 054-781-7118 무료

04 덕구온천리조트스파월드

국내 유일의 자연 용출 온천. 호텔에서 4km 떨어진 원탕에서 약알칼리성 온천수를 파이프로 끌어다 쓰며 데우거나 식히지 않고 바로 탕에 공급한다. 중탄산나트륨 성분이 많이 함유되어 있어 신경통, 류머티즘, 근육통, 피부질환 등에 탁월한 효과가 있다고 한다. 원탕이 자리 잡은 덕구계곡은 온천에 머무는 여행객들의 아침 등산 코스로 인기다. 원탕에서 뿜어져 나오는 시원한 물줄기와 용소폭포를 구경할 수도 있다. 호텔덕구온천과 덕구온천콘도는 원탕에서 내려오는 온천수를 사용한다.

덕구온천스파월드 054-782-0677
스파월드 20,000원, 온천장 9,000원
스파월드 평일 11:00~19:00, 주말 09:00~19:00
무료 www.dukgu.com

05 후정해수욕장

외지 여행객에게는 그리 많이 알려지지 않았지만 현지 사람들은 즐겨 찾는 곳. 해안선을 따라 펼쳐진 백사장과 소나무 숲, 커다란 바위섬이 어우러져 시원함을 느끼게 하는 해수욕장이다. 파도가 심하게 일지 않아 아이들과 함께 해수욕을 즐기기에도 안성맞춤이다. 방갈로와 야영장, 주차장, 화장실 등 각종 편의시설이 완비되어 있어 불편함 없이 머무를 수 있다. 죽변항이 가까이에 있으니 싱싱한 해물을 즉석에서 즐겨보자.

후정해수욕장

후정해수욕장

06 죽변항

울진 북단에 자리 잡고 있으며, 동해안의 손꼽히는 어로 기지다. 포구에서 바다를 향해 뻗어나간 용추곶에 오르면 높이가 15.6m인 울진 등대가 있으며, 이 해안절벽을 온통 대나무가 감싸고 있다. 다양한 어획고만큼이나 어항 주변에는 크고 작은 수산물 가공 공장들이 줄지어 있어, 어항의 규모를 대변해 주고 있다. 오징어와 고등어, 꽁치, 대게 등이 특히 많이 잡히고 특산물로 미역이 유명하다. 울진 대게가 한창인 1월에서 5월까지는 매일 아침 죽변항 어판장에서 대게를 경매하는 광경을 볼 수 있다. 경매가 끝나면 소매상인들에게 싸게 대게를 살 수 있다. 죽변항의 대게잡이 배는 십수 척으로 영덕 강구항보다 많다고 한다. 또한 죽변항에서 남쪽으로 나가는 길가의 당집 옆에 수백 년 묵은 향나무가 여러 그루 있는데, 기형적인 생김새가 이목을 잡아끈다. 코끝을 진동하는 향나무의 그윽한 향기도 좋고, 심하게 뒤틀린 향나무의 형태도 볼만하다. 이 향나무들은 울릉도의 향나무 씨앗이 해류를 타고 와서 뿌리를 내린 것이라고 하는데, 울릉도에 향나무가 많은 덕에 내려오는 이야기다.

죽변항 054-789-6900 www.uljin.go.kr/tour(울진 문화관광)

Tip 죽변항드라마세트장

죽변등대 아래쪽에는 SBS 드라마 〈폭풍속으로〉의 세트장이 해안절벽 외딴 곳에 아슬아슬하게 자리 잡고 있다. '세트장이 거기서 거기지' 생각하고 가보지 않는다면 아까운 그림 하나 놓치는 셈이다. 그 모습이 너무나 이국적이고 아름다워 탄성이 절로 나온다. 포구 구경을 마쳤다면 포구 뒤편에 자리한 시장에 가보자. 5일마다 열리는 2 · 7장이다. 뻥튀기 장수도 있고 국밥집도 있다. 모든 것이 옛날 풍경 그대로다.

07 민물고기생태체험관

국내 최초로 살아있는 민물고기를 전시해 놓은 곳이다. 이름도 잘 알 수 없는, 사라지고 잊힌 여러 민물고기들을 관찰하면서 우리나라 각종 토종 물고기와 어류의 생태를 공부할 수 있다. 전시관 실내외에는 각각의 전시장과 학습장 등이 마련되어 있으며 환경과 어자원 보호의 중요성 등 교육적인 효과도 기대할 수 있다. 인근에 있는 천연 석회동굴인 성류굴을 함께 돌아보는 일정을 잡을 수도 있다.

민물고기생태체험관 054-783-9413
3~10월 10:00~17:00, 11~2월 10:00~17:00, 월요일 휴무
3,000원

08 성류굴

왕피천이 선유산을 휘감고 돌아가는 곳에 자리 잡은 천연 석회암 동굴. 울창한 측백나무와 함께 사계절 관광객이 찾는 동굴로 천연기념물 제155호다. 총길이 472m의 동굴은 삼척의 환선굴보다 내부는 좁지만, 종유석과 석순이 끝없이 펼쳐져 있다. 바닥에는 항상 물이 차 있는데, 동굴 바깥의 왕피천으로 이어진다. 12개의 광장과 5개의 연못에는 많은 어류가 서식하고 있다. 원래 이름은 선유굴이었으며, 신선이 노닐 만큼 주변 경관이 아름답다고 해서 붙은 이름이다. 동굴 내 기온은 약 13℃로, 겨울옷을 입고 들어가면 몸이 후끈해질 정도로 덥다.

울진 성류굴 054-789-5404
하절기 09:00~18:00, 동절기 09:00~17:00, 월요일 휴무
5,000원 P 무료
www.uljin.go.kr/tour(울진 문화관광)

09 망양정해수욕장

울진읍에서 동남쪽으로 5km 떨어진 곳에 망양정을 중심으로 펼쳐진 해수욕장. 관동팔경의 하나인 망양정에서 바라다보면 한눈에 훤히 펼쳐지는 동해가 한 폭의 그림처럼 아름답다. 망양정해수욕장은 비교적 수심이 얕고 해안가 뒤편에 무성한 송림이 있어 가족끼리 산책하기 좋다. 해수욕장 앞으로는 불영사계곡의 하류인 왕피천이 있어 담수욕도 할 수 있고, 성류굴이 가까운 곳에 있어 같이 구경할 수도 있다. 울진읍에서 7번 국도를 타고 영덕 방면으로 5km 가면 수산교가 나오고 동쪽 산포리길로 진입하면 된다. 해수욕장 바로 앞 민박 중에는 오래된 집들이 많지만 최근에 신축한 집을 찾아 숙박을 청하면 된다. 백사장을 뒤엎을 듯 큰소리로 부딪치는 파도 소리가 여행자의 걸음을 이끈다. 파도가 잔잔할 때는 바다에 엎드려 있는 거북바위를 볼 수 있다.

망양정해수욕장 054-789-6903(울진 문화관광)

10 월송정

바다와 백사장, 송림과 정자가 어우러진 천혜의 전망을 자랑한다. 산꼭대기가 아닌 야트막한 백사장 위에 자리한 월송정에서는 바다가 손에 잡힐 듯 가깝게 느껴진다. 정자에서 내려오면 새하얀 모래밭이 펼쳐지는데, 군부대 근처라 사람이 거의 없어 호젓하게 산책을 즐길 수 있다. 신라의 영랑, 술랑, 남속, 안양이라는 네 화랑이 울창한 소나무 숲에서 달을 즐겼다 해서 월송정이라는 이름이 붙었다고 한다. 정자 주변에는 해송이 숲을 이루고 있으며, 푸른 동해를 바라보면 가슴이 탁 트인다. 특히 소나무와 푸른 바다를 배경으로 솟아오르는 일출 광경이 유명해 사진작가들이 많이 찾는다.

월송정 054-782-1501
www.uljin.go.kr/tour(울진 문화관광)

Tip 망양정~원남면 오산리 10km 드라이브 코스

망양정에서 시작해 산포, 진복, 오산리를 잇는 망양정로는 그림 같은 해안 절경을 가까이에 두고 달릴 수 있다. 고개를 하나 넘을 때마다 포구와 어촌마을이 기다린다. 방파제마다 낚시꾼 한둘이 자리를 잡고, 갈매기 떼가 노니는 호젓한 백사장, 당간지주처럼 여행객을 맞이하는 촛대바위들이 나타난다. 특히 산포리에서 진복리 가는 길은 양옆으로 단애절벽과 촛대바위가 얼굴을 마주하고 있는 이색적인 길들이 많아 드라이브 코스로는 그만이다.

11 후포항&후포등대

죽변항 못지않은 큰 포구로 울릉도로 들어가는 여객선이 출항하는 곳이다. 생선 냄새, 사람 냄새가 나서 더욱 정감이 가는 후포항은 동해에서 나는 고기들 중 안 잡히는 것이 없을 만큼 다양한 어종을 자랑한다. 어판장 뒤로 자리한 회 센터에 들르면 저렴하게 회를 맛볼 수 있다.

후포항 뒤편의 야트막한 언덕인 등기산(등대산)에는 후포등대와 정자, 놀이터 등이 조성돼 있어 동쪽의 망망대해와 후포항을 한눈에 조망할 수 있다. 등대 바로 밑으로는 정겨운 마을이 내려다 보이고, 전망대로 이동하면 끝없는 동해가 펼쳐진다. 햇살을 한껏 머금은 바다가 검푸른 빛에서 은빛으로 반짝일 때 눈이 시리도록 아름답다. 후포등대는 울진 바다를 운항하는 배들의 길잡이 역할을 할 뿐만 아니라 차를 타고 들어오는 여행자의 가슴도 설레게 하는데, 언덕 위로 우뚝 솟아 올라 있어 이국에 온 듯한 느낌을 준다.

후포항 1644-9605

Tip 직산리~후포항 6km 드라이브 코스

월송정 남쪽 직산리 해안에서 후포항 등기산까지 이어지는 길로, 짧지만 볼거리가 풍부하다. 특히 직산리에 들어서면 길 양쪽으로 오징어 덕장과 함께 멸치 덕장이 펼쳐져 있어 이채롭다. 검은 포장 위로 깨알 같은 은빛 멸치들이 수놓는 포구마을의 정취가 푸근한 곳이다. 이 지점은 특히 바다 낚시꾼들에게 인기 있는 포인트. 해안도로 초입의 직산리 바닷가는 동해안의 어느 백사장 못지않은 풍광을 자랑한다. 후포항에서 시작하는 길은 쉽게 찾아지지만, 북쪽에서 남쪽으로 내려올 때는 길이 복잡하기 때문에 물으면서 가는 게 좋다.

12 괴시리 전통마을

영해면에서 1km 정도 가면 고려 말의 대학자 목은 이색이 태어난 괴시마을이 있다. 조선시대 전통 가옥이 즐비한 영양남씨의 집성촌이다. 동해로 흘러가는 송천 주위에 늪이 많고, 마을 북쪽에도 도랑이 있어 옛날에는 도랑 호(濠) 자, 연못 지(池) 자를 써서 '호지촌'이라 불렀다. 괴시촌이라는 이름은 목은 선생이 중국 구양박사방(歐陽博士坊)의 괴시마을과 고향 호지촌이 비슷해 붙인 것이다. 망일봉을 끼고 영해평야를 바라보는 마을은 기와 토담 골목길을 중심으로 200~300년 된 고택들이 서남향으로 첩첩이 자리 잡아 조상의 생활과 멋을 자연스럽게 접할 수 있는 민속마을이다.

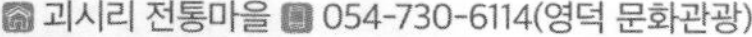

괴시리 전통마을 054-730-6114(영덕 문화관광)
tour.yd.go.kr(영덕 문화관광)

13 축산항&축산등대

송천이 바다와 만나는 곳에 작은 항구가 있다. 절벽과 죽도산 사이에 숨어 있듯 들어선 아늑한 마을과 항구다. 바닷바람을 막아주는 산이 죽도산이다. 산에 시누대가 많아 죽도산이라 부르는데, 등대가 하나 있다. 옛날에는 겨울에 청어가 많이 잡혀 과메기를 만들었는데, 요즘은 대게잡이 배로 붐빈다. 7번 국도에서 떨어진 곳이라 한적한 어항의 모습이 남아 있는데, 점차 찾는 이들이 늘고 있다. 매년 4월이면 물가자미축제가 열린다.

축산항 054-730-6114(영덕 문화관광)

Tip 영덕 블루로드 드라이브

영덕의 해안도로는 최남단 남정에서 북단 병곡까지 53km에 이른다. 특히 축산항에서 강구항에 이르는 26km 강축해안도로는 작은 어촌과 해안 절벽, 해변 등이 숨어 있어 동해의 절경을 만끽할 수 있는 절정의 드라이브 코스다. 낚시꾼이라면 마음에 드는 곳에 차를 세우고 한나절 낚시를 즐겨도 좋다.

14 삼사해상공원

강구항 맞은편에 있는 삼사해상공원은 가족 단위로 찾기에 알맞은 공원이다. 청정 동해를 한눈에 바라보는 언덕에 있는데, 주변 경관과 어우러져 한나절 쉬어 가기에 안성맞춤. 이북5도민의 염원을 담은 망향탑과 경북 개도 100주년 기념사업으로 세운 경북대종, 공연장과 폭포 등이 있으며, 편의시설이 잘 갖춰졌다. 매년 1월 1일에는 해맞이축제가 열린다. 공원에 어촌민속전시관이 있는데, 영덕대게와 어촌의 역사를 한눈에 볼 수 있는 어업의 산 교육장이다. 전통 어구와 어선 제작 과정, 해저 지형, 항구 체험, 영덕 어촌 100년사 등 자녀들의 체험 학습 자료가 풍부하다.

삼사해상공원 054-730-6790(어촌민속전시관) 어촌민속전시관 09:00~18:00, 월요일 휴무
어촌민속전시관 2,000원 www.yd.go.kr(영덕 문화관광)

Tip 강구항 대게 거리

강구항 바로 옆의 삼사해상공원에서는 해마다 12월 말일부터 이듬해 1일까지 전야제를 비롯한 각종 행사를 개최한다. 어민들이 사용해 왔던 옛날 어구들을 비롯하여 대게잡이 체험, 소형 선박건조체험 등이 마련되어 있다. 대게는 성체에 이르기까지 대략 6년에서 8년이 걸리는 데다가 허물을 벗으면서 단계적으로 성장한다. 영덕대게 중에서 으뜸이 박달대게인데, 그 맛이 달고 향기로워 입 안에서 향이 계속 맴돈다. 넓지 않은 강구항 대게 거리는 전국에서 몰려온 차들로 새벽부터 밤까지 북적댄다.

15 옥계계곡

외지인은 영덕 해안 드라이브 길을 찾지만, 영덕을 잘 아는 사람들은 영덕읍에서 옥계계곡까지 가는 오십천 드라이브 길을 찾는다. 영덕에서 청송 방향 34번 국도를 타고 가다가 69번 지방도를 따라 옥계계곡으로 가는 16km 구간은 경북 영덕 산수의 진수를 보여주는 아기자기한 길이다. 오십천 강폭이 좁아지는 곳에서 시작하는 옥계계곡은 보는 이의 탄성을 자아낸다. 팔각산과 동대산에서 흘러나오는 물줄기가 만나 이룬 옥계계곡은 맑은 물과 기암괴석이 아름다운 계곡이다. 계곡 물줄기를 따라 도로가 났는데, 중간에 침수정이라는 정자를 만날 수 있다. 침수정에서 바라보면 기암괴석과 맑은 물이 연출하는 선경을 만끽할 수 있다.

옥계계곡 054-730-7402 무료

16 영덕 블루로드 고불봉

블루로드 트레킹의 시작점은 강구터미널이다. 도로변에 그려진 노란 화살표가 안내자다. 초입 마을의 좁은 골목길은 약간 급경사다. 오름길에 일부러 만들어 놓은 자그마한 정자가 있다. 심호흡을 하고 몸을 돌리면 발아래로 강구마을이 내려다보이고 눈을 들면 바다 너머로 삼사공원이 함께 조망된다. 조금 걸었을 뿐인데도 발밑 풍치가 멋지다. 1시간 이상 걸으면 금진도로를 가로지르는 구름다리를 만난다. 고불봉(207m)을 앞두고 나무 계단이 만들어져 있다. 고불봉이라는 표시석 주변은 평평한 공간이다. 체육시설을 갖추고 있고, 쉬어 가라는 벤치도 놓여 있다. 구름다리에서 고불봉까지의 길도 별반 다르지 않다. 약간의 오름과 내림이 있지만 대체적으로 경사도가 낮아 걷기에는 최상이다.

영덕 블루로드 054-730-6514 24시간
무료 blueroad.yd.go.kr

17 장사해수욕장

7번 국도 포항과 영덕의 경계인 남정면 장사리에 이르면 바다 쪽으로 우거진 송림을 만난다. 그리고 그 뒤에 장사해수욕장이 숨어 있다. 모래알이 굵고 몸에 붙지 않는데다 자갈도 많다. 맨발로 걸으면 자연 발 마사지를 하는 셈이다. 우거진 송림과 오른편에 바다로 툭 튀어나간 갯바위, 국도 건너편과 왼쪽 끝으로 바닷가 마을이 있어 아기자기하면서도 편리한 가족형 해수욕장이다. 송림에는 통나무집도 있다. 성수기에는 텐트비와 주차비를 받는데, 영덕군에서 직접 관리해 비싸지는 않다. 동해안 해수욕장이 대부분 그렇듯 경사가 심해 물이 금세 깊어지니 주의하자.

장사해수욕장 054-732-5214 P 무료

18 영덕해맞이공원

영덕에서 해맞이를 볼 수 있는 또 다른 명소는 우곡리에서 시작하는 해맞이 등산로. 전 구간의 80% 이상이 푸른 동해를 감상하며 걸을 수 있는 산악형 등산로이다. 신세계아파트에서 출발하여 고불봉을 지나 하금호를 가거나 강구항을 가는 코스가 일반적이다. 시간은 2시간 정도 소요된다. 그리고 6년여의 기간에 걸쳐 조성해 놓은 해맞이공원의 목재계단을 따라 내려가보자. 겨울에는 수선화 단지의 아름다움을 만끽하기에는 조금 이르지만, 계단 끝에서 보다 가까이 바닷바람을 맞으며 조용히 새해 설계를 시작해보는 것도 좋겠다. 해맞이공원 바로 위쪽에는 풍력발전단지가 있다. 바람이 많은 이곳 지형을 활용하여 영덕군민이 1년 동안 사용할 수 있는 전력량을 생산해내는 곳이다. 24기의 풍력발전기가 일제히 돌아가는 모습은 보는 이에게 시원함을 전해준다. 이곳에 서서 동해를 바라보는 풍광 또한 각별하다.

영덕해맞이공원 054-730-7052 P 무료

19 보경사

신라 진평왕 25년(603년)에 지명법사가 창건한 유서 깊은 절이다. 경내에는 원진국사비, 원진국사부도 등 보물급 문화재가 있고, 노송 군락과 벚나무, 탱자나무 등이 울창하며, 12폭포를 거쳐 내려오는 계곡과 기암괴석이 절경을 이룬다. 특히 봄에는 벚꽃이 활짝 피어 화사한 분위기를 연출한다.

보경사 054-262-1117 06:00~18:00 무료 P 무료 bogyeongsa.org

내연산 12폭포

내연산(710m)에는 기암절벽으로 둘러싸인 산세가 만들어 낸 폭포가 12개나 있다. 그 가운데 관음폭포와 연산폭포가 아름다움의 극치를 보여준다. 쌍폭인 관음폭포는 폭포 위로 걸린 연산적교와 층암절벽이 어우러져 환상적이다. 연산적교를 건너면 높이 20m의 연산폭포가 학소대를 타고 힘찬 물줄기를 쏟아 내린다.

연산온천파크

보경사 입구에 있어 내연산 12폭포 트레킹의 피로를 씻기 적당하다. 알칼리성 나트륨 중탄산형 온천으로 피부병, 만성 류머티즘, 부인병, 무좀 등에 효과가 있는 것으로 알려진다. 2003년 개관했으며 온천탕, 노천탕, 식당, 커피숍 외 부대시설과 객실 28개를 갖추고 있다.

연산온천파크 054-262-5200 05:30~22:00
6,000원 yeonsan.kr

20 영일대해수욕장

포항에도 인천의 월미도나 부산의 광안리, 대천의 대천항 등과 같은 젊음의 거리가 있다. 예전에는 여름철 포항 지역 사람들의 해수욕장으로 이용되던 곳이었으나 횟집촌이 들어서기 시작하면서 외식과 회식 장소로 유명해졌다. 1.5km 남짓 되는 해변 거리는 포항여객터미널에서 북쪽 해변을 따라 횟집과 레스토랑, 카페, 노래방 등이 줄지어 있다.

영일대해수욕장 054-270-2114

21 죽도시장

전국 5대 재래시장 중의 하나로 꼽히는 죽도시장에는 과거 임금님 진상품이기도 했던 겨울철 과메기를 맛볼 수 있는 횟집들이 즐비하다. 1969년 10월 죽도시장 번영회가 정식 설립되었고, 현재 점포 수는 1,500여 개가 넘는 경북 동해안 최대 규모를 자랑한다. 포항의 중심지인 오거리에서 동쪽으로 500m 지점에 동해안 최대의 상설시장인 죽도어시장이 있고, 수산물 위판장 내에 횟집이 밀집되어 있어 사계절 저렴한 가격으로 동해안의 싱싱한 회를 살 수 있다. 인근 상가에서 초장 등 재룟값만 내면 바로 먹을 수 있고, 특히 겨울철에는 포항의 명물인 과메기가 별미다.

죽도시장 08:00~22:00

Tip 포항의 명물 과메기

과메기가 주메뉴에 따라 나오는 보조 음식일 정도로 흔하다. 과메기는 푸른 빛깔에 윤기가 나는 것이 좋은데, 속살은 붉은빛을 띤다. 과메기 전문 식당에서는 특유의 비릿함을 싫어하는 사람들을 위해 비린내가 덜 나는 과메기를 내오기도 하나 보통은 쪽파, 마늘, 미역, 고추 등과 함께 김, 배추, 상추, 김치, 깻잎 등으로 싸서 초고추장에 찍어 먹기 때문에 비린내는 별로 느껴지지 않는다. 아울러 그 맛을 알게 되면 비린내가 고소함으로 느껴질 것이다.

22 호미곶등대

영일만 나들이의 1번지 호미곶에는 우리나라에서 가장 크고, 동양에서 두 번째 규모를 자랑하는 호미곶등대가 있다. 호랑이 꼬리에 있다는 의미에서 호미등(虎尾燈)이라고도 불리는 호미곶등대는 1903년에 세워졌다.

철근 없이 벽돌만을 쌓아 올려 지은 등대이며 아래 24m, 위 17m, 높이 26.4m의 팔각형 서구식 건물로 우리나라 최대의 등대이다. 내부는 6층으로 되어 있고, 각 층의 천장에는 조선의 왕실문양인 배꽃문양이 새겨져 있다. 이곳에서 밝힌 불빛은 약 65리 밖에서도 보이고, 고동 소리는 300리 밖에서도 들을 수 있다. 등대 옆에는 우리나라에 하나밖에 없는 국립등대박물관이 있다. 등대에 관한 여러 기구, 기계와 자료 등을 무료로 관람할 수 있다.

호미곶등대 054-284-9814 국립등대박물관 09:00~18:00, 월요일·설날·추석 당일 휴무
lighthouse-museum.or.kr

23 호미곶 해맞이광장

1월 1일부터 해마다 한민족 해맞이 축전이 열리고 있다. 상생의 손, 성화대, 천년의 눈동자, 연오랑세오녀상 등이 있으며 그중에서도 상생의 손은 새천년을 기념해 세운 것이다. 육지에 왼손이, 바다에 오른손이 설치되었는데, 새천년을 맞아 온 국민이 서로 도우며 살자는 뜻에서 조성되었다.

호미곶해맞이광장 054-270-5855

24 구룡포항

구룡포는 구릉지가 많고 평지가 적으며, 겨울은 따뜻하고 여름은 서늘한 기후로 15.8km의 긴 해안선에 둘러싸여 있다. 구룡포항은 수산업 중심지이자 어업전진기지로 근해어업이 발달했고, 주로 오징어, 꽁치, 대게 등이 많이 잡힌다. 구룡포항의 등대와 갈매기, 귀항하는 어선을 배경으로 솟아오르는 겨울철 해돋이는 보기 드문 장관이다. 해안 경관이 수려하고 피서지로 각광받는 구룡포해수욕장은 포항에서 24km, 구룡포읍에서 1.5km쯤 떨어져 있다. 반달형의 백사장은 길이 400m, 폭은 50m나 되어 야영을 즐기는 피서객들이 선호할 만하다. 또 인근 횟집에서는 갓 잡은 싱싱한 광어, 도다리, 장어, 도미 등의 생선회도 맛볼 수 있다.

구룡포항 054-270-5836(포항시 관광안내소)

Tip 영일만 해안도로

포항에서 호미곶을 돌아 구룡포에 이르는 해안도로는 적당한 굴곡이 있고 부드러운 바닷바람을 느낄 수 있어 드라이브를 즐기는 사람들에겐 '환상의 코스'이다. 영일만을 끼고 달리는 해안 드라이브 코스에선 해안의 기암괴석에 부딪치는 파도와 바다 위를 나는 갈매기를 보며 낭만 가득한 바캉스를 즐길 수 있다.

추천 숙소

한화리조트 백암온천

울진 한화리조트 백암온천

대규모 온천 리조트이며, 백암온천은 국내 유일의 방사능 알칼리성 온천이다. 수온이 46℃로 다소 높고 라듐이 많이 함유되어 있으며, 온천수가 유난히 맑고 매끈매끈하다. 온천 뒤로는 백암산이 있어 온천과 등산을 동시에 즐기려는 여행객들이 사시사철 붐빈다.

울진군 온정면 온천로 129-13 054-787-7001

덕구온천리조트

울진 덕구온천리조트

덕구온천은 좋은 평을 얻고 있는 온천단지로, 100% 땅에서 끌어올린 자연 온천수를 이용한 대중탕을 갖추었다. 또한 주변에 응봉산 등산로가 있어 휴식을 취하기 좋다.

울진군 북면 덕구온천로 924 054-783-0811 www.dukgu.com

그 외 추천 숙소 리스트

영덕 리베라호텔 영덕군 강구면 해상공원길 115 054-734-6886

영덕 달님펜션 영덕군 남정면 동해대로 3535 010-6806-4000

추천 맛집

울진 사동할매집

회무침으로 전국에 명성을 날린 집. 주인 할머니가 물가자미, 소가자미, 오징어, 한치회 등 여러 가지 잡어에 각종 야채를 넣어 달콤하면서도 매콤한 초고추장으로 무쳐 준다. 양도 푸짐한 편이다.

울진군 기성면 사동리 372 054-788-6517

울진 정훈이네횟집

죽변항 어판장 주변에는 여행작가가 추천하는 음식점들이 즐비한데, 정훈이네횟집에선 맛있는 물회와 회덮밥 등을 먹을 수 있다.

울진군 죽변면 죽변중앙로 202-3 054-782-7919

울진 해변회식당

후포항 등기산 아래로는 전복죽집이 서너 군데 있는데, 20여 년 가까이 된 맛집들이다. 해변회식당은 그중 가장 오래된 곳으로 아침식사로 전복죽을 먹을 수 있는 곳. 후포항 해녀들이 직접 따온 자그마한 크기의 자연산 전복을 재료로 쓰는데, 쌉쌀한 맛이 나는 제주도 전복죽에 비해 고소한 맛이 훨씬 강하다.

울진군 후포면 후포6길 56-43 054-787-2293

Tip 울진 대게를 아시나요?

울진은 전국 최대 대게 조업지다. 홍게는 대게의 사촌 격으로 몸이 붉은 색상을 띠는데, 대게와 맛에서 별 차이가 없다. 울진 사람들은 실제로 홍게를 즐겨 먹고, 울진에서는 몇 년 전부터 홍게라고 불리는 상품에 '붉은 대게'라는 새로운 명칭을 부여했다. 어선에 홍게가 생존 가능한 수조를 설치하여 살아있는 홍게가 항구에 도착해 제대로 된 홍게를 맛볼 수 있다.

영덕 영덕대게 전문점

오십천을 낀 식당가에 영덕대게를 전문으로 하는 집들이 몰려 있는데, 그 중에서도 영덕대게이야기(054-733-9297), 갯방구 횟집(054-733-0939)의 대게탕과 은어매운탕과 구이, 튀김이 있는 영덕민물고기매운탕(054-733-9233)을 찾아가 보자.

🏠 영덕먹거리센터(영덕군 영덕읍 야성길 67-9)

영덕대게

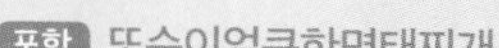

포항 또순이얼큰한명태찌개

포항공항 부근에 자리한 명태찌개 맛집이다. 청양고추의 매운맛, 무와 콩나물의 시원한 맛은 더위에 지친 속을 달래준다.

🏠 포항시 남구 동해안로 5934 📱 054-276-4957

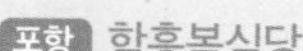

포항 함흥복식당

구룡포항에서 2대째 복요리를 하는 전문점. 복어 전문가가 상주하면서 구룡포항에 들어온 싱싱한 복어를 손질해서 요리한다. 싱싱한 밀복만으로 국물을 우려내는 것이 이 집의 조리 비결. 주말에 찾으면 줄을 서서 기다려야 할 정도로 소문난 맛집이다.

🏠 포항시 남구 구룡포읍 호미로 217-1 📱 054-276-2348

영덕 후포항 자연산 모둠회

그 외 추천 맛집 리스트

울진 동심식당
🏠 울진군 후포면 후포리 564-73 📱 054-788-2557

울진 영주회대게센타
🏠 울진군 죽변면 죽변중앙로 180 📱 054-782-4786

포항 원조할매고래
🏠 포항시 북구 죽도시장 1길 33-4 📱 054-241-6283

SNS 핫플레이스

죽변해안스카이레일

죽변해안스카이레일은 울진 최고의 바다뷰로 핫플레이스다. 모노레일을 타고 해안 풍경을 감상하는 체험 시설로, 죽변승하차장과 봉수항을 오가는 2.8km 코스로 운행된다. 인생 사진 명소로 유명한 하트해변도 인기 만점이다.

🏠 울진군 죽변면 죽변중앙로 235-12 매표소 2층 📱 0507-1493-8939 🅿 무료 🌐 www.uljin.go.kr/skyrail/

울진왕피천공원

자연생태계의 보고인 왕피천을 끼고, 관동팔경의 하나인 망양정이 굽어보는 동해에 자리 잡고 있다. 강과 바다가 어우러져 여름에는 은어를 낚고 가을에는 연어가 회귀하는 생태공원이다.

🏠 울진군 근남면 왕피천공원길1 📱 054-789-5500 🕒 4~10월 08:00~22:00, 11~3월 08:00~22:00 (전시관 및 케이블카 운영시간 상이) 🅿 무료 (일부 시설 유료)

구 간 4

경주

Best Course

1 문무대왕수중릉 →
2 봉길대왕해변 →
3 송대말등대 →
4 감은사지 →
5 골굴사 →
6 석굴암 →
7 불국사 →
8 첨성대 →
9 대릉원 →
10 국립경주박물관 →
11 동궁과 월지 →
12 서출지

01 문무대왕수중릉

동해의 파란 파도가 바람에 춤추는 듯 여행자를 반겨준다. 문무대왕수중릉은 대왕암이라고도 불리며 죽어서도 동해의 큰 용이 되어 왜적으로부터 신라를 지키겠다는 유언에 따라 문무왕을 이곳 감포 앞바다 대석상에 매장하였다고 전해진다. 문무대왕릉 중앙에는 십자수로가 있는데 그 안에 문무왕의 유골을 봉인한 납골처가 있다고 전해진다. 수중릉에서 약 10분 거리에 이견대가 있다. 문무대왕수중릉이 가장 잘 보이는 이견대는 문무대왕릉에 망배하기 위하여 신문왕이 지었다고 전해진다. 역사가 전설이 되었다는 문화유적을 직접 만날 수 있는 곳이 바로 문무대왕수중릉이다.

문무대왕수중릉 054-779-8166

02 봉길대왕해변

문무대왕수중릉 관광 후 무작정 걷다 보면 아담하고 평화로운 해변이 나온다. 바로 봉길해수욕장이다. 검은 자갈밭 해변 및 대종천과 연결되어 있는 수로는 담수욕을 즐길 수 있어 자연이 만들어 내는 보석 같은 풍경과 함께 상쾌한 기분을 만끽시켜 준다. 여름의 유혹이 시작되는 6월, 봉길해수욕장에는 조금씩 사람들이 몰려온다. 봉길해수욕장 푸른 앞바다의 시원한 파도 소리에 마음도 평화롭다. 영화 〈신라의 달밤〉에서 이성재와 김혜수의 기마전 장면을 촬영했던 곳이라 지금도 이곳을 찾는 많은 사람들이 그 장면을 재현하곤 한다.

봉길대왕해변 054-774-8746

03 송대말등대

경주시 동쪽 바닷가에 위치한 감포항. 그러나 감포항 분위기는 고요하다. 잠잠한 마을 어귀 북쪽에는 말없이 감포항을 지키는 송대말등대가 있다. '소나무가 펼쳐진 끝자락'이라는 뜻을 가진 송대말은 감포항 선박 사고를 지켜 주기 위해 지난 1933년에 건립된 등간을 재건축하여 세워진 등대다. 관광도시답게 등대 또한 관광문화를 반영하고 있다. 송대말등대는 석탑의 모습을 보여준다. 감은사지석탑의 모형으로 역사와 과학으로 이루어졌다. 동해안의 푸른 바다와 하얀 등대 그리고 소나무 숲이 잘 어우러지는 송대말등대에서 발걸음을 잠시 쉬었다 가도 괜찮다.

송대말등대 054-744-3233 09:00~18:00

04 감은사지

감포에서 경주로 향하는 4번 국도. 한적한 도로를 따라 차를 운전하다 보면 쓸쓸한 유적지로 남아 있는 감은사지를 만날 수 있다. 문무왕은 삼국의 통일을 이루고 불력으로 왜구를 막고자 바닷가 근처에 절을 세우려 하였으나 뜻을 이루지 못하고 죽었다. 이듬해(682년) 그의 아들 신문왕이 부왕의 뜻을 이어 완성한 절이 바로 '감은사'다. 죽은 후에도 용이 되어서 나라를 지키겠다는 문무왕의 유언에 따라 감포 앞바다 대왕암에서 장사를 지낸 후 용이 된 문무왕이 자유롭게 드나들 수 있도록 금당 밑에 특이한 구조로 된 공간을 만들었다. 금당 앞에 동서로 서 있는 3층 석탑은 같은 규모와 구조이다. 감은사 창건과 동시에 세워졌다는 감은사지 석탑은 우리나라에서 현존하는 가장 오래되고 거대한 석탑이다. 그윽한 눈길로 탑을 바라보면 땅 위에 더없이 편안하게 앉아 있으면서도 탑 꼭대기에 쇠꼬챙이 같은 찰주가 위로 솟아 하늘로 오르는 듯한 느낌이 함께 든다. 조금 멋있게 말하면 안정감과 상승감의 조화라고 할까. 탑이 가진 절묘한 비례는 군더더기 없이 세련되고 명쾌하면서도 푸근한 느낌을 주어 하염없이 탑을 바라보게 만든다.

감은사지

05 골굴사

'경주'하면 석굴암이 떠오르지만 감포에 골굴사도 있다. 사찰 입구에서 약 10분 정도 산길을 올라가다 보면 골굴사가 보이기 시작한다. 띄엄띄엄 있는 절의 모습은 여느 절과는 다르게 한적한 분위기를 조성한다. 이곳 골굴사의 백미는 바로 마애여래좌상이다. 바위를 따라 가파른 계단을 오르다보면 마애여래좌상이 나타난다. 높다란 상투 모양, 독특한 이목구비, 구름과 바다를 표현한 듯한 배경은 세월의 흐름을 여실히 보여 준다. 화강암 위에 새겨진 마애여래좌상은 오랜 풍화작용으로 인하여 훼손이 심해 유리지붕으로 보호하고 있다. 마애여래좌상을 본 후 선무도 수련원으로 내려가면 외국인이 선무도 수행을 하는 모습을 볼 수 있다.

골굴사 054-744-1689 www.golgulsa.com

06 석굴암

절대적 예술미의 극치, 이상적 인간형의 완성 등의 찬탄은 두고서라도 선정에 든 모습으로 입가에 잔잔한 미소를 머금고 지그시 내려다 보는 모습에 가슴 가득 차오르는 애잔한 감동으로 그만 털썩 꿇어앉고 싶어진다. 토함산의 우거진 나무 사이로 굽이진 길을 가다 보면 나도 모르게 콧노래가 나온다. 여름 향기가 물씬 나는 길의 끝에 도착한 곳은 석굴암이다. 석굴암은 신라의 불교예술 전성기 때 건립되었으며 건립 당시에는 석불사라 불리었다. 석굴암 석굴 구조는 본존불을 중심으로 원형으로 된 복도 통로로 되어 있으며, 천장은 우리나라에서 유례없는 독특한 기술이다. 현재는 석굴암의 보존을 위해 유리벽으로 막아 놓아서 눈으로만 확인할 수 있다.

석굴암 054-746-9933
평일 09:00~17:00, 주말 및 공휴일 09:00~17:30
무료 P 중형차 2,000원 seokguram.org

Tip 감포 인근 31번 국도 드라이브

경주는 내륙이라 바다가 없다고 생각하기 쉬운데, 4번 국도를 따라가면 전촌 바닷가가 나온다. 이어 좌측으로 복국이 맛있는 감포항이, 우측으로 이견대와 대왕암이 있는 봉길해수욕장이 있다. 한적한 바닷가를 따라 드라이브를 즐기거나 차를 세우고 바닷가에서 휴식 시간을 보내기에 좋다. 경주 동쪽 31번 국도 옆으로 '나 죽어 동해의 용이 되리라' 한 문무대왕과 관련된 장소들이 많다. 우아하고 장엄한 감은사지는 문무대왕의 아들 신문왕이 완성해 아버지의 명복을 빌며 금당 밑으로 용이 드나드는 공간을 만들어 놓았다는 곳이다.

07 불국사

우리나라 최고의 사찰 불국사. 경주에 오면 늘 들르는 코스지만 갈 때마다 엄숙한 느낌이 드는 곳이다. 신라 법흥왕이 어머니의 뜻을 따라 불국정토를 구현하기 위해 만들었다고 전해진다. 불국사의 세 영역은 불국토를 형상화했다. 대웅전 영역은 석가여래의 피안세계, 극락전 영역은 아미타불의 극락세계, 비로전 영역은 비로자나불의 연화장세계를 의미한다. 극락으로 향한 안양문으로 곧장 이어진 연화·칠보교 계단 하나하나에는 연꽃잎이 새겨져 있다. 극락을 의미하는 안양문을 오르며 연꽃잎을 한 장씩 밟고 오르는 영화를 상상해 본다. 대웅전 앞쪽에 서로 마주 보며 위치한 다보탑과 석가탑은 불국사 최고의 촬영 포인트다. 화려한 모양의 다보탑과 수수한 미를 보여주는 석가탑은 석가여래가 설법하는 모습을 재현해주는 듯하다. 다보탑, 석가탑, 그리고 대웅전을 오르는 청운교-백운교, 극락전 안의 아미타불좌상 등 많은 문화유산을 가진 불국사는 석굴암과 함께 유네스코 세계문화유산 목록에 등재되어 있다.

불국사 054-746-9913
09:00~17:00(입장마감 17:00, 퇴장시간 18:00),
무료 P 중형차 1,000원 www.bulguksa.or.kr

08 첨성대

신라 27대 선덕여왕 때 세워진 첨성대. 사각형의 기단 위에 361개의 벽돌을 원주형으로 둘러 27단을 쌓아올렸다. 꼭대기에는 우물 정(井)자 모양의 2단으로 된 관을 쓰고 있다. 정중앙에는 네모난 창을 내었는데 그 아래로 사다리를 걸쳤던 흔적이 남아 있으며, 그 높이까지 내부는 흙으로 채워져 있다. 첨성대에 쓰인 361개의 벽돌은 음력으로 1년의 날수와 같고, 사각 2단을 합해 전체 29단은 한 달이 된다. 꼭대기 사각형의 각 4면은 정확히 동서남북을 가리키고, 중앙에 난 창 또한 정남향을 바라보고 있다. 정확한 방위는 춘분과 추분, 하지와 동지를 나누는 분점이 되었을 것이다. 옛사람들은 하늘은 둥글고 땅은 네모난 것으로 생각했다. 둥근 원주형의 몸통과 아래위 사각형의 기단은 우주를 상징한다. 미적인 아름다움과 함께 과학적 의미까지 갖춘 첨성대를 다시 만나보자.

첨성대

09 대릉원

경주를 인상 깊게 하는 것 중 하나가 바로 시내 한가운데 자리한 거대한 무덤들이다. 살아 있는 자들과 평화롭게 어울린 아름다운 무덤들에서 경주의 신비로움을 느끼게 된다. 경주 시내에 위치한 대릉원 내에는 총 23기의 고분들이 봉긋봉긋 솟아 있다. 고분들 중에서 유일하게 그 내부를 볼 수 있는 것은 천마총. 왕이나 왕비의 무덤을 '능'이라 하고, 왕릉으로 보이나 누구의 무덤인지 알 수 없을 때는 '총'이라 한다.

천마총에는 천마도를 비롯해 금관, 새날개모양 장식, 허리장식 등 실로 신라문화를 알 수 있는 귀중한 유물들이 발견되어 세상을 놀라게 했다. 갈기는 바람에 날리고, 꼬리는 위로 치솟아 가만히 보고 있으면 거친 숨을 토하며 힘차게 하늘로 날아오르는 기상이 전해진다.

대릉원 054-750-8650(경주시 시설관리공단)
09:00~22:00(매표 및 입장 마감시간 21:30), 연중무휴
3,000원

10 국립경주박물관

경주에 오면 가장 먼저 들를 곳이 있다. 바로 국립경주박물관. 찬란한 신라 천년의 문화가 고스란히 담겨 있는 경주의 축소판이라 할 만하다. 본관 전시실을 비롯해 제1별관, 제2별관, 야외전시장에 신라 문화의 대표적 유물 3천여 점을 상설 전시하고 있으며, 10만여 점의 유물을 소장하고 있다.

경주의 역사를 한눈에 볼 수 있는 경주박물관은 다양한 문화체험의 공간이 있어 소중한 시간을 보낼 수 있다. 그중 가장 유명한 것은 선덕대왕신종이다. 에밀레종이라고 불리는 선덕대왕신종의 실제 종소리는 타종행사 외에는 듣기가 힘들게 되어 아쉬움은 있지만 과학전시관에서 녹음된 에밀레 종소리를 들을 수 있어 방문객의 아쉬움을 달래준다. 박물관 내부에는 천마총, 불국사, 석굴암에서 나온 각종 보물들을 전시하고 있어 과거 신라의 찬란한 문화를 느껴볼 수 있다.

국립경주박물관 054-740-7500
평일 10:00~18:00, 토요일 10:00~21:00,
일요일 및 공휴일 10:00~19:00
무료 gyeongju.museum.go.kr

11 동궁과 월지

신라시대의 별궁터로 신라의 태자가 머물던 곳이다. 귀빈을 위한 연회 장소이자 군신들의 회의 장소로도 이용되었다. 신라가 멸망한 후 이곳이 폐허가 되자 시인 묵객들이 '화려했던 궁궐은 간데없고 기러기와 오리만이 날아든다'는 구절을 읊조리며 기러기 '안' 자와 오리 '압' 자를 써서 안압지라 부르기 시작했다. 1980년대 '월지'라는 글자가 새겨진 토기 파편이 발굴되어 '달이 비치는 연못'이라는 뜻의 '월지'로 불렸다는 사실이 확인되었다. 그 후 안압지에서 동궁과 월지로 이름을 바꾸었다. 동궁과 월지는 첨성대와 더불어 야경이 아름답기로 유명하다.

동궁과 월지 054-750-8655
09:00~22:00 3,000원 P 무료

12 서출지

커다란 연못을 앞에 두고 운치 있는 집 한 채가 있다. 바로 서출지다. 신라 소지왕 시절 까마귀를 뒤쫓던 왕이 연못에 도착하자 어느 한 노인이 봉투를 전해 주고 사라졌다. 봉투 안에는 '사금갑', 즉 "거문고 갑을 쏘아라"라고 적혀 있었다. 궁으로 돌아간 왕은 왕비의 침실에 놓여 있는 거문고 갑을 향해 활을 쏘았고 그 안에 있는 승려가 죽게 되었다. 승려는 왕을 죽일 암살 계획을 세우고 해치려 한 것이다. 왕비는 사형에 처해지고 소지왕은 노인이 건네준 봉투 때문에 죽음을 면하게 되었다. 그 후 이 연못을 글이 적힌 봉투가 나왔다고 하여 '서출지'라 부르게 되었다. 서출지 연못은 6~8월까지 연꽃이 가득해 추억을 만들기 좋은 장소다.

서출지 054-779-8585

동궁과 월지

천마총

보문관광단지

경주 시내 걷기 여행

국립경주박물관에서 시작해 동궁과 월지–반월성–석빙고–첨성대–계림–내물왕릉–대릉원(천마총)으로 이어지는 코스는 천천히 걸으며 돌아보기 알맞다. 동궁과 월지로 잘 알려진 임해전은 신라 별궁인 동궁 건물로, 귀빈 접대 장소나 연회장으로 이용됐다. 길 건너편에 반월성과 석빙고가 보이고, 신라 27대 선덕여왕 때부터 자리한 첨성대가 있다. 소나무가 멋들어진 계림과 내물왕릉을 구경하고 대릉원으로 이동하면 안쪽에 천마총이 보인다.

경주 고분 역사지

보문관광단지

매년 많은 관광객이 찾아오는 경주. 신라의 역사, 문화 그리고 휴식의 도시로 자리 잡고 있다. 그중 보문관광단지는 3가지를 겸할 수 있는 최고의 장소이다. 보문호를 중심으로 넓게 조성된 공원단지는 온천지구 및 관광특구로 지정되어 있다. 보문호에서는 연인들의 필수 코스인 오리 보트가 보문호를 유유자적 떠돈다. 오랜 역사 속에 이어져 온 문화의 향기와 보문관광단지 레저는 환상적인 경관을 연출한다. 단지 내에는 어린이들이 좋아하는 테디베어 박물관, 미술박물관 등 마음의 양식을 쌓기에도 좋은 장소가 있다. 보문관광단지 앞에 상시 개장하는 경주 EXPO는 보문관광단지의 멋을 한층 더 높여줄 것이다.

보문관광단지 054-745-7601

경주 남산

경주 남산 트레킹

경주 남쪽에 자리한 남산은 34개 골짜기 곳곳에 절터 112개와 석불 80기, 석탑 61기 등 불교문화 유적이 널려 있다. 규모는 작지만 볼 것이 많아 남산을 오르는 방법이 수십 가지에 이르며, 제대로 보려면 2박 3일도 모자란다. 보편적인 코스는 삼릉사가 있는 데서 삼릉골로 올라 삼릉–석불좌상–선각육존불–선각여래좌상–선각마애불–상선암(선각보살상)–마애석가여래좌상–소석불–상사바위–금오산–작은 냉골–경애왕릉– 삼릉으로 내려오는 것이다.

경주 남산

추천 숙소

소노벨 경주

소노벨 경주의 객실은 편안한 휴식 공간을 갖추고 있다. 다양한 선택으로 고객들이 안락하고 실용적으로 느낄 수 있다. 게다가 슈퍼마켓, 게임장, 한식당, 카페테리아 등 부대시설도 많다. 사계절 내내 물놀이를 할 수 있는 아쿠아 월드는 일상생활에서 벗어나 자연 안에서 휴식과 건강이 공존하는 곳이며, 다양한 물놀이 공간을 연출한다.

경주시 보문로 402-12 (신평동) 1588-4888 무료 www.sonohotelsresorts.com

리버틴호텔 경주

경주 시외버스터미널의 바로 옆에 위치하고 있는 리버틴호텔은 최강의 접근성과 호텔 특유의 쾌적한 인프라를 고루 갖춘 숙소다. '경주' 하면 자연스럽게 떠올리기 쉬운 한옥 스테이에 비해 보다 도시적인 시설과 고도화된 서비스로 차별점을 두고 있어, 색다르고 쾌적한 숙박 체험을 즐기고 싶은 여행객에게 알맞다. 무료 조식 뷔페 서비스와 호텔 내 카페 할인 서비스를 제공한다.

경주시 태종로685번길 23 (노서동) 054-620-8787 http://rivertaingj.com

SNS 핫플레이스

카페 카페 로드100

경주시 보불로 100

054-741-7401

카페 아덴

경주시 보문로 424-34

0507-1431-2029

카페 엘로우

경주시 경감로 375-16

0507-1436-1151

추천 맛집

이풍녀구로쌈밥

경주 대릉원 쌈밥촌에 자리 잡은 경주에서 가장 소문난 맛집이다. 화학조미료를 거의 쓰지 않고 콩, 들깨 등으로 맛을 내는 웰빙쌈밥이 인상적이다. 이 집의 특징은 계절에 따라 바뀌는 메뉴와 신선초 등 10여 가지의 쌈과 해물파전이 사시사철 식탁에 오른다는 점이다.

경주시 첨성로 155 0507-1478-0600

황남빵

경주빵이 아니다. 황남빵이다. 경주 황남동에서 만들기 시작했다고 해서 '황남빵'이라 부르는 빵은 팥으로 밥과 떡을 빚어 만든 것을 개종하여 탄생되었다. 달지 않고 그윽한 맛은 황남빵만의 독특한 특징이라 할 수 있다.

경주시 태종로 783 054-749-7000

너구리식당

싱싱한 우둔살을 두툼하게 잘라서 회처럼 즐기는 뭉티기를 내놓는 로컬 맛집. 노릇하게 구워서 내놓는 양지와 오드레기도 꼭 맛보도록 하자. 도톰한 육회도 이 집의 별미다.

경주시 대안길65번길 2 054-774-5082 18:00~05:00 뭉티기 35,000원, 육회 35,000원

구 간 5

울산

Best Course

1 장생포항 →
2 장생포고래문화특구 →
3 울산대공원 →
4 태화강국가정원 →
5 방어진항 →
6 대왕암공원 →
7 내원암 →
8 외고산 옹기마을 →
9 진하해수욕장 →
10 간절곶 →
11 서생포왜성

01 장생포항

장생포는 포경선이 드나들던 풍요로웠던 포구다. 국내의 몇 안 되는 고래잡이 포구의 중심이었고 포경이 금지된 이후에도 고래고기의 명맥을 잇는 유일한 곳이다.

한편 산업화의 전진기지로 발돋움한 울산은 장생포를 중심으로 울산항과 SK Complex가 들어선 용현공단과 현대모비스를 비롯한 대규모 산업단지가 조성되었다. 최근 장생포항은 항 주변을 정비하고 숙박업소와 음식점이 속속 들어서면서 관광지로 새롭게 태어나고 있다.

장생포항

Tip **장생포고래문화마을**

고래를 테마로 조성된 공원으로 1960~1970년대 장생포의 모습을 재현한 '장생포 옛 마을', 실물 크기의 고래 조형물로 꾸며진 고래조각공원 등의 볼거리가 있다.

02 장생포고래문화특구

우리나라 고래잡이의 전진기지였던 장생포. 이곳에 국내 유일의 고래박물관이 들어섰다. 장생포고래박물관은 1986년 포경이 금지된 이래 사라져가는 포경유물을 수집, 전시하고 고래와 관련된 영상물, 실제 고래의 모습, 고래의 이동 경로 등 고래의 일생에 대한 정보를 제공한다. 또한 체험학습을 할 수 있는 공간이 있어 아이들이 직접 참여할 수 있는 것도 장점.

장생포고래박물관 052-256-6301~2
09:30~18:00 고래박물관 2,000원, 고래생태체험관 5,000원, 울산함 1,000원, 고래문화마을 2,000원
www.whalecity.kr

03 울산대공원

SK그룹이 울산시민을 위해 만들었다. 청정제 역할을 할 공원이 필요했던 울산은 SK주식회사와 협의, SK주식회사가 1천억 원을 기부해 110만 평에 이르는 대공원을 조성했다. 특히 대공원은 도시 한복판에 조성되었으며 시민들이 이용하기 편리한 공업탑로터리와 울산 시민들이 이용할 수 있는 자연생태공원과 테마파크, 아쿠아시스, 갤러리 등의 부대시설이 있다.

울산대공원 052-271-8818(관리사무소)
05:00~23:00 www.uic.or.kr/ulsanpark/

04 태화강국가정원

태화강 주변에 조성된 공원으로, 순천만에 이어 2019년 두 번째 국가정원으로 지정되었다. 5월에는 양귀비, 작약, 라벤더 등 가지각색의 꽃이 만발하고 가을이 되면 옅은 갈색빛의 억새로 가득하다. 특히 대나무 사이로 산책로가 길게 이어진 십리대숲이 가장 인기 있는데, 그중 한 구간인 은하수길은 밤이 되면 무수히 많은 조명으로 환상적인 분위기를 자아낸다. 태화강국가정원은 강 건너 있는 울산시민공원과 십리대밭교로 이어져 있다. 고래다리라고도 불리는 십리대밭교는 밤이 되면 더 화려하다.

태화강국가정원 052-229-7563 무료
P 최초 30분 500원(이후 10분당 200원, 19시 이후 무료)
www.taehwaganggarden.co.kr

05 방어진항

울산시 동구 끝에 자리 잡은 방어진항. 도시화의 물결이 일면서 산업도시로 발전한 울산이지만 방어진항은 여전히 호젓한 포구를 간직하고 있다. 방어진항 인근에는 고동섬, 슬도 등이 동해바다에 떠 있고 진하해수욕장과 더불어 울산 시민들이 피서를 즐기는 일산해수욕장이 있다. 특히 방어진 일대는 신라시대 왕들이 즐겨 찾았던 명승지로 알려져 있다.

방어진항 052-229-7643
tour.ulsan.go.kr(울산 문화관광)

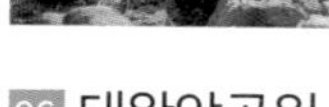

06 대왕암공원

신라 문무대왕의 왕비가 죽어서도 나라를 지키고자 용이 되어 바위섬 아래에 잠겼다는 전설이 전해온다. 사람들은 이곳을 대왕바위라 불렀고 세월이 지나면서 말이 줄어 댕바위 혹은 대왕암이라고 하였다. 대왕암으로 향하는 입구에는 15,000여 그루의 넓은 소나무 숲이 펼쳐져 있다. 늦은 여름에는 소나무 사이로 붉게 피어나는 상사화도 볼 수 있다. 산책로를 따라 대왕암으로 향하면 동해안에서 가장 먼저 세워졌다는 울기등대가 나온다. 울기등대는 1906년 처음으로 불빛을 밝혔으나 주변 소나무의 성장으로 현재는 기능이 정지된 상태로 남아 있다. 대왕암은 간절곶과 함께 해가 가장 빨리 뜨는 일출 명소로도 유명하다.

대왕암공원 052-209-3738
무료 P 무료
daewangam.donggu.ulsan.kr

07 내원암

영남 제일의 명당으로 알려진 내원암까지는 차를 가지고 올라가도 된다. 산세가 웅장하지 않으니 계곡도 험하지 않다. 암반 위를 흐르는 맑고 풍부한 물이 청량한 소리를 낸다. 계곡의 하이라이트는 약 10분 거리에 있는 폭포까지의 구간이다. 정식 등산로 구간이 아니라서 다소 조심해야 하지만 계곡을 따라 올라가는 길은 그리 어렵지 않다. 가파른 암벽으로 둘러싸인 계곡에는 연이어 작은 폭포수가 흘러내리고, 폭포 아래에는 어김없이 그 풍취를 감상하며 쉬어 갈 수 있는 장소가 자리한다. 한적한 바위에 걸터앉아 흐르는 물에 발을 담그면 사람과 물과 바위가 하나가 되는 기분이 된다. 천하 절경이라도 부럽지 않다.

내원암 052-238-5088

08 외고산 옹기마을

대운산을 나와 14번 국도변에 위치한 '외고산 옹기마을'에서 발길을 멈춘다. 산이 여유로운 휴식을 제공한다면 외고산 옹기마을은 전통 체험의 즐거움을 제공한다. 국내 최대의 옹기 단지인 이곳은 마을 전체에 옹기가 가득하다. 1970년대 이후 산업화로 플라스틱에게 자리를 빼앗기기 전까지만 해도 도공만 350여 명이 되었다고 한다. 현재 10여 개의 업체, 40여 명의 전문 도공이 전통의 맥을 잇고 있다. 옹기 마을에는 체험장이 있어 옹기 제작 과정은 물론 누구나 쉽게 옹기를 만들어 보는 체험을 할 수 있다. 전문 도공의 도움을 받아 컵, 주전자 등의 간단한 옹기를 내 손으로 직접 만들면서 선조가 사용하던 항아리의 우수성을 배울 수 있다.

울산옹기박물관 052-237-7894
09:00~18:00 입장료 무료, 체험료 7,000원
onggi.ulju.ulsan.kr

09 진하해수욕장

진하해수욕장은 울산 제일의 해수욕장이다. 해안에 바짝 붙은 31번 국도를 타고 남쪽으로 달리다 보면 바다 쪽으로 삐죽 내민 서생포가 보이고 상가와 음식점이 몰려 있는 진하해수욕장 입구가 나온다. 이정표가 잘 되어 있어 찾기도 쉽다.

진하해수욕장은 동해의 검푸른 파도를 피해 북향으로 살짝 비켜 앉은 지형 덕에 큰 파도도 엉거주춤 긴장을 풀고 쉬어 가는 곳이다. 1km에 달하는 모래밭이 300m가 넘는 너비로 펼쳐져 있어 하루 수용 인원이 5만여 명이며 전국 각지에서 찾아온 피서객들로 만원을 이룬다. 모래가 곱고 흰데다 물빛까지 파랗게 맑다. 거기에다 동해 특유의 깨끗한 바닷물이 이곳의 인기를 더한다. 그래서 그런지 사철 연인들이 즐겨 찾는 곳이다. 백사장 뒤편에는 소나무 숲이 짙은 그늘을 드리우고 있다. 해수욕으로 거칠어진 호흡을 가다듬기에 더없이 좋은 휴식처다. 2개의 바위섬으로 이루어진 이덕도와 소나무 숲이 우거진 명선도 등 아름다운 섬과 송림, 수심이 얕은 해수욕장이라 가족 단위 해수욕에도 안성맞춤이다. 바람이 해수욕장을 싸고돌기 때문에 윈드서핑을 즐기는 동호인들이 몰려든다.

진하해수욕장 052-238-1438

10 간절곶

진하해수욕장을 벗어나 부산으로 가는 31번 국도변은 동해 남부 바다의 면모를 만끽할 수 있는 해안도로로 인기가 좋다. 그 정점에 간절곶이 있다. 울산 12경의 하나로 손꼽히는 간절곶은 포항 호미곶과 함께 국내에서 일출을 가장 먼저 볼 수 있는 곳이다. 간절곶은 기암괴석이 바다 위에 솟아 있어 주변 풍광이 매우 아름답고, 갯바위 주변은 입질이 좋아 낚시를 즐기는 사람들이 몰려든다. 탁 트인 바다를 향해 선 간절곶등대는 1920년대부터 동해 남부 연안을 지나는 선박들의 길잡이 역할을 해온 오랜 친구다. 2001년에 현재의 모습으로 재정비했다. 등대 안에 나선형 계단이 있어 누구나 올라가 볼 수 있다. 등대 앞은 우체통과 여인상 등 잔디밭 사이로 조각공원이 조성되어 있어 천천히 산책하기에 알맞다. 새벽녘, 바다와 등대를 붉게 물들이며 떠오르는 해가 일품이지만 저녁 무렵, 바다로 내리는 소담한 햇살도 제법 곱다.

간절곶 052-204-1000
tour.ulsan.go.kr(울산 문화관광)

11 서생포왜성

진하해수욕장을 오가는 길에 서생포왜성도 둘러보자. 이 성은 임진왜란 초인 1593년에 일본 장수 가토 기요마사가 지휘하여 돌로 쌓은 16세기 말의 전형적인 일본식 성이다. 사명대사가 4차례에 걸쳐 이곳에 와서 평화교섭을 했으나 실패했다. 1598년 명나라 마귀 장군의 도움으로 성을 다시 빼앗고 전사한 충신들을 모시기 위해 창신당을 세웠으나 일제강점기에 파괴되어 지금은 흔적도 없다. 다만 마을 입구와 뒤편에 성곽만 남아 있을 뿐이다.

서생포왜성

추천 숙소

내원암계곡

울산호텔

대운산 내원암계곡

- 보성장여관

울산시 울주군 온양읍 남창로 443 052-238-4777

진하해수욕장

- 갤럭시호텔

울산시 울주군 서생면 진하해변길 106 052-239-6868

- 파라다이스모텔

울산시 울주군 서생면 진하길 54 052-239-4607

울산 시내

- 롯데호텔 울산

울산시 남구 삼산로 282 롯데호텔 052-960-1000

- 호텔현대 바이 라한 울산

울산시 동구 방어진순환도로 875 호텔현대 바이 라한 울산 052-251-2233

추천 체험

울산발리온천

진하해수욕장

축제 및 행사 정보

외고산 옹기축제, 진하바다축제, 언양·봉계 한우불고기축제, 가지산 고로쇠 축제, 대운산 철쭉축제, 울산고래축제

주변 볼거리

대운산, 내원암, 외고산 옹기마을, 울산발리온천, 진하해수욕장, 명선도, 간절곶 스포츠파크, 간절곶등대, 서생포, 서생포왜성

주변 체험거리

울주민속박물관, 울산 숲 자연학교, 자수정 동굴나라, 울산 들꽃학습원, 정족산 무제치늪

특산품

서생미역, 서생난, 언양미나리, 옹기, 봉계 황우쌀, 언양 · 봉계 한우불고기특구

추천 맛집

야음보쌈

SK Complex의 길목인 야음동 시내버스 정류장 인근에 위치한 야음보쌈. 외관은 작고 허름하지만 이 지역 단골들이 자주 찾는 소문난 맛집이다. 신선한 고기에 한약재를 곁들여 보쌈고기를 만들어 내기 때문에 보쌈 맛이 고소하고 담백한 것이 일품이다. 걸쭉한 콩국수도 맛있다.

울산시 남구 수암로 295 052-227-0802

고래고기원조할매집 본점

고래고기원조할매집은 3대째 이어온 고래고기 전문점이다. 이 지역의 현지인 단골이 많을 정도로 맛이 좋고 고래 특유의 냄새가 나지 않는 것이 특징이다. 고래고기를 처음 먹을 경우 수육, 육회, 우네 등 다양한 고래고기를 모두 맛볼 수 있는 모둠 메뉴가 좋다.

울산시 남구 장생포고래로 135 052-261-7313

고래고기원조할매집 본점

이조한정식

신시가지 달동에 위치한 이조한정식. 한정식 메뉴는 계절에 따라 변화를 주고 조기, 회, 초밥 등 해물이 많은 울산식 한정식이 특징이다. 특히 깨끗한 실내 분위기와 친절한 종업원들의 서비스에 기분이 좋아지는 여행작가 추천 음식점. 겨울철에서 봄철까지는 영덕대게가 별미로 나온다.

울산시 남구 삼산로77번길 25 052-258-9000

야음보쌈

이조한정식

삼산밀면전문점

삼산밀면전문점

울산 별미 중 알려지지 않은 음식이 바로 밀면과 칼국수다. 물론 다른 곳에서도 흔히 맛볼 수 있는 음식이지만 울산의 밀면에는 뭔가 특별한 것이 있다. 쫄깃쫄깃한 밀면에 해물을 듬뿍 얹어 끓이는 삼산밀면은 대를 이어올 정도로 손맛이 깊다. 울산에 가면 삼산밀면의 특별한 맛에 한번 빠져보는 것도 좋을 듯.

울산시 남구 산업로625번길 24-28 052-267-7843

언양원조불고기

언양원조불고기

울산에 가면 고래고기보다 먼저 찾는 것이 있다. 바로 언양불고기가 그것. 달동에 위치한 언양원조불고기집은 언양식 고기를 그대로 내놓는 곳. 특히 구수하고 담백한 불고기 재료는 언양의 도축장에서 직접 가져온 한우 암소 고기. 손님의 기호에 따른 부위별 재료를 사용한다.

울산시 울주군 언양읍 남천로 200 052-262-3131

복순도가

복순도가

복순도가 손막걸리는 전통 방식 그대로 옛 항아리에 담아 빚은 탁주 양조장이다. 탁주를 깨끗하게 걸러내면 청주 그리고 수증기를 모아 만든 것을 소주라고 한다. 복순도가는 막걸리뿐만 아니라 발효식품도 만든다. 전시판매장에는 여행자들을 위해 막걸리 담기 체험 프로그램도 있고, 즉석에서 발효식품과 프리미엄 막걸리도 구입할 수 있다. 복순도가 막걸리는 탄산이 많이 들어가 텁텁함이 없이 깔끔한 맛이 나기 때문에 프리미엄 막걸리로 인기가 좋다.

울산시 울주군 상북면 향산동길 48 1577-6746

강양마을회단지

동해의 푸른 바다를 보며 식사할 수 있는 횟집이 몰려 있다. 넓은 주차장과 단체 손님도 수용 가능한 횟집들이 있어 기다릴 일 없이 언제든 신선한 회를 맛볼 수 있다. 아름다운 바다를 바라보며 싱싱한 회를 즐겨보자. 대표적인 횟집으로는 태양횟집(052-238-2700), 명산횟집(052-238-4266), 선창횟집(052-238-5159), 강양횟집(052-238-4268) 등이 있다.

울산시 울주군 온산읍 강양리

그 외 추천 맛집

금장생복 울산시 울주군 서생면 당물길 33 052-239-5638
발리동천 울산시 울주군 온양읍 선양골길 105-16 발리정원
명가대구탕찜전문점 울산시 울주군 온양읍 남창장터길 28-1 052-238-0101
물나들이 울산시 울주군 온양읍 외고산불매길 44 052-238-3682
궁엄나무삼계탕 울산시 울주군 온산읍 덕신로 283 052-238-2209
대복복집 울산시 울주군 온산읍 신경10길 4 052-237-3239
만석군숯불갈비 울주군 언양읍 읍성로 76 052-262-1978

SNS 핫플레이스

울산큰애기집

울산큰애기집은 관광상품 전시와 판매를 하고 있는 문화 복합공간이다. 울산큰애기는 2019년 제2회 우리 동네 캐릭터 대회에서 대상을 차지한 울산 대표 캐릭터이다. 1층은 관광안내소와 울산큰애기 캐릭터가 들어간 기념품숍이 자리하고 있다. 2층은 울산큰애기를 주제로 다양한 소품으로 꾸며진 전시공간이다. 특히 공주 침대와 아기자기한 소품들로 가득 찬 큰애기 룸은 어린아이들이 가장 좋아하는 곳이다. 3층은 개화기 콘셉트의 스튜디오 이팔청춘 사진관이다. 복고풍 의상을 대여할 수 있어 연인, 친구, 가족들과 함께 찾는다면 다양한 스타일로 연출해 이색 사진을 찍을 수 있다.

울산광역시 중구 문화의거리 28 052-211-9192 10:00~19:00 무료 https://tour.ulsan.go.kr

울산대교 전망대

울산대교 전망대는 높이 63m로 화정산 정상에 있다. 전망대에 올라서면 2015년 5월 개통한 국내 최장이자 동양에서 3번째로 긴 단경 간 현수교인 울산대교와 울산의 3대 산업인 석유화학, 자동차, 조선산업 단지 및 울산 7대 명산을 조망할 수 있다. 전망대에는 동구 관광기념품 기프트숍과 카페 등을 운영하고 있다.

울산광역시 동구 봉수로 155-1 052-209-3345 09:00~21:00 https://tour.ulsan.go.kr

간절곶해빵

울산시 울주군 서생면 해맞이로 924 052-239-5548

카페 헤이메르

울산시 울주군 서생면 잿골길 72 052-238-0333

카페 시선310 간절곶점

울산시 울주군 서생면 신리길 102 5동 1층 0507-1406-4466

정보

- 울주군청 : www.ulju.ulsan.kr
- 관광울주 : tour.ulju.ulsan.kr
- 울주군청 문화관광과 : 052-229-7642
- 울산종합관광안내소 : 052-277-0101
- 울산공항안내소 : 1661-2626
- 울주 서생면사무소 : 052-239-5301
- 내원암 : 052-238-5088
- 외고산 옹기아카데미 : 052-237-7893
- 간절곶등대 : 052-229-7000
- 울주민속박물관 : 052-237-0855
- 장생포고래박물관 : 052-256-6301

대중교통

- 울산공항 관광안내소 : 052-229-6351
- 울산시외버스터미널 : 1688-7797
- 울산고속버스터미널 : 1688-7797
- 강남고속버스터미널 : 첫차 06:00, 막차 00:30 (운행 간격 20분, 4시간 30분 소요)
- 울산역 : 1544-7788
- 서울역 : 첫차 05:15, 막차 22:30(1일 32회 운행, 2시간 20분 소요)
- 수서역 SRT : 첫차 05:30, 막차 21:30

Part 3

중부내륙을 연결하는 활력소

30번 당진영덕고속도로

당진영덕고속도로는 당진에서 대전과 영덕을 이은 동서횡단 고속도로이다. 서해안과 중부내륙 그리고 동해안을 연결한 30번 고속도로는 대구와 대구를 지나는 경부고속도로의 새로운 대안으로 떠올랐다. 충남 당진, 예산, 세종, 청주를 지나 충북 보은과 괴산, 경북 상주와 문경, 의성, 군위, 청송, 영천 등 태백산맥 줄기를 품고 있다. 중부내륙의 동서를 연결하는 새로운 활력소로 거듭나기를 기대한다.

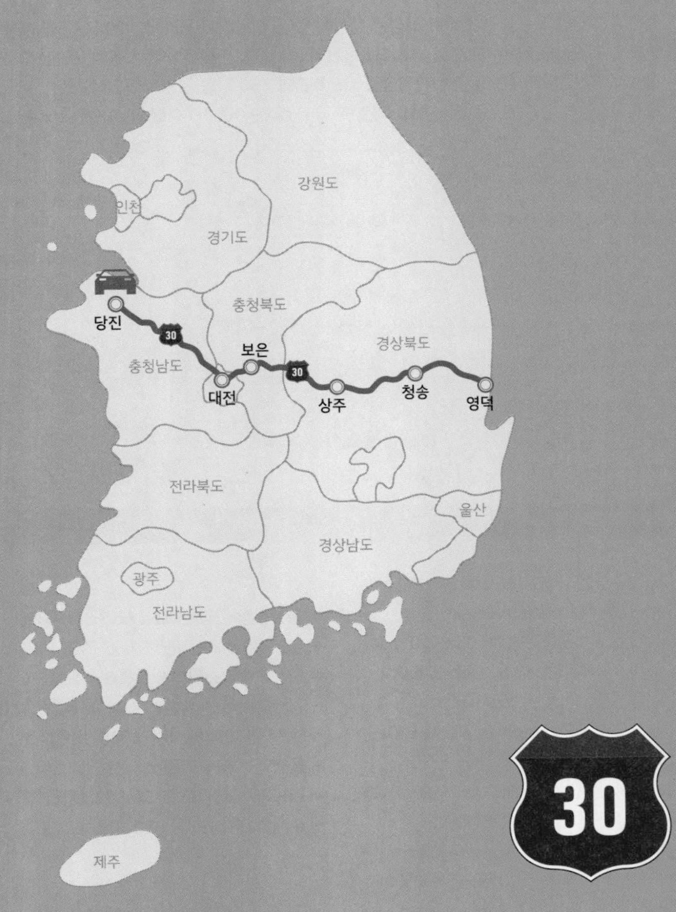

구간 1

보은 IC ~ 동안동 IC

보은·상주·의성·청송

Best Course

보은 IC→ 보은 삼년산성 → 보은 미니어처공원 →

1 말티재 전망대 → 솔향공원 →

2 정이품송 →

3 법주사 → 서원리소나무 정부인송 → 상주 중덕지자연생태공원→

4 경천대&경천대국민관광지 →

5 상주자전거박물관 →

6 국립낙동강생물자원관 →

7 도남서원 → 학전망대 →

8 경천섬&청룡사 → 낙동강역사이야기관 →
군위 김수환 추기경 사랑과 나눔공원 → 의성 산운생태공원 →

9 금성산 고분군 → 청송 백석탄 포트홀 → 방호정 →

10 청송 얼음골 →

11 주산지 →

12 주왕산국립공원 → 청송백자체험장 → 솔기온천 → 송정고택 →

13 객주문학관 → 동안동 IC

문경시
영양군
보은군
속리산 국립공원
미니어처 공원
3 법주사
맥문동숲길
2 정이품송
솔향공원
서원리소나무 정부인송
1 말티재 전망대
보은 IC
원정리 느티나무
상주자전거박물관 5
학전망대
경천대/경천대국민관광지 4
6 국립낙동강생물자원관
중덕지자연생태공원
8 경천섬/청룡사
7 도남서원
상주시
낙동강역사이야기관
안동시
안동호
13 객주문학관
동안동 IC
송정고택
솔기온천
주왕산국립공원 12
청송군
백석탄 포트홀
11 주산지
의성군
방호정
청송 백자체험장
10 청송 얼음골
9 금성산 고분군
낙동강
산운생태공원
김수환 추기경 사랑과 나눔공원
구미시
군위군
영동군
김천시

01 말티재 전망대

'말티고개'라는 이름은 조선왕 '세조가 피부병으로 요양차 속리산에 행차할 때, 험준한 이 고개에 다다라 타고 왔던 어연에서 내려 말로 갈아탔다고 해서 붙여진 이름'이라는 유래가 있다. 여기서 말의 어원은 '마루'로서 '높다는 뜻'이니 말티고개는 '높은 고개'를 말한다는 유래도 전해지고 있다. 말티고개를 한눈에 볼 수 있는 말티재 전망대가 2020년 2월에 개장했다. 전망대에서 바라보는 말티고개는 구불구불한 도로가 숲속으로 스며드는 듯하다. 겨울철에는 도로가 미끄러워 운전에 주의가 필요하다.

말티재 전망대 09:00~18:00 무료 무료

02 정이품송

벼슬을 가지고 있는 유일한 나무, 정이품송. 속리산 법주사로 가는 길 한가운데 서 있는 소나무를 두고 하는 이야기다. 세조 10년(1464년)에 왕이 법주사로 행차할 때 타고 있던 가마가 가지에 걸리자 소나무가 자신의 가지를 위로 들어 왕이 무사히 지나가도록 하였다고 한다. 또 세조가 이곳을 지나다가 이 나무 아래에서 비를 피했다는 이야기도 있다. 이리하여 세조는 이 소나무의 충정을 기리기 위하여 정이품 벼슬을 내렸다 한다. 속리산 정이품송은 나무의 모양이 매우 아름다우며 문화적인 가치 또한 커서 천연기념물로 지정하여 보호하고 있다. 나무로 만든 길을 따라 관람이 가능하며, 인근에 연꽃단지도 함께 둘러보면 더 좋다.

정이품송 043-542-3006 무료 무료
www.tourboeun.go.kr(보은 문화관광)

03 법주사

속리산 국립공원 안에 있는 법주사는 신라 진흥왕 14년(553년) 의신조사가 인도에서 불경을 가져와 불도(佛道)를 펼칠 곳이라 생각하고 세운 절이다. 국내 5대 사찰 중 하나로 경내에 들어서면 팔상전과 금동미륵대불이 반긴다. 팔상전은 석가여래의 일생을 그린 8폭의 그림이 봉안된 5층 목조탑이다. 화려하고 아름다운 원통보전을 비롯하여 사자를 조각한 유물 중 가장 오래된 쌍사자석등, 자연석조에 조각된 연꽃 모양의 작은 연못 석연지, 자연암반에 조각된 마애여래의상, 3천여 명의 승려의 밥을 지었던 무쇠솥 철확 등이 있다. 법주사로 가는 오리숲길은 좌우로 100년 이상 된 참나무와 소나무로 조성되어 있다. 울창한 숲길이 5리(2km)라 해서 붙여진 이름이다. 가족과 함께 산책하며 휴식하기에 좋다.

법주사 043-543-3615 평시 06:00~18:30, 동절기 06:00~17:30 ₩ 5,000원 P 5,000원
www.beopjusa.org

04 경천대&경천대국민관광지

경천대는 절벽 위에서 강이 내려다보이는 곳으로, 휘어진 소나무 사이로 굽이굽이 흐르는 낙동강과 기암괴석을 볼 수 있다. 깎아지른 절벽과 노송이 어우러진 절경으로 낙동강 물길 중 강의 이름이 된 경천대. 원래 하늘이 스스로 내렸다고 해 자천대라고 부르다가 우담 채득기 선생이 '대명천지(大明天地) 숭정일월(崇禎日月)'이란 글을 새긴 뒤 경천대로 바꿔 불렀다. 경천대에는 조선시대 정기룡 장군이 하늘에서 내려온 용마를 얻었다는 전설도 전해진다. 정기룡이 바위를 파서 말 먹이통으로 쓰던 유물도 그대로 남아 있다. 경천대국민관광지에는 전망대, 인공폭포, 경천대랜드, 야영장 그리고 이색조각공원과 MBC 드라마 〈상도〉 촬영세트장이 있다. 주차장에서 편도 15~20분 거리에 위치하고 있다.

경천대국민관광지 054-536-7040
24시간, 연중무휴 ₩ 무료 P 무료

05 상주자전거박물관

상주는 자전거가 많기로 소문난 곳이다. 자동차 대신 자전거를 이용해 등하교 및 출퇴근을 하거나 여행을 즐기는 사람들이 많다. 자전거 보급 100여 년의 역사를 가진 상주는 낙동강을 끼고 드넓은 평야와 낮은 언덕으로 자전거 타기 좋은 지리적 여건을 갖추고 있다. 자전거박물관에 가면 우리나라 자전거 역사를 한눈에 볼 수 있다. 1층에는 옛날 자전거포의 모습을 재현해 두었고, 4D 입체영상관도 있다. 2층에는 상설전시장, 그리고 지하 1층에 자전거대여소가 있다. 체험자전거 대여소에서는 1시간 동안 무료로 대여를 해주고 있다. 공영자전거는 사용 5일 전에 예약을 하면 3시간 이내 무료 대여가 가능하다. 낙동강 자전거길을 강바람을 맞으며 달려보자.

낙동강 자전거 코스 : 자전거박물관–국립생물자원관–경천섬–도남서원–상주보

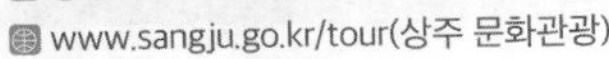

상주자전거박물관 054-534-4973 09:30~17:30, 월요일 휴무 1,000원 무료

www.sangju.go.kr/tour(상주 문화관광)

06 국립낙동강생물자원관

도남서원에서 낙동강 줄기를 따라 자전거박물관으로 가는 중간에 국립 낙동강생물자원관이 있다. 2개의 전시실에 생물표본 2,000여 종이 총 5,000점이나 전시되어 있다. 이름과 달리 표본은 낙동강 지역에 국한된 것이 아니라 우리나라 전체 및 전 세계를 대상으로 하고 있다. 제1전시실은 생물이 만드는 지구와 살아 있는 생태계 한반도라는 테마로 동식물 관련 전시물과 생물의 다양성을 주제로 아이들이 쉽게 이해하고 체험할 수 있도록 입체영상과 자료를 전시해 놓았다. 제2전시실은 낙동강의 환경과 생물, 동물에 대하여 전시하고 있다. 실물 크기의 다양한 동식물들이 전시되어 있어 아이들의 교육은 물론 관련 국립박물관으로 손색이 없을 만큼 볼거리, 즐길 거리가 알차게 구성되어 있다.

국립낙동강생물자원관 054-530-0700 09:30~17:30, 월요일 휴무 3,000원
무료 www.nnibr.re.kr

07 도남서원

조선시대에 영남은 유학사상이 가장 발달되고 근본이 된 곳이다. 숙종 2년(1676년)에 편액을 받아 사액서원이 된 도남서원은 흥선대원군의 서원철폐령으로 철거되었다. 도남서원에 위패를 모신 분들은 이성계와 함께 왜구 토벌에 참여, 개성 선죽교에서 이방원에게 살해당한 고려의 충신 포은 정몽주를 비롯하여 무오사화 때 김종직 일파로 몰려 희천에 유배되었다가 사약을 받은 그림과 시문이 뛰어난 한훤당 김굉필, 정여창, 이황, 노수신, 류성룡 등이 있다. 본래 도남(道南)이란 말은 중국 북송시대의 정자가 제자 양시를 고향으로 보낼 때, "우리의 도(道)가 장차 남방에서 행해지리라"는 말에서 비롯되었다고 한다.

도남서원 054-531-1996 ₩ 무료 P 무료

08 경천섬&청룡사

낙동강 10경 중 하나인 경천섬은 도남서원과 자전거박물관을 사이에 두고 아름다운 경치를 자랑한다. 경천섬에는 자전거도로와 다목적광장, 체육시설 및 나비동산, 억새숲이 남아 있어 가족과 연인들이 산책하고 쉬기에 좋다. 오리알 섬이라고도 부르며, 낙동강 오리알이란 말이 생겨난 곳이기도 하다. 경천섬의 모습을 볼 수 있는 전망대는 두 곳이 있다. 하나는 낙동강 학전망대이고, 다른 하나는 비봉산 중턱에 있는 청룡사 전망대다. 낙동강 학전망대는 차로 이동이 가능하며, 비봉산 청룡사 전망대는 청룡사에 주차하고 산책로를 따라 걸어서 올라가야 한다. 해 질 무렵 청룡사 전망대로 올라가면 황금빛으로 물든 낙동강의 아름다운 일몰을 즐길 수 있다.

경천섬공원 ₩ 무료 P 무료

09 금성산 고분군

의성은 고대 삼한시대 국가였던 조문국의 도읍지가 있던 곳이다. 조문국은 신라 벌휴왕 2년에 신라의 영향권에 편입되었다고 『삼국사기』에 기록되어 있다. 금성산 주변에 374기의 고분이 분포되어 있는데, 지름 15~19m, 높이 3~4m의 대형분부터 지름 10m 미만의 소형분까지 고루 밀집되어 있다. 고분군의 대표적인 능은 경덕왕릉이다. 신라의 경덕왕릉이 아닌 조문국의 경덕왕릉이다. 경덕왕릉은 능의 둘레가 74m, 높이가 8m 크기의 전통적인 형식을 지니고 있다. 1725년 현령 이우신이 경덕왕릉을 증축하고 하마비를 세웠다고 한다. 그때부터 지내던 왕릉 제사는 일제강점기에 중단되었다가 다시 제사를 지내고 있다. 웨딩 포토존 및 셀프 포토존으로 인기가 많다.

의성금성산고분군 ₩ 무료 P 무료

Tip 조문국박물관

의성 지역의 역사와 유물을 체계적으로 전시하고 있다.
054-830-6903 09:00~18:00, 월요일 휴무
₩ 무료 P 무료

10 청송 얼음골

주왕산 얼음골은 시원하게 떨어지는 높이 60m 이상의 거대한 절벽에서 떨어지는 인공 폭포가 있다. 이 폭포는 청송군에서 계곡의 물을 끌어올려 만들었다. 겨울이면 거대한 빙벽이 형성되고, 가끔 산악인들의 빙벽등반 모습을 볼 수 있다. 이 계곡 주변에는 한여름에도 얼음이 얼고 계곡물은 얼음물처럼 차갑다. 잣밭골이라고 하는 이곳 얼음골은 수목이 울창하며, 기암절벽이 절경을 연출하고 있어 여름철 피서지로는 최고의 장소이다.

청송 얼음골 ₩ 무료 P 무료
www.cs.go.kr/tour.web

11 주산지

주왕산국립공원 안에 있는 주산지는 조선 경종 원년(1721년)에 완공한 농업용 저수지로, 약 300년 전에 준공된 것이다. 길이 100m, 넓이 50m, 수심은 7.8m로 그다지 큰 저수지는 아니다. 하지만 저수지 속에 자생하는 능수버들과 왕버들 20여 수는 울창한 수림과 함께 신비한 분위기에 원시적인 느낌마저 더해주고 있다. 저수지를 따라 만들어진 데크를 걸으면 전망대가 있고 주산지의 가장 아름다운 모습을 볼 수 있다. 김기덕 감독의 〈봄, 여름, 가을, 겨울, 그리고 봄〉이라는 영화에 소개되어 현실세계가 아닌 듯한 아름다움을 간직한 이곳을 많은 관광객이 찾고 있다. 영화의 제목처럼 봄, 여름, 가을, 겨울 모두 다른 모습으로 맞아주는 주산지로 떠나보자.

주산지 054-873-0019 ₩ 무료 P 무료
juwang.knps.or.kr(주왕산 국립공원)

12 주왕산국립공원

주왕산은 수많은 기암봉과 수려한 계곡이 빚어내는 풍경이 뛰어나기로 유명하다. 수백 미터 돌덩이가 병풍처럼 솟아 있어 신라 때는 석병산이라 부르다 통일신라 말엽부터 주왕산이라 불렀다. 입구에 들어서면 제일 먼저 대전사 뒤로 펼쳐진 암봉이 눈에 들어온다. 대전사는 고려 태조 2년에 보조국사가 창건하였는데, 당시의 웅장한 사찰이 화재로 인해 많이 소실되었다. 학소대는 경사 90도의 가파르고 거대한 절벽으로 마주한 병풍바위와 함께 '한국자연 100경'에 소개되었다. 아찔하게 솟아오른 급수대를 지나면 제1폭포인 용추폭포가 보인다. 고룡소를 돌아 나온 옥같이 맑은 물이 우렁차게 쏟아져 내린다. 어느새 용추폭포 소리의 시원한 물소리를 듣기 위해 절구폭포(제2폭포)가 마중 나온다. 계곡에서 흘러나온 물이 처마처럼 생긴 바위에 떨어져 절구처럼 생긴 바위에 잠시 머물렀다가 다시 낮은 바위를 타고 내려온다. 용연폭포(제3폭포)는 주왕산에서 가장 깊은 곳에 있다.

주왕산국립공원 ₩ 무료 P 4,000원(비수기), 5,000원(성수기) juwang.knps.or.kr

13 객주문학관

폐교된 진보 제일고 건물을 리모델링하여 만든 객주문학관에는 김주영 작가의 대하소설『객주』를 한눈에 볼 수 있는 객주전시관이 있다. 소설도서관과 기획전시실, 영상교육실, 창작스튜디오, 스페이스 객주, 카페, 창작관, 다용도관 등의 부대시설과 작가 김주영의 집필실인 여송헌(與松軒)이 자리하고 있다. 국내 최대의 규모를 자랑하는 문학관이다. 제1, 2전시실에는 작가 김주영의『객주』집필 배경과 과정에 대해 상세하게 전시되어 있다. 이를 통해 조선 후기에 활동하던 보부상들의 활동상이나 상업사를 엿볼 수 있다. 사전예약을 통해 작가와의 만남도 가능하며, 각종 문화학교 및 교류가 이루어지고 있다.

객주문학관 054-873-8011 3~10월 09:00~17:30, 11~2월 09:00~17:00, 월요일 휴무
2,000원 무료 www.gaekju.com

삼년산성

『삼국사기』에 따르면 470년에 처음으로 석성을 쌓고 16년 뒤인 486년에 장정 삼천 명을 동원하여 증축하였으며, 742년에 완공되었다고 한다. 성을 쌓는 데 3년이 걸려 삼년산성이라고 부른다는 설과 보은의 원지명이 삼년이라는 설이 있다. 삼년산성은 현존하는 산성 중에 유일하게 축조연대를 정확하게 알고 있는 성이다. 삼년산성은 방어형 산성으로 단 한 번도 적들에게 빼앗긴 적이 없다고 한다. 전망대에 오르면 보은 시내가 한눈에 들어온다.

삼년산성 | 043-542-3384 | ₩ 무료 | P 무료

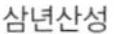
삼년산성

보은미니어처공원

보은의 대표적인 관광지를 한곳에 모아둔 곳으로, 잘산대대박마을에 위치해 있다. 삼년산성, 구병산, 말티재, 정이품송, 법주사, 회인 인산객사, 우당 신병 국가옥, 속리산 등 각 관광명소의 대표적인 이미지를 미니어처로 제작하였다. 잘산대라는 뜻은 산속에 터가 있다는 뜻이며, 문화류씨 집성촌이다. 이 마을은 일제강점기 때 집단으로 창씨개명을 거부하여 전국 최초의 창씨개명 집단 사적지로 지정받았으며, 이로 인한 희생자들의 넋을 기리는 비석과 보호수 이야기길이 조성되어 있다.

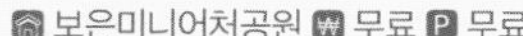
보은미니어처공원 | ₩ 무료 | P 무료

보은미니어처공원

솔향공원

속리산은 전국 최고의 소나무 숲을 지니고 있다. 속리산을 연결하는 말티재를 넘으면 관광객의 사랑을 받는 소나무 숲이 나온다. 솔향공원이다. 소나무 홍보전시관에는 소나무를 이용한 의식주 및 민간요법 그리고 역사 자료 속에 전해오는 기록들을 모아두었다. 솔향공원의 랜드마크는 스카이바이크이다. 페달을 발로 밟아 움직이는 수동형 하늘자전거이지만 구간별로 자동으로 이동하므로 크게 힘들지 않게 솔향기 가득한 공원을 즐길 수 있다.

솔향공원 | 043-540-3774, 043-542-0970(스카이바이크)
09:00~18:00, 월요일·신정·구정·추석 연휴 휴무
₩ 입장료 무료, 스카이바이크 1대(4인) 20,000원, 모노레일(왕복) 7,000원
P 무료

서원리소나무 정부인송

서원리소나무 정부인송

서원리소나무는 속리산 정이품송과 내외지간이라 하여 정부인 소나무라고 부른다. 만수계곡과 서원계곡은 울창한 숲과 깎아지른 바위의 절경을 감상할 수 있는 화양계곡으로 불리며 가족들이 즐길 수 있는 여름 피서지로 주목을 받는 곳이다. 충북알프스자연휴양림은 보은군 산외면에 자리 잡고 있으며, 어린이 놀이터, 숲속 운동장, 물놀이장 등 가족들이 자연과 함께하는 휴양지다.

서원리소나무 043-543-2081 ₩ 무료 P 무료

중덕지자연생태공원

중덕지자연생태공원

연꽃뿐만 아니라 야생화단지, 수목단지 등 사계절별 꽃을 볼 수 있는 중덕지는 수질정화 습지, 생태탐방로, 부교식 수상데크, 정자 등이 조성되어 있다. 연꽃 모양의 자연생태교육관의 북카페에선 무료로 차를 제공하고 있다. 매년 5월 중순에서 6월 초에는 양귀비꽃이 수려함을 뽐내고, 7월에서 8월에는 3만 평 이상의 수변에 연꽃이 장관을 이룬다. 메타세콰이어길로 이어진 수상데크와 산책로를 걸으며 꽃을 감상하고 자연생태체험이 가능하다.

중덕지자연생태공원 054-533-3443 ₩ 무료 P 무료

학전망대

학전망대

낙동강의 철새를 관찰할 수 있는 곳으로 전망대에 올라보면 경천섬을 중심으로 상주보, 낙동강생물자원관, 자전거박물관 등 낙동강 주변의 관광명소를 한눈에 내려다볼 수 있다. 비봉산 자락의 청룡사와 함께 경천섬의 아름다운 노을을 감상할 수 있는 전망대이다. 학전망대 입구에는 낙동강 옛길에 있던 역원, 주막 등 옛 나루터를 재현한 회상나루 관광지가 있다.

학전망대 ₩ 무료 P 무료

낙동강역사이야기관

낙동강역사이야기관

낙동강의 다양한 생태환경과 역사문화를 관광자원화하여 교육과 체험을 통한 자연의 소중함을 배우고 낙동강의 근원성, 상징성, 역사성을 설명하고 있다. 1층에는 어린이체험관과 4D영상관이 있다. 어린이체험관은 다양한 놀이를 통해 낙동강을 좀 더 쉽게 이해할 수 있도록 하였다. 2층에는 낙동강 갤러리, 생활문화관, 나룻배체험관, 경제교류관 등이 있다. 낙동강 갤러리에는 700리 낙동강 물길 곳곳에 담긴 이야기를 소개하고, 생활문화관은 가야부터 조선시대까지 그리고 근현대까지 이어지는 역사 속의 생활문화를 담고 있다.

낙동강역사이야기관 054-532-6380 09:30~17:30, 월요일 휴관
₩ 무료 P 무료

김수환 추기경 사랑과 나눔공원

김수환 추기경 사랑과 나눔공원

개개인의 종교와 무관하게 우리나라 최초의 추기경으로 존경받았던 김수환 추기경의 사랑과 나눔의 정신을 실천하고 계승하기 위해 추기경의 생가를 중심으로 복원된 공간이다. 평화의 숲, 잔디광장, 기념관, 십자가의 길, 추모공원 등으로 구성되어 있다. 공원을 걸으며 김수환 추기경의 삶, 사랑과 나눔의 정

신을 한 번쯤 되새겨보는 것은 어떨까?
김수환추기경사랑과나눔공원 054-383-1922 하절기 09:00~18:00, 동절기 09:00~17:00 무료 P 무료 www.cardinalkim-park.org

산운생태공원

금성산과 신라시대 의상조사가 창건한 수정사로 가는 길목에 있다. 폐교된 산운초등학교 부지 위에 세워진 자연학습장으로, 수려한 자연경관과 옛 농촌의 모습을 그대로 간직하고 있다. 자연생태관찰과 전통문화를 체험할 수 있다. 인근에 있는 산운마을은 조선 선조 때 강원도 관찰사를 지낸 학동 이광준이 정착하며 만들어진 곳이다. 현재 학록정사, 운곡당, 소우당, 점우당 등 문화재와 전통가옥이 남아 있는 마을이니 함께 돌아보는 것도 좋다.
산운생태공원 054-832-6181 11~2월 09:00~17:00, 3~10월 09:00~18:00, 월요일 휴무 무료 www.usc.go.kr/sanun/main.tc

산운생태공원

백석탄 포트홀

유네스코 세계지질공원으로 선정된 신성계곡은 빼어난 경치와 맑은 물 그리고 솔숲을 자랑한다. 신성계곡을 따라 올라가면 알프스산맥의 미니어처 같은 바위들이 줄지어 서 있다. 백석탄은 청송 8경 중 제1경으로 '하얀 돌이 반짝이는 개울'이란 뜻이다. 고와리 하천에는 눈부실 정도로 하얀 바위 사이를 흐르는 물이 너무 맑고 아름다워 마치 다른 세상과 같은 풍경을 만들어낸다. 오랜 세월을 거치는 동안 풍화되고 침식되면서 바위에 항아리와 같은 모양의 구멍이 생긴 것을 포트홀이라 부른다. 구혈 또는 돌개구멍이라고도 한다.
백석탄포트홀 무료 P 무료

백석탄 포트홀

방호정

방호정은 유네스코 세계유산으로 등재된 방호정 감입곡류천 위에 세워진 정자이다. 낙동강 상류 신성계곡 위에 푸른 소나무 숲과 어우러진 방호정은 1619년 조선 중기의 학자 방호 조준도가 돌아가신 어머니를 그리워하며 세운 곳으로 알려져 있다. 순조 27년 방대강당 4칸을 증축하여 산림처사로 은거하면서 학문 탐구에 전념하던 곳이다.
청송군 안덕면 신성리 산 101 054-873-0101 무료 P 무료

방호정

청송백자 체험장

500년의 시간을 담은 청송백자는 문양과 그림이 없고 단순하다. 과거에 청송백자는 서민들이 일상에 주로 사용하는 반상기에서부터 제기, 주기 등에 사용하였기 때문이다. 조선 후기 4개 지방요 중 하나인 청송백자는 흙이 아닌 도석이라는 돌을 빻아 만드는 독특한 기술을 전승하고 있다. 눈처럼 흰빛으로 유백색의 빛을 내며, 두께가 매우 얇고 가볍다. 청송백자체험장은 물레체험, 흙을 빚어 화분 만들기, 나만의 핸드페인팅 등을 체험할 수 있다.
청송백자체험장 054-873-7748 10:00~17:00, 월요일 휴무 체험 15,000~45,000원 csbaekja.kr/experience/experience.html

청송백자 체험장

솔기온천

솔기온천

'솔기'란 소나무와 기운의 합성어로 솔기온천은 십장생의 하나인 소나무의 기운이 서린 온천수라는 뜻이다. 주왕산관광호텔에 있는 청송솔기온천은 지하 710m의 암반에서 용출되는 천연온천수로 보건환경연구원의 수질분석결과 산도(ph) 9.1의 알칼리성 중탄산나트륨천이다. 현대인의 만성 질병인 스트레스로 인한 두통, 어깨 결림 등을 해소하는 데 효과가 있다. 부드럽고 매끄러운 피부를 만드는 솔기온천탕에서 여행의 피로를 풀어보자.

청송솔기온천 054-874-7000 06:00~20:00
₩ 9,000원(호텔투숙객 5,000원) P 무료 www.juwangspahotel.co.kr

송정고택

청송군 덕천마을에는 내로라하는 명문가, 심부잣집 중 하나인 송정고택이 있다. 심부잣집은 조선 영조 때 만석꾼 심처대부터 1960년대까지 9대에 걸쳐 부를 누렸다고 한다. 7대손인 송소 심호택이 자신의 '송소고택(松韶古宅)' 옆에 세 아들의 집을 지었는데, 그중 하나가 바로 둘째아들 송정 심상광의 집, 송정고택이다. 송정고택은 한옥 터만 무려 3천 평에 이르는데 웅장한 솟을대문이 들어가는 사람을 압도한다. 대문 안으로 들어서면 넓은 바깥마당이 있고, 오른쪽으로는 송소고택과 이어지는 문이 있다. 왼쪽으로는 우물과 소나무 숲으로 이어지는 산책로가 보인다. 본채는 'ㅁ'자 구조로 사랑채와 책방, 중간에 대청마루가 있다. 반면 내부는 선비의 겸손함을 반영하듯 소박하다. 꾸미지 않아도 기품 있다는 말이 참 어울린다.

송정고택 054-873-6695 blog.naver.com/peacej3012

추천 체험

상주 상주국제승마장
대한승마협회 국제경기 공인을 얻은 국내 유일의 국제 승마장이다. 수려한 경관 속에서 승마를 즐길 수 있다.
상주국제승마장 054-537-6681
₩ 승마체험 5,000원 siec.kr

SNS 핫플레이스

맥문동숲길
나무향기펜션 0507-1414-5303(나무향기펜션)

카페 무양주택
상주시 동수1길 67 0507-1316-5308

카페 지지가든
상주시 인평4길 6 0507-1331-9349

카페 카페 5번가
의성군 안계면 안신로 18

카페 백년가옥 전통찻집
군위군 의흥면 읍내1길 10 054-383-1232

카페 도담상회
안동시 복주5길 38 1층 0507-1304-9102

카페 어울마실
의성군 단촌면 경북대로 6424 054-834-7757

카페 백일홍
청송군 파천면 송소고택길 21

추천 맛집

보은 영남식당
대추는 노화 방지에 좋고 비타민C가 풍부하다. 대추를 넣은 돌솥밥과 각종 버섯을 곁들인 찬이 맛깔스럽다.
보은군 속리산면 법주사로 254-1
0507-1367-3924

보은 배영숙산야초밥상
보은의 특산물인 대추로 밥을 짓는 대추산채비빔밥, 버섯전골 등이 있다. 산야초 발효효소를 가미한 대추장아찌, 대추약고추장 등도 맛볼 수 있다.
보은군 속리산면 법주사로 253 043-543-1136

보은 화성가든
보은군 보은읍 교사삼산길 8 0507-1400-2035

청송 명궁약수가든
청송군 진보면 경동로 5156 0507-1430-0035

청송 달기약수닭백숙해성
청송군 청송읍 중앙로 415 054-873-2351

청송 주왕산청솔식당
청송군 주왕산면 공원길 164 054-873-8808

상주 함창뽕잎한우
상주시 함창읍 교촌리 417 054-541-8588

상주 은성식당
상주시 은척면 봉중1길 30 054-541-0649

군위 군위이로운 한우
군위군 효령면 간동유원지길 14 054-382-9800

군위 수복식당
군위군 군위읍 동서길 41 054-383-2427

구 간 2

동군위 IC ~ 북안 IC

영천·군위

Best Course

동군위 IC → 군위 화본마을 → 화산산성&전망대 →

1. 영천 보현산 천문대&천문과학관 →
2. 별별미술마을&시안미술관 →
3. 은해사 →
4. 임고서원 →
5. 최무선과학관 →
6. 조양각 → 동의참누리원 영천한의마을 →
7. 화랑설화마을 →
8. 돌할매공원 →
9. 만불사 → 북안 IC

01 보현산 천문대&천문과학관

보현산 정상에 있는 천문대는 우리나라에서 별이 가장 잘 보이는 곳이다. 1.8m 광학망원경과 태양플레어 망원경 등을 보유하고 있다. 천문대 옆에 있는 보현산 하늘길은 해발 1,124m의 고지에서 1.5km의 나무 데크길을 걸으며 계절마다 찾아오는 야생화를 즐길 수 있다. 천문과학관은 국내 최초로 최첨단 5D돔 영상관과 고성능 천체망원경을 이용한 천체관측이 가능하다. 멀티미디어를 이용한 천문교육 등 다양한 체험 프로그램을 운영하고 있다. 야외에는 탁트인 전망과 함께 야간에는 별을 직접 관찰도 가능하다.

보현산 천문대
054-330-1000 4~6·9·10월 넷째 토요일 14:00~16:00(인터넷 선착순 예약) ₩ 무료 P 무료
kasi.re.kr/boao/index

보현산 천문과학관
054-330-6446 14:00~22:00(예약), 월요일 휴관
₩ 4,000원 P 무료

천문전시체험관
10:00~18:00, 월요일 휴무 ₩ 2,000원 P 무료
yc.go.kr/toursub/starsm

Tip 보현산댐 짚와이어

보현산댐은 우리나라 최초의 아치형 댐으로 상류에는 별빛전망대, 이주단지, 경관도로 등이 있고, 하류에는 오토캠핑장, 물놀이장, 화원을 갖춘 공원이 조성되어 있다. 짚와이어 출발지까지는 모노레일을 이용하자. 모노레일을 타고 보현산의 아름다운 풍광을 즐길 수 있다. 보현산댐 짚와이어는 길이 1.4km로 2개의 라인을 이용할 수 있다. 최고 하강 속도가 시속 100km를 넘는 구간이 있으므로 짜릿함을 맛볼 수 있다. 동시에 아름다운 호수와 마을의 풍경을 즐길 수 있다.

보현산댐 짚와이어
054-330-2755
3~10월 09:30~17:00, 11~2월 09:30~16:30(점심시간 12:00~13:00), 월요일 휴무
₩ 모노레일+짚와이어(주말 성수기) 28,000원, 모노레일 6,000원

02 별별미술마을&시안미술관

조용한 시골의 폐교가 지붕 없는 미술관으로 재탄생했다. 푸른 잔디 위에 돗자리를 깔고 쉴 수 있으며 아이들도 마음껏 뛰어놀 수 있는 미술관이 또 어디 있을까? 별이 쉬어 가는 마을이 바로 영천 시안미술관이다. 미술관을 지나면 밤하늘의 별을 따는 소년이 반겨준다. 인적 드문 가래실 문화마을에서는 골목마다 조형물과 미술품을 만날 수 있다. 천천히 걸으며 담벼락에 쓰인 정겨운 이야기를 들어보자.

별별미술마을
054-330-6067 ₩ 무료
www.yc.go.kr/toursub/garaesil
시안미술관
054-338-9391 10:30~17:30, 월요일 휴무
₩ 4,000원 P 무료 www.cianmuseum.org

03 은해사

신라 헌덕왕 원년(809년)에 혜철국사가 해안평에 창건하였으나 조선 명종 원년(1546년)에 천교화상이 이곳으로 이건하였다. 일주문부터 보화루까지 약 2km의 구간을 금포정길이라 한다. 송림이 우거진 이곳은 일체의 살생을 하지 않았다고 해서 금포정이라 불렸다. 팔공산 동쪽 기슭에 자리한 은해사는 거조암, 백흥암, 운부암, 중암암, 기기암 등 8개의 암자를 지닌 천 년 고찰이다. 통일신라 말기에 건립된 극락전은 조선 중종 때 인종의 태실을 팔공산에 모시면서 수호사찰로 지정되었다. 의상대사가 창건한 운부암은 주변의 지세가 연꽃을 닮아 연화지라고도 불린다. 사찰의 곳곳에서 추사 김정희 선생의 글씨를 만날 수 있다. 수려한 산세와 아름다운 계곡을 따라 산책이나 가벼운 트래킹을 즐길 수 있다.

은해사 054-335-3318 ₩ 무료 P 무료
www.eunhae-sa.org

04 임고서원

포은 정몽주는 고려의 학자이자 문신으로 5부 학당을 세워 후학을 기르고, 향교를 세워 성리학의 기초를 세웠다. 이방원의 '하여가'에 답한 '단심가'로 알려진 포은 정몽주 선생을 기리기 위한 곳이다. 임고서원은 조선 명종 8년(1553년)에 창건된 우리나라 두 번째 사액서원(賜額書院)이다. 안타깝게도 임진왜란 때 소실되었다가 선조 36년(1603년)에 현 위치에 중건되었다. 서원 앞에는 높이 약 20m, 둘레 6m의 은행나무가 당당한 위풍을 내세우며 서원을 지키고 있다. 수령은 약 500여 년의 보호수로, 정성스런 상차림이나 정한수를 떠놓고 정성을 다하면 득남 또는 병을 낫게 해준다는 전설이 내려온다. 서원 옆에 임고서원 충효문하수련원은 포은선생의 충효정신과 우리의 전통문화를 알리고 있다.

임고서원 054-334-8981 ₩ 무료 P 무료
www.yc.go.kr/tour/main.do

05 최무선과학관

고려 말, 조선 초의 발명가 최무선 장군은 우리나라 최초로 화약을 개발하고, 세계 최초로 진포대첩과 관음포대첩에서 화포를 사용하여 위기에 처한 나라를 구했다. 최무선과학관은 국내 최초로 5D입체 영상관이 설치되어 입체감 있는 관람이 가능하다. 1층 총통실에는 최무선이 개발한 화포를 토대로 조선시대로 이어온 천, 지, 현, 황자총통을 복원하여 전시하였으며, 어린이 체험관과 전통과학체험실 등이 있다. 2층에는 최무선의 화약개발 과정과 과학자로서의 위대함, 화약개발로 인해 우리나라의 무기과학역사에 기여한 공헌을 살펴보는 실물모형 전시 공간이 있다. 야외전시장에는 전차, 헬리콥터, 함포, 박격포 장갑차 등 근현대 무기가 전시되어 있다.

최무선과학관 054-331-7096
10:00~17:00, 월요일 휴무 ₩ 무료 P 무료
www.yc.go.kr/toursub/cms/

06 조양각

진주 촉석루, 밀양 영남루와 함께 영남 3루로 손꼽힌다. 고려 공민왕 때 포은 정몽주 선생과 당시 부사였던 이용 그리고 향내 유림들이 함께 건립하였으며, 명원루 또는 서세루라고 하였다. 원래 청량각과 쌍청당 등 여러 개의 건물이 있었으나 임진왜란 때 소실되었다. 조선시대에 일본으로 파견된 평화외교사절단과 조선통신사의 합류지로써 과거 경상도 관찰사가 왕명을 받아 조양각에서 베풀어 준 연회인 전별연과 전통 무예를 바탕으로 달리는 말 위에서 다양하게 기예를 부리는 연희형 마상무예인 마상재로 새로운 관광명소로 주목받고 있다. 누각 안에는 포은 정몽주의 '청계석벽'을 비롯해 율곡 이이, 사가정 서거정, 노계 박인로 등의 편액 80여 편이 걸려 있다.

조양각 054-330-6584~5
무료 P 무료

07 화랑설화마을

2020년에 새롭게 문을 연 화랑설화마을은 천년의 역사가 숨 쉬는 판타지 테마파크이다. 신화랑주제관은 신화랑우주체험관, 화랑배움터, 화랑4D돔체험관으로 구성되어 있다. 신화랑우주체험관에서는 신라의 설화 '혜성가'를 주제로 재앙의 전조로 여겨졌던 '혜성'의 비밀을 찾아 우주로 떠나는 모험 이야기를 다루는 VR 체험을 할 수 있다. 화랑배움터에는 화랑마당, 자연탐험, 풍월못, 귀화랑성 등 놀이로 배우는 화랑의 수련, 나의 별자리 찾기, 키즈놀이터 등을 체험할 수 있다. 4D돔영상관에선 현실과 가상의 공간을 넘나들며 고전 설화 '귀화랑성'의 감동을 경험할 수 있다. 야외에는 국궁을 즐길 수 있는 곳과 김유신 장군의 발자취를 따라 탄생설화부터 호국신이 되기까지 화랑정신이 담긴 설화재현마을이 있다.

화랑설화마을 054-331-5613 10:00~18:00, 월요일 휴무 신화랑우주체험관 3,000원, 동영상관 3,000원, 화랑배움터 5,000원 P 무료
www.yc.go.kr/toursub/hwarang

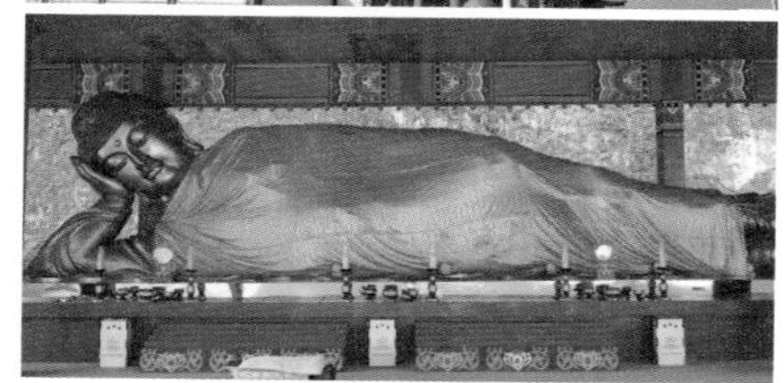

08 돌할매공원

영천에 용한 점쟁이 할머니가 한 분 있다. 지름 25cm, 무게 10kg의 둥근 화강암 돌로 만들어진 돌할매이다. 350년 전부터 주민들은 마을에 길흉화복이 있을 때마다 돌할매를 찾아 제를 지냈다. 돌할매로 점을 치려면 처음에는 아무 생각 없이 돌을 들어본다. 두 번째는 마음을 다해 생년월일과 주소, 이름, 나이, 소원 등을 돌할매에게 말한 다음에 들어본다. 만일 두 번째 돌할매가 들리지 않으면 소원이 이루어진다고 전해진다.

돌할매공원 054-330-6063
무료 무료

09 만불사

부처님의 진신사리를 모시고 있는 대부분의 적멸보궁은 천년의 역사를 지닌 고찰이다. 1995년에 건립된 만불사는 1993년 스리랑카에서 부처님의 진신사리를 인도받아 사리탑에 모시면서 적멸보궁에 올랐다. 사찰 중앙에는 만불사 와불이 있으며, 해발 235m의 언덕에는 국내 최대 규모의 아미타대불(33m)이 모셔져 있다. 만불사라는 이름에서 알 수 있듯이 만불보존의 삼존불부터 보리수 아래서 수도하는 석가모니 형상의 대좌불까지 수많은 불상이 한 곳에 모여 있다. 천폭륜상이라는 와불의 발바닥을 세 번 쓰다듬고 기도를 올리면 소원이 이루어진다고 한다.

만불사 054-335-0101 무료 무료
www.manbulsa.org

화본마을

화본마을

화본마을에는 전국 네티즌이 뽑은 가장 아름다운 간이역 화본역과 1960년대와 1970년대 생활을 체험할 수 있는 추억의 테마파크 '엄마아빠 어렸을 적에', 그리고 『삼국유사』 이야기를 담은 벽화마을이 있다. 화본역은 아담한 역사와 전국에 몇 개 남지 않은 급수탑 등 옛 모습을 그대로 보존한 아름다운 간이역이다. 특히 급수탑은 증기기관차에 물을 공급하던 그 모습 그대로 간직하고 있다. 역 주변 담벼락과 마을 곳곳에 『삼국유사』를 주제로 한 벽화가 그려져 있다. '엄마아빠 어렸을 적에'는 폐교된 옛 산성중학교를 리모델링해 만든 추억의 공간이다. 추억의 학교에는 40~50년 전의 시골 교실을 비롯해 이발소, 사진관, 만화방, 문방구, 구멍가게, 연탄가게 등을 그대로 재현해 놓았다.

화본마을 · 054-382-3361 · 무료 · P 무료

화본마을.com

화산산성&전망대

화산산성&전망대

조선 숙종 35년 병마도절사 윤숙이 왜적의 침입을 막기 위해 쌓은 산성이다. 4개의 문을 시작으로 홍예문을 먼저 세우고, 혜후와 두청 스님이 군수사를 짓게 하였다. 홍예문에서 수구문까지 거리 200m, 높이 4m의 성벽을 쌓던 중 심한 흉년으로 공사가 중단되었다. 전체 성터 중 가장 잘 보존된 아치문의 북문터는 성의 내벽을 구축하여 내외 성벽을 만들려고 했음을 보여준다. 해발 700m에 위치한 전망대에선 군위댐이 내려다보이는 멋진 풍광을 즐길 수 있다. 전망대에 있는 빨간 풍차는 SNS에서 유명한 핫플레이스다.

화산산성전망대 · 무료 · P 무료

동의참누리원 영천한의마을

한약에 관한 모든 것을 모아둔 곳으로 한의연못, 약초재배원, 스카이워크 전망대, 사상체질 진단, 족욕체험 등 다양한 테마스폿이 가득한 곳이다. 한옥 숙박체험 및 한의원 진료도 가능하다. 멀티미디어를 통해 나의 체질과 나에게 맞는 한약과 식생활 습관을 알아보자. 스트레스가 많은 우리의 몸과 마음을 달래줄 수 있는 힐링스폿이다.

동의참누리원 영천한의마을 · 054-330-2750 · 10:00~18:00, 월요일 휴무

무료(체험료 별도) · www.yc.go.kr/toursub/ycherb

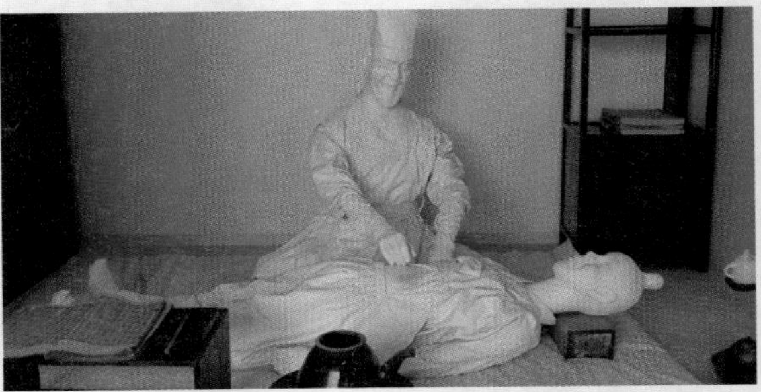

추천 맛집

김천 현구3대원조불고기
김천시 지례면 향교길 13 054-435-0319

영천 든담 농가맛집
영천시 화남면 신선로 113 054-333-2143

영천 보현산식당
영천시 화북면 정각길 128 054-338-0889

영천 편대장영화식당 본점
영천시 강변로 50-15 054-334-2655

SNS 핫플레이스

영화 〈리틀 포레스트〉 촬영지(혜원의 집)
군위군 우보면 미성5길 58-1

영화 〈리틀 포레스트〉 촬영지

오리장림
영천시 화북면 자천리 2159

카페 카페 스톤
군위군 부계면 한티로 1525-6 0507-1327-7092

카페 나다움
영천시 청통면 금송로 1013 054-338-3494

카페 레이지보스
영천시 화산면 대기길 92 0507-1466-1076

카페 카페레이크온
영천시 대창면 대창리 941-3 0507-1394-0277

Part 4

산과 바다, 계곡을 찾아서

50번 영동고속도로

우리나라에서 유일하게 종점 쪽의 지명만 붙어 있는 영동고속도로는 영동 지방으로 가는 노선이라 이름 붙여졌다. 실상은 영동 지방을 지나는 길이는 30㎞도 되지 않는다. 단일 노선 중 국내 7번째로 긴 노선이다. 인천부터 강릉까지 이어지는 영동고속도로는 중부지방의 중심되는 횡축고속도로다. 경부·서해안·중부·중부내륙·중앙고속도로와 같은 종축 고속도로와 동해안 고속도로 모두 연계된다. 고속도로가 지나지 않는 나머지 강원도 지역과 영남권을 가려면 필수적으로 영동고속도로를 이용해야 하기 때문에 평일과 주말 상관없이 상습적으로 정체되는 구간이기도 하다. 제천-동해 간 고속도로를 개통해야 한다는 의견이 확정되어 제천~영월, 영월~삼척 구간이 개통될 예정이다.

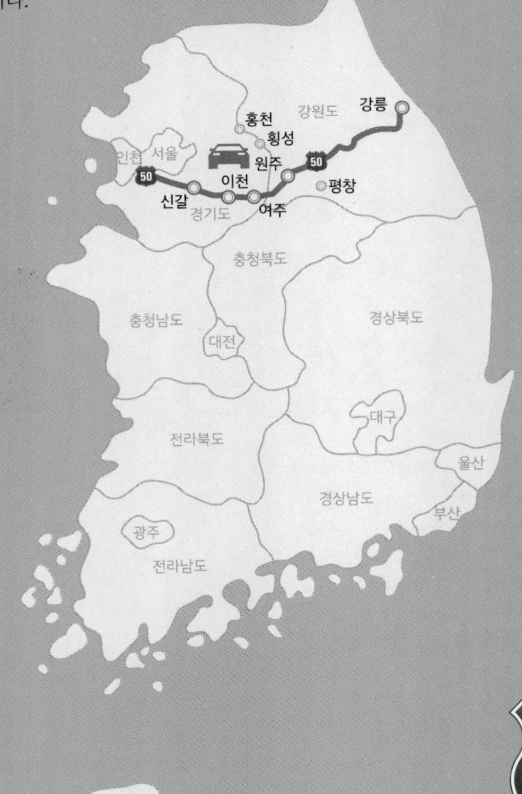

50

구 간 1

서원주 IC ~ 횡계 IC

횡성·원주·평창

Best Course

서원주IC →

1. 원주 소금산그랜드밸리→ 돼지문화원 →
2. 뮤지엄산 →
3. 횡성 풍수원성당 → 미술관 자작나무숲 → 올챙이추억전시관 → 안흥찐빵마을 →
4. 구룡사 → 미로예술 원주중앙시장 → 평창 팔석정 →
5. 효석문화마을 →
6. 평창무이예술관 →
7. 흥정계곡 → 허브나라농원 →
8. 오대산 월정사 →
9. 비엔나인형박물관 →
10. 발왕산 기 스카이워크 →
11. 대관령순수양떼목장 →
12. 대관령양떼목장 →
13. 대관령하늘목장 →
14. 대관령삼양목장 →
15. 선자령 → 횡계 IC

오대산
국립공원
홍천군
강릉시
오대산 월정사 8
대관령삼양목장 14
15 선자령
12 대관령양떼목장
대관령하늘목장 13
대관령 IC
허브나라농원
50
평창무이예술관 6
7 흥정계곡
11 대관령순수양떼목장
비엔나인형박물관 9
효석문화마을 5
발왕산 기 스카이워크 10
팔석정
평창군
3 풍수원성당
횡성 IC
횡성군
미술관
자작나무숲
올챙이추억전시관
50
동해시
2 뮤지엄산
돼지문화원
강원도
4 구룡사
안흥찐빵마을
정선군
1 소금산그랜드밸리
미로예술 원주중앙시장
치악산
국립공원
원주시
영월군
태백시

01 소금산그랜드밸리

간현관광지는 섬강과 삼산천이 만나는 지점에 있는데, 작은 금강산으로 불리는 소금산과 강 양쪽으로 기암괴석이 병풍처럼 늘어서 절경을 이루고 있다. 울창한 숲을 배경으로 강변의 넓은 백사장이 어우러져 여름철이면 물놀이 피서객으로 붐빈다. 그 안에 자리한 소금산 출렁다리는 길이 200m, 높이 100m, 폭 1.5m로 원주의 대표적인 핫플레이스이다. 스카이워크전망대에서 섬강의 아름다움을 가슴에 담아보자.

소금산그랜드밸리 033-749-4860
하절기 09:00~18:00, 동절기 09:00~17:00, 1·3주 월요일 휴무 ₩ 9,000원 P 무료

02 뮤지엄산

강원도의 산이라는 거대한 자연 속에 문화와 예술을 담았다. 뮤지엄 산(SAN, Space Art Nature)은 일본의 현대 건축가 안도 타타오의 설계로 시작, 빛과 공간의 예술가 제임스 터넬의 작품으로 완성되었다. 오솔길 따라 걸으며 여유롭게 문화, 예술품을 만날 수 있는 전원형 뮤지엄이다. 초생달 모양의 웰컴 센터부터 패랭이꽃과 하얀 자작나무길이 있는 플라워가든, 뮤지엄 본관이 물 위에 떠 있는 것처럼 느껴지는 워터가든, 페이퍼갤러리와 판화공방 그리고 회화와 조각품을 전시하는 청조갤러리가 있는 본관, 명상관, 신라고분을 모티브로 한 스톤가든과 제임스터렐관까지 오솔길은 이어져 있다. 특히, 물속의 해미석과 본관으로 관람객을 맞이하는 아치형의 조형물은 뮤지엄 산의 대표적인 포토존이다.

뮤지엄산 10:00~18:00, 월요일 휴관
₩ 기본 23,000원, 제임스터렐관 39,000원, 명상관 39,000원, 통합권 46,000원 P 무료
www.museumsan.org/museumsan/

03 풍수원성당

신유박해(1801년) 때 40여 명의 교우들이 박해를 피해 정착하며 지킨 신앙터이다. 약 80여 년간 성직자 없이 신앙을 유지해 오다 1886년 한불수호통상조약으로 신앙의 자유를 얻으면서 1888년 본당이 설립되었다. 한국의 세 번째 사제인 정규하 신부가 중국인 기술자의 도움으로 1909년에 완공한 역사적인 성당이다. 붉은 벽돌과 뾰족한 4층 종탑이 그림과 같아 MBC 드라마 〈러브레터〉의 촬영지로 알려지면서 〈유리화〉 〈패션70s〉 〈조강지처 클럽〉 〈상두야 학교 가자〉 등 드라마나 영화 촬영지로도 많이 이용되었다. 예배를 위해 신발을 벗고 들어가야 하는데 생소하면서 정겹다.

풍수원성당 033-342-0035 무료 P 무료

04 구룡사

구룡사는 신라 문무왕 6년(666년)에 의상대사가 창건한 사찰이다. 비로봉으로 오르는 치악산국립공원 입구에 있다. 원래 대웅전 자리에 있던 연못에는 아홉 마리 용이 살고 있었다고 한다. 의상은 그 연못 자리가 좋아 연못을 메워 절을 지으려고 했다. 의상은 용들과 도술시합을 해서 용들을 내몰고 절 이름도 구룡사(九龍寺)라 했다. 세월이 흘러 절이 퇴락하게 될 때, 한 노인이 나타나 절 입구의 거북바위 때문에 절의 기가 약해졌으니 바위를 쪼개라고 했다. 그대로 했더니 절이 더 힘들어졌고 폐사가 되려 했다. 이번에는 한 도승이 나타나 거북의 끊어진 혈맥을 살리기 위해 절 이름을 구룡사(龜龍寺)로 바꾸라고 해서 지금의 구룡사가 되었다. 구룡사 가는 길에 흐르는 물소리를 들으며, 곧게 뻗은 금강소나무 길을 걸어보자.

구룡사 033-732-4800 무료 P 무료
www.guryongsa.or.kr

05 효석문화마을

마을은 이효석의 『메밀꽃 필 무렵』의 작품 속 배경 그대로 메밀꽃이 산허리를 휘감고 돌며 피어난다. 가산 이효석이 태어난 곳이기도 하다. 소설 속에 등장했던 물레방앗간, 충주집, 가산공원, 이효석문학관, 메밀향토자료관 등이 있다. 매년 초가을에 개최되는 평창효석문화제는 문학과 메밀을 소재로 한 다채로운 볼거리를 제공하고 있다. 소박하고 테마가 있는 향토색 짙은 축제로 많은 찬사를 받고 있다. 메밀꽃이 흐드러지게 피는 남안동 일대는 선생의 문학 정신을 기리는 이들의 답사가 꾸준히 이어지고 있다. 축제 중에는 작품 배경지 답사, 전국효석백일장, 거리민속공연, 작품 속 주인공으로 분장하는 가장행렬, 사진촬영대회, 메밀꽃 필 무렵 연극, 영화 공연 등이 펼쳐진다. 메밀을 소재로 한 대표적 먹을거리로 메밀막국수, 메밀부침이 있다.

효석문화마을 033-335-9669 문학관 비수기 09:00~17:30, 성수기 09:00~18:30, 월요일 휴무
문학관 2,000원, 효석달빛언덕 3,000원 P 무료

06 평창무이예술관

봉평의 무이초등학교는 가산 이효석 선생의 고향이며 『메밀꽃 필 무렵』 작품 속 실제 배경지이다. 폐교된 무이초등학교에 서양화가 정연서, 서예가 이천섭, 조각가 오상욱, 도예가 권순범 등의 예술인들이 모여 2여 년의 준비 끝에 많은 작품을 전시하고 있다. 야외조각공원으로 바뀐 초등학교 운동장에는 대형조각품이 전시되어 있으며, 전통 가마에서 도자기를 굽는 등 예술인들의 작품 활동을 직접 볼 수 있다. 해마다 8월 말에서 9월 초 봉평 전역에 메밀꽃이 필 무렵이면 효석문화제가 열린다. 그때 평창무이예술관에서도 많은 작품들을 전시하고 손도장 찍기, 가훈 갖기, 도자기 만들기 체험, 메밀꽃 그림 전시 등 다양한 체험프로그램을 마련한다.

평창무이예술관 033-335-4118
3~10월 09:00~18:30, 11~2월 10:00~17:00, 수요일 갤러리카페 휴무 5,000원 P 무료 mooee.kr

07 흥정계곡

면온 IC에서 10여 분, 평창 IC에서 20여 분이면 닿을 수 있는 흥정계곡은 5km에 이르는 구간에 걸쳐 사계절 맑은 물이 흐른다. 해발 650m의 고지대이지만 유유히 흐르는 계곡물은 한여름에도 발이 시릴 정도로 차갑다. 흥정계곡 입구에서부터 예쁜 펜션들이 줄지어 있으며, 여름철에는 넓고 맑은 계곡물 속에 들어가서 물놀이를 즐기는 아이들과 맛집을 즐기는 사람들로 항상 붐비는 곳이다. 주변에 휘닉스 블루캐니언, 허브나라, 이효석의 『메밀꽃 필 무렵』의 배경지인 봉평 지역, 율곡 선생의 사당인 봉산서재와 양사언의 글자가 새겨져 있는 팔석정 등 관광 명소와 함께 자리하고 있다.

흥정계곡 033-330-2771 무료 P 무료
tour.pc.go.kr(평창 문화관광)

08 오대산 월정사

오대산은 예로부터 풍광이 빼어날 뿐 아니라 불교성지로서 신성시되어 왔다. 월정사로 가는 500년 수령의 전나무 숲길(1km)은 월정사, 상원사와 함께 오대산을 상징하고 있다. 신라 선덕여왕 12년(643년) 자장율사에 의해 창건된 월정사는 오대산의 중심 사찰로 팔각9층석탑과 석조보살좌상 등 수많은 문화재를 보유하고 있다. 오대산에서 상원사에 이르는 9km 숲길을 선재길이라 한다. 대부분이 평지로 되어 있고 계곡을 따라 난 숲길로서 삼림욕을 즐기며 걷기에 좋다. 여름이면 계곡물을 따라, 가을이면 단풍길을 따라, 겨울에는 눈꽃길을 따라 천천히 걸으면서 옛사람들이 길 위에 남긴 과거를 만날 수 있다.

월정사 033-339-6800
일출 2시간 전~일몰 전 무료
P 6,000원 www.woljeongsa.org

오대산 상원사

상원사는 월정사와 함께 자장율사가 세운 사찰이다. 이 절에는 신라 성덕왕 24년에 만든 우리나라에서 가장 오래된 동종과 세조가 직접 보았다고 하는 문수동자의 모습을 조각한 문수동자상, 상원사를 중창하기 위해 세조가 쓴 친필어첩인 중창권선문이 있다. 상원사 입구에는 상원사를 참배하러 온 세조가 목욕을 할 때 의관을 걸었다는 관대걸이가 제일 먼저 보이는데 오대산과 얽힌 세조의 전설 중의 하나이다. 데이트 하는 연인들, 어린이를 포함한 가족 단위의 경우 이 코스를 추천한다.

상원사 033-332-6666
일출 2시간 전~일몰 전
www.woljeongsa.org

09 비엔나인형박물관

평창 대관령 속의 오스트리아 마을 티롤빌리지 내에 위치한 테마 인형박물관이다. 티롤 빌리지(TIROL Village)는 동양의 알프스로 불리는 대관령에 오스트리아 인스부르크의 건축양식으로 산악마을을 구현한 콘셉트이다. 국내 최고 원로가수이자 피규어 수집가인 전영록을 비롯하여 피규어수집가, 한지창작인형작가, 인형공장장인, 의상디자이너 그리고 다양한 인형작가 등 많은 분들이 참여하여 만들어졌다. TV나 영화에서 보던 애니메이션 주인공을 한자리에서 만나볼 수 있다.

비엔나인형박물관 033-333-3330
10:00~18:00, 수요일 휴관 10,000원
무료 viennadollmuseum.com

10 발왕산 기 스카이워크

발왕산 기 스카이워크에 오르려면 케이블카를 이용해야 한다. 용평 발왕산 케이블카는 안정성과 속도감이 뛰어나며, 왕복 7.4km 국내 최대 길이다. 드래곤 프라자 탑승장에서 출발하여 우리나라에서 12번째로 높은 해발 1,458m의 발왕산 정상에 있는 드래곤피크 하차장까지 약 18분이 소요된다. 케빈을 타고 하늘을 날아오르는 동안 용평리조트와 발왕산의 싱그러운 자연의 정취를 즐겨보자. 정상에 도착하면 스카이워크에 올라 대관령의 아름다운 풍광을 감상할 수 있으며, 발왕산에서만 만날 수 있는 겸손나무와 마유목을 만나보고 하늘정원도 산책해 보자.

발왕산케이블카 033-330-7423
평일 10:00~18:00, 주말·공휴일 09:00~19:00, 성수기 (7/21~8/20) 09:00~20:00, 월요일 휴장 ₩ 왕복 25,000원
www.yongpyong.co.kr

11 대관령순수양떼목장

2014년 '지르메 양떼목장'으로 운영되던 곳이다. '지르메'는 평창군 횡계리 일대의 언덕과 주변 마을의 옛 지명이다. 약 5만 평 대지에 재개장한 순수양떼목장은 울타리는 있지만, 양들이 사시사철 자유롭게 언덕배기 초지 위를 뛰어다닐 수 있다. 목장에 들어가면 양에게 직접 먹이를 주는 체험과 동시에 초지에서 양들과 함께 어울릴 수 있다. 알파카는 많은 관광객의 사랑을 받고 있다. 하늘전망대와 말풍선 전망대에서 바라보는 일몰 풍경은 넋을 잃을 만큼 아름답다. 반려견도 함께 입장이 가능하다.

대관령순수양떼목장 033-335-1497
4~10월 09:00~18:00, 11~3월 09:00~17:00
₩ 9,000원 P 무료 www.양떼목장.net

12 대관령양떼목장

대관령양떼목장의 넓은 초원에서 한가롭게 풀을 뜯고 있는 양떼의 모습은 마치 유럽의 이국적인 풍경을 보는 듯하다. 원을 두르듯 걸어가는 1.2km의 산책로는 다양한 풍경을 가슴에 담을 수 있다. 평소에는 양들을 방목하지 않기 때문에 양에게 건초를 주는 체험은 축사에서만 가능하다. 백두대간을 곁에 둔 이곳에 있으면 고원의 오염되지 않은 공기가 가슴속까지 스며들어, 어느덧 자연과 하나가 된 듯한 기분을 느낄 수 있다. 겨울철이면 오두막 옆 경사면은 천연 눈썰매장으로 변신한다. 비료포대 하나만 있으면 신나게 눈썰매를 즐길 수 있다. 아이에겐 즐거움을, 어른에겐 추억을 안겨줄 것이다.

대관령양떼목장 033-335-1966 11~2월 09:00~17:00, 3·10월 09:00~17:30, 5~8월 09:00~18:30, 4·9월 09:00~18:00 9,000원 무료 www.yangtte.co.kr

13 대관령하늘목장

2014년, 여의도의 4배에 달하는 하늘목장이 40년 만에 일반인에게 문을 열었다. 대관령하늘목장은 자연을 몸으로 직접 체험하는 생태목장이다. 이곳은 구급차를 제외한 모든 차량이 제한된다. 천천히 걸으면서 초원을 즐기라는 뜻이다. 하늘목장에는 4개의 색다른 산책로가 있다. 초지가 많아 산티아고 순례길을 닮은 '너른풍경길(1.8km)', 선자령까지 이어지는 '가장자리숲길(2km)', 숲속의 나무가 터널을 이루는 '숲속여울길(350m)', 희귀식물과 야생화를 감상할 수 있는 '종종걸음길(600m)'이다. 32인승 거대한 마차는 하늘마루 전망대까지 방문객을 실어 나른다. 전망대는 대관령 트레킹 코스로 유명한 선자령과도 연결된다.

대관령 033-332-8061 하절기 09:00~18:00, 동절기 09:00~17:30 입장료 8,000원, 양떼체험 2,000원, 트랙터마차 10,000원, 승마체험 10,000원 무료 skyranch.co.kr

14 대관령삼양목장

해발 850~1,400m에 자리한 동양 최대의 초지목장이다. 동해전망대에 올라가면 멀리 바다와 대관령 능선을 타고 늘어선 풍력발전기의 대열을 만날 수 있다. 목장 입구 광장에서 동해전망대까지 4.5km는 바람의 언덕, 숲속의 여유, 사랑의 기억, 초원의 산책, 마음의 휴식과 같은 목책로 구간이다. 사백정, 연애소설나무, 양방목지, 타조사육장 등 드라마 촬영지와 초지의 대자연을 감상하며 걷기 좋은 길이다. 대표적인 양떼몰이공연은 훈련받은 양몰이견이 목동의 신호에 따라 양떼들을 한 방향으로 몰고 오는 모습을 볼 수 있다(하루에 세 번 공연).

삼양대관령목장 033-335-5044 5~10월 09:00~17:00, 11~4월 09:00~16:30
12,000원 www.samyangfarm.co.kr

15 선자령

강릉 바우길은 백두대간에서 경포와 정동진까지 바다와 함께 걷는 길이다(150km/10개 구간). '바우'는 강원도 말로 '바위'를 뜻한다. 강원도답게 자연적인 트레킹 구간이다. 바우길에는 금강 소나무 숲이 70% 이상 펼쳐져 있어 트레킹과 삼림욕을 동시에 할 수 있다. 대관령 계곡길은 하늘을 찌를 듯한 금강 소나무 숲과 우리나라 최대의 참나무 숲이 안내를 맡는다. 대관령 휴게소에서 출발하는 바우길 1구간, 선자령 풍차길은 12km에 이른다(약 4시간). 나지막한 고원의 대관령 양떼목장 울타리를 따라, 산 위에 이국적인 풍경이 펼쳐져 있다. 우리나라 최대의 풍력단지를 따라 백두대간을 걷는 아름다운 길이다. 이어달리기 주자들처럼 줄지어 늘어서 있는 하얀 풍차들의 행렬은 선자령만의 매력이다.

코스 : 신재생에너지전시관 ↔ 양떼목장 ↔ 2구간 IC ↔ 하늘목장사거리 ↔ 선자령 ↔ 동해전망대 ↔ 통신탑 ↔ 신재생에너지전시관

대관령휴게소 033-336-4037 일출~일몰 무료 P 무료 www.baugil.org

돼지문화원

돼지문화원

돼지문화원

인류가 약 2,000년 전부터 사육해온 돼지는 다복의 상징이자 땅의 신으로 불리는 신성한 동물이다. 우리나라 음식에 빠질 수 없는 대표적인 식재료 중 하나이기도 하다. 돼지문화원은 돼지에 대한 이해를 돕고, 아이들이 직접 보고 만지며 함께 즐길 수 있도록 만든 전문 공간이다. 입구에는 돼지와 조랑말이 빙 둘러 아이들을 반기고, 건물로 들어서면 돼지와 함께하는 다양한 체험과 먹거리, 쇼핑공간까지 갖추었다. 단순한 먹을거리로만 인식되던 돼지의 생활이 무엇인지 궁금하게 만드는, 그 이름부터 독특한 이곳에서 즐겁게 체험해 보자.

돼지문화원 · 1544-9266 · 10:00~21:00 · ₩ 무료 · P 무료
www.돼지문화원.com

Tip 체험 종류

소시지체험(12,000원/30분), 콜라겐 피자 만들기(12,000원/30분), 어린이 승마체험(10,000원/10분 내외), 동물먹이주기체험(1,000원/개), 가공장체험(20,000원/1시간 30분), 쿠키 만들기(12,000원/30분) 등

미술관 자작나무숲

미술관 자작나무숲

2004년 개관하여 1991년 12,000여 그루의 자작나무 1년생 묘목을 심기 시작해 지금의 아름다운 흰색 줄기의 자작나무숲이 되었다. 자작나무숲 안에 있는 미술관에는 계절마다 사진과 회화 전시회가 열린다. 북카페 역할을 하는 스튜디오 갤러리에서는 원종호 관장의 사진을 상시 전시하고 있다. 유명 사진작가의 전시뿐 아니라 신인 아티스트들의 시작점이 되기도 한다. 티켓 대신 주는 엽서로 자작나무숲 안에 있는 찻집에서 차를 마실 수 있다. '숲속의 집'이라는 게스트하우스도 운영하고 있다. 이곳의 명물 고양이들과 함께 나른한 오후에 숲 사이로 비치는 햇살을 즐겨보자(숙박은 홈페이지를 통해 예약 필수).

미술관자작나무숲 · 033-342-6833 · 10:00~일몰, 수요일 휴무
₩ 20,000원 · P 무료 · www.jjsoup.com

안흥찐빵마을

안흥찐빵마을

안흥찐빵마을

안흥면 소재지로 들어서면 찐빵마을이 가장 먼저 들어온다. 여기저기 찐빵 가게가 보이기 시작하고, 안흥찐빵마을이라는 플래카드가 곳곳에서 손님을 반갑게 맞는다. 안흥찐빵은 먹을거리가 많지 않던 시절에 여행객에겐 최고의 간식이자, 이곳 주민들에게는 든든한 끼니이기도 했다. 안흥찐빵의 특징은 전통방식으로 발효하여 만든 빵의 쫄깃함과 5~6시간 푹 삶은 통팥의 자연스러운 단맛이다. 1998년부터 마을에 상점이 하나둘 늘어나기 시작하였으며, 제품 개발과 신용, 택배 서비스 등을 통해 마을의 효자 상품으로 자리 잡고 있다.

안흥찐빵마을 · 0507-1401-3009 · 10:00~19:00 · P 무료
www.ahzzbb.com

미로예술 원주중앙시장

과거 원도심 활성화 방안으로 시작된 프로젝트의 결과물이다. 좁고 어두운 시장길이 마치 우울한 미로와 같았었다. 적은 비용으로 누구나 창업이 가능한 프로젝트 덕분에 도전 정신이 투철한 젊은 문화예술인들이 중앙시장 2층에 모여들었다. 침침한 시장 안에 화사한 벽화가 그려지고 예쁜 공방과 카페, 식당 등 작지만 아기자기한 예술 공간이 채워지면서 신선한 활기를 불어주고 있다. 미로 속 구석구석에 숨어 있는 보물을 찾아보자.

원주중앙시장 / 033-743-2570

팔석정

팔석정은 8개의 큰 바위가 주변의 풍치와 어울려 절경을 이루고 있다. 팔석정은 8개의 바위를 가리켜 붙여진 이름이다. 양사언이 강릉부사로 재임 시 이곳 봉평 평촌리에 이르러 그 자연경치에 탄복하여 정사도 잊은 채 8일을 신선처럼 자유로이 노닐며 즐기다가 팔일경(八日景)이란 정자를 세우게 하였다. 이후 고성부사로 전임하면서 1년에 세 번씩 찾아와 시상을 다듬었다고 한다. 샘이 깊은 우물(봉래고정)을 만들고 바위 여덟 군데에 글을 써 놓았다. 그곳에 가면 바위 둘레에 적힌 글들을 볼 수 있다.

팔석정 / 033-330-2771 / ₩ 무료 / P 무료 / tour.pc.go.kr(평창 문화관광)

팔석정

허브나라농원

1993년 당시 최초로 허브를 테마로 부부가 개장한 농원이다. 흥정계곡을 옆에 두고, 온실과 허브 정원, 레스토랑 등 자연 속에서 쉴 수 있도록 꾸며진 공간으로 가을에 특히 아름답다. 이외에도 터키갤러리, 허브박물관, 만화갤러리 등의 볼거리를 제공하고 별도의 펜션도 운영하여 여름에는 휴가를 즐기기 위한 사람들도 많이 찾는다.

허브나라농원 / 033-335-2902 / 5~10월 09:00~18:00, 11~4월 09:00~17:30 / ₩ 5~10월 8,000원, 11~4월 5,000원 / P 무료 / www.herbnara.com/

허브나라농원

팔석정

추천 숙소

횡성 웰리힐리파크
웰리힐리파크 1544-8833
www.wellihillipark.com

평창 정강원 한옥스테이
정강원 한옥스테이 033-333-1011, 010-9968-7500
www.jeonggangwon.com

원주 유알풀빌라suite
유알풀빌라suite 0507-1390-2972
http://urpoolvilla.staynt.co.kr

평창 켄싱턴호텔 평창
켄싱턴호텔평창 1670-7462
www.kensington.co.kr/hpc/

평창 라마다호텔&스위트 강원 평창
라마다 호텔&스위트 강원 평창 033-333-1000
www.pyeongchangramadahotel.com/

평창 평창예술인마을펜션
평창군 평창읍 장암동길 167 010-5561-9191

추천 체험

평창 래프팅

래프팅은 급류타기로 많이 알려진 수상레포츠로 한 배에 6~8명이 조를 이루어 호흡을 맞추며 거친 물살을 헤쳐나간다. 천연 자연경관을 직접 볼 수 있는 대표적인 모험 레포츠이다. 동강 래프팅은 수하계곡을 지나 마하리에 이르면 계곡물이 동강과 합류되는 지점이 있는데 그곳이 진탄나루터이다. 대부분의 동강 래프팅은 이곳에서 출발해서 긴 여정을 갖게 된다.

4시간 코스 : 진탄나루 → 황새여울 → 암반여울 → 문희마을 → 백령 동굴 경유 → 칠목령 → 진탄나루

SNS 핫플레이스

반계리은행나무
원주시 문막읍 반계리 1483-2

카페 원주 갈촌126
원주시 갈촌길 126
033-766-9400

카페 치올라
원주시 꽃밭머리길 104-2
070-8843-5500

카페 빵공장 라뜨리에김가
원주시 행구로 314
0507-1330-5679

카페 사니다 카페
원주시 호저면 칠봉로 109-128
070-7776-4422

카페 평창 연월일
평창군 진부면 진고개로 129
033-332-6488

카페 바셀로
평창군 용평면 느므골길 53
033-333-0032

카페 터득골북샵
원주시 흥업면 대안로 511-42
033-762-7140

추천 맛집

횡성 횡성축협한우프라자
횡성군 우항 3길 6
033-345-6160

횡성 한일막국수
횡성군 우천면 한우로우항7길 15
033-342-6036

횡성 윤가이가
횡성군 청일면 큰고시길 41
033-343-1208

평창 황소고집
평창군 평창읍 평창중앙로 83-28
033-333-1818

평창 봉평메밀미가연
평창군 봉평면 기풍로 108
033-335-8805

여주 걸구쟁이네
여주시 강천면 강문로 707
031-885-9875

평창 납작식당
평창군 대관령면 대관령로 113
033-335-5477

평창 부일식당
평창군 진부면 진부중앙로 100-5
033-335-7232

평창 용평회관
평창군 대관령면 횡계2길 15
033-335-5217

평창 현대막국수
평창군 봉평면 동이장터길 17
033-335-0314

평창 부림식당
평창군 진부면 진부중앙로 70-3
033-335-7576

평창 방림메밀막국수
평창군 방림면 서동로 1323
033-335-1150

평창 메밀촌
평창군 평창읍 백오 1길 28
033-333-8989

원주 토지옹심이
원주시 토지길 9-5
033-761-2392

원주 송탄어울림 부대찌개
원주시 문막읍 원문로 1332
033-744-8908

횡성 광암막국수
횡성군 우천면 경강로 2887
033-342-2693

횡성 초가집
횡성군 둔내면 청태산로 260
033-342-2466

평창 고향이야기
평창군 대관령면 눈마을길 9
033-335-5430

평창 물레방아
평창군 봉평면 이효석길 152
0507-1382-0645

평창 성주식당
평창군 진부면 방아다리로 306
033-335-2063

평창 오대산농원
평창군 진부면 진고개로 36-29
033-332-6738

원주 산정집
원주시 천사로 203-15
033-742-8556

원주 복추어탕
원주시 치악로 1748
033-763-7987

원주 돌탑갈비
원주시 강변로 423
033-743-3565

평창 평창송어횟집
평창군 진부면 송정택지2길 33-21
033-336-2073

평창 메밀꽃향기
평창군 봉평면 이효석길 33-5
0507-1409-9909

평창 정강원
평창군 용평면 금당계곡로 2010-13
0507-1353-1011

평창 풀내음
평창군 봉평면 메밀꽃길 13
033-335-0034

구 간 2

진부 IC ~ 풍기 IC

정선·태백·봉화

Best Course

진부 IC →

1 정선 정선레일바이크 →

2 아우라지 → 정선아리랑시장 →

3 정선아라리촌 →

4 화암동굴 → 민둥산 →

5 타임캡슐공원 → 6 삼탄아트마인 →

7 정암사 → 만항재 쉼터 →

8 태백 검룡소 → 9 용연동굴 →

10 매봉산 바람의 언덕 →
한보광업소 → 상장동 벽화마을 →

11 철암탄광역사촌 → 365세이프타운 →

12 태백석탄박물관 →

13 태백고생대자연사박물관 →

14 구문소 →

15 봉화 분천역&산타마을 → 풍기 IC

진부 IC
강릉시
50
평창군
동해시
횡성군
1 정선레일바이크
2 아우라지
정선군
50
정선아리랑시장
3 정선아라리촌
4 화암동굴
치악산
국립공원
원주시
삼척시
민둥산
8 검룡소
영월군
용연동굴 9
10 매봉산 바람의 언덕
타임캡슐공원 5
삼탄아트마인 6
정암사 7
충청북도
태백시
만항재 쉼터
한보광업소
상장동 벽화마을
제천 IC
태백석탄박물관 12
11 철암탄광역사촌
365세이프타운
13 태백고생대
자연사박물관
구문소 14
제천시
충주시
단양군
소백산
국립공원
15 분천역/산타마을

01 정선레일바이크

레일바이크는 페달을 밟아 철로 위를 달리는 네 바퀴 자전거를 말한다. 구절리에서 아우라지역까지 기차가 끊긴 철길에 레일바이크를 설치하였다. 정선 레일바이크는 총길이가 7.2km나 되는 전국에서 가장 긴 코스다. 시원한 바람을 맞으며 송천의 물줄기를 따라 페달을 밟으며 정선의 풍경을 감상할 수 있다. 오르막이 없는 내리막길이라서 크게 힘도 안 들고 시속 15km로 천천히 달리면서 주변 경치를 여유 있게 즐길 수 있어 더욱 좋다. 레일바이크를 타고 아름다운 송천계곡을 지나 철길과 강의 양쪽에 늘어선 기암절벽과 풍경과 함께 시원한 바람을 맞는다면 정선 여행의 묘미를 느낄 수 있을 것이다.

정선레일바이크(정선군 여량면 노추산로 745)
033-563-8787 08:40, 10:30, 13:00, 14:50, 16:40 (11~2월은 16:40 미운행)
2인용 30,000원, 4인용 40,000원 P 무료
www.railtrip.co.kr/homepage/jeongseon

02 아우라지

강원도 '정선아리랑'의 대표적인 발상지이다. 아우라지는 평창군 대관령면에서 흐르는 '송천'과 삼척시 하장면에서 흐르는 '골지천'이 합류되어 "어우러진다" 하여 붙여진 이름이다. 예로부터 송천을 양수, 골지천을 음수라 하였다. 여름에 양수가 많으면 대홍수가 예상되고, 음수가 많으면 장마가 끊긴다고 하였다. 아우라지는 물길 따라 목재를 한양으로 운반하던 유명한 뗏목 터로 각지에서 모여든 뱃사공의 아리랑 소리가 끊이지 않던 곳이다. 객지로 떠난 임을 애달프게 기다리는 남녀의 마음을 적어 읊은 것이 지금의 '정선아리랑'이다. 줄배를 타고 건너면 '여송정' 정자 앞에 처녀상이 있다. 건너편 정선아리랑 전수관 앞 총각상이 처녀상을 향해 손을 내밀어 그 마음을 전하고 있다.

아우라지 1544-9053
09:00~18:00, 화요일 휴무(줄배 체험) ₩ 무료 P 무료

03 정선아라리촌

'정선아리랑'이 품고 있는 생활과 풍속도, 전통 가옥들을 한곳에 모아놓은 테마공원이다. 강원도만의 특색이 있는 대마의 껍질을 벗겨 지붕을 이은 저릅집, 소나무를 쪼갠 널판으로 지붕을 얹은 너와집, 두꺼운 나무껍질로 지붕을 이은 굴피집, 돌집, 통나무를 우물 정(井) 자 모양으로 쌓아올려서 벽을 만들고 그 위에 너와, 굴피, 화피 등으로 지붕을 이은 귀틀집 등 전통민가에서 숙박도 가능하다. 5일장인 정선 장날에 오면 도자기, 전통공예, 핸드메이드 제품 등 다양한 체험프로그램과 즉석사진을 찍어 만들어 주는 양반증서, 국악명인에게서 직접 아리랑을 배우는 체험도 할 수 있다. 맛있는 향에 이끌려 들어선 주막에서 향토 음식에 막걸리 한잔을 맛보자. 어느덧 절로 흥얼거리는 '정선아리랑'과 함께 옛 정선의 넉넉함에 취해간다.

🏠 정선아라리촌 📱 033-560-3023 🕘 09:00~17:00
₩ 무료 P 무료

04 화암동굴

'금과 대자연의 만남'이란 주제로 개발한 테마형 동굴이다. 화암동굴은 실제로 1922년부터 1945년까지 금을 캐던 천포광산이었으며, 금광굴진 중 천연종유동굴을 발견하게 되었다. 천연 종유굴의 총 관람 길이는 1,803m로 5개의 테마로 구성되었다. '역사의 장'은 천포광산 당시 광산개발 현장을 체험할 수 있고, '금맥따라 365'는 수직으로 된 365개 계단을 내려가 환상적인 기암괴석을 만날 수 있다. '동화의 나라'와 '금의 세계'는 금광산의 생성과 종류, 채굴과정, 금의 역사 등 이해를 도와준다. 마지막으로 '대자연의 신비'에서는 동양 최대의 유석폭포와 대형 석순, 석주 등 천연 종유석을 둘러볼 수 있다. 동굴 입구까지 모노레일을 타고 '정선아리랑'을 들으면서 그림바위의 경치를 구경하는 재미도 있다. 여름에는 특별이벤트로 야간공포체험 프로그램이 있다(7월 중순~8월 중순, 1시간 30분 소요, 모노레일 3,000원 별도).

🏠 화암동굴 📱 033-560-3410(화암동굴), 033-560-3429(모노레일) 🕘 09:00~18:00
₩ 입장료 7,000원, 모노레일 3,000원 P 무료

05 타임캡슐공원

중국 대륙에 한류 열풍을 일으켰던 영화 〈엽기적인 그녀〉. 영화에서 차태현과 전지현이 3년 후 다시 만날 약속을 기약하면서 타임캡슐을 소나무 밑에 묻었던 곳이다. 해발 850m 지점에 일명 '새비재'에 타임캡슐공원을 조성하였다. 영화 속 주인공 소나무를 중심으로 1년 12달을 의미하는 12개의 방사형 원형블록(1블록당 캡슐 400개)이 설치되어 있다. 소중한 현재를 미래에 있는 누군가에게 전하고 싶다면 타임캡슐을 이용해보자. 하지만, 약속된 시간에 배달되는 편지와 달리 약속의 장소로 다시 찾으러 와야만 한다. 약속을 지키기 위해.

타임캡슐공원 033-560-3462
09:00~18:00(동절기 09:00~17:00), 12~3월 휴무
타임캡슐 구입비 100일 40,000원,
1년 50,000원, 2년 60,000원, 3년 70,000원,
타임캡슐 임대비 100일 10,000원, 1년 20,000원,
2년 30,000원, 3년 40,000원
P 무료 time.jsimc.or.kr

06 삼탄아트마인

정선은 태백과 함께 1960년대 석탄산업의 현장이었다. 1962년에 설립된 삼척탄좌는 우리나라 가장 큰 민영탄광으로 유명했다. 삼척탄좌가 문 닫은 그 자리에 대한민국 '문화예술광산 1호'가 들어섰다. 삼탄아트마인이란 삼척탄좌를 의미하는 삼탄(Samtan), 예술을 의미하는 아트(Art), 광산을 의미하는 마인(Mine)의 합성어이다. 삼척탄좌가 있던 곳에 세워진 예술을 캐는 광산이란 의미이다. 바로 굴러 갈 것 같은 석탄차와 갱도, 수직으로 땅속을 파고 내려간 철 구조물, 석탄차를 끌어당기던 강철 로프, 석탄을 실어 나르던 컨베이어벨트 등 삼탄아트마인에는 지금도 석탄을 캐던 당시의 모습이 그대로 보존되어 있다. 탄광 시절 화장실로 사용되던 곳에 만든 마인갤러리3, 삼척탄좌 40년의 역사를 담은 삼탄뮤지엄과 갤러리가 볼거리를 제공하고 있다. 또한, 인기 드라마 〈태양의 후예〉 촬영지로 주변에는 관련 소품과 포토존이 남아 있다.

삼탄아트마인 033-591-3001
하절기 09:00~18:00, 극성수기(7/25~8/21)
09:00~19:00, 동절기 09:30~17:30, 신정·설날·추석 당일·월·화요일 휴관 15,000원(입장료+아메리카노 1잔)
P 무료 samtanartmine.com

07 정암사

정암사는 신라시대 자장율사가 창건한 천년고찰이다. 자장율사가 당나라에서 문수보살을 만나 뵙고 석가세존의 정골사리(頂骨舍利), 치아(齒牙) 등을 가지고 돌아와 금탑, 은탑, 수마노탑을 쌓고 그중 수마노탑에 부처님의 진신사리와 유물을 봉안하였다. 적멸보궁에 들어가는 입구에 오래된 나무 한 그루가 서 있는데, 이것은 자장율사가 꽂아 놓은 지팡이라고 전해온다. 수마노탑은 정암사의 가장 높은 곳인 적멸보궁 뒤쪽으로 급경사를 이룬 산비탈에 축대를 쌓아 만든 대지 위에 서 있다. 자장율사가 당나라에서 돌아올 때 가지고 온 마노석으로 만든 탑이라 하여 마노탑이라고도 한다. 수마노탑의 층층에 매달린 풍경을 울리는 바람을 느끼다 보면 마음이 평안해진다.

정암사 ☎ 033-591-2469 ₩ 무료 P 무료
www.jungamsa.com

Tip 적멸보궁 : 오대산 상원사, 양산 통도사, 영월 법흥사, 설악산 봉정암, 정선 정암사

08 검룡소

한강의 발원지인 검룡소까지는 평탄한 산길이 마치 예쁜 산책로와 같다. 길 옆에는 온갖 야생초와 야생화가 피어 있다. 흐르는 계곡물을 거슬러 걸으면 점점 한강의 출발점이 가까워진다는 의미다. 검룡소에서 시작된 이 물길은 정선과 영월의 동강을 거쳐 충주, 양평, 서울을 지나 서해로 빠져나간다. 하루 2,000~3,000톤의 지하수가 솟아나는 검룡소는 아무리 추운 태백의 날씨에도 얼지 않는다고 한다. 오랜 세월 동안 흐른 물줄기로 인해 구불구불하게 파인 암반과 그 위를 흐르는 물이 마치 용이 용트림을 하는 것 같은 형상이다. 전해오는 이야기로는 서해에 사는 이무기가 용이 되기 위해 한강을 거슬러 올라와 연못에 들어가기 위한 용트림이라고 한다. 검룡소 주위에 푸른 물이끼가 자라고 있어 한층 신비한 모습을 하고 있다.

검룡소(태백시 창죽동 146-5) ☎ 033-552-1360
₩ 무료 P 무료

09 용연동굴

용연이란 용의 연못(龍淵) 속에 있던 용이 계곡을 따라 하늘로 승천했다는 뜻이다. 해발 920m에 자리 잡은 용연동굴은 약 3억 년에서 1억 5천만 년 사이에 생성된 국내 유일의 최고(最高)지대 자연석회동굴이다. 국가 변란 시 피난처로 사용되었다는 이야기가 있는데 실제로 동굴 깊은 곳에 임진왜란 때 피난했다는 내력의 붓글씨가 있다고 한다. 동굴의 총길이는 843m이며, 4개의 광장과 2개의 수로로 이루어져 있다. 가장 큰 광장은 길이가 130m이고 높이가 50m로 일반적으로 동굴은 좁고 가파르다는 선입견과 달리 용연동굴은 수평굴 형태이다. 동굴 안 계단은 목조로 만들어져 관람이 편리하게 되어 있으며, 동굴 300m 지점에 있는 대형광장에는 음악에 맞춰 춤추는 리듬 분수대 1개와 일반분수대 2개, 화산모형 분수대 1개가 설치되어 있다(관람 소요시간 약 40분). 매표소에서 동굴 입구까지 1.1km 구간에 무궤도열차인 '용연열차'를 운행하고 있다.

용연동굴 033-553-8584
하절기 09:00~18:00, 동절기 09:00~17:00,
월요일 휴무 3,500원, 열차 1,000원 P 2,000원

10 매봉산 바람의 언덕

매봉산은 백두대간에서 낙동정맥이 분기하는 지점으로 천의봉이라고도 부른다. 산 아래에서부터 정상까지 펼쳐진 광활한 고랭지 채소밭과 매봉산 정상부 능선을 따라 힘찬 소리를 내며 돌아가는 커다란 풍력발전기가 이국적인 풍경을 그려낸다. TV 프로그램 〈1박 2일〉 촬영지로 알려지면서 더욱 많은 사람들이 찾고 있다. 파란 하늘을 배경으로 온통 초록색으로 덮인 채소밭과 거대한 하얀 풍차가 천천히 돌고 있는 모습을 보려면 배추의 수확기인 7월 말이나 8월 초가 여행의 적기이다. 배추밭을 따라 바람의 언덕이라 불리는 포토존이 있다. 수확철에는 안전사고를 대비하여 차량을 통제하고 마을에서 셔틀버스를 운행하니 참조하자. 매봉산의 또 다른 매력은 밤하늘에서 쏟아지듯 내려오는 별빛을 가슴 가득하게 담을 수 있다는 것이다.

매봉산 바람의 언덕 무료 P 무료

11 철암탄광역사촌

과거 마을 북쪽에 큰 바위가 있었는데 그 바위에 쇠(鐵) 성분이 많아 녹여서 쇠를 얻기도 했다. 그로 인해 쇠바위 마을로 불리다가 쇠(鐵) 바위(岩) 마을(里), 지금의 철암리가 되었다. 철암 탄광역사촌은 철암천에 기대서 있던 '까치발 건물' 내부를 리모델링해 개관했다. 철암천 쪽으로 증축하면서 하천으로 기둥을 떠받치게 됐는데, 이 모양이 까치발 같아 붙여진 이름이다. 석탄 산업이 호황이던 1950~1980년대 당시의 모습을 그대로 간직하고 있다. 페리카나, 호남슈퍼, 진주성, 봉화식당, 한양다방에는 철암의 역사와 옛 흔적, 철암을 소재로 한 사진과 자료들이 자리를 지키고 있다. 페리카나는 안내소 겸 사료전시관으로, 호남슈퍼는 철암의 과거 모습과 사진갤러리가 있다. 호남슈퍼의 옥상에는 태백 철암역두 석탄시설이 보이는 전망대가 있다. 역사촌 입구에 있는 '남겨야 하나, 부수어야 하나…'라는 비문이 발길을 돌리는 내내 마음을 흔든다.

철암탄광역사촌 033-582-8070 10:00~17:00, 1·3주 월요일 휴무 ₩ 무료 P 무료

12 태백석탄박물관

석탄이 국가기간산업의 원동력이던 시절이 있었다. 석탄은 우리나라의 유일한 에너지자원으로서 국민생활과 국가경제발전에 크게 기여해왔으나, 청정에너지의 일반화로 그 수요가 감소되었다. 태백석탄박물관은 검은 진주라 불리던 석탄산업의 변천사와 지하자원 개발사 등을 체계적으로 전시하여 우리들에게 잊혀져 가는 석탄에 대한 기억을 되새기게 해주는 동양 최대의 석탄박물관이다. 지질관, 석탄의 생성과 발견, 채굴, 광산안전관, 탄광생활관, 갱도전시장 등 총 8개의 전시장으로 구성되어 있다.

태백석탄박물관 033-552-7730
09:00~18:00, 월요일 휴무 ₩ 2,000원 P 무료
www.coalmuseum.or.kr

13 태백고생대자연사박물관

자연이 만든 구문소 옆에 인공으로 암벽을 뚫고 만든 길을 따라 올라가면 고생대 지층 위에 건립된 고생대를 주제로 한 자연사박물관이 있다. 구문소 주변이 고생대의 따뜻한 바다 환경에서 퇴적된 화석과 지층이 널리 분포된 지역이기 때문이다. '인간과 자연사의 공생'이라는 주제로 2층에는 선캄브리아시대와 전기 및 중기 고생대의 화석과 지층이 전시되어 있고, 3층에는 후기 고생대와 중생대 그리고 신생대에 살았던 다양한 동식물들을 만날 수 있다.

태백고생대자연사박물관 033-581-3003
09:00~18:00, 월요일 휴무 ₩ 2,000원(마지막 주 수요일 무료) P 무료 www.paleozoic.go.kr

14 구문소

낙동강 1,300리의 발원지인 황지에서 흘러나온 물이 큰 산을 뚫고 지나면서 석문(石門)과 깊은 소(沼)를 만들었다. 원래는 강물이 산을 뚫고 흐른다 하여 뚜루내라고 부르던 것이, 구멍이 뚫린 하천이라는 뜻에서 '구멍소'로 불리다가 '구문소'가 되었다. 석문 위에 있는 자개루에서는 마당소, 자개문, 용소, 삼형제폭포, 여울목, 통소, 닭벼슬바위, 용천 등 구문팔경을 볼 수 있다. 자연이 만들어낸 거대한 석문과 소가 주위의 낙락장송과 어우러져 신비로움을 더한다. 이곳 바위는 그 당시 적도 근처의 바다였을 것이다. 그 이유는 이곳에서 물결 자국의 소금흔, 삼엽충 등과 같은 고생대 생물 화석들이 나오기 때문이다.

구문소 ₩ 무료 P 무료

15 분천역&산타마을

봉화군 분천역은 역과 마을 전체가 산타마을로 단장되어 있다. 한때 드나드는 사람이 없어 무인역으로 전락할 뻔한 분천역은 2013년 마테호른이 있는 스위스 체르마트와 자매결연을 맺고, 분천역을 산타마을로 예쁘게 꾸며왔다. 칙칙폭폭 달리는 기차를 타고 산타가 사는 동화마을로 가는 기차여행. 진짜 크리스마스는 아니지만 아이들은 언제나 좋아한다. 어른들까지도 동심으로 돌아가 마음이 설렌다. 드디어 기차가 서고 분천역에 내리는 순간부터 크리스마스가 시작된다. 크리스마스 장식으로 꾸며진 분천역사, 산타 복장을 한 역무원, 역사를 나오면 곳곳에 대형 트리와 눈사람, 루돌프가 끄는 산타마차 등이 분천역 주변을 장식하고 있다. 백두대간협곡열차(V Train)와 중부내륙순환열차(O Train) 등 관광열차를 이용하여 산타마을로 가보자.

분천역 070-7432-7798 ₩ 무료 P 무료

정선아리랑시장(정선5일장)

정선5일장은 매달 끝자리가 2일과 7일에만 열린다? 결론부터 말하면 '아니다'. 정선에는 정선아리랑시장 이외에도 고한시장, 사북시장, 민둥산시장, 임계시장이 있다. 그중 가장 대표적인 아리랑시장은 산에서 나는 각종 산나물과 약초, 황기, 더덕 등 농산물을 구입할 수 있으며, 곤드레나물밥, 콧등치기, 감자송편 등 정선의 토속음식을 맛볼 수 있다(2일/7일). 고한시장은 태백시와 연결되는 정암사와 하이원리조트 근처에 위치한다(1일/6일). 사북시장은 과거 석탄이 호황일 때 중심에 있던 시장이다(3일/8일). 임계시장은 가장 오래된 1914년에 개장한 시골 전통장터로 강원도 3대 장터 중 하나이다. 특히 마늘, 감자 등 농산물과 함께 고랭지 무, 배추, 황기, 장외산삼, 더덕 등 생약초가 유명하다(5일/10일). 편리하고 깨끗한 대형마트와 달리 복잡하고 시끌시끌한 흥정 속에서도 넉넉한 웃음으로 살아가는 정선의 풍경이 정겹다. 도심으로 돌아가면 다시 그리워질 모습을 동동주 한 잔에 가득 채워보자.

정선아리랑시장(정선군 정선읍 봉양 7길 39), 고한시장(정선군 고한읍 고한 4길 46), 사북시장(정선군 고한읍 사북 2길 6), 임계시장(정선군 임계면 송계 2길 6)
09:00~20:00(점포마다 다름) ₩ 무료 P 무료

정선5일장

정선5일장

정선5일장

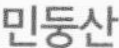

민둥산

바람 부는 가을이면 생각나는 곳. 정선 민둥산은 우리나라 대표적인 억새꽃 산행지이다. 이름만 들으면 황폐한 곳일까 의문이 들겠지만, 산 아래쪽에는 나무가 빼곡하지만 위쪽은 완만하게 들판처럼 펼쳐져 있어 그렇게 불리운다. 민둥산은 억새산이라고 불러도 될 만큼 산 전체가 억새로 뒤덮여 있다. 정상에 도착하기까지 억새를 헤치고 가는 기분이 들 정도이다.

특히 산 정상에 끝없이 펼쳐진 억새군락지는 많은 등산객과 관광객의 발걸음을 불러 모으고 있다. 가을 산들바람에 일렁이는 억새꽃의 모습을 본 사람들은 가을이면 다시금 정선으로 돌아올 수밖에 없다. 파란 가을 하늘 아래 은백 물결 억새 사이로 굽이진 오솔길. 그 속에서 잊지 못할 추억을 담아보자.

민둥산 ₩ 무료 P 등산로 입구 쪽 무료

민둥산

한보광업소

한보광업소

한보광업소

'사랑할까요? 고백할까요?' 드라마 〈태양의 후예〉 촬영지로 태백이 뜨겁다. 드라마 촬영 후 철거된 일부 시설을 복구하여 관광상품화하여 운영하고 있다. 드라마의 주요 장면을 재현한 시설 내에서 군복, 의사 가운 입어보기, 군대 식량 체험하기, 사랑의 엽서 쓰기, 군번줄 만들기, 희망의 신발끈 묶기 등 다양한 체험 거리를 즐길 수 있다. 우르크 태백부대PX(매점)에서는 드라마에 등장한 먹거리 및 기념품을 판매하고 있다.

🏠 드라마 태양의후예 촬영지(강원 태백시 통동 산67-38) ₩ 무료 P 무료

만항재 쉼터

만항재 쉼터

함백산 줄기에 자리한 만항재는 정선에서 영월로, 또는 태백으로 넘어가는 고개자락이다. 해발 1,330m 높이에 있는 만항재에는 봄부터 여름까지 온갖 야생화가 피어난다. 해발고도가 높은 만큼 꽃은 늦게 피어나지만 어느 야생화 군락지보다 화려하다. 또한, 만항재의 설경도 유명하다. 기온 차가 심해져 낙엽송 가지마다 서리가 내려앉아 상고대가 만들어진 겨울 풍경은 보는 이의 가슴을 시리게 한다. 하얀 눈이 소복하게 땅과 나무들에 입혀지면 그 아름다움을 대신할 문장이 없다. 사계절 눈이 즐거운 드라이브 코스이다.

🏠 만항재(정선군 고한읍 함백산로 1109) ₩ 무료 P 무료

상장동벽화마을

해방 후 국가 경제발전차원에서 석탄이 국가 에너지산업에 중추적인 역할을 하던 당시, 상장동은 한때 광부 4,000여 명이 살던 광산 사택촌이었다. 광부

들의 생활터전으로 집과 대폿집이 줄지어 있던 번화가였다. 힘든 일을 마치고 돌아와 삼겹살에 소주 한잔 기울이며 광부로서, 아버지로서 살아가던 그 시절. 세월이 흘러 폐광이 늘면서 광부도 사라지고 홀로 지키던 술집도 자취를 감추었지만 그들만의 이야기를 담은 이 마을을 탄광이야기마을이라 부른다. 광부들이 막장에 들어가는 장면부터 탄을 캐고 도시락을 먹는 모습까지 탄광마을의 소소한 일상들이 일기장처럼 새겨져 있다. 키 작은 노란 담벼락에 그려진 벽화만이 그들을 잊지 못하고 추억하고 있다.

🏠 상장동남부마을(태백시 상장남길 64(황지동) 일대) ₩ 무료 P 무료

상장동벽화마을

상장동벽화마을

365세이프타운

세계적으로 자연재해 대형사고가 나날이 증가하며 체계적인 안전교육의 필요성이 높아짐에 따라 '안전'이란 독특한 테마를 즐기면서 자연스럽게 안전의 중요성과 대처 요령을 익힐 수 있도록 한 곳이다. 체험 교육, 엔터테인먼트, 휴양, 레저 기능을 복합화한 세계 최초 에듀테인먼트 시설이다. 365세이프타운은 총 3개로 구성되어 있다. 가장 인기가 많은 Hero체험관에서는 직접 시뮬레이터를 타고 3D, 4D 영상과 함께 산불, 설해, 풍수해, 지진 등 재난체험을 할 수 있다. Hero어드벤처에서는 트리트랙, 집라인 등 유격장과 같은 극한도전을 통해 자신의 한계를 시험할 수 있고, Hero아카데미에서는 실제 소화기 체험 및 심폐소생술, 화재 속 미로탈출뿐만 아니라 수평도하, 외줄도하 등 비상탈출 요령을 현직 소방공무원들과 함께 교육받을 수 있다.

🏠 365세이프타운(태백시 평화길 15(한국청소년안전체험관))
🕘 09:00~18:00, 월요일 휴무 ₩ 챌린지월드 12,000원(태백사랑상품권 10,000원 환원), 자유이용권 22,000원(태백사랑상품권 20,000원 환원), 1개 체험관 5,000원 P 무료 🌐 www.365safetown.com

365세이프타운

태백래프팅

태백산 능선

태백산 일출

추천 숙소

강원랜드

정선 강원랜드
정선군 사북읍 하이원길 265 1588-7789

정선 메이플관광호텔
정선군 남면 무릉1로 85 033-592-7744

정선 마을호텔18번가
정선군 고한읍 고한2길 36 070-4157-8487

정선 드위트리펜션
정선군 남면 지장천로 146-51 0507-1416-0760

정선 파크로쉬리조트
정선군 북평면 중봉길 9-12 033-560-1111

추천 체험

태백체험공원

과거 석탄산업의 폐광지라는 특성을 살려 폐광된 실제 사무소를 학습관과 탄광사택촌, 체험갱도 등으로 재현하였다. 석탄 생산에 종사하던 광부들의 일상생활 속으로 들어가 체험을 해 볼 수 있다.

태백체험공원 033-550-2718 09:00~18:00 ₩ 1,000원

추천 맛집

정선 콧등치기국수

정선 장터의 명물인 콧등치기국수는 후루룩 들이마시다가 면발이 콧등을 칠 정도로 면발의 탄력이 좋아서 붙여진 이름이다.

성원식당 정선군 정선읍 5일장길 27-2 033-563-0439
대박집 정선군 정선읍 5일장길 37-5 033-563-8240
옹심이네 정선군 정선읍 정선로 1339 033-563-0080
동광식당 정선군 정선읍 녹송1길 27 033-563-3100

태백 태백닭갈비

태백의 닭갈비는 육수를 넣은 물닭갈비이다. 태백의 탄광에서 근무하는 광부들이 수천 미터의 지하갱도에서 석탄을 캐는 것은 목숨을 거는 일이다. 극한의 고통을 이기기 위해 기름진 육식이 필요한데 한우나 삼겹살보다는 저렴하게 먹을 수 있는 닭갈비에 육수를 넣어 더 많은 양으로 배를 채우는 것을 선호하였다. 생소하지만 담백한 국물과 식사 후 먹는 볶음밥이 일품이다.

태백닭갈비 본점 태백시 중앙남 1길 10 033-553-8119
김서방네닭갈비 태백시 시장남 1길 7-1 033-553-6378

정선 동박골식당

곤드레는 태백산의 해발 700m 고지에서 재생하는 곤드레나물과 보리로 밥을 지어 양념간장으로 비벼 먹는 웰빙음식이다.

정선군 정선읍 정선로 1314
033-563-2211

태백 허생원먹거리

태백 지역에서 생산되는 감자가루를 이용하는데, 썩은 감자가루를 이용한 감자떡도 별미이다.

태백시 세곡1길 12
033-552-5788

정선 한치식당

정선군 정선읍 녹송3길 34-1
033-562-1068

태백 태백한우골

태백시 대학길 35
033-554-4599

태백 무쇠보리

태백시 천제단길 24-1
033-553-2941

태백 초막고갈두

태백시 백두대간로 304
033-553-7388

태백 연화반점

태백시 통동 통리 1길 108
033-552-8359

태백 태백순두부

태백시 초막 2길 5
033-553-8484

콧등치기국수

태백닭갈비

Part 5

또 하나의 새로운 여행길이 시작되다

60번 서울양양(동서)고속도로

서울에서 동해안으로 가는 가장 빠른 도로가 2017년 6월 새롭게 개통됐다. 서울~양양고속도로 150.2km의 마지막 구간인 동홍천~양양 간 구간이 개통되며 서울과 양양 간 거리가 25.2km로 줄고, 주행시간이 40분가량 단축됐다. 동홍천~양양 구간은 백두대간의 험준한 산악지형을 통과하는 지리적 특성으로 터널이 많다. 또한 내린천휴게소는 국내 최초의 도로 위 휴게소로 새로운 관광명소로 평가받고 있다.

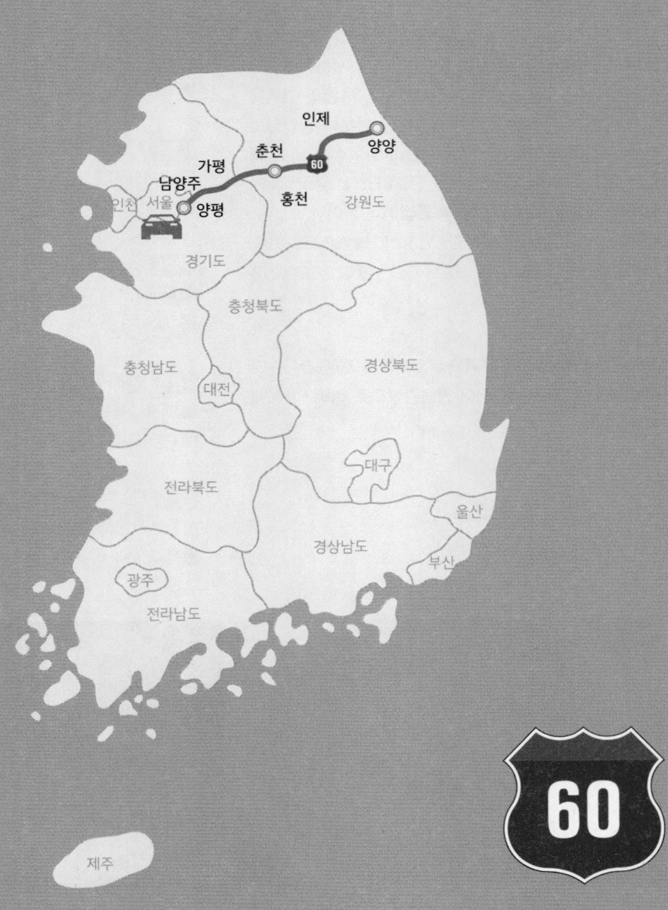

구 간

강일 IC ~ 속초 IC

양평 · 가평 · 춘천 · 홍천 · 인제

Best Course

강일 IC →

1 양평 두물머리 → 소나기마을 →

2 가평 아침고요수목원 →

3 쁘띠프랑스 →

4 춘천 남이섬 →

5 제이드가든 →

6 김유정문학촌 →

7 공지천 → 소양강처녀상 → 애니메이션박물관 →

8 강원특별자치도립화목원 →

9 소양강댐 →

10 청평사 → 홍천 생명건강과학관 →

11 수타사&수타계곡 → 홍천 은행나무숲 → 인제 아침가리계곡 → 곰배령 →

12 내린천 →

13 속삭이는 자작나무숲 →

14 백담사 → 속초 IC

14 백담사
설악산 국립공원
화천군
경기도
포천시
곰배령
12 내린천
속삭이는 자작나무숲 13
속초 IC
10 청평사
소양호
인제군
아침가리계곡
강원특별자치 도립화목원 8
9 소양강댐
연안산 도립공원
애니메이션박물관
소양강처녀상
강원도
7 공지천
춘천시
가평군
5 제이드가든
6 김유정문학촌
김유정역
홍천 은행나무숲
60
4 남이섬
홍천군
오대산 국립공원
남양주시
2 아침고요수목원
60
3 쁘띠프랑스
11 수타사/수타계곡
생명건강과학관
소나기마을
강일 IC
양평군
평창군
1 두물머리
횡성군

01 두물머리

남한강과 북한강의 물줄기가 만나는 지점으로 나루터가 있던 곳이다. 1973년 팔당댐이 생기며 포구의 기능은 상실했지만 400년이 넘은 느티나무가 황포돛배와 함께 예스러운 정취를 간직하고 있다. 특히 일교차가 큰 날이면 새벽에 물안개가 자욱이 피어올라 고즈넉한 운치를 더한다. 두물머리는 배를 연결하여 만든 다리인 열수주교로 이어진다. 출렁거리는 열수주교를 지나면 연꽃으로 가득찬 세미원이 나온다.

두물머리 031-775-8700, 031-775-1835(세미원) 입장료 무료, 세미원 7,000원
무료 www.semiwon.or.kr(세미원)

02 아침고요수목원

화전민이 염소를 키우던 돌밭을 가꾸어 한국적 아름다움인 곡선과 여백, 비대칭의 균형미를 담뿍 담아낸 수목원이다. 부드럽게 굽이치는 산책로를 따라 주제별로 꾸며진 정원이 사계절 내내 아름다운 모습을 자랑한다. 봄이면 각양각색의 튤립이 화사하게 피어나고 여름에는 200여 종의 무궁화가 동산을 뒤덮는다. 짙은 단풍과 국화 향기로 가득한 가을을 지나 겨울이 되면 화려한 조명이 수목원을 밝히는 빛 축제가 시작된다.

아침고요수목원 1544-6703
09:00~21:00(계절별 상이함) ₩ 11,000원 P 무료
www.morningcalm.co.kr

03 쁘띠프랑스

〈베토벤 바이러스〉 〈별에서 온 그대〉 등의 드라마를 촬영한 곳이다. 프랑스풍의 귀여운 마을로 알록달록한 건물과 아기자기한 하얀 담이 앙증맞다. 『어린왕자』의 이야기가 가득한 생텍쥐페리 기념관과 유럽의 전통 인형을 볼 수 있는 인형의 집, 고풍스러운 가구로 채워진 〈베토벤 바이러스〉 촬영지를 둘러보자. 150년 된 프랑스 건물을 통째로 옮겨온 프랑스 주택 전시관도 빼놓을 수 없다. 메종 드 오르골에서는 오르골 연주를, 떼아뜨르별 극장에서는 인형극을 관람할 수 있다. 숙박동이 있어 하룻밤 머물기도 좋다.

쁘띠프랑스 031-584-8200 09:00~18:00
₩ 12,000원 P 무료 www.pfcamp.com

04 남이섬

남이섬은 드라마 〈겨울연가〉의 촬영지로 북한강에 있는 작은 섬이다. 선착장에서 배를 타거나 집와이어를 이용하여 섬에 들어갈 수 있다. 강변 산책로를 비롯해 메타세쿼이아길, 자작나무길, 갈대숲길 등의 아름다운 산책로가 섬의 곳곳에 조성되어 있다. 가을이 되면 온통 노란색으로 물드는 은행나무길이 그중 가장 유명하다. 노래박물관, 그림책놀이터 등의 문화공간과 호텔, 레스토랑 등의 편의시설도 갖추고 있다.

- 남이섬 ☎ 031-580-8114(남이관광안내소)
- 선박운항시간 08:00~21:00 ₩ 승선료 16,000원
- P 최초 12시간 6,000원(이후 시간당 1,000원)
- www.namisum.com

Tip 남이섬 주차

남이섬 근처에는 식사하면 주차장을 무료로 이용할 수 있는 식당이 많다. 남이섬 주차장을 이용할 경우, 카카오 T 앱을 사용해 모바일 결제를 하면 2,000원 할인된다.

05 제이드가든

제이드가든은 산골짜기에 흐르는 물줄기를 따라 일자 모양으로 조성된 수목원이다. 입구로 들어서면 원뿔 모양의 나무가 줄지어 있는 영국식 정원과 파릇파릇한 잔디가 시원스레 펼쳐진 이탈리아 정원이 나온다. 이곳을 지나 고즈넉한 산책로를 따라가면 다양한 테마의 정원을 차례로 만나게 된다. 분수가 있는 연못과 아기자기한 야생화 정원을 거쳐 꼭대기에 있는 스카이가든까지 가는 데 40~50분 정도 소요된다. 오르막이 계속 이어지는 산길이므로 편한 복장으로 방문하는 것이 좋다.

제이드가든 033-260-8300 09:00~18:00 (입장마감 17:00) 11,000원 무료

06 김유정문학촌

김유정문학촌은 김유정 작가의 고향인 실레마을에 조성된 문학마을로 김유정 작가의 생가와 기념전시관이 있다. 기념전시관에서는 작가의 삶과 작품세계를 엿볼 수 있다. 김유정 작가의 소설 중 『동백꽃』 『봄봄』을 비롯한 12편의 작품이 실레마을을 배경으로 한다. 마을을 걸으면 곳곳에서 작품의 무대가 된 장소를 만날 수 있다.

김유정문학촌 033-261-4650 3~10월 09:30~18:00, 11~2월 09:30~17:00, 신정·설날·추석 당일·월요일 휴무 2,000원 무료 www.kimyoujeong.org

Tip 김유정 레일바이크

김유정역에서 출발하여 강촌역까지 운행하는 레일바이크로 북한강의 시원한 모습을 감상할 수 있다. 강촌역에서 무료 셔틀버스를 이용하여 김유정역으로 돌아오면 된다. 홈페이지를 통해 예매가 가능하다.

033-245-1000 www.railpark.co.kr

07 공지천

공지천은 호반의 도시 춘천을 한껏 즐길 수 있는 대표적인 장소이다. 유유히 흐르는 강물 위에 하얀 오리배가 떠 있고 강변에는 한국 최초의 원두커피집과 멋진 작품이 가득한 조각공원, 올록볼록 재미난 모양의 구름다리가 있다. 밤이 되면 색색의 조명이 불을 밝혀 환상적인 분위기를 자아낸다.

공지천유원지 주차장(춘천시 이디오피아길 7)
033-250-3089 ₩ 무료 P 무료

08 강원특별자치도립화목원

강원특별자치도립화목원에서는 30개의 주제로 구성된 수목원과 춘천 산림박물관을 함께 관람할 수 있다. 투명한 유리온실인 반비식물원과 꽃으로 둘러싸인 분수광장, 수생식물이 자생하는 연못, 암석원과 운치 있는 정자를 둘러보자. 따뜻한 봄날 나들이 장소로 제격이다. 화려한 철쭉원을 지나면 강원도의 식물에 관한 자료와 박제된 다양한 동물, 곤충표본 등이 전시되어 있는 산림박물관이 나온다.

강원특별자치도립화목원 033-248-6685
3~10월 09:00~18:00, 11~2월 09:00~17:00,
신정·설날·추석 당일·매월 첫째 주 월요일 휴무
₩ 1,000원 P 무료 www.gwpa.kr

09 소양강댐

소양강댐은 시원한 경관을 자랑하는 다목적 댐이다. 구불구불한 길을 따라 올라가면 하늘을 향해 뻗어 있는 기념탑이 나온다. 소양강댐 위를 걷는 '댐정상길'의 끝에는 멋진 전망을 볼 수 있는 팔각정이 있다. 팔각정까지 왕복 약 2.5km, 40분 정도가 소요된다. 88올림픽의 마스코트인 호돌이 동상과 댐에 관한 자료를 볼 수 있는 물문화관을 지나면 청평사로 갈 수 있는 소양강 선착장이 나온다.

소양강댐 033-259-7334(소양강댐 물문화관)
₩ 무료 P 무료

Tip 청평사 가는 길

청평사로 향하는 도로는 좁고 커브가 심한 산길이다. 걸리는 시간도 짧지 않으니 춘천의 낭만을 만끽할 수 있는 배편을 이용하자. 소양강댐에서 아침 10시에 청평사로 향하는 첫 배가 있다. 마지막 배는 청평사에서 16시 30분에 출발한다.

033-242-2455(소양관광 선박 안내)
₩ 선박 왕복 10,000원, 편도 6,000원

10 청평사

소양강 선착장에서 10분 정도 배를 타면 청평사로 오르는 입구에 도착한다. 울창한 숲길을 따라 걸으면 공주와 상사뱀의 전설을 담고 있는 삼층석탑과 구성폭포, 영지가 나온다. 영지는 작은 연못으로 고려시대의 이자현이 37년간 머물며 가꾸었던 정원의 흔적이다. 영지를 지나 계속 산길을 오르면 청평사를 만나게 된다. 청평사의 대문인 회전문은 보물 164호로 지정되어 있다. 대웅전은 국보로 지정되어 있었으나 한국전쟁 때 훼손되어 다시 지었다.

청평사 033-244-1095 ₩ 무료 P 2,000원 cheongpyeongsa.co.kr

11 수타사&수타계곡

수타사는 원효대사에 의해 창건된 것으로 전해진다. 신라시대 성덕왕 7년(708년)에는 우적산 일월사로 불리다가 선조 2년(1568년)에 현재의 자리로 옮겨지게 되면서 수타사라고 부르기 시작했다. 임진왜란 때 소실되어 40년가량 폐허로 남아 있다가 1636년 중창이 시작되었다. 보물『월인석보』와 문화재 가치가 높은 삼층 석탑과 홍우당부도 등이 있다. 수타사로 가는 길을 안내하고 있는 계곡은 사계절이 아름다운 것으로 유명하다. 수타계곡은 물길을 따라 봄이면 철쭉꽃이 피고, 가을에는 붉은 단풍으로 계곡물을 수놓는다. 계곡자락에 펼쳐진 갈대숲은 오가는 관광객들의 발걸음을 느리게 만든다.

수타사 033-436-6611 무료 P 무료

12 내린천

인제군은 내린천 일대에 래프팅, 번지점프, 짚트랙, 패러글라이딩, 스캐드다이빙 등의 레포츠를 적극적으로 장려하고 있다. 덕분에 이곳은 다양한 모험레포츠를 즐길 수 있는 여행지로 자리 잡았다. 일반적으로 내린천이라고 말하는 곳은 인제군 인제읍 고사리에 있는 수변공원에서 인제군 기린면 현리까지의 내린천 하류에 해당하는 곳이다. 청정수역인 내린천은 우기가 아니어도 수량이 풍부하고 여러 난이도의 급류 코스가 잘 갖추어져 있어 우리나라의 대표적인 래프팅 장소로 손꼽힌다. 고사리와 원대교 인근에서 래프팅 업체를 찾을 수 있다. 주차는 원대교 옆의 수변공원에 하면 된다. 수변공원은 내린천 래프팅 A코스의 출발장소이자 짚트랙을 즐길 수 있는 곳이다.

내린천수변공원(인제읍 내린천로 5693)
수변공원 무료 www.naerinchon.net

13 속삭이는 자작나무숲

'자작자작' 소리를 내며 타들어 간다고 해서 자작나무라 이름 붙여진 하얀 나무. 추운 지방에서 자라는 이 나무는 20m까지 자라는 날씬한 곧은줄기를 가지고 있다. 자작나무는 강원도 산간 지방에서 많이 볼 수 있는데 그중 41만여 그루의 자작나무가 군락을 이루는 인제읍 원대리의 자작나무숲이 유명하다. 이곳은 사계절 내내 고운 자태를 자랑하지만, 겨울이 되면 특히 더 아름다워진다. 주차장에서 약 3km의 산길을 걸어 올라가야 자작나무숲을 만날 수 있다. 올라가는 길이 아주 가파르지는 않으나 눈이 내리면 상당히 미끄러워지므로 '아이젠' 등의 등산 장비를 챙기는 것이 좋다. 보통 오후 2~3시가 지나면 입장할 수 없고, 봄과 가을에는 한시적으로 입산이 통제되기도 하므로 방문하기 전 입산 가능 여부를 반드시 확인하자.

속삭이는자작나무숲 033-463-0044
입산 가능 시간 하절기 09:00~15:00, 동절기 09:00~14:00 무료 5,000원

14 백담사

설악산 깊은 계곡에 위치한 백담사는 화재가 잦은 절이다. 신라시대 때 '한계사'란 이름으로 창건된 이후 10여 번의 큰 화재가 있었고 그때마다 터를 옮겨가며 이름을 바꾸었다. '백담사'란 이름은 11번째 이름인데 이 이름에 전해 내려오는 이야기가 있다. 어느 날 주지 스님의 꿈속에 백발노인이 나타나 대청봉에서 절까지의 웅덩이 수를 세어보라 하였다. 웅덩이 수를 세어보니 100개였고, 웅덩이 개수를 따 절 이름을 백담사로 바꾸었더니 더는 불이 나지 않았다고 한다. 물론 전해 내려오는 이야기일 뿐 실제로는 1915년에 큰 화재가 있었고 한국전쟁 때도 소실되어 재건하였다. 1988년, 전직 대통령이 세상을 피해 머무르고 있을 때는 성난 민중의 화염병에 의해 불이 나지 않을까 전전긍긍했다고 한다. 불타 없어져도 계속 재건되는 근성 때문인지 백담사 앞 계곡에는 누군가의 소망을 담은 돌탑이 가득하다. 백담사에 가기 위해서는 입구에서 구간버스를 이용해야 하는데 단풍이 절정에 이르는 시기에는 이 버스를 타기 위해 긴 줄을 서야 한다.

백담사 033-462-3009(구간버스) 입장료 무료, 구간버스 편도 2,500원
최초 3시간 3,000원(이후 시간당 1,000원), 1일 8,000원 www.baekdamsa.or.kr

황순원문학촌 소나기마을

황순원문학촌 소나기마을

황순원의 소설 『소나기』를 주제로 조성한 공원이다. 소년과 소녀가 만난 장소, 추억이 서린 들판과 개울 등 소설 속의 여러 공간이 재현되어 있다. 두 주인공이 비를 피하던 원두막과 수숫단이 있는 소나기 광장에서는 매일 인공 소나기가 내린다. 황순원 문학관에는 작가의 작품세계를 알 수 있는 전시실과 전자책 및 오디오북을 감상할 수 있는 문학 카페가 있다.

소나기마을 031-773-2299 3~10월 09:30~18:00, 11~2월 09:30~17:00, 신정·설날·추석 당일·월요일 휴무 ₩ 2,000원 P 무료
www.yp21.go.kr/museumhub

소양강처녀상

2005년 북한강에 세워진 높이 7m의 동상이다. 낮에는 하얀 구름이 비치는 북한강의 시원한 풍광을, 밤에는 무지개를 형상화한 소양 2교를 배경으로 아름다운 야경을 볼 수 있다. 지나는 길에 잠시 들러 쉬어가자.

소양강처녀상 ₩ 무료
P 스카이워크공영주차장 최초 30분 600원(이후 10분당 300원)

애니메이션박물관

애니메이션박물관

애니메이션박물관

애니메이션박물관에 들어서면 필름이 감겨 있는 모양의 기둥과 귀여운 캐릭터 조형물이 눈길을 잡는다. 애니메이션의 기원과 원리, 발전과정을 알 수 있는 전시실과 생생하게 펼쳐지는 영상을 볼 수 있는 입체영상관이 있다. 애니메이션 박물관 옆에는 아이들이 좋아하는 로봇체험관이 있다. 로봇체험관에서는 직접 로봇을 조종해 볼 수 있고 애니메이션 속의 유명한 로봇도 만날 수 있다.

애니메이션박물관 033-245-6470 10:00~18:00, 신정·설날·추석 당일·매월 첫째 주 월요일 휴무 ₩ 통합권(애니메이션박물관+로봇체험관) 7,000원
P 무료 www.gica.or.kr/Ani/index

소양강처녀상

생명건강과학관

건강에 대한 과학적 정보를 체계적으로 분류, 전시한 복합체험전시장이다. 우리의 생활과 질병에 대한 이해, 자연에서의 치유, 행복한 노후와 건강한 식사에 대해 체험할 수 있다. 건강에 관한 관심이 높아진 요즘 아이들뿐만 아니라 어른들에게도 좋은 체험이 될 듯하다. 생명, 건강 관련 체험학습을 통해 건강 실천의 동기를 부여하고자 한다.

홍천생명건강과학관 033-430-2836 09:00~18:00, 설·추석 연휴·월요일 휴무 ₩ 1,500원 P 무료
hongcheon.go.kr/sciencecenter

생명건강과학관

홍천 은행나무숲

홍천 은행나무숲은 원래 관광지가 아니다. 삼봉약수가 효험 있다는 얘기를 듣고 한 남편이 소화불량으로 고생하던 아내를 위해 이곳으로 오게 되었다. 이곳에서 남편은 아내의 쾌유를 빌며 은행나무 묘목을 심었다고. 그렇게 30년이라는 시간이 지나 우리나라에서 가장 아름다운 은행나무숲을 이루게 되었다. 1년 중 딱 한 번, 10월에만 개방하는 홍천 은행나무숲. 애틋한 부부의 사랑이 노란 은행나무숲을 더욱 아름답게 보이게 만든다.

홍천 은행나무숲 033-433-1259 10월 10:00~17:00
₩ 무료 P 무료

홍천 은행나무숲

아침가리계곡

'가리'는 경작할 땅을 이르는 말이다. '아침가리'는 아침 한나절 잠시 드는 볕에 밭을 간다고 하여 붙여졌다. 그만큼 볕이 잘 들지 않는 깊은 계곡이라는 뜻이다. 아침가리계곡에는 옥색 빛의 맑은 물과 계곡을 따라 펼쳐진 원시림이 절경을 이루고 있다. 계곡에는 1급수에서만 산다는 열목어가 헤엄을 친다. 찰랑거리는 물길을 따라 트레킹과 함께 물놀이를 즐길 수 있어 여름철 휴양지로 유명하다.

아침가리계곡 ₩ 무료 P 무료

아침가리계곡

곰배령

곰이 하늘을 향해 배를 드러내고 누워 있는 모습이라 하여 곰배령이다. 1,000m가 넘는 고지 위에 펼쳐진 곰배령은 천상의 화원이라고도 불린다. 곰배령을 뒤덮고 있는 색색의 희귀 야생화 덕분이다. 곰배령은 산림유전자원 보호구역으로 지정되어 하루에 입산할 수 있는 인원이 300명으로 제한되어 있다. 1년 중 8개월만 입산할 수 있고 입산 시간도 하루 3회로 정해져 있으므로 산림청 홈페이지를 통해 미리 입산 신청을 해야 한다.

곰배령 033-463-8166 월·화요일 입산 불가 ₩ 무료 P 5,000원

곰배령

추천 숙소

가평 쁘띠프랑스
쁘띠프랑스 내에 있는 숙박시설로 4인실부터 10인실까지 다양한 객실이 준비되어 있다.
쁘띠프랑스 031-584-8200
www.pfcamp.com

춘천 정관루
남이섬 안에 있는 숙박시설이다. 침대방과 온돌방이 있으며 객실마다 다양한 테마로 개성 있게 꾸며져 있다. 강변에는 독립된 공간을 가진 13동의 별관이 있어 편리하게 이용할 수 있다.
남이섬 031-580-8000
namisum.com/hotel/jeonggwanru

춘천 KT&G 상상마당 춘천스테이호텔
공지천 근처에 있는 호텔로 감각적이고 깔끔한 인테리어가 돋보인다. 복합 예술 공간인 '상상마당'을 여유롭게 즐길 수 있다.
상상마당 춘천스테이호텔 033-818-4200
ssmdstay.com

홍천 기와집풍경
기와집풍경 033-434-8646
www.kiwajib.com

추천 체험

춘천 물레길 카누투어
물의 도시 춘천에서 카누를 타고 물레길을 돌아보는 것은 상상만으로도 즐거운 일이다. 특히 물안개가 피어나는 이른 아침이나 하늘이 붉게 물드는 해 질 녘에 즐기는 카누체험은 잊지 못할 추억이 될 것이다. 카누체험은 초보자도 쉽게 즐길 수 있으며 카누 한 대에 성인 2명과 어린이 2명까지 탑승할 수 있어 가족 단위로 즐기기에도 좋다.
춘천중도물레길 033-243-7177
09:00~18:00(계절과 기상 상황에 따라 변동)
₩ 2인승 30,000원 P 무료 www.ccmullegil.co.kr

인제 인제스피디움
복합 자동차 문화공간으로 호텔, 콘도 등의 숙박시설과 국제 규모의 자동차 경주장을 갖추고 있다. 경주장은 총 길이 3.9km의 서킷을 보유하고 있다. '서킷택시'와 '서킷사파리' 프로그램을 이용하면 별다른 면허증 없이도 서킷을 즐길 수 있다. 서킷이 항시 개방되는 것이 아니므로 방문 전 체험 가능 시간을 확인해야 한다.

- 서킷사파리 : 전문 드라이버가 운전하는 선도 차량을 따라 자차로 서킷을 주행한다(이용요금 3Laps 주행 40,000원).
- 서킷택시 : 전문 드라이버가 운전하는 레이스카에 탑승하여 서킷을 즐길 수 있다(이용요금 80,000원).

인제스피디움 1644-3366 www.speedium.co.kr

쁘띠프랑스

쁘띠프랑스

추천 맛집

춘천 할매삼계탕

26년 전통의 식당으로 삼계탕과 매생이 전복죽의 단 두 가지 메뉴만 판매한다. 11가지 견과류를 사용한 고소한 삼계탕이 일품이다.

춘천시 백석골길22번길 34 033-242-9650

춘천 독일제과

1968년에 문은 연 제과점으로 호두가 듬뿍 들어간 수제 호두파이가 인기 메뉴이다.

춘천시 중앙로 39 033-254-3446

홍천 양지말먹거리촌

홍천에서는 옛날부터 귀한 손님에게 숯불에 고추장삼겹살을 구워 대접했다고 한다. 대략 30년 전쯤 형성된 이곳은 처음엔 소규모로 시작되었는데 지금은 숯불구이촌이 형성되어 홍천의 명물이 되었다.

홍천군 홍천읍 양지말길 17 www.yangjimal.com

홍천 양지말 화로구이

홍천군 홍천읍 양지말길 17-4 033-435-7533 www.yangjimal.com

홍천 한림정

홍천군 홍천읍 송학로 20 033-434-8300

SNS 핫플레이스

카페 리버레인

가평군 청평면 북한강로 2141-2 0507-1399-2141

카페 니드썸레스트

가평군 가평읍 경춘로 1859 0507-1316-1859

카페 골든트리

가평군 가평읍 북한강변로 326-124
0507-1388-9872

카페 카페드220볼트

춘천시 동내면 금촌로 107-27 033-263-0220

카페 감자밭

춘천시 신북읍 신샘밭로 674 1566-3756

카페 산토리니

춘천시 동면 순환대로 1154-97 033-242-3010

카페 어반그린

춘천시 서면 박사로 732 010-7935-4378

카페 유기농카페

춘천시 신북읍 지내고탄로 184 0507-1424-3406

Part 6

천혜의 아름다움을 만끽하자!

15번 서해안고속도로

서해안고속도로는 우리나라에서 경부고속도로 다음으로 긴 고속도로다. 1980년부터 서해안고속도로의 건설은 논의되었지만 구체화된 것은 1987년부터다. 서해안 지역의 자원 잠재력을 끌어내기 위한 이 고속도로의 개통으로 태안, 서산, 변산반도 등의 아름다운 풍광을 조금 더 쉽게 볼 수 있게 됐다. 특히 태안 부근을 서울에서 2시간 안팎이면 갈 수 있게 되어 신년이나 연말이면 낙조나 일출, 일몰 등을 보기 위해 많은 인파가 찾는다.

구 간 1

송학 IC ~ 홍성 IC

당진·서산·태안·홍성

Best Course

송학 IC →
당진 필경사&심훈기념관 →
1. 왜목마을 →
   서산 삼길포항 → 황금산 →
2. 태안 신두리해안사구 →
3. 천리포수목원 →
4. 태을암&마애삼존불 → 천주교태안교회 →
5. 청산수목원 →
6. 안면도 쥬라기 박물관 → 드르니항 →
7. 꽃지해수욕장 → 안면도자연휴양림 →
8. 안면암 →
9. 서산 간월암 → 홍성 궁리포구 →
   속동전망대 → 남당항 → 홍성 IC

1 왜목마을
화성시
황금산
삼길포항
송학 IC
평택시
안성시
필경사&심훈기념관
당진시
태안해안국립공원
2 신두리해안사구
진천군
아산시
천안시
3 천리포수목원
4 태을암/마애삼존불
천주교태안교회
15
예산군
5 청산수목원
안면도 쥬라기 박물관 6
드르니항
9 간월암
궁리포구
태안해안국립공원
8 안면암
속동전망대
홍성 IC
15
남당항
홍성군
충청남도
꽃지해수욕장 7
안면도자연휴양림
공주시
보령시
청양군
대전광역시
남당항
계룡산국립공원

01 왜목마을

서해의 일출은 동해의 화려한 일출과는 다른 느낌이다. 한순간 바다 위에 놓이는 짙은 황톳빛 기둥이 소박하면서도 서정적인 분위기를 만들어내는데, 그래서인지 서해의 일출과 일몰은 연말과 연초에 더욱 인기 있다. 특히 서해의 땅끝마을이라 불리는 왜목마을은 해안이 동쪽을 향해 돌출되어 있는 독특한 지형구조 때문에 육지가 멀리 떨어져 있고, 수평선이 동해안과 같은 방향이라 일출과 일몰, 월출을 모두 볼 수 있다. 유명한 촛대바위 위로 솟는 일출은 1월경에 볼 수 있어 특히 이때는 두 손 꼭 잡은 연인부터 사진을 찍기 위한 이들까지 많은 사람이 찾는다. 태양이 국화도와 장고항 사이로 이동하며 뜨고 지기 때문에 석문산 정상에서 보면 일출과 월출의 위치가 시기별로 달라지는 것도 볼 수 있다. 바닷가 앞에서 바라보는 일출도 좋지만 석문산에서 바라보는 일몰 또한 유명하다.

왜목마을 ₩ 무료 P 무료 waemok.kr

02 신두리해안사구

태안의 신두리해안사구는 2001년 11월 천연기념물로 지정되었다. 강한 바람에 의해 해안가로 운반된 모래가 오랜 시간에 걸쳐 모래언덕을 이룬 퇴적지형이다. 군락을 이룬 해당화, 조류의 산란 장소 등으로 생태적 가치가 높다. 육지와 바다 사이의 생태적 완충제이기도 하고, 폭풍과 해일로부터 해안선과 농경지를 보호해주기도 한다. 해안사구 안쪽으로 길게 데크를 만들어놓아 산책하며 감상하기 좋다. 사막에서나 볼 수 있을 법한 모래언덕의 바람 자국이 이국적이다.

신두리해안사구센터 041-672-0499
₩ 무료 P 무료 sinduri.x-y.net

Tip 신두리해안사구센터

신두리해안사구의 형성 과정과 사구생태공원 안에 있는 동식물의 정보를 전시 및 영상으로 재현해 놓은 공간이다.

09:00~18:00, 월요일 휴무 ₩ 무료 P 무료

03 천리포수목원

우리나라의 인심과 자연에 이끌려 푸른 눈의 한국인이 된 민병갈이 설립한 수목원이다. 보유 수종은 목련류 400여 종, 동백나무 380여 종, 호랑가시나무류 370여 종, 무궁화 250여 종, 단풍나무 200여 종을 비롯해 1만 3,200여 종에 달한다. 본래 허락을 받은 식물 연구자나 후원 회원만이 출입할 수 있었으나 1997년 외환위기 이후 끊임없는 재정난으로 결국 2009년 3월부터 일반에 공개되고 있다. 천리포수목원은 바다가 인접해 있어 입구에 들어서면 바다를 바라보며 쉴 수 있는 공간이 있다. 수목원을 여유롭게 관람한 후 이곳에서 잠시 쉬면서 낙조를 보는 것도 좋다.

천리포수목원 041-672-9982
4~10월 09:00~18:00, 11~3월 09:00~17:00
₩ 11,000원(4~5월 13,000원) P 무료
chollipo.org

04 태을암&마애삼존불

태을암은 백화산 중턱에 자리 잡고 있는 작은 사찰로, 창건 연대는 알려져 있지 않다. 사찰의 이름은 단군의 영정을 안전시켰던 태일전에서 유래했다고 전해지고 있으나 문헌상 기록은 없다. 태일전은 현재 터만 남아 있다. 2004년 8월에 국보로 지정된 마애삼존불은 대웅전에서 30m 정도 떨어진 곳에 있다. 돋을새김으로 새겨진 마애삼존불은 좌우에 여래입상, 가운데에 보살입상을 배치하여 조각했다.

태을암 041-672-1440 ₩ 무료 P 무료

Tip 백화산성

길은 가파르나 태을암 입구까지 차로 이동할 수 있다. 마애삼존불이 모셔진 곳에서 오른쪽으로 백화산성으로 올라가는 길이 있다. 걸어서 5~10분이면 백화산의 정상이자 백화산성에 닿을 수 있다. 산길은 나무계단으로 정리되어 있어 험하지 않고, 올라가는 시간도 짧아 가볍게 산책하기에도 좋다. 시내를 한눈에 조망할 수 있다.

05 청산수목원

10만 제곱미터 규모의 수목원이다. 수생식물 200여 종, 홍가시나무, 황금메타세콰이어, 핑크뮬리, 팜파스글래스 등 600여 종의 식물을 볼 수 있다. 매년 여름에는 연꽃축제, 봄에는 홍가시축제, 창포축제, 가을에는 팜파스축제로 유명하다. 특히 성인의 키를 훌쩍 넘는 팜파스는 꼭 찍어야 할 사진 포인트로 인기가 많다.

청산수목원 041-675-0656 6~10월 08:00~일몰 1시간 전, 11~5월 09:00~일몰 1시간 전
12~3월 9,000원, 4~8월 중순 12,000원, 8월 하순~11월 13,000원
무료 greenpark.co.kr

06 안면도 쥬라기 박물관

안면도 드르니항에서 5분 거리에 있다. 쥬라기 박물관은 20여 년 동안 해외 곳곳의 전시회와 발굴 현장을 돌며 공룡 화석들을 수집하고, 유명 학자들의 고증과 검증을 거쳐 건립되었다. 쥬라기 박물관에는 국내에서는 한 번도 선보인 적 없는 스피노사우루스의 골격, 티라노사우루스의 알 등 진품 공룡 화석들이 전시되고 있다. 또한, 300여 종의 광물과 원석, 그리고 그 원석을 가공하여 만든 보석과 주얼리 제품도 전시되어 있어 어린이뿐만 아니라 어른들도 충분히 볼만하다.

안면도 쥬라기 박물관 041-674-5660
09:30~17:30, 여름 성수기 09:30~18:00
(폐장 1시간 전 매표 마감), 월요일 휴무 13,000원,
통합권(박물관+미디어관+천문관) 21,000원
P 무료 anmyondojurassic.com

07 꽃지해수욕장

넓은 백사장과 맑고 깨끗한 바닷물, 완만한 수심, 알맞은 물 온도와 울창한 소나무 숲 등으로 이루어져 있다. 할미 · 할아비바위를 배경으로 펼쳐지는 낙조가 특히 아름다워 출사지로도 유명하다. 간조 때에는 할미 · 할아비바위까지 걸어가거나, 갯벌 체험도 할 수 있어 가족 단위로도 많이 찾는다.

꽃지해수욕장 ₩ 무료 P 무료
taean.go.kr/tour.do

Tip 꽃지해수욕장 갯벌체험

꽃지해수욕장에서는 무료로 갯벌체험이 가능하다. 도구는 현지에서 구매하거나 대여할 수 있다. 근처 펜션에서 숙박하는 경우 무료 대여를 해주는 경우도 있다.

08 안면암

법주사의 지명스님을 따르는 신도들이 동쪽 바닷가에 지은 3층짜리 절이다. 앞바다에 여우섬이라고 불리는, 서로 똑같이 생긴 무인도 두 개가 있다. 그 두 개의 섬 사이로 금색 탑이 보이는데 물이 차면 섬과 함께 바다에 떠 있는 듯 보여 그 모습이 신비롭다.

안면암과 여우섬 사이에 놓여 있는 100여 미터에 이르는 부교를 통해 걸어서 섬까지 다녀오는 색다른 재미도 느낄 수 있다. 부교는 두 명이 간신히 걸을 수 있을 만큼 좁다. 물이 차면 살짝 잠기거나 바람으로 인해 흔들거려 걸을 때마다 바다에 빠지는 듯한 아슬아슬한 재미를 준다. 이곳은 안면암에서 바라보는 주변 경관이 아름다워 단숨에 명소가 되었는데, 넘실거리는 바다 위에서 보는 낙조는 단연 일품이다. 부교 위에서 바라보는 안면암 또한 주변과 어울려 절경이다.

안면암 041-673-2333 일출~일몰 P 무료 anmyeonam.org

09 간월암

무학대사가 이곳에서 달을 보고 깨달음을 얻어 암자는 간월암, 섬 이름은 간월도라고 불렀다. 실제로 법당에는 무학도사를 비롯해 이곳에서 수도했던 고승들의 초상화가 걸려있다. 물이 차면 물 위에 떠 있는 암자처럼 느껴지지만, 물이 빠지면 걸어 들어갈 수 있는 길이 열린다. 그 길을 따라 섬으로 들어가보자. 옛 선조들의 숨결을 함께 느낄 수 있는 고찰과 끝없는 서해바다의 경관이 무척이나 어울린다. 이곳에서 보는 서해의 낙조 또한 장관이다. 이 아름다운 낙조를 보고 싶다면 방문 전 물때를 꼭 확인해두도록 하자.

간월암 041-668-6624 일출~일몰 P 무료

필경사&심훈기념관

필경사&심훈기념관

드르니항

삼길포항

석문방조제

황금산(코끼리바위)

필경사&심훈기념관

필경사는 소설가이자 영화인인 심훈 문학의 산실이었던 집으로, 심훈 선생이 낙향 후 직접 설계하여 짓고 필경사라는 당호를 붙인 아담한 팔작지붕의 목조 집이다. 필경사라는 옥호는 시의 제목에서 따온 것인데, 당시 그의 광복에 대한 투쟁심과 염원이 보이는 듯하다.

필경사 옆에는 심훈 작가의 원고 원본이나 사진, 당시의 물건들을 관람할 수 있는 기념관이 있으니 들러보자.

심훈기념관 041-360-6883 전시관 3~10월 09:00~18:00, 11~2월 09:00~17:00, 월요일 휴무 무료 무료 shimhoon.dangjin.go.kr

드르니항

드르니항이라는 이름은 '들르다'라는 우리말에서 비롯되었다. 규모가 작고 한적한 항구지만 남면 드르니항에서 안면도 백사장항을 이어주는 해상 인두교 '대하랑 꽃게랑 다리'가 생기면서 새로운 낙조 명소로 자리 잡았고, 이제는 사진 촬영을 위해서도 많이 찾는다.

길이 250m의 대하랑 꽃게랑 다리는 태안의 특산물인 대하와 꽃게를 주제로 조성됐는데, 나선형으로 되어 있는 진입로가 멀리서 보면 영락없이 꽃게와 닮아 있어 그 이름이 무척 어울린다. 차량 통행은 되지 않지만, 꽃게 등을 타고 바다 위를 걸어보자. 다리의 중간 지점에는 조향장치도 만들어놓고 양옆 바닥에는 투명한 강화 플라스틱을 깔아 놓아 걷는 재미를 준다.

드르니항

삼길포항

차박지로도 많이 찾는 곳이다. 당진군 대호지면과 경계를 이루고 있는 서산의 북쪽 관문으로 7.8km의 동양 최대의 대호방조제가 있는 곳이다. 방조제는 드라이브 코스로 좋으며 포구 뒤편의 국사봉에서 내려다보는 경관이 아름답다.

삼길포항

Tip 석문방조제&대호방조제

충청남도 서해안에는 리아스식 해안이 사라진 자리에 방조제가 많이 만들어져 있다. 거의 일직선에 가까운 당진시의 석문방조제와 대호방조제도 그 대표적인 사례다. 왜목마을을 가는 중간에 위치해 있다.

석문방조제, 대호방조제

황금산(코끼리바위)

황금산은 물이 빠지면 나타나는 바위가 코끼리 모양으로 보여 코끼리 바위로도 불린다. 옛 이름은 항금(亢金)산이었는데 금이 발견되면서 황금산이 되었다고 한다. 실제로 금을 파내던 흔적이 남아 있다. 산신령과 임경업 장군의 초상화를 모셔두고 풍어제, 기우제 등을 지내던 황금산사는 터만 남아 있던 것을 1996년에 복원하였다.

황금산 물이 빠질 때 무료 무료

천주교태안교회

한눈에 알아볼 수 있는 성당을 짓고 싶다는 생각에 전주 전동성당을 모델로 건축하게 되었다. 설계도도 없고, 비용도 만만치 않았으나 각고의 노력으로 완성하게 되었다. 건축 시, 흙가마에 벽돌을 굽는 옛날 방식을 이용했다.

🏠 천주교태안교회 ☎ 041-674-1004 ₩ 무료 P 무료

🌐 cafe.naver.com/taean1004

천주교태안교회

안면도자연휴양림

고려시대부터 소나무 군락지로 유명했던 안면도는 조선시대에 이르면서 왕실에서 사용하는 것이 아니면 벌채를 엄격히 금하던 곳이다. 그 덕에 하늘 높이 뻗어 있는 홍송들이 잘 보존되어 지금은 휴양림으로 사용되고 있다. 휴양림 내에 있는 숲속의 집, 산림전시관, 잔디광장, 학습장 등을 통해 자연을 배울 수도 있다. 숲속의 집은 한 달 전 홈페이지를 통해 예약 가능하다.

🏠 안면도자연휴양림 ☎ 041-674-5019

🕒 3~10월 09:00~18:00, 11~2월 09:00~17:00 ₩ 1,000원 P 3,000원

안면도자연휴양림

해안 드라이브, 궁리포구에서 남당항까지

드라이브 코스

천수만 A지구 방조제 → 궁리포구 → 속동전망대 → 남당항

궁리포구

천수만을 끼고 있는 소박한 포구로, 마을 지형이 활처럼 생겨 궁리라고 부른다. 가족 단위나 낚시를 위해서 많이 찾는데, 명품 낙조로도 유명하다.

🏠 궁리포구 P 무료

궁리포구

속동전망대

궁리포구를 지나면 속동전망대가 나온다. 모섬까지 길게 이어진 나무 데크를 따라 야트막한 정상에 서면 바다와 하늘 사이에 놓여진 안면도가 보인다. 배 모양으로 설치된 포토존에서 추억도 남기고 옆쪽에 마련된 작은 공원에서 저무는 해를 감상해도 좋겠다.

🏠 속동관광안내소 ₩ 무료 P 무료

속동전망대

남당항

속동전망대에서 10분 거리에 있는 수산물 먹거리 관광지다. 천수만이 넓게 펼쳐져 있는 남당항에서 10분 정도 배를 타고 들어가면 죽도가 있다.

🏠 남당항 P 무료

남당항

Travel Plus

추천 숙소

안면 해상낚시공원

태안 아일랜드 리솜

아일랜드 리솜 041-671-7000 resom.co.kr/ocean

태안 안면 해상낚시공원

바다 위에 떠 있는 방갈로 형태의 펜션이다. 이곳에 머물지 않더라도, 1회 50,000원에 해상낚시 체험(홈페이지에서 예약 확인)을 할 수 있다.

태안시 안면읍 중장리 318-53 010-3325-1532 sea-fishing.co.kr

태안 무이림

태안군 소원면 대소산길 350-87 041-673-3587

태안 모켄풀빌라

태안군 남면 곰섬로 129-87

태안 더마레풀빌라

태안군 안면읍 밧개길 165-64

태안 소소펜션

태안군 남면 안면대로 1296-36

추천 체험

만리포해수욕장

별주부마을

별주부마을은 마을에서 운영하는 펜션과 여러 체험거리가 준비되어 있다. 그 중 독살체험은 조수간만의 차를 이용해 독살에 갇힌 물고기를 잡는 우리나라 전통 어로법이다. 사전예약 후에 체험 가능하며 물때에 따라 체험 시간이 달라지니 이동 전 필히 확인하도록 하자.

별주부마을 041-672-3359 4~10월(홈페이지에서 물때 시간 확인)

독살체험 20,000원 P 2,000원

추천 맛집

서산 황금산가리비

서산 황금산 인근에서는 '황금산 가리비'가 유명하다. 자연산 가리비 구이와 찜, 더불어 장어를 먹고 마무리로 전복이 올려진 칼국수 한 그릇 뚝딱하면 여행길이 가뿐하다.

서산시 대산읍 독곶해변길 108 041-667-1828

황금산가리비

태안 초가삼간

꾸밈 자체가 시골 할머니집을 연상케 한다. 방으로 되어 있어 가족끼리 식사하기 좋다. 깔끔한 밑반찬이 호평이며, 전골요리가 특히 인기 좋다. 닭볶음탕과 볶음밥은 꼭 먹어보도록 하자.

태안군 안면읍 백사장1길 47 1층 0507-1471-7288

태안 원풍식당

먹을 것이 귀하던 시절 만들어 먹던 음식이다. 밀과 보리로 칼국수와 수제비를 만들고, 거기에 낙지 몇 마리를 넣어 먹었던 것을 상품화하였다. 박속낙지탕은 연포탕과 비슷하지만 더 맑고 개운하게 끓여내는 낙지탕이다.

태안군 원북면 원이로 841-1 041-672-5057

친구네매운탕

서산 친구네매운탕

삼길포항에서 횟감을 사서 식당에서 먹을 수 있다. 진한 매운탕 국물이 일품.

서산시 대산읍 화곡리 2-5 041-664-6835

서산 큰마을영양굴밥

서산시 부석면 간월도 1길 65 041-662-2706

큰마을영양굴밥

태안 밧개회수산

태안군 안면읍 해안관광로 373 041-674-0036

태안 천리포횟집슈퍼

태안군 소원면 천리포1길 277 041-672-9170

천리포횟집슈퍼

SNS 핫플레이스

카페 신준호카페

당진시 석문면 석문해안로 128-10

구 간 2

송악 IC ~ 춘장대 IC

당진·예산·서산·홍성·보령·서천

Best Course

송악 IC → 당진 삽교호관광지&함상공원

1 솔뫼성지 → 합덕성당 → 신리성지(신리 다블뤼 주교 유적지) → 예산 추사김정희선생고택 → 당진 기지시줄다리기박물관 →

2 아미미술관 → 서산 유기방가옥 →

3 마애여래삼존상 →

4 개심사 →

5 해미읍성 →

6 예산 수덕사 → 한국고건축박물관 →

7 홍성 김좌진장군생가지 →

8 한용운선생생가지 →

9 보령 충청수영성 → 오서산자연휴양림 → 청라은행마을

10 대천해수욕장 → 죽도 상화원 →

11 서천 마량포구(해돋이마을) → 춘장대 IC

충청북도
충주시
당진시
기지시줄다리기박물관
당진 IC
삽교호관광지&함상공원
2 아미미술관
유기방가옥
진천군
서산시
15
1 솔뫼성지
합덕성당
아산시
천안시
증평군
괴산군
마애여래삼존상 3
4 개심사
신리성지
추사김정희선생고택
청주국제공항
해미읍성 5
태안군
예산군
6 수덕사
한국고건축박물관
청주시
세종특별자치시
속리산 국립공원
김좌진장군생가지 7
한용운선생생가지 8
홍성군
충청남도
공주시
보은군
오서산자연휴양림
충청수영성 9
청라은행마을 청양군
보령시
계룡산 국립공원
대전광역시
대천해수욕장 10
죽도 상화원
계룡시
옥천군
부여군
15
논산시
영동군
춘장대 IC
마량포구 11 (해돋이마을)
금산군
서천군
익산시

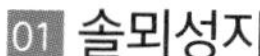

01 솔뫼성지

한국 최초의 가톨릭 사제인 김대건 신부가 태어난 곳이다. 소나무 숲이 우거져 솔뫼라고 불리는데, 입구에 들어서면 길게 뻗은 소나무가 숲을 이루어 장관을 이룬다. 이곳은 증조부인 김진후부터 김대건에 이르기까지 4대에 걸쳐 순교자를 내어 '신앙의 못자리'로도 불리게 되었다. 2014년 8월 15일 광복절에 프란치스코 교황이 방문한 이후 더 많은 사람들이 찾고 있다. 교황의 방문을 기념하여 솔뫼성지 곳곳에 만들어놓은 여러 흔적들을 찾아보자.

솔뫼성지 041-362-5021 10:00~17:00
무료 P 무료 solmoe.or.kr

02 아미미술관

폐교된 농촌의 학교를 활용한 미술관이다. 실내는 기존의 학교의 모습을 그대로 살려, 복도와 교실을 전시관으로 그대로 사용하고 있다. 복도에 설치된 설치미술 작품은 관람객의 포토존으로도 인기 있다. 동시대에 활동하는 작가들을 중심으로 상설전시와 기획전시, 설치미술 등을 유치하고 있다. 외부 역시 감각 있게 꾸며져 많은 이들이 방문하는 곳이다. 기존에 레지던스로 사용하던 한옥은 고양이 등을 배경으로 또 다른 전시공간으로 활용하고 있다. 천천히 구경 후 운동장에 자리 잡은 카페에서 여유 있게 시간을 즐겨도 좋겠다. 내부는 핸드폰 사진 이외에는 촬영이 금지되어 있으니 참고하도록 하자.

아미미술관 041-353-1555
6~10월 10:00~18:00, 11~3월 10:00~17:30
7,000원 amiart.co.kr

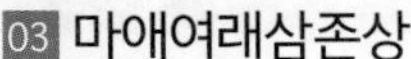

03 마애여래삼존상

가야산에 묻혀 있던 마애여래삼존상은 1959년 비로소 사람들에게 알려지게 되었다. 삼존불의 미소는 너무도 온화하고 풍만하여 '백제의 미소' 또는 '신비한 미소'라고도 불리는데, 빛이 비치는 방향에 따라 너그러운 미소로 보일 때도, 근엄하다 못해 위압감까지 줄 때도 있기 때문이다. 태안반도에서 부여로 가는 길목은 백제 때 중국으로 통하는 교통로의 중심지였다. 결코 평탄치 않은 산길에 마애불을 모셔둔 것은 당시 교역민의 평안과 안녕을 기원한 것이라 생각된다. 지금도 불상의 아름다운 미소를 보기 위해 많은 이들이 이곳을 찾고 있다.

서산마애삼존불상 041-660-2538 09:00~18:00
무료 무료

04 개심사

개심사의 창건은 백제시대로 거슬러 올라가는데, 지금의 모습을 갖추게 된 것은 조선시대에 이르러서이다. 개심사는 마음을 열고 가는 사찰이란 뜻이다. 일주문을 지나 소나무 숲 사이로 돌계단을 따라 올라가는 길목의 옆으로는 계곡이 흘러 운치 있다. 천천히 걸어 절에 이르면 안양루를 만난다. 안양루에 걸린 '상왕산 개심사'라는 현판은 근대 명필로 알려진 해강 김규진의 글씨이다. 또한 보물 제143호로 지정된 대웅전과 충남문화재자료 제194호인 명부전 및 심검당 등이 있다.

개심사 041-688-2256 일출~일몰
무료 무료

05 해미읍성

해미읍성은 1491년(성종 22년)에 완성된 것으로, 서해안 방어의 임무를 담당하던 곳이다. 폐성이 된 지 오래되어 성곽이 일부 허물어지고, 성안의 건물이 철거되었다. 그 자리에 해미초등학교와 우체국, 민가 등이 들어서 옛 모습을 찾을 수 없었으나, 1973년부터 읍성의 복원사업을 시행하면서 지금의 모습을 찾게 되었다. 읍성 안에는 여러 체험거리와 그 시절 군사 장비 등이 전시되어 있다.

해미읍성 041-660-2540
3~10월 06:00~21:00, 11~2월 06:00~19:00
₩ 무료 P 무료 haemifest.com

Tip 해미천

해미읍성에서 차로 약 2분 거리에 있다. 봄이면 벚꽃이 풍성하고 아름답게 핀다. 주차할 곳이 마땅치 않으니 해미읍성에 주차 후 걸어서 가는 게 좋다.

Tip 해미순교성지

해미읍성에서 1km 정도 떨어져 있다. 조선시대 해미현 관할 구역의 천주교 신자들이 이곳에서 처형되었다. 2021년 교황청에 의해 국내 두 번째 국제성지로 선포되었다.

041-688-3183 미사 화~일요일 11:00
₩ 무료 P 무료 haemi.or.kr

06 수덕사

덕숭산 자락에 자리 잡은 예산 수덕사는 고려 시대 목조건축이다. 특히 대웅전은 지은 시기를 정확히 알 수 있는 가장 오래된 목조건물이라 연대기적 가치가 높다. 수덕사는 규모가 상당히 큰 사찰인데, 사찰로 가는 도중 마주치는 미술관과 여인숙이 색다른 느낌을 준다. 4개의 문을 지나 마주친 대웅전은 시간의 무게가 고스란히 느껴지는 예스러움이 무척이나 아름답다.

수덕사 041-330-7700 ₩ 무료 P 2,000원
sudeoksa.com

Tip 수덕여관(이응로선생사적지)

동양화가 이응로 선생이 한국전쟁 당시 피난처로 사용하였다. 수덕사 가는 길목에 있는데, 우리나라에 유일하게 남아 있는 초가집 여관이다.

Tip 선미술관

우리나라 최초의 불교전문 미술관으로 이응로 여관 바로 위에 위치해 있다.

화요일 휴무 ₩ 무료

07 김좌진장군생가지

김좌진은 부유한 명문가에서 태어나 15세에는 집에서 부리던 노예들을 해방할 정도로 진취적인 사상이 강했다. 어려서부터 공부보다는 말타기와 전쟁놀이를 좋아했다. 1905년 서울에 올라와 육군무관학교에 입학한다.

을사조약 체결 이후 그는 국권 회복을 신념으로 삼아 애국지사들과 교류하며 독립운동가로서 한 발을 내디딘다. 이후 가산을 정리하고 민족자주 독립운동에 앞장섰다. 1991년 이곳의 성역화 사업으로 생가지와 문간채, 사랑채가 복원되었고 관리사 및 전시관이 건립되었다. 생가 위쪽에 자리한 사당으로 가는 공원 양옆에는 독립을 외치는 조각상들이 있는데 어딘지 모르게 비장하다. 근처에 작은 항구들이 있고 만해 한용운 선생의 생가지와도 가깝다.

김좌진장군생가지 041-634-6952
09:00~17:00, 월요일 휴무 ₩ 무료 P 무료

08 한용운선생생가지

1879년 성곡리에서 태어난 한용운은 6세부터 성곡리 서당골에서 한학을 배워 9세에는 문리를 통달, 신동 소리를 들으며 자랐다. 14세에 결혼하였다가, 2년 만에 오세암으로 들어가 승려가 되었으며 3·1운동 민족대표 33인 중 불교계의 대표로서 독립선언서를 낭독하였다. 만해 한용운은 붓으로 민족혼을 일깨우고 불교개혁운동에 일생을 살다 69세의 나이로 별세했다. 생가지에서 조금 떨어진 곳에는 위패와 영정을 모신 만해사라는 사당이 있다.

한용운선생생가지 041-642-6716
09:00~17:00, 월요일 휴무 ₩ 무료 P 무료

09 충청수영성

1510년(중종 5년)에 축조한 조선시대의 성곽이다. 해변의 구릉을 정점으로 쌓아 바다를 관측하기에 좋은 위치에 있다. 서문 밖 갈마진두는 충청수영의 군율 집행터로 병인박해 때 천주교 신부 5명이 순교한 곳이기도 하다. 성안에는 영보정·관덕정·대변루·능허각·고소대와 옹성 5개, 문 4개, 연못 1개가 있었다고 한다. 그러나 현재는 진남문·만경문·망화문·한사문 등 4문은 모두 없어지고, 서쪽 망화문 터의 아치형 석문만이 남아 있다. 충청수영성은 수려한 경관으로 조선시대부터 많은 이들이 찾았다고 하는데 과연 수영성 밑으로 펼쳐진 오천항의 풍경은 한 폭의 그림과 같다. 성벽 위에 별다른 안전장치가 없으니 어두울 때는 관광을 삼가도록 하자.

보령충청수영성 ₩ 무료 P 무료

Tip 해안경관 전망대

수영성에서 차로 5분 거리에 있다. 전망대에서 충성수영성과 오천항이 한눈에 보인다. 도미부인사당 쪽으로 올라가는 길과 전망대로 가로질러 가는 곳 두 군데가 있다. 사당 쪽은 도보 편도 40분가량 소요되고, 가로질러 가는 쪽은 편도 15분 정도 소요되는데 올라가는 길이 굉장히 가파르다. 가로질러 가는 쪽의 주차장은 많이 협소하니 참고하자.

10 대천해수욕장

서해 최대 해수욕장이다. 백사장 길이 3.5km, 너비 100m의 해수욕장이며 물은 그다지 맑지 않지만 수심이 얕고 수온이 알맞아 해수욕하기 좋다. 조개 껍데기가 잘게 부서진 패각분으로 이루어진 모래는 몸에 잘 달라붙지 않고 물에 잘 씻긴다. 특히, 여름이면 세계의 축제로 자리 잡은 머드축제로 일대가 온통 들썩인다. 해수욕장 주변에 집라인, 카트, 스카이 바이크 등 즐길거리도 많다.

대천해수욕장 041-933-7051 무료 P 무료
daecheonbeach.kr

11 마량포구(해돋이마을)

마량포구는 서해의 다른 보통의 포구처럼 작지만 해돋이 명소인 동시에 일몰도 볼 수 있어 많은 이가 찾는 곳이다. 매년 열리는 해돋이 축제 역시 인기이며, 서해 지역에서 많이 나는 주꾸미, 전어 등을 계절에 맞춰 먹으러 오는 관광객도 많다. 또한, 마량포구는 한국 최초의 성경 전래지로 방파제에는 그와 연관된 벽화도 그려져 있다.

서천마량포구

Tip 마량리동백나무숲

마량포구에서 약 4분 정도 이동하면 수령 500년 이상 된 동백나무 숲이 있다. 숲의 정상에 있는 동백정에서는 시원하게 펼쳐진 서해와 그 위에 앉은 낙조를 볼 수 있다. 바다를 배경으로 사랑하는 연인 또는 가족과 한적한 산책을 즐겨도 좋겠다.

마량리동백나무숲 041-952-7999
09:00~18:00 1,000원 P 무료

삽교호 관광지&함상공원

삽교호 관광지&함상공원

삽교호는 삽교천방조제가 완공되면서 생긴 인공호수다. 호수 주변의 농업용수와 생활용수, 공업용수를 조달한다. 놀이공원, 음식거리, 1958년 한국에 인도된 상륙함을 이용한 전시관, 1981년 인도된 구축함 전시관 등으로 조성되어 있다.

09:00~18:00(6~8월 09:00~19:00) 무료 P 무료
dpto.or.kr/new/main/main.php

합덕성당

합덕성당

1890년, 예산의 양촌성당으로 시작하여, 당진 합덕으로 이전하면서 합덕성당으로 명칭을 바꾸었다. 고딕양식으로 건축된 성당은 이국적인 풍경으로 연인들이 사진 찍기 위해 많이 찾는다. 성당으로 올라가는 계단이 사진 찍는 포인트.

천주교 합덕성당 041-363-1061

신리성지(신리 다블뤼 주교 유적지)

신리성지(신리 다블뤼 주교 유적지)

조선 후기 가장 큰 교우촌을 형성했던 곳이다. 바닷길을 통한 외부 접촉이 쉬워 선교사들의 비밀 입국처이기도 했다. 조선의 카타콤바로 불리던 이곳은 천주교회의 중요한 거점이었다. 김대건 신부와 함께 순교하기 전까지 약 21년간 조선에서 선교 활동을 했던 다블뤼 주교 외 5인의 성인과 관련된 유적지이며 32인의 순교자 유해가 안치되어 있다. 단정한 건물과 군데군데 작게 자리 잡은 경당은 경건한 풍경을 자아낸다. 산책이나 연인들이 사진 찍기 위해서도 많이 방문하고 있다.

신리성지 041-363-1354 무료 P 무료

추사김정희선생고택

추사김정희선생고택

조선 후기 대표적인 서예가이자 실학자인 김정희의 옛집과 기념관 등으로 조성되어 있다. 추사 김정희의 집은 원래 99칸의 집이었으나 지금은 안채와 사랑채, 문간채, 사당채만 남아 있다. 안채에 추사 김정희 선생의 영정이 모셔져 있다. 고택 주변으로 백송공원, 삼림욕장이 조성되어 있어 산책하기에도 좋다.

추사김정희선생고택 무료 P 무료

기지시줄다리기박물관

기지시줄다리기박물관

기지시줄다리기는 무형문화재 제75호로 국가 지정 중요 무형문화재로 무형유산의 전통을 보존하고 계승하기 위해 설립되었다. 기지시줄다리기 탄생의 지리적 배경과 1970년대 기지 시장의 모습, 민속유물, 제작하는 방식 등을 보여주고 있다.

기지시줄다리기박물관 041-350-4929 3~10월 10:00~18:00, 11~2월 10:00~17:00, 월요일 휴무 무료 P 무료 gijisijuldaligi.dangjin.go.kr

서산유기방가옥

1900년대 초에 건립된 일제 강점기의 가옥이다. 송림이 우거진 낮은 야산을 배경으로 남쪽을 바라보고 있다. 봄이면 만발하는 수선화가 특히 아름다워 많이 찾는 곳이다. 이외에도 한복 및 교복 체험, 동물 먹이주기 등의 체험도 운영하고 있다.

서산유기방가옥 041-663-4326 06:00~19:00
₩ 5,000원 P 무료

서산유기방가옥

한국고건축박물관

개인이 운영하는 박물관으로, 1/10 혹은 1/5로 축소한 국 · 보물급 고건축 문화재와 연장, 문과 기와 등이 전시되어 있다. 내부를 볼 수 있도록 단청을 입히지 않은 모형이나 기와가 없어진 지붕을 열어 놓아 관찰하기가 좋다.

한국고건축박물관 041-337-5877 3~10월 09:00~18:00, 11~2월 09:00~17:00, 월요일 휴무(동절기 월·화요일 휴무)
₩ 무료 P 무료

한국고건축박물관

한국고건축박물관 내부

오서산자연휴양림

까마귀의 보금자리라는 뜻을 가진 오서산 명대계곡 부근에 위치해 있다. 휴양림 내 숲속의 집과 야영장이 있어 하룻밤 묵어 가도 좋다. 오서산 정상에서는 서해안이 한눈에 보이는데, 명대계곡에서 오서산 정상까지는 2시간이 채 걸리지 않아 낙조 감상을 위해서도 많이 찾는다.

오서산자연휴양림 041-936-5465 09:00~18:00 ₩ 1,000원
P 3,000원 foresttrip.go.kr

은행마을 체험농장

오서산 자락에 위치한 청라 은행마을은 우리나라 최대의 은행나무 군락지다. 10~11월이면 노란 물결이 장관을 이뤄 많은 이들이 찾는 곳이다. 해마다 옛 장현초등학교에서 체험 및 축제도 진행한다. 은행나무 둘레길도 조성되어 있으니 옛 장현초교부터 시작하여 신경섭 가옥을 둘러보고 마을 둘레길을 걸어보자.

청라은행마을 0507-1332-8140 은행마을.org

청라은행마을

죽도 상화원

죽도 상화원

조화를 숭상한다는 뜻의 상화원은 섬 전체가 하나의 정원으로, 한국식 전통 정원 형식으로 조성되었다. 섬을 빙 둘러 산책할 수 있는 데크길의 끝에는 한옥집이 마련되어 있어 고즈넉함을 느끼며 쉴 수 있다. 상화원 입구의 의곡당은 경기도 화성 관아에서 정자로 이용하려고 지었던 한옥으로, 조선 초기쯤에 세워졌다고 추정된다. 매표 후 받게 되는 영수증으로 이곳에서 떡과 커피를 마실 수 있으니 놓치지 말자.

죽도 상화원 041-933-4750 4~11월 금~일요일·공휴일 09:00~18:00
₩ 7,000원 P 무료 sanghwawon.com

죽도 상화원

추천 숙소

예산 온양관광호텔 ☎ 041-540-1000

서산 수화림 ⌂ 서산시 해미면 일락골길 368-10 ☎ 0504-0904-2003

서산 계암고택 ⌂ 충남 서산시 음암면 한다리길 45

홍성 순수 ⌂ 홍성군 서부면 남당항로 839 ☎ 0507-1403-4762

추천 체험

아산 온천 체험

아산에는 신개념 테마온천으로 23개의 이벤트탕과 노천탕, 28개의 부대시설과 눈썰매장을 운영하는 아산 스파비스와 온천과 스파를 즐길 수 있는 파라다이스 스파 도고가 있다. 온천욕을 통해 일상에서 지친 피로를 풀어보는 건 어떨까. 파라다이스 스파는 충청남도 아산시가 지정한 보양온천 중 하나인 도고온천에 위치해 있다.

아산 스파비스

아산 스파비스

아산스파비스는 단순한 온천 시설이 아닌 국내 최초로 온천수를 이용한 테마온천 워터파크다. 대형 파도풀부터 어린이용 키즈풀, 사계절 이용 가능한 실외온천풀 등 다양한 시설이 준비되어 있다. 워터파크 시설 외에도 가볍게 온천만 즐기는 것도 가능하다.

⌂ 아산 스파비스 ☎ 041-539-2000 ⏲ 사우나 09:00~18:00,
온천풀 10:00~17:00(주말 09:00~18:00)
₩ 온천 (비수기) 12,000원~, 스파 40,000~50,000원(시즌별 요금 상이)
🌐 spavis.co.kr

파라다이스 스파 도고

파라다이스 스파 도고는 보양온천으로 지정된 온천 휴양시설이다. 스파, 온천, 캐빈파크, 테라피 등 휴식을 위한 다양한 시설이 준비되어 있다.

⌂ 파라다이스스파도고 ☎ 041-537-7100 ⏲ 스파 (주중) 실내 09:00~19:00·실외 10:00~19:00, (주말) 실내 09:00~21:00·실외 10:00~21:00,
온천대욕장 (주중) 08:00~20:00, (주말) 08:00~22:00
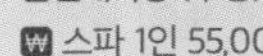
₩ 스파 1인 55,000원(시즌별 요금 상이) 🌐 www.paradisespa.co.kr

보령 머드축제

해마다 대천해수욕장에서는 '머드축제'가 열린다. 1998년에 처음 시작되어 보령의 명물 축제로 자리 잡아, 국내외 관광객들로 인산인해를 이룬다.

⏲ 홈페이지 참고 ₩ 월~목요일 12,000원, 금~일요일 14,000원
🌐 mudfestival.or.kr

추천 맛집

당진 우렁이 박사
당진시 신평면 샛터로 7-1 0507-1374-9554

우렁이박사

당진 대중식당
시골집 분위기의 식당이다.
당진시 교동길 93 041-355-3263

당진 빙빙반점
당진시 교동길 147 041-577-7860

빙빙반점

당진 당진마도리
당진시 먹거리길 9-9 041-353-7775

당진 당진제일꽃게장
당진시 백암로 246 041-353-6379

SNS 핫플레이스

카페 카페피어라
당진시 합덕읍 합덕대덕로 502-24 041-362-9900 10:30~20:00

카페 갱스커피
보령시 청라면 청성로 143 041-931-9331 10:00~20:00

카페 리리스블루
보령시 해수욕장3길 11-10 한화리조트 내 1층 0507-1321-9691

갱스커피

리리스블루

구 간 3

서부여 IC ~ 줄포 IC

서천·군산·부안

Best Course

서부여 IC→ 서천 판교마을(판교전통시장)

1. 국립생태원 →
2. 장항스카이워크 → 국립해양생물자원관 →
3. 장항 6080 향미길 투어 →
4. 군산 3·1운동 100주년기념관 →
   경암동철길마을 →
5. 근대문화유산 거리 투어(진포해양공원) → 은파호수공원 →
   고군산군도 →
6. 부안 채석강 →
7. 내소사 →
8. 곰소항&곰소염전 → 부안청자박물관 →
   줄포만갯벌생태공원 → 줄포 IC

판교마을
논산시
서천군
국립해양생물자원관
1 국립생태원
익산시
장항스카이워크 2
3 장항 6080 향미길 투어
경암동철길마을
4 3 · 1운동 100주년기념관
근대문화유산 거리 투어 5
(진포해양공원)
은파호수공원
군산시
완주군
고군산군도
김제시
전주시
부안군
변산반도 국립공원
채석강 6
내소사 7
부안청자박물관
곰소항&곰소염전 8
줄포만갯벌생태공원
정읍시
임실군

국립생태원

01 국립생태원

국립생태원은 우리나라의 생태계와 열대, 사막, 지중해, 온대, 극지 등 그곳에서 서식하는 세계의 동식물을 관찰하고 체험해볼 수 있는 곳이다. 식물 1,900여 종, 동물 280여 종이 이곳에 서식하고 있다. 야외 전시공간은 5개 구역으로 구분되어 있는데, 그중 고대륙 구역에서는 방생한 노루와 고라니를 가까이에서 관찰할 수도 있다. 야외 전시공간은 아이들의 즐거운 체험공간이자 놀이를 통한 학습공간이기도 하다. 이외에도 한국의 야생화, 개미 탐험, 고산에서 자라는 희귀식물, 연못 생태계 등을 감상할 수 있다.

국립생태원 041-950-5300 3~10월 09:30~18:00, 11~2월 09:30~17:00, 월요일 휴무 ₩ 5,000원 P 무료
nie.re.kr

Tip 장항송림산림욕장

서천의 10대 청정구역 중 하나이다. 해송숲이 해안선을 따라 길게 이어져 있어, 여름에는 냉기가 느껴질 정도이다. 스카이워크에서 내려와 해송숲 안에 만들어져 있는 벤치에서 잠시 휴식을 취해보자.

장항송림산림욕장

02 장항스카이워크

장항송림산림욕장 내에 설치되어 있다. 신라와 군사동맹을 맺어 백제와 고구려를 멸망시킨 이후, 당나라는 한반도를 차지하기 위해 영토분할 약정을 깨뜨리면서 벌어진 기벌포해전에서 신라가 대승을 거두는데, 그 역사적 의미를 남기고자 전망대 이름을 '기벌포 해전 전망대'라 붙였다. 길게 펼쳐진 바다를 앞에 두고 쭉쭉 뻗은 송림 꼭대기에 위치한 스카이워크에서 보는 일몰이 특히 아름답다. 계절별 출입시간이 정해져 있으니 필히 확인하고 방문하도록 하자.

장항스카이워크 041-956-5505 3~10월 09:30~18:00(4~9월 금~일요일 09:30~19:00), 11~2월 09:30~17:00 ₩ 4,000원 P 무료
seocheon.go.kr/tour.do

03 장항 6080 향미길 투어

장항은 시가지의 90% 이상이 바다를 매립하여 만들어진 지역에 있다. 황해와 금강을 사이에 두고 군산과 마주 보고 있는 장항읍은 일제강점기에 일본의 만행으로 수탈의 아픈 역사를 가진 지역이기도 하다. 향미길은 도시탐험역에서 시작된다. 골목골목의 감성과 일제 수탈의 역사를 볼 수 있는 조선제련주식회사, 구 장항 미곡창고 등을 만날 수 있다.

장항도시탐험역 ☎ 041-956-2277 ₩ 무료 P 무료

Tip 장항도시탐험역

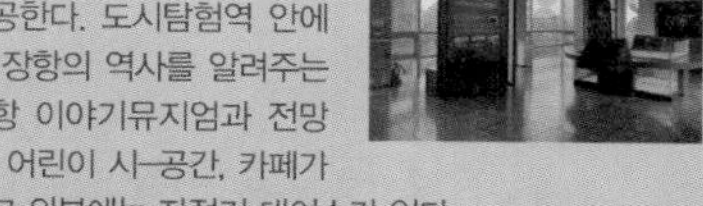

문화, 예술 공연 등을 운영하고 관광객을 위한 정보도 제공한다. 도시탐험역 안에는 장항의 역사를 알려주는 장항 이야기뮤지엄과 전망대, 어린이 시-공간, 카페가 있고 외부에는 자전거 대여소가 있다.

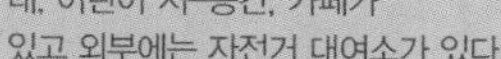

10:00~19:00, 월요일 휴무 ₩ 무료 P 무료

04 3·1운동 100주년기념관

군산은 한강 이남 최초의 3·1만세운동지이다. 28번의 만세운동으로 3만 7,000여 명이 참가한 군산의 독립운동 및 호국보훈의 정신을 계승·발전시키고자 건립됐다.

유관순 열사, 손병희 선생의 모습과 3·1만세운동 당시 역전에서 개최된 익산군민대회에서 일본 경찰에게 팔을 잃은 문용기 선생의 혈의(血衣) 등을 통해 군산 3·1만세운동의 당시를 짐작할 수 있다. 이외에도 독립군이 사용했던 총기류와 60여 점의 전시물과 관련 사진 50여 점이 전시되어 있다.

군산 3·1운동 100주년기념관 ☎ 063-454-5940
09:00~18:00, 월요일 휴무 ₩ 통합권 2,000원
gunsan.go.kr/tour

05 근대문화유산 거리 투어(진포해양공원)

경로 : 진포해양테마공원 → 군산근대역사박물관&근대미술관&장미갤러리 · 장미공연장&옛군산세관 → 마리서사 → 초원사진관 → 신흥동일본식가옥 → 동국사&일제강점기 군산역사관

진포해양테마공원

고려 말 화포를 최초로 이용해 왜구를 물리친 최무선 장군의 진포대첩을 기념하는 공원이다. 과거 일본의 쌀 부족을 보충했던 역사적 아픔이 서려 있는 부잔교부터 지금은 퇴역한 장갑차, 전투기, 자주포 등 육해공의 장비를 볼 수 있다. 바닷가에는 위봉함이 정박되어 있는데, 내부에는 명해전과 관련된 자료가 전시되어 있다.

🏠 진포해양테마공원 📱 063-445-4472 🕒 6~10월 09:00~18:00, 11~3월 09:00~17:00, 월요일 휴무
₩ 공원 무료, 위봉함 1,000원 P 무료

근대미술관

일본 나가사키 지방 은행의 군산지점으로 미곡 반출 및 토지 강매 등 일제의 수탈 흔적이다. 일제강점기 초기 건축물의 특징을 보여주는 건물로 현재는 근대미술관으로 사용되고 있다.

🏠 근대미술관 📱 063-446-9812 ₩ 500원
P 진포해양공원 무료 🌐 gunsan.go.kr/tour

군산근대역사박물관

진포해양공원에서 걸어서 5분 거리에 있다. 근대 생활 속의 살림살이, 생활용품 등 근대문화유산을 한곳에서 감상할 수 있도록 전시하고 있는 박물관이다.

🏠 군산근대역사박물관 📱 063-454-7872
🕒 09:00~21:00, 매월 1·3주 월요일 휴무
₩ 2,000원 P 무료 🌐 museum.gunsan.go.kr

> **Tip 통합권**
> ❶ 박물관 및 금강권(구 철새조망대) 통합권(박물관+미술관+건축관+위봉함+3.1운동100주년기념관+금강미래체험관): 5,000원
> ❷ 박물관 통합권(박물관+미술관+건축관+위봉함): 3,000원

장미갤러리 · 장미공연장

일제강점기에 건축되었던 건물로 2013년 정비를 거쳐 현재는 갤러리로 활용되고 있다. 장미라는 이름은 일본이 수탈한 쌀의 곳간이라는 뜻으로 당시 이 지역의 '동명'이었다. 현재는 장미동이라는 법정 동명은 사라졌다.

🏠 장미갤러리

옛군산세관

군산항의 개항과 더불어 설치되었다. 양식을 가미한 양풍 건축물로서 2018년 사적 제545호로 승격되었다. 호남관세박물관으로 활용되었으나 현재는 외부 관람만 가능하다.

🏠 옛군산세관

마리서사

군산 근대화 거리의 적산가옥에 자리한 서점이다. 1940년대 시인 박인환이 종로에서 운영했던 서점 이름을 그대로 차용했다. 일반 서점에서 볼 수 없는 책이 많으며, 적산가옥의 오래된 느낌과 소품, 책이 어우러져 일반 서점과는 다른 느낌을 준다. 책을 살펴보는 사람들을 위해 내부 사진은 찍을 수 없으니 참고하자.

🏠 마리서사 📱 063-445-7364 🕓 화~토요일 11:00~20:00, 일요일 11:00~18:00, 월요일 휴무

초원사진관

1998년 심은하, 한석규 주연의 〈8월의 크리스마스〉가 촬영되었던 곳이다. 지금은 명절날 TV에서조차도 방영되지 않을 만큼 오래된 영화인데도, 어찌된 일인지 당시의 영화팬들뿐만 아니라 개봉한 해에 태어났음직한 사람들까지도 꾸준히 이곳을 찾고 있다. 이 사진관은 원래 가발공장 창고로 쓰였던 곳이다. 촬영을 위해 개조했다가 철거했는데, 군산시가 창고를 사들여 '초원사진관'을 그대로 재현해놓았다. 그 모습이 처음부터 이 거리에 있었던 것 같은 착각마저 든다.

🏠 초원사진관 📱 063-446-5114 🕓 09:00~21:30, 매월 1·3주 월요일 휴무 🅿 공영주차장 무료

신흥동일본식가옥

신흥동 일대는 일제강점기에 부유층이 거주하던 지역이며 신흥동일본식가옥은 일본인 포목상 히로쓰 게이샤브로가 지은 주택이다. 자그마한 일본식 정원과 가옥은 〈장군의 아들〉, 〈바람의 파이터〉, 〈타짜〉, 〈범죄와의 전쟁 : 나쁜 놈들 전성시대〉 등 많은 한국 영화와 드라마의 배경이 되었다. 매년 7월~9월 사이 해설사 동반하에 인원 제한을 두고 실내를 둘러볼 수 있다. 실내가 궁금하다면 미리 일정 확인 후 방문하자.

🏠 신흥동일본식가옥 📱 063-454-3313 🕓 3~10월 10:00~18:00, 11~2월 10:00~17:00, 월요일 휴무 ₩ 무료

동국사

현재 우리나라에 남아 있는 유일한 일본식 사찰로, 1909년 일제강점기에 일본인 승려에 의해 금강선사라는 이름으로 창건되었다. 1945년 해방을 맞으면서 1955년에 동국사로 개명하였다. 우리나라와는 달리 아무런 장식도 없는 처마와 대웅전 외벽의 많은 창문이 일본색을 띠고 있다.

🏠 동국사 📱 063-446-5114 🕓 09:00~18:00 ₩ 무료

일제강점기 군산역사관

동국사 후문으로 나오면 바로 앞에 있다. 일제강점기 때의 문서와 사진, 당시의 소품 등을 전시하고 있다.

🏠 일제강점기 군산역사관 📱 063-467-0815
🕓 09:00~18:00, 신정·설날·추석·월요일 휴무
₩ 1,000원 🅿 무료
🌐 xn--939alrpkrzb09dxa105gc9cdsbnd.com

채석강

06 채석강

채석강은 격포항에서 격포해수욕장까지 이어지는 층암절벽 지역으로, 바람과 바닷물에 깎인 절벽이 층층이 책을 쌓아 놓은 듯한 모양새다. 물 빠지는 시간에 맞추어 방문하면 절벽 밑을 걸어 볼 수도 있다. 장엄하고 빼어난 경관 덕분에 영화 촬영지나 출사지로도 많이 찾는다. 가족이나 연인 등 인생샷을 찍기 위한 관광객이나 바로 앞 격포항에서 낚시를 하기 위해 낚시꾼들이 많이 찾는 곳이다.

채석강 063-580-4713 ₩ 무료 P 무료

07 내소사

일주문에 들어서면 전나무가 길게 이어져 있다. 전나무 숲을 지나 내소사에 들어서면 조선 인조 2년 때 청민대사가 지은 대웅전과 잘 보존된 봉래루 화장실, 근래에 신축된 무설당, 범종각 등이 조화롭게 배치되어 있다. 그중 조선 중기의 대표적인 사찰 건축인 대웅전은 건축양식이 매우 정교하고 아름답다.

내소사 063-583-7281 ₩ 무료
P 최초 60분 1,000원(이후 10분당 주중 250원, 주말 300원)
naesosa.kr

내소사

내소사

08 곰소항&곰소염전

곰소항은 토사 유입으로 폐항이 된 줄포항을 대신하여 이 지역에서 수탈한 각종 농산물과 군수물자 등을 일본으로 보내기 위해 일제가 제방을 축조하여 만들었다. 1986년, 제2종 어항으로 지정되면서 150척의 배를 수용하는 규모로 시설을 갖추었다. 항구 북쪽에 드넓은 염전이 있는데, 염전 체험과 촬영을 위해 많이 찾는다.

곰소항 063-580-4434 P 무료

서천 판교마을(판교전통시장)

서천의 판교마을은 마을 어귀에 있었던 나무다리에서 판교라는 지명이 붙었다. 우시장으로도 유명한 판교마을에는 일제강점기 시대의 건물과 양조장, 오래된 극장 등이 남아 있다. 골목골목 오래된 흔적이 그대로 남아 있어 골목길 감성을 느끼기에 제격이다.

🏠 판교전통시장 ₩ 무료 P 무료

서천 판교마을

국립해양생물자원관

우리나라 해양생물자원의 효율적 보전 및 관리를 위해 건립되었다. 이와 더불어 여러 측면의 전시와 교육을 통해 생물자원의 소중함을 알리고 있다. 자원관에는 해양생물 전시, 4D 상영 등을 하고 있다. 로비로 들어가 가장 먼저 눈에 띄는 씨드뱅크는 해양생물 표본 5,000점을 탑처럼 쌓아 놓았는데, 이곳 해양생물자원관의 상징물이기도 하다.

🏠 국립해양생물자원관 📞 041-950-0600 🕘 3~10월 09:30~18:00 (토요일·공휴일 ~19:00), 11~12월 09:30~17:00, 월요일 휴무
₩ 3,000원 P 무료 🌐 mabik.re.kr

국립해양생물자원관

경암동철길마을

1944년 일제강점기에 신문의 생산품과 원료를 실어 나르기 위해 만들어진 철길로, 철길 주변에 사람들이 모여들면서 자연스럽게 마을이 형성되었다. 마을을 관통하는 기차는 2008년까지 하루 두 번 운행됐으나 현재는 중지되었다. 마을이라기에는 작고 짧은 구간이지만 이색적인 풍경으로 많은 사랑을 받는 관광지와 출사지가 됐다. 예전 건물은 많이 사라지고 없으나 좁은 골목 기찻길 사이로 다양한 먹거리와 체험을 즐길 수 있다.

🏠 경암동철길마을

경암동철길마을

경암동철길마을

은파호수공원

은파호수공원

조선조 이전에 축조된 은파호수공원은 해 질 녘 호수의 풍경이 아름다워 은파라 불린다. 저수지를 중심으로 벚꽃 산책로, 음악분수, 물빛다리, 연꽃자생지 등 볼거리도 다양하고 야경이 특히 아름다워 많이 찾는다.

은파호수공원 063-454-4896 무료 무료 gunsan.go.kr/tour

고군산군도

고군산군도

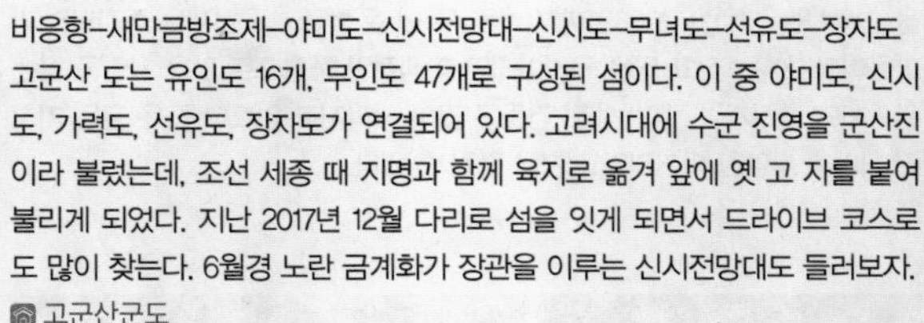

비응항–새만금방조제–야미도–신시전망대–신시도–무녀도–선유도–장자도

고군산 도는 유인도 16개, 무인도 47개로 구성된 섬이다. 이 중 야미도, 신시도, 가력도, 선유도, 장자도가 연결되어 있다. 고려시대에 수군 진영을 군산진이라 불렀는데, 조선 세종 때 지명과 함께 육지로 옮겨 앞에 옛 고 자를 붙여 불리게 되었다. 지난 2017년 12월 다리로 섬을 잇게 되면서 드라이브 코스로도 많이 찾는다. 6월경 노란 금계화가 장관을 이루는 신시전망대도 들러보자.

고군산군도

부안청자박물관

부안청자박물관

부안청자박물관의 건물은 청자상감당초문완을 형상화했다. 3층 규모의 실내 전시실과 야외 전시실, 여러 체험공간 등으로 구성되어 있다.

부안청자박물관 063-580-3964 3~10월 10:00~18:00, 11~2월 10:00~17:00, 월요일 휴무 3,000원 무료 buan.go.kr/buancela

줄포만갯벌생태공원

줄포만갯벌생태공원

줄포만갯벌생태공원은 람사르습지로, 부안의 남쪽 끝에 자리한 공원이다. 저지대 침수 대비를 위해 쌓아놓은 제방이 공원으로 자리 잡았다. 계절에 따라 꽃들이 만개하고, 특히 공원의 반을 뒤덮은 초겨울의 갈대숲은 마치 영화의 한 장면처럼 아름답다.

줄포만갯벌생태공원 063-580-3175 09:00~일몰

갯벌생태관 2,000원 무료 julpoman.buan.go.kr

추천 숙소

군산 여미랑

근대화 골목 안에 있는 게스트하우스로, 고우당에서 여미랑으로 상호가 변경되었다. 아픈 역사도, 함께 쌓은 추억도 잊지 말자는 의미다. 일제강점기 월명동에 조성된 일본식 가옥을 복원하여 만들었다. 게스트하우스 내에는 작은 정원과 간단한 간식, 주류, 커피 등을 판매하는 곳이 함께 조성되어 있다.

여미랑 063-442-1027 yeomirang.com

서천 문헌전통호텔

기산면 서원로172번길 39 041-953-5896

군산 선유도에물들다

군산시 옥도면 선유도2길 69 0507-1335-0072

군산 후즈데어

군산시 구영6길 108 010-2638-1083

SNS 핫플레이스

카페 두빛나래카페

서천군 장항읍 장서로29번길 37 041-956-8255

카페 틈

군산시 구영6길 125-1 0507-1421-4886

여미랑

두빛나래카페

추천 맛집

군산 이성당

1910년대에 일본인이 문을 열었으나 해방 이후 한국인이 인수해 현재의 '이성당'으로 바꾸어 운영 중이다. 현존하는 가장 오래된 빵집으로 줄을 서서 빵을 구매할 정도로 인기가 좋다.

군산시 중앙로 177 063-445-2772

08:00~22:00, 첫째·셋째 주 월요일 휴무

그 외 추천 맛집 리스트

서천 서산회관

서천군 서면 서인로 318 041-951-7677

군산 한일옥

군산시 구영3길 63 063-446-5491

군산 지린성

군산시 미원로 87 063-467-2905

이성당

지린성

한일옥

구 간 4

서공주 IC ~ 남고창 IC

청양·부여·서천·김제·고창

Best Course

서공주 IC → 청양 천창호출렁다리 → 장곡사 →
칠갑산자연휴양림 → 고운식물원 →
1 부여 백제문화단지 →
2 부소산성 → 3 부여정림사지 →
4 궁남지 → 5 성흥산성 →
6 서동요 테마파크 →
7 서천 한산모시관 → 8 문헌서원 →
9 신성리 갈대밭 → 김제 성모암 →
10 아리랑문학마을 →
11 벽골제 →
12 고창 선운사 → 책마을해리 →
상하농원 → 무장현 관아&읍성 →
13 보리나라 학원농장 →
14 고창고인돌박물관 →
15 고창읍성 →
16 문수사 → 남고창 IC

01 백제문화단지

백제문화단지는 찬란한 문화의 꽃을 피우던 백제 역사문화의 우수성을 세계에 알리고자 건립한 한국 최대 규모의 역사테마파크다. 17년에 걸쳐 완성된 백제문화단지에는 백제왕궁을 재현한 사비궁과 대표적 사찰인 능사, 생활문화마을, 위례성, 고분공원, 백제역사문화관, 백제의 숲 등으로 조성되어 있다. 뿐만 아니라 문화재청에서 설립한 한국전통문화학교와 롯데 부여리조트가 단지 내에 위치하여 역사문화 체험은 물론 레저, 휴양, 쇼핑, 체험 등을 함께 누릴 수 있다. 특히 지난 2006년 개관한 '백제역사문화관'은 전국 유일의 백제사 전문 박물관으로 백제의 역사와 문화를 한눈에 보여주는 상설전시실을 비롯하여 기획전시실, 금동대향로극장, i-백제 체험장 등 다양한 전시·교육시설을 갖추고 있다.

백제문화단지 041-635-7740
3~11월 09:00~18:00(야간 개장 18:00~22:00), 12~2월 09:00~17:00(야간 개장 17:00~22:00), 월요일 휴무 ₩ 6,000원 P 무료 bhm.or.kr

Tip 부여관광

국내 최초 육상과 해상을 한 번에 즐길 수 있는 이색 체험이다. 낙화암, 궁남지, 천정대, 백제왕릉원 등을 경유한다.

02 부소산성

삼국시대 때에 백제의 수도인 사비를 방어하기 위해 수도 천도 전후한 시기에 축조된 성곽이다. 605년경에 현재의 규모로 확장, 완성된 것으로 추정하고 있다. 부소산성 안에는 사비성이 나당연합군에게 함락될 때 백마강으로 몸을 던진 여인들의 전설이 깃든 낙화암을 비롯해 백화정, 고란사, 사자루, 반월루, 궁녀사, 영일루, 군창지 등 백제 이야기가 곳곳에 있다. 백마강 절벽에 위치한 고란사는 백제가 멸망할 때 낙화암에서 사라져 간 삼천궁녀의 넋을 위로하기 위하여 고려 현종이 지은 사찰이라고도 한다. 단풍이 아름다워 가을에도 많이 찾는다.

부소산성 041-830-2884
3~10월 09:00~18:00, 11~2월 09:00~17:00
₩ 2,000원 P 무료 buyeo.go.kr/html/heritage

Tip 백마강(유람선)

고란사에서 10분가량 내려가면 구드래 공원으로 가는 백마강 유람선을 탈 수 있다.

03 부여정림사지

백제 사비시대의 전형적인 가람 배치 양식으로 사비도성의 중심지에 세워졌던 사찰 터이다. 폐사된 지 오래되어 자세한 유래는 알 수 없다. 지금은 일명 백제탑이라 불리는 백제시대의 석탑인 부여 정림사지 오층석탑(국보 제9호)과 고려시대 때 만들어진 부여 정림사지 석조여래좌상(보물 제108호)만 남아 있다. 절터에는 연못이 있는데, 현재까지 발굴된 것 중 가장 오래되었다고 한다.

부여정림사지 3~10월 09:00~18:00, 11~2월 09:00~17:00, 신정·설날·추석 휴무

Tip 정림사지박물관

정림사지의 5분 거리에 있다. 건물 구조는 불교의 상징인 만(卍) 자를 모방했다. 일제강점기 이후 백제탑 공원으로 이용되다가 1979년부터 시작된 발굴조사에서 사찰 터로 확인되어 사적 제301호로 지정되었다. 이를 관리 및 전시하기 위해 전시관으로 2006년 개관하였다. 2008년 1종 전문 박물관으로 등재되어 현재에 이르고 있다. 정림사지에서 출토된 기와 조각, 벼루, 토기 등을 관람할 수 있다.

041-832-2721 3~10월 09:00~18:00, 11~2월 09:00~17:00 1,500원 P 무료 jeongnimsaji.or.kr

04 궁남지

백제의 단아한 아름다움을 느끼게 하는 궁남지는 경주의 안압지보다 40년 앞선, 현존하는 우리나라 최초의 인공 연못이다. 입구로 들어서면 양옆으로 조성된 연꽃단지가 보이는데, 여름철 꽃이 필 때면 더더욱 아름답다. 신라 진평왕의 딸 선화공주와 백제 무왕의 아름다운 사랑 이야기가 전해지는 곳이기도 하다. 조금 더 안쪽으로 들어가면 신선이 노니는 산을 형상화했다는 연못이 나오는데, 연못 중심에 세워진 정자와 연못을 가로지르는 다리가 마치 한 폭의 동양화를 보는 듯하다.

궁남지 041-830-2330 ₩ 무료 P 무료

05 성흥산성

삼국시대에 축조한 것으로 산 정상을 중심으로 7~8부 능선을 거의 수평으로 둘러싼 형태의 테뫼식 산성이다. 501년 백가가 축조하였다고 하는데, 당시 이곳에 가림군이 주둔했다고 하여 가림성이라고도 한다. 돌과 흙을 이용하여 축조했으며, 이에 흙을 파낸 곳은 자연히 호를 형성하고 있다. 주차 후 산성으로 올라가면 가장 먼저 반기는 것이 커다란 나무인데, 늘어트린 가지의 모양이 하트 모양의 딱 반을 잘라놓은 듯한 모양새라 합성을 통해 하트 모양의 사진을 만들어 SNS에 올리면서 유명해졌는데 일몰 때 특히 아름답다.

🏠 성흥산성 ₩ 무료 P 무료

06 서동요 테마파크

2005년 SBS 드라마 〈서동요〉의 촬영을 위해 만들어진 오픈 세트장으로, 촬영이 종료된 이후 테마파크로 전환하였다. 계백장군이 태어난 충화면 천등산 자락에 위치해 있다. 처음에는 백제의 분위기가 강했으나, 다양한 드라마 촬영을 위한 리모델링으로 인해 현재는 고려 및 조선시대까지 촬영이 가능해졌다. 서동요 외에도 〈대풍수〉, 〈계백〉, 〈태왕사신기〉 등 다양한 드라마가 촬영되었으며, 테마파크 안에는 오늘날의 과학기술연구소 격인 태학사, 백제왕궁, 왕궁마을, 왕비처소 등이 있다.

🏠 서동요 테마파크 ☎ 041-832-9913 ⏲ 3~10월 09:00~18:00, 11~2월 09:00~17:00, 월요일 휴무
₩ 2,000원 P 무료 🌐 buyeofmc.or.kr

Tip 서동요 출렁다리

길이 175m, 교각 높이 15m의 출렁다리를 시작으로 덕용저수지를 둘러싼 약 1.6km의 수변 데크길을 걸을 수 있다. 청소년 수련관을 지나 테마파크로 이어진다.

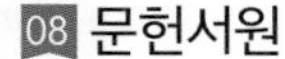

07 한산모시관

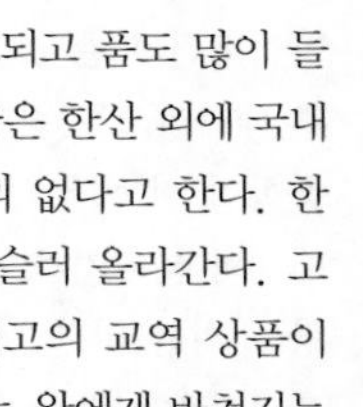

여름을 시원하게 날 수 있도록 도와주는 옷감인 모시는 만드는 작업이 고되고 품도 많이 들어 간다. 그래서 그런지 지금은 한산 외에 국내에서 모시를 짜는 곳이 거의 없다고 한다. 한산모시의 기원은 백제로 거슬러 올라간다. 고려시대 때는 명나라와의 최고의 교역 상품이었고, 조선시대에 이르러서는 왕에게 바쳐지는 진상품이었다고 하니, 한산모시의 우수성을 알 수 있다. 한산모시 전시관에서는 무형문화재로 지정된 장인들의 작업을 실제로 볼 수 있고, 매년 열리는 한산모시문화제에 맞추어 방문하면 더욱 다양한 체험을 할 수 있다.

한산모시관 041-951-4100
3~10월 10:00~18:00, 11~2월 10:00~17:00
1,000원 P 무료 seocheon.go.kr/mosi

08 문헌서원

고려 말의 대학자인 가정 이곡 선생과 아들 목은 이색 선생의 학문과 덕행을 기리기 위해 세운 서원이다. 임진왜란 때 화재로 인해 소실되었다가 1610년 한산 고촌으로 옮겨 복원했다. 하지만 1871년 흥선대원군의 서원 철폐령으로 철거되어 서원이 있던 자리에는 단을 설치하고 분향했다. 이후 1969년에 지방 유림들의 노력으로 현재 위치에 복원했다. 서원 내의 건물에 이색, 이곡, 이종학, 이자, 이개, 이종덕의 위패가 봉안되어 있으며, 전사청에는 제구를 보관하고 있고 수호사는 관리인이 숙소로 사용하고 있다. 장판각에는 이색 선생의 『가정집』, 『목은집』 문집판이 보관되어 있다.

문헌서원 041-953-5895 3~10월 09:00~18:00, 11~2월 09:00~17:00, 월요일 휴무 무료 P 무료

09 신성리 갈대밭

서천군과 군산시가 만나는 금강하구에 있다. 영화나 드라마 촬영지로도 많이 활용되어 갈대밭에는 영화 테마길이 만들어져 있다. 제방 도로에 올라서면 성인의 키를 훌쩍 넘는 갈대가 눈 아래로 펼쳐진다. 사계절 내내 아름다운 곳이지만 특히 가을이 되면 금빛을 머금은 갈대가 출렁거려 더더욱 아름답다. 겨울이 되어 황량해질라치면 어디선가 청둥오리, 고니, 검은머리물떼새 등 철새가 날아들어 스산한 겨울을 색다른 느낌으로 채워 준다.

신성리 갈대밭 041-950-4018
₩ 무료 P 무료

10 아리랑문학마을

2012년 조성된 아리랑 문학마을은 조정래 작가의 소설『아리랑』의 배경을 재현해놓은 곳이다. 홍보관, 하얼빈역, 내촌·외리 마을, 일제수탈관, 일제수탈기관으로 구성되어 있다. 홍보관 1층에는 소설『아리랑』에 대해 설명하고, 2층에는 김제에서 실제 독립운동을 했던 투사들의 이야기와 독립투쟁의 역사를 함께 재현해 놓았다. 하얼빈역은 2층으로 되어 있는 전시관으로 안중근 의사의 시해 장면을 비롯해 광장 앞에 이민자 가옥을 재현해 놓았고, 근대수탈기관에는 면사무소, 주재소, 정미소 등으로 구성되어 있다.

아리랑문학마을 063-540-2927
홍보관 6~10월 09:00~18:00, 11~3월 09:00~17:00
₩ 무료 P 무료

11 벽골제

우리나라 최대의 고대 저수지이다. 우리나라 최초로 쌓아 만든 옛 저수지의 중수비와 둑이다. 백제 비류왕 27년에 축조된 것으로 『삼국사기』에 기록되어 있다. 둑의 길이는 약 3,240m 달하며 포교리와 월승리 사이에 남북으로 일직선을 이룬다. 이러한 대규모 저수지가 축조된 당시 토목 기술이 상당히 발달했다는 것을 알 수 있다. 이는 한국의 과학기술사에도 중요한 의미를 갖는다. 제방에는 2개의 수문 장생거와 경장거가 있다. 『신증동국여지승람』에는 5개의 수문이 있었다고 기록되어 있으나, 현재는 2개의 수문만 남아있다. 1963년 1월 국가사적으로 지정되면서 벽골제농경사주제관, 벽골제민속유물전시관, 조정래아리랑문학관, 어린이 농경체험 등을 운영하고 다양한 야외 전시를 통해 시민의 휴식공간이자 문화공간으로 널리 활용되고 있다. 우리나라에서 유일하게 지평선을 볼 수 있는 곳으로, 해마다 이곳에서 지평선축제가 열린다.

벽골제 관광 안내소 063-540-4094

Tip 조정래아리랑문학관

1층에는 소설 『아리랑』에 대해 시대적으로 구분하여 설명하고, 2층에는 작가의 취재 수첩과 노트, 일상용품이 전시되어 있다.

063-540-3934 09:00~18:00, 월요일 휴무 ₩ 무료

Tip 벽골제 민속유물전시관

벽골제를 기념하기 위해 1998년 개관한 박물관이다. 4개의 전시실에는 1,200여 점의 유물과 벼농사와 밀접한 관계가 있는 수리시설의 변천 과정과 벽골제의 축조 과정을 보여준다.

063-540-4989 3~10월 09:00~18:00,
11~2월 09:00~17:00, 월요일 휴무 ₩ 무료
P 무료 tour.gimje.go.kr(김제 문화관광)

12 선운사

선운사는 동백나무 숲이 특히 유명하다. 사찰을 병풍처럼 감싸고, 매년 4월이면 눈물처럼 떨어지는 동백나무의 꽃을 보고자 많은 관광객이 찾는다. 선운사는 89개의 암자에 3천여 명의 승려가 수도했다고 한다. 지금은 모두 없어지고 도솔암, 참당암, 동운암, 석상암만이 남아 있다. 선운사는 동백꽃 외에도 석산화라는 꽃무릇도 유명한데, 꽃이 지고 나서야 잎이 나온다 하여 결코 마주할 수 없는 애틋함을 의미한다. 선운사 이외에도 유명 사찰에는 꽃무릇이 많이 피어 있다. 이는 꽃무릇의 뿌리에 독성이 있어 그 뿌리를 찧어 바르면 좀이 슬지 않고, 벌레가 꾀지 않아 사찰과 불화를 보존하기 위해 쓰였기 때문이라고 한다. 고요하게 앉아 있는 오래된 사찰과 선홍색의 꽃무릇은 묘하게 잘 어울린다.

선운사 063-561-1422 05:00~20:00
₩ 무료 P 2,000원 seonunsa.org

13 보리나라 학원농장

고창의 청보리는 4월부터 5월 초까지가 가장 보기 좋다. 5월 중순으로 넘어가면 누렇게 익어 특유의 청량감이 덜하지만, 황금빛 보리밭 풍경도 인상적이기는 마찬가지다. 8월에는 노란 해바라기가 농장을 가득 메우고, 10월 초에는 하얀 메밀꽃이 만발한다. 계절마다 풍경이 달라 사진 촬영 명소로 사진사들이 많이 찾고, 체험교실도 있어 가족 단위로도 많이들 찾는다. 보리밭 안의 작은 초가정자를 중심으로 사진을 찍어보자. 드넓은 푸름이 시원하다. 홈페이지를 통해 축제 및 체험교실 일정을 미리 확인하고 방문하자.

063-564-9897
₩ 무료 P 무료 borinara.co.kr

14 고창고인돌박물관

고창고인돌박물관은 세계의 고인돌문화를 한 눈에 살펴볼 수 있는 곳이다. 상설전시관은 전체 전시공간에 대한 관람 정보와 상징전시 공간으로 구성하였다. 주제전시실의 전시를 압축해서 보여주는 공간으로, 전시 내용에 대한 관심과 흥미를 불러일으킴으로써 적극적인 관람욕구를 유도하고 관람 분위기를 조성하였다. 상징물 옆에는 안내데스크 및 정보검색시스템을 설치하여 관람객을 위한 사진 정보를 제공하고 있다. 전시관 3층에 마련된 체험공간에서는 불 피우기, 암각화 그려보기, 고인돌 만들기 등을 직접 체험해 볼 수 있다. 또한 원형 움집의 내부를 1:1 실물 크기의 모형으로 만들어 내부에서 사진을 찍을 수 있는 포토존이 마련되어 있다.

고창고인돌박물관 063-560-8666
3~10월 09:00~18:00, 11~2월 09:00~17:00, 월요일 휴무 ₩ 3,000원 P 무료
gochang.go.kr/gcdolmen

15 고창읍성

모양성이라는 이름으로 더 유명한 고창읍성은 조선 초만 해도 서해안을 통한 잦은 왜구의 침범을 막기 위해 만들어진 성이다. 견고하게 이어진 고창읍성은 생각보다 보수와 정비가 잘 되어 있어, 과연 우리나라 아름다운 길로 선정될 만큼 아름다운 성벽길이다. 성벽 위를 걸으면 온몸으로 덤벼드는 바람과 좁다란 흙길이 푸른 잔디와 형형의 꽃과 어울려 눈을 사로잡는다. 그러나 안전을 위한 장치가 없으니 혹시 아이와 간다면 안전사고를 조심하도록 하자. 고창읍성에는 성밟기 풍속이 있는데, '머리에 돌을 이고 성을 한 바퀴 돌면 다릿병이 낫고, 두 바퀴를 돌면 무병장수하고, 세 바퀴를 돌면 극락에 간다'는 속설이 있다. 지금도 모양성제라 이름 붙인 성밟기가 매년 개최되고 있다.

고창읍성 063-560-8067 09:00~18:00
₩ 3,000원 P 무료

Tip 맹종죽림

고창읍성 동북루 쪽에 맹종죽림이 있다. 1938년 청월 유영하 선사가 불전의 포교를 위해 보안사를 짓고, 그 주변에 대숲을 조성했다고 한다. 휘어진 대나무와 곧게 뻗은 대나무 사이를 비집고 자란 나무가 있는데 사진 촬영을 위해 출사지로도 방문하는 사람들이 많다.

16 문수사

644년 신라의 자장이 창건하였다고 전해지는 문수사는 전북 고창과 전남 장성 사이에 있는 문수산 중턱에 자리하고 있다. 대웅전은 소규모의 건물로 맞배지붕이 특이하다. 현존하는 당우로는 대웅전, 문수전, 한산전, 금륜전, 만세루, 요사, 산문 등이 있다. 전라북도 유형문화재 제51호로 지정된 대웅전의 건립연대는 미상이지만 1823년 1차 중수 이후 1876년 묵암이 중수하여 오늘에 이르렀다. 문수사는 특히 단풍으로 이름이 알려져 있다. 문수산 중턱에 자리 잡은 문수사의 입구까지 양쪽으로 수령 100~400년으로 추정되는 500여 그루의 단풍나무가 모여 있는데, 우거진 녹음 사이로 보이는 계곡물과 가을 단풍이 천년 고찰과 잘 어우러져 여행객들이 많이 찾는다.

문수사 063-562-0502 일출~일몰 ₩ 무료 P 무료

무장현 관아&읍성

무장현 관아&읍성

무장현 관아&읍성

고창읍성과 마찬가지로 왜구의 침입을 방어하기 위해 만들어졌다. 성내가 잘 관리되어 객사, 동헌, 진무루 등이 시간을 잊은 듯 옛 모습 그대로 서 있다. 1894년 동학농민혁명이 맨 처음 봉기한 역사적인 장소이기도 하다. 여름에는 작은 연못에 연꽃이 피어 더더욱 아름답다.

무장읍성 063-560-8747 무료 무료

천장호출렁다리

천장호출렁다리

국내 최장 출렁다리로 알려져 있다. 칠갑산 등산로와 이어져 있는 천장호 출렁다리에는 거대한 고추 모형의 주탑이 설치되어 있다. 중심부는 30~40cm 정도 흔들리게 설계되어 있어 다리 위를 걷는 사람들에게 아찔한 재미를 선사한다.

천장호출렁다리 09:00~18:00 무료 무료

장곡사

장곡사

칠갑산 서쪽 기슭에 자리 잡은 마곡사의 말사로, 약사여래 기도 도량으로 알려져 있다. 이 사찰에는 특이하게 대웅전이 두 채다. 상대웅전에는 약사여래와 비로자나불이 하대웅전에는 약사여래가 모셔져 있다. 장곡사에는 국보 2점, 보물 4점을 보유하고 있다.

장곡사 041-942-6769

고운식물원

고운식물원

고운식물원은 환경부 지정의 멸종위기 식물 35종을 보전하는 장소이다. 산악 지형을 활용해 만들어진 산책길에는 약 8,600여 종의 식물이 크고 작은 정원을 이루고 있다. 고운식물원에서는 다양한 수목과 꽃을 바탕으로 자연생태관광, 생태학습, 학술연구 등이 이루어지고 있다.

고운식물원 041-943-6245 09:00~17:00 8,000원 무료

성모암

유앙산에 자리한 사찰로, 불심과 효심은 다르지 않다고 여겨 고승 진묵대사가 이곳에 모친의 묘소를 모셨다. 우리나라에서 유일하게 고시래전이 있는 성모암은 이외에도 몇몇의 전각은 매우 독특하다. 극락보전에는 전각 내 세 벽마다 개인 감실을 두고 있고, 산신각은 지붕을 초가로 씌우고 문살에는 귀와 입을 가리거나 합장을 하는 동자를 화려하게 조각해 놓았다. 묘소 앞에서 절을 하고 기도를 하면 소원을 들어준다는 이야기가 있다.

성모암 063-544-0416

성모암

책마을해리

지역 생태인문자원을 체험하고 출판하는 출판캠프를 진행한다. 하룻밤 책 읽고 책 이야기 실컷 나누는 북스테이와 작은 책방 '낫놓고기역'을 운영한다. 버들눈작은도서관에서 그림책 세계와 만나고, 한지만들기와 활자 체험을 통해 유구한 우리의 출판문화도 슬쩍 엿볼 수 있다. 지역 청소년들과 매주 토요일 신나게 놀고 먹고 읽고 쓰고 출판하는 '책마을책학교'를 운영하고 있다. 매달 보름달 뜨는 주말 저녁에 늦도록 책 읽고 노는 '부엉이와 보름달 작은 축제'도 열고 있다.

책마을해리 070-4175-0914 3~12월 화~토요일 10:00~17:00, 일·월요일 휴무, 1~2월 월~금요일 10:00~17:00, 토·일요일 휴무
blog.naver.com/pbvillage

책마을해리

책마을해리

상하농원

아이들에게 먹거리에 대한 소중함을 알려주고 먹거리를 건강하게 즐길 수 있는 농촌 체험형 테마공원이다. 먹거리를 다루는 공방과 동물들과 교감하는 농장, 건강한 먹거리를 소개하는 식당들로 이루어져 있다.

상하농원 1522-3698 09:30~21:00 9,000원 무료
sanghafarm.co.kr

칠갑산자연휴양림

1990년 충남의 알프스라 불리는 칠갑산도립공원의 서쪽 지역에 조성되었다. 휴양림 안에는 통나무집, 수련원, 원두막, 물놀이장, 전망대 등이 있는데, 특히 칠갑산 정상까지 소나무가 이어져 있는 산책로는 아이가 있는 가족들도 무난하게 오를 수 있어 많은 사람들이 찾고 있다.

칠갑산자연휴양림 041-940-2428 6~10월 09:00~18:00, 11~3월 09:00~17:00 1,000원 chilgap.cheongyang.go.kr

상하농원

구 간 5

영광 IC ~ 목포 IC

영광·함평·무안·신안·목포

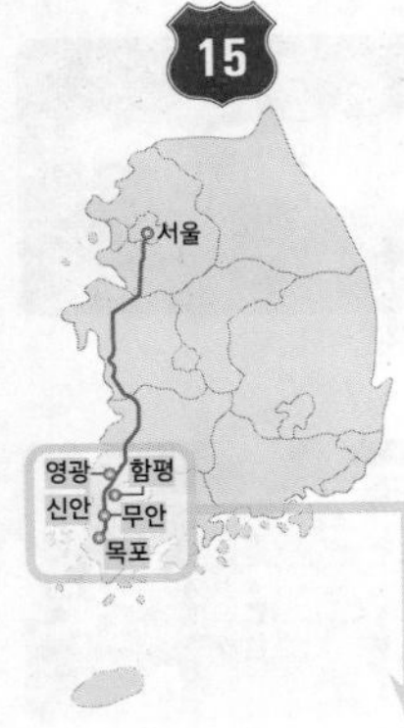

Best Course

영광 IC →

1. 영광 백제불교최초도래지 →
2. 백수해안도로 →
3. 불갑사 → 함평 일강김철선생기념관 → 함평자연생태공원 →
4. 함평엑스포공원 → 돌머리해수욕장 → 영광 칠산타워 →
5. 무안 무안황토갯벌랜드 →
6. 신안 증도 → 무안 밀리터리테마파크 →
7. 회산 백련지 → 신안 천사섬 분재공원 →
8. 무한의 다리 →
9. 퍼플섬&퍼플교 → 목포 갓바위해상보행교 → 춤추는 바다분수
10. 서산동 시화골목 →
11. 유달산 →
12. 목포해상케이블카 → 목포 스카이워크 → 목포 IC

01 백제불교최초도래지

백제불교최초도래지는 백제에 불교를 전한 인도 승려 마라난타를 기념하는 곳으로 이국적인 정취가 물씬 풍긴다. 간다라 양식으로 건축된 정문을 지나면 높은 계단 위에 있는 사면대불상과 시원한 바다의 전경이 보인다. 간다라 유물관, 탑원, 부용루 등의 볼거리가 있다. 백제불교최초도래지는 '숲쟁이 꽃동산'과 이어져 있다. 이곳에 넓은 주차장이 마련되어 있으므로 관광객으로 붐비는 기간에는 이곳을 이용하자. 숲쟁이 꽃동산을 따라 15분 정도 걸으면 탑원이 나온다. 숲쟁이 꽃동산은 잘 가꾸어진 예쁜 산책로이지만 오르막과 내리막이 반복되므로 유모차 등을 사용하기에는 불편하다.

백제불교최초도래지 ₩ 무료 P 무료

02 백수해안도로

법성포에서 백암해안전망대로 이어지는 해안도로로 서해 최고 드라이브 코스 중 하나이다. 중간중간 쉬어 갈 수 있는 전망대와 바닷가 탐방로가 잘 꾸며져 있다. 그중 칠산정과 노을전시관이 전망 포인트. 해안가를 따라 식당과 펜션이 줄지어 있어 하룻밤 머물기도 좋다. 모래미해변을 시작점으로 해안도로를 타고 남쪽으로 향하면 칠산정과 노을전시관을 차례로 만나게 된다.

영광노을전시관 061-350-5600(노을전시관)
yeonggwang.go.kr(영광 문화관광)

03 불갑사

늦여름부터 초가을까지 상사화가 불갑사를 붉게 물들인다. 상사화는 피는 시기가 다른 잎과 꽃이 서로 만나지 못해 그리워한다 하여 붙여진 이름이다. 불갑사 주변은 전국에서 가장 넓은 상사화 군락지로 매년 9월 상사화 축제가 개최된다. 넓게 펼쳐진 잔디밭과 상사화 사이로 난 오솔길을 걸으면 불갑사의 모습이 보인다. 인도 승려 마라난타 존자가 최초로 세운 절로 알려진 불갑사는 3점의 보물을 비롯한 여러 문화재를 품고 있다. 그중 보물 제830호로 지정된 대웅전은 문살에 연꽃, 국화꽃 등의 무늬가 조각된 아름다운 건축물이다.

불갑사 061-350-4889(불갑사 관광안내소) 무료 P 무료

04 함평엑스포공원

봄이면 나비가 가득하고 가을에는 국화 향기가 진동한다. 함평엑스포공원에서는 매년 나비축제와 국화대전이 개최된다. 5월경 개최되는 나비축제는 나비와 곤충을 소재로 한 친환경축제로 자연과 함께하는 다양한 체험행사가 진행된다. 가을의 국화대전이 시작되면 엑스포공원은 향긋한 국화로 색색의 옷을 입는다. 국화로 뒤덮인 거대한 광화문을 비롯한 여러 작품을 감상하며 즐거운 시간을 보내자. 축제 기간이 아니더라도 다육식물관, 자연생태관, 나비곤충생태관 등을 관람할 수 있으므로 생태습지와 함께 둘러보자. 여름이면 개장하는 물놀이장도 인기 있다.

함평엑스포공원 061-320-2230
09:00~18:00 ₩ 무료(축제 시 입장료 별도)
P 무료 www.hampyeong.go.kr/expopark/

Tip 입장권 쿠폰
축제 시 입장권을 구매하면 쿠폰이 붙어 있다. 이 쿠폰은 행사장 내 상점에서 현금처럼 사용할 수 있다.

05 무안황토갯벌랜드

전남 도립공원이자 람사르습지로 지정된 무안갯벌을 보호하고 소개하기 위해 설립된 곳으로 센터 건물 주변은 아름다운 생태공원으로 조성되어 있다. 본관의 1층에는 갯벌생태관과 갯벌탐사관 등 전시실이 있고 2층에는 시원스레 펼쳐진 무안갯벌이 한눈에 들어오는 전망대가 있다. 산책로를 따라 잔디밭을 가로지르면 갈대로 둘러싸인 작은 연못을 지나 갯벌 탐방로가 나온다. 갯벌생태관찰, 조개 · 나무공예 등 다양한 체험프로그램도 경험할 수 있다.

무안황토갯벌랜드 061-450-5636
09:00~18:00, 월요일 휴무 ₩ 무료(시설이용료 별도)
P 무료 getbol.muan.go.kr

06 증도

2007년 담양 삼지내마을과 함께 아시아 최초 슬로시티로 지정된 섬 증도. 금연의 섬이기도 한 증도에는 유네스코 생물권 보전지역, 람사르습지로 지정된 갯벌과 국내에서 가장 큰 단일염전이 있다. 대표적인 볼거리인 태평염전과 짱뚱어다리를 둘러보자. 짱뚱어다리를 건너 우전 해변의 솔숲 산책로를 걸으면 엘도라도 리조트가 나온다. 민박집과 펜션이 많아 하룻밤 머물기도 좋다.

소금박물관

생존을 위해 맘모스는 소금을 찾아 이동하였고 맘모스를 사냥하고자 했던 인간은 그 뒤를 쫓았다. 인류가 맘모스를 쫓아 이동했던 길을 맘모스 스텝이라 부른다. 이처럼 소금박물관에는 소금에 관한 재미있는 이야기가 가득하다.

소금박물관 · 061-275-0829 · 09:00~18:00
₩ 3,000원 · saltmuseum.org

짱뚱어다리

짱뚱어다리는 갯벌을 가로지르는 길이 470m의 다리이다. 밀물 때는 찰랑거리는 바다 위를 걸을 수 있고 썰물 때는 갯벌을 점령한 농게와 짱뚱어가 반겨준다. 노을이 아름답기로 유명한 촬영 포인트이기도 하다.

짱뚱어다리 · ₩ 무료 · P 무료

염생식물원

국내에서 유일한 천연 염전 습지로 소금박물관 맞은편에 있다. 습지 내에는 긴 탐방로가 놓여 있어 염생식물을 관찰하기 좋다. 가을이면 붉게 물든 칠면초가 장관을 이룬다.

염생식물원 · 061-275-7541 · ₩ 무료

화도

하루 두 번 열리는 물때를 맞춰야 들어갈 수 있는 작은 섬이다. 길도 좁고 주차할 만한 공간도 협소하지만 고즈넉한 기분으로 산책을 즐기기에 좋다. 드라마 〈고맙습니다〉를 촬영한 시골집 뒤편에는 작은 소나무 숲과 아름다운 갯벌이 펼쳐져 있다.

드라마 고맙습니다 촬영지(증도면 화도길 334)

07 회산 백련지

여름이 되면 회산 백련지는 하얀 꽃망울로 점점이 수놓아진다. 회산 백련지의 백련은 한 번에 만개하지 않고 7월에서 9월까지 차례로 피어난다. 백련을 비롯해 멸종 위기 식물로 알려진 가시연꽃, 물양귀비, 홍련, 애기 수련 등의 수생식물이 10만여 평의 연못을 가득 채우고 있다. 연못을 가로지르는 280m의 백련교를 걸으며 백련지의 아름다움을 만끽해보자.

🏠 회산 백련지 주차장 입구
📱 061-450-5863 ₩ 무료 P 무료
🌐 tour.muan.go.kr/lotus

08 무한의 다리

무한의 다리는 자은도 둔장해변 앞바다에 설치된 1,004m의 갯벌 탐방로다. '무한의 다리'라는 이름은 조각가 박은선과 스위스 출신의 건축가 마리오 보타가 지은 것으로 섬과 섬을 연결한다는 연속성과 끝없이 발전하기를 희망하는 뜻을 담고 있다. 무한의 다리는 자은도에서 구리도와 고도, 할미도로 이어진다. 할미도에 도착하면 저 멀리 보이는 풍력발전기가 푸른 바다와 어우러져 멋진 풍경을 선사한다. 간식과 차를 판매하는 작은 매점도 있다. 무한의 다리는 별도의 조명이 없어 해가 지면 매우 어두우니 늦지 않게 방문하는 것이 좋다.

🏠 무한의 다리 📱 0507-1324-8355 ₩ 무료 P 무료

09 퍼플섬&퍼플교

퍼플교는 신안군 안좌도와 박지도, 반월도를 이어주는 보라색 다리다. 다리뿐만 아니라 퍼플교 주변 마을은 지붕을 비롯해 온통 보랏빛으로 물들어있다. 전화부스도 보라색, 넓은 꽃밭의 꽃도 보라색이다. 이곳이 미국 CNN이 '사진작가의 꿈의 섬'이라 소개한 신안 퍼플섬이다. 섬으로 들어가 마을을 둘러보아도 좋고 퍼플교만 걸어보아도 좋다. 퍼플교는 안좌도에서 박지도로 들어가는 547m의 두리·박지 구간, 박지도와 반월도를 연결하는 915m의 박지·반월 구간, 안좌도와 반월도를 연결하는 380m의 단도·반월 구간으로 구분된다. 한 바퀴 모두 둘러볼 것이 아니라면 두리·박지 구간을 걸어보자.

🏠 퍼플섬&퍼플교
₩ 5,000원(보라색 의상 착용 시 무료) P 무료

10 서산동 시화골목

목포 유달산 자락에 있는 서산동은 산자락을 따라 집이 올망졸망 모여있다. 그 사이에 귀여운 벽화와 정감 있는 시로 꾸며진 계단길이 있다. 서산동 시화골목은 연희네슈퍼를 꼭짓점으로 세 개의 골목이 부채 형태로 퍼져있다. 각 골목 시작점에 이정표가 있어 길을 알려준다. 시를 감상하며 천천히 골목길을 오르자. 내려다보이는 바다의 멋진 풍광은 덤이다. 첫 번째 골목을 오르다가 이정표를 따라 좌측으로 향하면 시화골목의 전망대인 바보마당이 나온다.

🏠 연희네슈퍼(목포시 해안로127번길 14-2)

Tip 연희네슈퍼

골목의 출발점이자 영화 〈1987〉의 촬영지로 80년대 감성이 가득하다. 서산동 시화골목의 놓칠 수 없는 촬영 포인트.

11 유달산

해발 228m의 유달산은 노령산맥의 마지막 봉우리로 목포 주요 관광지 중 하나다. 유달산 주차장에 주차한 후 달성사, 조각공원, 낙조대를 지나는 6km의 둘레길을 걸어도 좋고 노적봉을 중심으로 주변 포인트만 둘러보아도 좋다. 노적봉에서 계단을 따라 380m 내려오면 목포근대역사관 1관이 있고 노적봉 맞은편 계단을 오르면 이순신 장군 동상이 나온다. 이 길은 유달산 둘레길과 이어진다.

유달산 주차장(노적봉), 유달산조각공원(조각공원) 061-270-8359 ₩ 무료
P 무료 or 유료주차장 일 3,000원 mokpo.go.kr(목포 문화관광)

유달산 조각공원

1982년 조성된 국내 최초의 야외조각공원으로 유달산 이등바위 아래에 있다. 조각공원에는 46점의 조각 작품이 자연과 어우러져 전시되어 있다. 작품 너머로 내려다보이는 목포의 전경도 놓치지 말아야 할 감상 포인트.

노적봉

노적봉은 암석으로 이루어진 커다란 봉우리다. 임진왜란 때 이순신 장군이 짚으로 노적봉을 둘러 마치 군량미처럼 보이게 위장하여 적을 물리쳤다는 이야기가 전해온다.

목포근대역사관 1관

일제강점기의 석조 건축물로 1932년 건립 당시의 모습을 거의 그대로 유지하고 있다. 드라마 〈호텔 델루나〉의 촬영지로 알려진 후, 기념촬영을 하려는 관광객으로 항시 붐빈다.

₩ 2,000원

방공호

목포근대역사관 1관의 뒤쪽으로 돌아가면 일제강점기 말기에 조성된 방공호가 있다. 일본이 태평양전쟁을 시작하면서 공중폭격에 대비하여 만든 것으로, 방공호 조성에 한국인이 강제 동원되었다.

12 목포해상케이블카

목포 시내 북항승강장을 출발하여 유달산을 거쳐 고하도에 이르는 3.23km 길이의 케이블카로 왕복 40분이 소요된다. 유달산 상부에서 고하도로 향하는 케이블카의 지주 타워는 그 높이가 155m로, 케이블카 주탑 중 세계에서 두 번째로 높다. 크리스탈 캐빈을 포함한 55대의 캐빈이 운행 중이며, 일반 캐빈에는 휠체어와 유모차도 탑승 가능하다. 북항승강장, 유달산승강장, 고하도승강장 세 곳 모두 전망대를 갖추고 있어 볼거리가 풍부하며, 특히 해 질 녘에 케이블카에 탑승하면 목포의 낭만적인 야경을 감상할 수 있어 인기다.

목포해상케이블카 북항승강장 061-244-2600
09:00~21:00(상시 변경) 일반 캐빈 왕복 24,000원, 크리스탈캐빈 왕복 29,000원
케이블카 이용 고객 3시간 무료 mmcablecar.com

Tip 고하도

고하도승강장에 하차한 후 고하도전망대를 거쳐 해안 산책로를 걸어보자. 돌아올 때는 야트막한 언덕의 오솔길인 용오름길을 이용하자. 울창한 나무 터널과 푸른 바다의 절경을 번갈아 만나게 되어 지루할 틈이 없다.

1. 고하도전망대

조선시대의 대표적 군함인 판옥선을 층층이 쌓아 올린 모양이다. 1층에는 카페가 있고 2층부터 5층까지는 전시실로 꾸며져 있다. 옥외전망대에 오르면 목포대교와 유달산의 멋진 풍경이 한눈에 들어온다.

2. 고하도 해안산책로

고하도 전망대 옆의 계단을 내려오면 바다 위에 설치된 데크길로 이어진다. 이순신 동상이 있는 이순신 포토존까지는 600m, 해안산책로의 끝인 용머리 포토존까지는 1,080m 거리다. 용머리 포토존에는 여의주를 입에 물고 있는 '용의 비상'이 있고 포토존을 지나 계단을 오르면 용머리길과 연결된다.

일강김철선생기념관

일강김철선생기념관

일강김철선생기념관

일강 김철 선생은 함평 출신의 독립운동가다. 백범 김구 선생, 윤봉길 의사 등과 함께 활동하며 상해임시정부를 수립하는 데 공헌하였다. 일강김철선생기념관에는 선생의 유물과 독립운동에 관한 자료들이 전시되어 있다. 기념관 옆에는 상해임시정부청사의 모습을 재현한 독립운동역사관이 있다.

일강김철선생기념관 061-320-3511 09:00~18:00, 월요일 휴무
₩ 무료 P 무료

일강김철선생기념관

함평자연생태공원

함평자연생태공원은 나비와 잠자리, 꽃, 난초 등을 주제로 조성된 생태공원이다. 색색의 꽃으로 채워진 정원과 우리꽃생태학습장, 풍란관, 아열대식물관 등의 전시관, 작은 놀이공원도 갖추고 있다. 생태공원의 입구에는 뱀 모양의 외관을 가진 양서파충류생태공원이 있다. 통합권을 구매하면 두 곳을 저렴하게 관람할 수 있다.

함평자연생태공원 061-320-3530 3~10월 09:00~18:00, 11~2월 09:00~17:00, 월요일 휴무 ₩ 성수기 5,000원, 비수기 4,000원
P 무료 hampyeong.go.kr/ecopark

함평자연생태공원

돌머리해수욕장

해변 뒤편으로 솔숲이 있는 아름다운 해변으로 육지의 끝이 바위로 되어 있어 돌머리해변이라 불린다. 바다 위로 400여 미터의 산책로가 조성되어 있어 낙조를 감상하기 그만이다. 밤이 되면 조용한 파도 소리와 산책로를 따라 반짝이는 불빛이 밤바다의 낭만을 그려낸다. 갯벌 생태체험, 뱀장어잡기 등의 체험이 가능하며 주포한옥마을이 가까이 있어 하룻밤 머물기도 좋다.

돌머리해수욕장 ₩ 무료 P 무료

돌머리해수욕장

칠산타워

2014년 준공된 높이 111m의 타워로 전라남도에서 가장 높은 전망대다. 타워에 오르면 푸른 바다를 가로지르는 칠산대교가 한눈에 들어온다. 타워 아래층의 수산물센터에서 싱싱한 해물도 즐길 수 있다. 밤이면 어두운 바다를 화려하게 수놓는 칠산대교의 야경을 감상하기도 좋다.

칠산타워 061-350-4965 3~10월 09:00~20:00, 11~2월 10:00~18:00
₩ 2,000원 P 무료

칠산타워

밀리터리테마파크(호담항공우주전시관)

밀리터리테마파크

밀리터리테마파크는 전 공군참모총장인 옥만호 장군이 세운 사립박물관이다. 빛바랜 느낌의 아담한 전시관이지만 실제로 하늘을 날았던 전투기를 만날 수 있는 곳이다. 비행의 발전 과정을 보여주는 실내전시관과 11대의 항공기를 볼 수 있는 야외전시장이 있다. 야외전시장에는 한국전쟁과 베트남전쟁에서 활약했던 군용기, 북한의 조종사가 귀순할 때 타고 온 북한의 전투기 등이 전시되어 있다. 그중 특전사 강하 훈련에 사용되던 'c-123k'의 실내를 관람할 수 있다.

밀리터리테마파크 061-452-3055 3~10월 09:00~18:00, 11~2월 09:00~17:00, 월요일 휴무 ₩ 2,000원 P 무료

천사섬 분재공원

천사섬 분재공원

송공산 남쪽 기슭 5,000만 평의 부지에 조성된 생태예술공원이다. 다양한 분재와 수목, 조각품 등을 볼 수 있는 곳으로 분재 200여 점이 전시된 최병철 분재기념관, 우암 박용규 화백의 작품이 전시된 저녁노을미술관이 있다. 추운 겨울날에는 완만한 등산로인 애기동백꽃길을 걸어보자. 흰 눈 속에서 붉게 피어나는 애기동백꽃이 장관을 이룬다.

천사섬 분재공원 061-240-8778 09:00~18:00 ₩ 10,000원 P 무료 www.shinan.go.kr/home/bjpark

---

갓바위 해상보행교

갓바위 해상보행교

삿갓을 쓴 사람처럼 보이기도 하고 앙증맞은 새 두 마리가 앉아 있는 듯 보이기도 한다. 갓바위 해상보행교는 목포의 명물인 갓바위를 구경할 수 있도록 바다 위에 설치된 산책로다. 밤이 되면 해상보행교의 조명이 켜지고 은은한 빛을 받은 갓바위가 밤바다의 운치를 더한다. 평화광장과 인접해 있으므로 갓바위 산책 후 분수 공연을 보는 것도 좋다.

갓바위 061-273-0536, 061-270-8598
하절기 05:00~24:00, 동절기 05:00~23:00 ₩ 무료 P 무료

춤추는 바다분수

춤추는 바다분수

4월에서 11월까지 평화광장 앞바다에서 펼쳐지는 분수 공연이다. 색색의 빛과 시원한 물줄기가 어우러져 환상적인 분위기를 연출한다. 계절과 요일에 따라 공연시간이 다르므로 시간을 미리 확인하자. 보통 화요일부터 일요일 저녁 8시에서 9시경에 2~3회 펼쳐진다.

평화광장 061-270-8580 20:00~21:00, 월요일·12~3월 휴무 ₩ 무료 P 무료 seafountain.mokpo.go.kr

---

목포 스카이워크

목포 스카이워크

길이 54m 높이 15m의 목포 스카이워크를 걸어보자. 바다 위를 걷는 듯한 짜릿함을 느낄 수 있다. 목포대교와 고하도를 배경으로 사진 찍기도 좋다. 하늘이 붉게 물드는 저녁에는 해상케이블카를 바라보며 서해의 낭만을 만끽하자.

목포 스카이워크 ₩ 무료 P 무료

추천 숙소

신안 증도 엘도라도 리조트

엘도라도 리조트

슬로시티로 지정된 증도에 어울리는 호젓한 리조트다. 요금이 다소 비싸긴 하지만 여유롭게 휴식을 취하고 싶다면 하룻밤 머무르자. 깔끔히 꾸며진 정원과 바닷가로 연결되는 산책로가 있다.

엘도라도 리조트 1661-4785(비회원전용),1544-8865(분양회원전용), 061-260-3334 프론트(신안) eldoradoresort.co.kr

무안 무안비치호텔

무안비치호텔

한국관광공사가 인증한 우수 숙박시설인 굿스테이로 지정된 호텔이다. 무안 톱머리 해수욕장에 있다.

무안비치호텔 muanbeach.kr

SNS 핫플레이스

카페 레드힐카페
영광군 백수읍 해안로 917
061-352-2001

카페 바다정원
신안군 압해읍 압해로 820

카페 카페닻
목포시 해양대학로139번길 23
0507-1308-2265

카페 소금항카페
신안군 증도면 지도증도로 1053-11
061-261-2277

기동삼거리 동백나무 벽화
신안군 암태면 기동리 기동삼거리

기동삼거리 동백나무 벽화

영광 일번지식당
법성포 굴비거리에 위치한 일번지식당은 한정식집으로 푸짐한 한상차림을 즐길 수 있다. 한상차림 이외에 다른 메뉴는 없으며 굴비와 꽃게가 부족할 시 추가 주문이 가능하다.

영광군 법성면 굴비로 37 061-356-2268

함평 화랑식당
함평을 방문한다면 반드시 맛봐야 할 음식이 육회비빔밥이다. 한우비빔밥 거리에 있는 화랑식당은 육회비빔밥이 맛있기로 입소문이 자자하다. 육회비빔밥을 주문하면 선짓국이 함께 나온다. 밑반찬으로 나오는 겉절이와 무생채는 비빔밥에 넣어 비벼 먹어도 좋다.

함평군 함평읍 시장길 96 0507-1320-6677

대흥식당

함평 대흥식당
화랑식당과 함께 한우비빔밥 거리에서 유명한 맛집이다. 육회비빔밥과 함께 선짓국이 나오며, 미리 이야기하면 비빔밥에 들어가는 소고기를 익혀 주기도 한다.

함평군 함평읍 시장길 112 061-322-3953

무안 제일회식당
꿈틀거리는 산낙지가 먹기 불편하다면 제일회식당의 기절낙지를 먹어보자. 싱싱한 낙지를 소금으로 깨끗이 닦아 내어준다.

무안군 망운면 망운로 13 0507-1306-1139

목포 독천식당
독천식당은 유달산에서 멀지 않은 곳에 있다. 오래된 식당인 만큼 허름한 외관을 지녔으나 싱싱한 낙지를 맛볼 수 있는 곳으로 유명하다.

목포시 호남로 64번길 3-1 061-242-6528

목포 쑥굴레
고물을 묻힌 쑥떡을 초장에 찍어 먹는 쑥굴레는 목포의 유명한 먹거리로 목포역 근처의 작은 분식점에서 맛볼 수 있다.

목포시 영산로 59번길 43-1 061-244-7912

목포 코롬방제과
70년 가까이 운영되어 온 빵집으로 크림치즈바게트와 마른 새우를 갈아 넣은 빵에 머스터드소스를 발라 만든 새우바게트가 유명하다.

목포시 영산로75번길 7 061-244-0885

구간 6

목포 IC ~

해남·진도·완도

Best Course

목포 IC →

1. 해남 우수영관광지 → 진도 진도타워 → 이충무공전첩비 → 용장산성 →
2. 운림산방 →
3. 신비의 바닷길 → 남도석성 →
4. 세방낙조 전망대 →
5. 해남 해남공룡박물관 →
6. 고산윤선도유적지 →
7. 두륜산 케이블카 →
8. 대흥사 → 미황사 → 송호해변 →
9. 땅끝전망대 → 땅끝해양자연사박물관 →
10. 완도 완도수목원 →
11. 청해포구촬영장 →
12. 완도타워 → 명사십리해수욕장

01 우수영관광지

울돌목은 충무공 이순신 장군이 13척의 배로 일본군을 대파한 명량대첩의 격전지다. 우수영관광지는 명량대첩을 기념하기 위해 조성된 공원으로 물살이 세기로 유명한 울돌목을 가까이서 볼 수 있다. 넓이 약 300m, 수심 약 20m의 울돌목은 물살이 가장 빠를 때는 그 속도가 약 24km/h에 달한다. 조금씩 차이가 있지만 보통 오후 3시 전후에 울돌목의 물살이 가장 거칠다. 공원에는 거북선의 실제 모형이 전시되어 있는 명량대첩 기념전시관, 명량대첩탑, 울돌목을 따라 걸을 수 있는 수변 산책로 등이 있다.

우수영관광지 061-530-5541 09:00~18:00
₩ 무료 P 무료 tour.haenam.go.kr(해남 문화관광)

02 운림산방

추사 김정희의 제자이자 조선 후기 남종화의 대가인 소치 허련이 거주하며 그림을 그리던 곳이다. 남종화란 산수화의 한 종류로 문인 출신의 화가들이 그린 그림이다. 남종화는 그림의 기술적인 완성도보다 그린 이의 사상과 철학 등 내면을 표현하는 것에 더 중점을 뒀다. 경내에는 소치 허련이 머무르던 가옥, 그림을 그리던 화실, 소치 허련의 영정을 모신 영정실 등이 있다. 화실 앞 연못은 운림지라 불리는데 그 가운데 있는 백일홍은 소치 허련이 심었다고 한다. 운림산방 안에 있는 남도전통미술관에서는 매주 토요일 오전 11시에 토요그림 경매가 진행된다.

운림산방 061-540-6262
3~10월 09:00~18:00, 11~2월 09:00~17:00,
월요일 휴무 ₩ 2,000원 P 무료

03 신비의 바닷길

매년 음력 2월 말에서 4월경 진도 회동마을과 모도 사이에 2.7km의 바닷길이 생긴다. 태양과 달의 인력에 의한 조수간만의 차이로 생기는 이 신비한 현상은 약 두 시간 동안 지속된다. 1975년 주한 프랑스 대사가 자국의 신문에 이 현상을 소개하면서 세계적으로 유명해지기 시작했다. 해마다 봄이 되면 신비의 바닷길 축제가 열린다.

진도신비의바닷길 061-544-0151
₩ 축제 시 5,000원 P 무료

04 세방낙조 전망대

진도를 두르고 있는 해안도로 서남 쪽에 있다. 일몰 시 하늘을 붉게 물들이며 바닷속으로 떨어지는 태양의 모습이 주변의 섬들과 어우러져 환상적인 광경을 연출한다. 워낙에 유명한 곳이라 찾아가는 길이 어렵지 않으며 전망대 맞은편에 공중화장실도 마련되어 있다. '전망대 가는 길' 이정표를 따라 계단을 오르면 또 다른 전망대인 팔각정에 이른다. 팔각정에서는 나무에 시야가 가리므로 탁 트인 전경을 보고 싶다면 아래쪽의 전망대에서 낙조를 기다리자.

세방낙조 전망대 061-544-0151
₩ 무료 P 무료

05 해남공룡박물관

해남의 우항리에는 공룡, 익룡, 물갈퀴가 달린 새 발자국 화석이 남아 있다. 이 세 가지 화석이 동일 지층에서 발견된 것은 세계에서 우항리가 최초이다. 해남공룡박물관에는 이 화석들을 중심으로 공원이 조성되어 있다. 실내 전시장에는 백악기 우항리의 생태환경과 다양한 공룡에 관한 자료가 전시되어 있다. 그중 거대한 몸집을 가진 공룡인 조바리아를 재현해 놓은 것은 놓치지 말아야 할 볼거리다. 옥외 전시장에서는 세계에서 가장 오래된, 물갈퀴 달린 새 발자국 화석과 길이 95cm의 공룡 발자국을 볼 수 있다. 전시관이 많고 공원이 상당히 넓게 조성되어 있으므로 시간적 여유를 충분히 두고 관람하는 것이 좋다.

해남공룡박물관 061-530-5949 09:00~18:00 ₩ 5,000 P 무료 uhangridinopia.haenam.go.kr

06 고산윤선도유적지

고산 윤선도의 고택인 녹우당을 중심으로 앞에는 윤선도 유물전시관, 뒤에는 천연기념물로 지정된 비자나무 숲이 있다. 전라남도의 민가 중 가장 크고 오래된 녹우당은 해남 윤씨의 종가로 지금도 그 자손들이 살고 있다. 가을이 되면 녹우당 앞에 있는 수령 500년이 넘은 은행나무가 주변을 온통 노랗게 물들인다. 유물전시관에는 해남 윤씨 가문과 고산 윤선도, 공재 윤두서에 관한 자료가 전시되어 있다. 그중 국보 제240호로 지정된 윤두서 자화상은 붓질을 반복하여 음영을 표현한 수작으로 높이 평가받고 있다.

고산윤선도유적지 061-530-5548(윤선도 유물전시관)
09:00~18:00, 월요일 휴무 ₩ 무료 P 무료
haenam.go.kr(해남 문화관광)

07 두륜산 케이블카

해남 두륜산을 감상할 수 있는 케이블카로 길이 1.6km의 선로를 왕복한다. 상부 탑승장에서 286개의 목재계단을 오르면 고계봉 전망대가 나온다. 고계봉은 산행이 금지된 곳으로 오직 케이블카를 통해서만 갈 수 있다. 전망대로 오르는 산책로 주변에는 해남, 완도지역에서만 볼 수 있는 백소사나무가 집단 자생하고 있다. 전망대에 오르면 강진만과 완도가 한눈에 들어오고 화창한 날이면 바다 건너 한라산까지 보인다. 화려한 단풍이 두륜산을 수놓는 가을에는 관람객으로 항상 붐비므로 일찍 방문하는 것이 좋다. 대흥사, 두륜산 미로파크와 인접해 있으니 함께 둘러보자.

두륜산 케이블카 061-534-8992
하절기 09:00~18:00, 동절기 09:00~17:00
(날씨에 따라 달라짐) ₩ 왕복 13,000원
P 무료 www.haenamcablecar.com

08 대흥사

두륜산의 절경을 배경으로 자리한 사찰로 예전에는 대둔사로 불렸다. 대흥사의 창건 시기는 정확히 알려지지 않으나 응진전 앞 삼층석탑(보물 제320호)의 제작 연대가 통일신라 말경으로 추정되고 있어 그 이전에 창건되었다고 추측된다. 대흥사의 위상이 크게 부각된 시점은 서산대사의 의발이 대흥사에 전해진 조선 중기 이후부터인데, 서산대사는 "전쟁을 비롯한 삼재가 미치지 못할 곳으로 만년 동안 훼손되지 않는 땅"이라 하여 그의 의발을 대흥사에 보관하였다고 한다. 서산대사의 영정을 봉안한 표충사는 절에서는 흔하지 않은 유교 형식의 사당으로 정조대왕이 썼다고 전해지는 현판이 걸려있다.

대흥사 061-534-5502(종무소) 무료 P 3,000원 www.daeheungsa.co.kr

09 땅끝전망대

타오르는 횃불의 모습을 본뜬 전망대로 해남 갈두산의 사자봉에 있다. 전망대에 오르기 위해서는 모노레일을 이용하거나 갈두산 중턱에 있는 주차장에서 10여 분 정도 걸어서 올라가야 한다. 전망대에 오르면 넓게 펼쳐진 바다와 함께 땅끝마을이 내려다보인다. 열 수 있는 작은 창문들이 있어 세찬 바닷바람을 맞을 수도 있다. 모노레일을 이용하여 땅끝전망대에 오른 후 땅끝탑을 거쳐 산책로로 내려가는 것도 좋다. 땅끝전망대에서 모노레일 하부탑승장까지는 도보로 약 35분 정도 걸린다. 땅끝전망대에서 해안도로를 타고 동쪽으로 향하면 땅끝해양자연사박물관, 땅끝조각공원을 차례로 만날 수 있다. 거리가 멀지 않으니 함께 둘러보자.

땅끝모노레일주차장 061-530-5544 09:00~18:00 ₩ 무료 P 무료

Tip 땅끝모노레일

하부탑승장에서 땅끝전망대까지 395m의 레일을 오르내린다. 오전 8시부터 해가 질 때까지 15분 간격으로 운행하며 전망대까지 약 6분 정도 소요된다.

땅끝모노레일 주차장 061-533-4414 ₩ 왕복 6,000원, 편도 4,500원

10 완도수목원

1년 내내 푸르름을 자랑하는 국내 최대의 난대림 자생지이자 유일한 난대수목원이다. 난대림 문화와 전통 창호 문양을 볼 수 있는 산림박물관과 대왕 야자, 망고, 극락조화 등 500여 종의 열대식물이 전시된 아열대 온실을 둘러보자. 완도수목원은 그 부지가 넓어 수목원을 즐길 수 있는 여러 개의 관람코스가 있다. 그중 산림전시관에서 계곡쉼터, 수생식물원, 아열대 온실을 지나 산림박물관을 관람한 후, 사계정원을 거쳐 돌아오는 1코스가 가장 무난하다. 대략 한 시간 정도 소요된다.

완도수목원 061-552-1544
하절기 09:00~18:00, 동절기 08:00~17:00
₩ 2,000원 P 3,000원

11 청해포구촬영장

〈대조영〉, 〈주몽〉, 〈명량〉, 〈해적〉 등 많은 드라마와 영화를 촬영한 곳으로, 장보고의 일대기를 그린 드라마 〈해신〉의 촬영지로 특히 유명하다. 청해포구촬영장은 크게 양주포구, 저잣거리, 본영, 덕진포구로 구분할 수 있다. 촬영장의 양 끝으로 양주포구와 덕진포구가 있고, 주차장에서 산책로를 따라 중앙으로 내려가면 예스러운 초가지붕이 가득한 저잣거리가 나온다. 저잣거리에서는 선조들이 즐겼던 전통 민속놀이를 체험할 수 있다. 저잣거리 뒤편으로 올라가면 관리들이 업무를 보는 본영이 있다. 청해포구촬영장은 저녁노을이 아름답기로도 유명하니 늦은 오후에 방문하여 낙조를 감상하는 것도 좋다.

청해포구촬영장 061-555-4500
하절기 08:00~19:00, 동절기 08:00~17:30
₩ 5,000원 P 무료 www.wandoro.co.kr

12 완도타워

76m의 전망대로 아름다운 다도해를 한눈에 볼 수 있다. 완도타워는 지상 2층과 전망층으로 구성되어 있다. 2층 야외 데크에는 완도타워의 포토존인 장보고 모형이 있고, 전망층에 오르면 명사십리해수욕장이 있는 신지도, 매물도, 청산도, 보길도, 제주도까지 조망할 수 있다. 타워 앞의 계단을 내려가면 다도해 일출공원으로 이어지는데, 공원은 길게 뻗은 산책로를 따라 다양한 테마의 정원으로 조성되어 있다. 산책로 끝에는 완도항까지 왕복하는 모노레일 탑승장이 있다. 야간에는 색색의 조명이 타워를 비추어 낭만적인 분위기를 자아낸다.

완도타워 061-550-7642 하절기 09:00~22:00, 동절기 09:00~21:00 ₩ 2,000원 P 무료

진도타워

진도타워

망금산 언덕에 있는 진도타워에는 진도의 옛 생활상을 보여주는 진도 역사관, 명량해전 당시 사용되었던 무기들을 체험해볼 수 있는 명량해전 체험관 등이 있다. 전망대 앞의 넓은 광장에서는 울돌목과 진도대교가 한눈에 내려다보인다.

진도타워 061-542-0990 09:00~18:00, 월요일 휴무
₩ 1,000원 P 무료

이충무공전첩비

이충무공전첩비

벽파항 끄트머리의 바위 언덕 위에 돌거북 한 마리가 바다를 향해 있다. 이 거북이 지고 있는 비석이 이충무공전첩비다. 이순신 장군의 승리를 기념하는 비석으로 명량대첩에 관한 이야기가 새겨져 있다. 바위 언덕에 오르면 잔잔한 바다와 격자 모양의 새우 양식장이 시야를 가득 채운다.

벽파항 ₩ 무료 P 무료

용장산성

용장산성

몽골에 마지막까지 저항했던 삼별초의 근거지로 지금은 계단 모양의 터만 남아 있다. 층층이 쌓아진 석축 사이의 돌계단을 올라가면 주변을 내려다볼 수 있는 쉼터가 나온다. 주변에 삼별초에 관한 자료들이 전시된 홍보관과 용장사가 있으니 함께 둘러보자.

용장산성 ₩ 무료 P 무료

남도석성

남도석성

용장산성과 함께 삼별초의 호국정신이 깃든 곳이다. 배중손 장군이 이끌던 삼별초가 제주도로 가기 전 이곳에서 마지막 전투를 하였다고 한다. 4m 정도 높이의 성곽은 삼별초가 몽골에 대항하며 쌓았다고 전해지나 지금의 모습은 조선시대 세종 때 만들어졌다고 한다. 별도의 주차장이 없으니 주변에 차를 세우고 성곽 위를 걸어보자.

남도석성 ₩ 무료

남도석성

송호해변

땅끝전망대 주변에 있는 해수욕장으로 짚으로 만든 파라솔이 바닷가에 줄지어 서 있다. 고운 모래가 넓게 펼쳐져 있는 백사장 뒤로는 소나무 숲이 있다. 우직하게 서 있는 200여 년 된 소나무들이 해변의 운치를 더한다. 수심이 얕아 아이들과 함께 물놀이하기에 좋다.

🏠 송호해변 📱 061-532-8942 ₩ 무료 P 무료

송호해변

땅끝해양자연사박물관

땅끝해양자연사박물관에는 임양수 관장이 30여 년간 수집한 50,000여 점의 해양생물이 전시되어 있다. 화석류관, 대형 어패류관, 상어관 등 종류별로 구분되어 있으며 특별전시관에서는 다양한 조개류를 직접 만져볼 수도 있다.

🏠 땅끝해양자연사박물관 📱 061-535-2110

🕒 3~10월 10:30~18:00(7월 마지막 주~8월 마지막 주 09:00~19:00), 11~2월 10:30~17:00, 월요일 휴무 ₩ 5,000원 P 무료 🌐 tmnhm.co.kr

땅끝해양자연사박물관

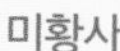

미황사

달마산의 수려한 기암괴석을 병풍 삼아 서 있는 조용한 사찰이다. 749년 신라시대에 세워져 번창하였으나 정유재란 당시 큰 피해를 입어 1598년 대부분 전각을 다시 지었다. 1989년부터 지운, 현공, 금강 스님이 미황사에 머물며 자하루, 만하당, 부도암 등을 복원하여 지금의 모습에 이르렀다. 달마산을 배경으로 한 대웅전(보물 제947호)과 응진당(보물 제1183호)의 모습이 특히 아름답다.

🏠 미황사 📱 061-533-3521 ₩ 무료 P 무료 🌐 mihwangsa.com

미황사

명사십리해수욕장

길이 3.2km, 폭 150m에 달하는 넓은 백사장이 펼쳐진 해수욕장으로 수심이 얕고 경사가 완만하여 여름철 가족 피서지로 인기 있다. 모래가 부드럽고 깊어 모래찜질을 하기도 좋다. 숙박시설, 야영장, 식당, 주차장 등의 편의시설이 잘 갖추어져 있다.

🏠 명사십리해수욕장 ₩ 무료 P 무료

명사십리해수욕장

명사십리해수욕장

추천 숙소

해남 김남주시인생가

김남주 시인의 생가를 리모델링한 게스트하우스로 김남주기념사업회에서 운영한다. 실내에는 김남주 시인의 물건과 서적들이 놓여 있다. 관리자가 상주하지 않으므로 반드시 예약 후 방문하자.

김남주시인생가
010-7569-6846(김성훈), 010-3425-4150(민경)
cafe.daum.net/kimnamjuhouse

해남 유선관

100년의 시간을 지내온 전통 한옥으로 우리나라 최초의 여관이다. 원래는 대흥사를 찾는 손님의 숙소로 이용되었으나 40여 년 전부터 관광객이 쉬어 갈 수 있는 여관으로 운영되고 있다. 공동 화장실과 샤워실을 사용해야 한다는 불편함이 있다. 아침식사를 원한다면 미리 주문해야 한다.

유선관 0507-1459-0715 www.yusungwan.kr

김남주시인생가

추천 체험

해남 대죽리 조개잡이 체험

해남 신비의 바닷길로 불리는 죽도는 하루 두 번 육지와 이어지는 바닷길이 열린다. 여름이면 바다가 갈라지며 드러나는 갯벌에서 조개잡이 체험을 할 수 있어 인기다.

대죽리조개잡이체험장 061-530-5915(해남군청 문화관광과)

진도 개매기 체험(청용어촌체험마을)

청용어촌마을은 갯벌에서 숭어, 전어 등을 직접 잡는 개매기 체험으로 유명하다. 개매기 체험 참가자는 개매기 체험이 시작되기 1~2시간 전에 조개잡이 체험도 함께 즐길 수 있다.

청용어촌체험마을 061-544-1479

추천 맛집

해남 천일식당
3대째 운영하는 유명한 한정식집으로 푸짐한 남도의 밥상을 받을 수 있다. 떡갈비 정식과 불고기 정식의 두 가지 메뉴가 있다.

해남군 해남읍 읍내길 20-8 061-535-1001

해남 소망식당
해남군 해남읍 구교 2길 2 0507-1421-3456

해남 장수통닭
해남군 해남읍 고산로 295 061-536-4410

해남 전주식당
두륜산 케이블카 근처에 있는 식당으로 두륜산 고지대에서 생산되는 표고버섯에 쇠고기, 바지락 등 각종 해물과 야채를 넣어 끓인 표고전골이 유명하다.

해남군 삼산면 대흥사길 170 061-532-7696

해남 용궁해물탕
해남군 해남읍 행운길 7 061-535-5161

SNS 핫플레이스

포레스트 수목원
해남군 현산면 봉동길 232-118

061-533-7220

카페 모도상회
진도군 의신면 초평길 54

0507-1378-3230

카페 해남고구마빵 피낭시에
해남군 해남읍 읍내길 8

0507-1393-6262

카페 달스윗
완도군 완도읍 군내길 3

0507-1352-0300

Part 7

풍요의 땅, 호남을 담다

25번 호남고속도로

호남고속도로는 간선도로망 구축 계획으로 건설되었다. 국내에서는 처음으로 2차로 고속도로로 계획되어 단계별 건설 계획에 따라 4차로로 확장되었다. 당시 지역 여건을 감안하여 건설한 경제적 고속도로다. 호남고속도로는 우리나라 최대 곡창지대인 호남평야를 관통하며 전국을 1일 생활권으로 바꿔놓음으로써 지역 경제 발전에도 크게 기여했다. 현충사가 있는 아산부터 우리나라 최초의 국가 정원이 있는 순천까지, 아름다운 자연 속으로 떠나보자.

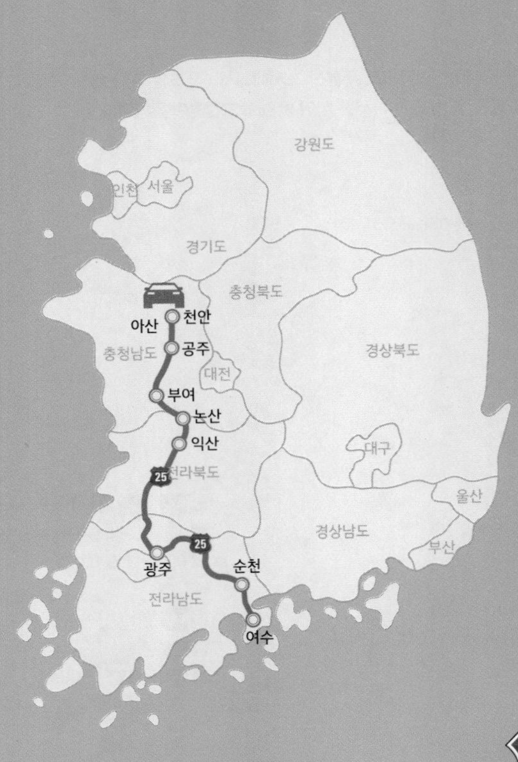

25

구 간 1

정남 IC ~ 연무 IC

아산·천안·공주·계룡·논산

Best Course

정남 IC →

1 아산 공세리성당 →

2 현충사 → 현충사 곡교천 은행나무길 → 아산환경과학공원생태곤충원&장영실과학관 →

3 외암민속마을 → 천안 태학산자연휴양림 → 봉곡사 → 광덕사 →

4 공주 마곡사 → 국립공주박물관 →

5 무령왕릉과 왕릉원 → 미르섬 → 곰나루 →

6 공산성 → 공주 황새바위 →

7 공주 성당길 → 석장리박물관

8 계룡산국립공원 → 계룡 사계고택 → 입암저수지 →

9 논산 돈암서원 →

10 계백장군유적지 → 탑정호 수변생태공원 →

11 관촉사 →

12 선샤인랜드 → 연무 IC

오성 IC
평택시
안성시
25
당진시
충청북도
1 공세리성당
아산시
진천군
현충사 곡교천 은행나무길
천안시
서산시
아산환경과학공원·생태곤충원
2 현충사
·장영실과학관
충청남도
태안군
외암민속마을 3
·태학산자연휴양림
홍성군
·봉곡사
예산군
세종특별자치시
안면도
25
·광덕사
4 마곡사
공주시
미르섬
공주 IC
공주 황새바위
6 공산성
국립공주박물관
·석장리박물관
무령왕릉과 왕릉원 5
7 공주 성당길
곰나루
보령시
청양군
25
갑사
돈암서원 9
계룡산국립공원 8
·동학사
대전광역시
계백장군유적지 10
부여군
계룡시
관촉사 11
사계고택
선샤인랜드 12
탑정호 수변생태공원
입암저수지

01 공세리성당

충청도 서남부에서 거둔 조세를 보관하는 창고가 있던 그 터에 세워진 성당이다. 충청도는 한국 최초로 천주교의 복음이 전파되어 창설된 지역으로 끊임없는 박해에도 신앙 활동이 단절되지 않아 전교 활동의 중심지가 되었다. 공세리성당은 초기 본당 중 하나로, 이 지역에서 두 번째로 오랜 역사를 가지고 있다. 본당 입구에서 맞이해 주는 나이 많은 느티나무와 성당 주변의 오솔길은 종교를 떠나 고즈넉한 풍경을 선사한다. 오솔길에 들어서면 주변의 소음이 순식간에 묻혀, 나도 모르게 사색에 잠긴다. 그 특유의 분위기 때문인지 연인들의 데이트 코스, 사진, 화보, 드라마 촬영지로 인기 있다.

공세리성당 041-533-8181
무료 무료 gongseri.or.kr

Tip 공세리성당 성지박물관

공세리성지 내에 있는 성당 박물관이다. 한국전쟁 당시 순교한 성직자들의 활동 모습과 내포지방을 중심으로 한 초대 교회의 교우촌 생활 모습 등을 볼 수 있다. 특히 벽면의 스테인드글라스 장식이 독특하다. 유리를 깎아 만든 장식은 빛의 방향에 따라 당시의 다양한 모습을 볼 수 있다. 공세리성당에 왔다면 꼭 들러봐야 할 곳이다.
10:00~16:00, 월요일 휴무

02 현충사

조선 전기의 무신 충무공 이순신의 사당으로 1706년 지방 유생들의 건의로 세워졌다. 고종 때 대원군의 사원 철폐령과 일제의 탄압으로 맥이 끊겼다가 1932년 국민의 성금으로 현충사 보수 및 영정을 다시 모실 수 있었다. 현충사에는 유물전시관과 영정을 모신 사당, 이순신이 유년기부터 청년이 될 때까지 살았던 고택이 있다. 유물전시관에는 이순신의 친필로 쓴 『난중일기』, 『장계』등이 보존되어 있다. 가을이면 단풍이 특히 아름답다.

현충사 041-539-4600 3~10월 09:00~18:00, 11~2월 09:00~17:00, 월요일 휴무 무료 무료
hcs.cha.go.kr

03 외암민속마을

500여 년 전부터 형성된 전통마을로 현재 80여 호가 살고 있다. 마을 대대로 터를 지키고 있는 물레방아와 기와집, 초가집이 옹기종기 모여 있는 모습이 언뜻 보면 한국민속촌을 연상시키지만, 사람이 실제로 살고 있는 마을이다. 각각의 집에는 참판, 병사, 감찰, 참봉, 영암, 종손댁 등 택호가 정해져 있는데, 그중 영암군수를 지낸 이상익이 살던 건재고택(영암군수댁)은 문화재로 지정되어 있다. 민속마을 한옥체험은 홈페이지를 통해 예약 가능하며, 그 외에도 떡메치기, 부채 만들기, 엿 만들기 등의 체험 거리도 많다. 골목마다 이어져 있는 돌담과 흙길을 걷는 발자국 소리, 담벼락 안에서 들리는 개 짖는 소리는 어딘지 모르게 옛 시골 동네를 떠올리게 한다.

외암민속마을 041-540-2654
하절기 09:00~17:30, 동절기 09:00~17:00
2,000원 P 무료 oeam.co.kr/oeam

04 마곡사

봄 경치가 수려하다는 마곡사는 전란을 피할 수 있다는 십승지지의 명당으로 꼽히는 곳에 자리하고 있다. 현존하는 건물로는 극락교를 사이에 두고 보물 제801호인 대웅전과 보물 제800호인 영산전, 보물 제802호로 천장의 무늬가 아름다운 대광보전, 강당으로 사용하는 흥성루, 해탈문, 천왕문, 16나한과 2구의 신장을 모신 응진전, 명부전이 있으며, 응진전 맞은편에는 요사채인 심검당이 'ㄷ' 자형으로 크게 자리 잡고 있다. 그중 대웅보전은 건물의 기둥을 안고 한 바퀴 돌면 6년을 장수한다는 전설이 전한다. 이 중 오층석탑은 풍마동다보탑(風磨洞多寶塔)이라고도 하는데, 전 국민의 3일 기근을 막을 만한 가치가 있다는 전설이 있으며, 한국 · 인도 · 중국 등 세계에서 3개밖에 없는 귀중한 탑이라고 한다. 역사적 가치가 가득한 이곳 마곡사는 김구 선생이 승려를 가장하여 숨어 살았던 곳으로도 유명한데, 훗날 그가 마곡사에 들러 그때를 회상하며 심었다는 향나무도 볼 수 있다.

마곡사 041-841-6220 일출~일몰 ₩ 무료
P 무료 magoksa.or.kr

05 무령왕릉과 왕릉원

백제는 고구려와의 전쟁에서 패하면서 한강유역을 잃게 된다. 이후 수도를 웅진으로 옮겨 나라의 기반을 다시 세우고 화려한 문화를 꽃피우는데 그 시기가 바로 무령왕 때이다. 그 왕과 왕비의 무덤이 바로 송산리 고분군 내에 있다. 송산리 고분군은 일제강점기에 조사되었는데, 당시에는 제6호 벽돌무덤의 현무릉으로 인식되면서 왕릉으로 주목받지 못했다. 그러던 중 제6호 벽돌무덤 내부에 스며드는 유입수를 막기 위해 후면에 배수를 위한 굴착공을 파면서 왕릉의 입구가 드러나 조사하게 되었다. 무령왕릉은 고대 무덤의 주인을 최초로 밝혀낸 최고의 발굴이었지만, 체계적인 발굴이 이루어지지 못해 유물이 훼손되는 일이 발생한 최악의 발굴이기도 하다. 과거에는 왕릉 내부를 볼 수 있었으나 현재는 보호 차원에서 왕릉 내부의 출입을 금하고 있다. 대신 입구 쪽에 전시관을 열어 무덤 내부의 모습과 발굴된 유물을 관람할 수 있도록 해놓았다.

무령왕릉 주차장 041-856-3151 09:00~18:00
3,000원 무료

Tip **통합권(6,000원)**
무령왕릉과 왕릉원, 공산성, 석장리유적(구석기박물관)은 통합권을 발급받아 관람하면 할인된 가격으로 이용할 수 있다.

06 공산성

공산성은 2015년 7월, 유네스코 세계유산에 등재되었다. 부여로 천도할 때까지 64년간 도읍지였던 공주를 수호하기 위해 백제시대에 축성된 산성으로, 당시의 중심 산성이었다. 1911년 한국을 방문한 노르베르트 베버 신부는 일부러 공주에 방문하여 공주 감옥, 황새바위 등 공주 곳곳을 돌아보았는데, 당시 공산성의 모습에 감탄했다고 한다. 지금도 노을 지는 공산성이나 단풍 든 공산성은 무척이나 아름답다. 성내에는 후대에 세워진 영은사 · 광복루 · 쌍수정 · 연못터 등이 남아 있다.

공산성 041-856-7700
09:00~18:00, 설·추석 당일 휴무 3,000원
무료 tour.gongju.go.kr(공주 문화관광)

07 공주 성당길

> **Tip 경로**
> 충청남도역사박물관(주차)(도보 75m/1분) → 공주중동성당(557m/2분) → 풀꽃문학관(253m/1분) → 공주영상역사관

충청남도역사박물관

조선시대 충청감영 관찰사와 관련된 문서, 전시품, 충남 역사 관련 자료 및 일제강점기 충남도청 이전 관련 행정기록 등과 함께 역대 충청남도 지사들의 애장품 등이 전시되어 있다.

충청남도역사박물관 · 041-856-8608 · 3~10월 09:00~18:00, 11~2월 10:00~17:00, 월요일·신정·설·추석 휴관 · ₩ 무료 · P 무료

충청남도역사박물관

공주중동성당

언덕에 위치한 고딕건축 양식 건물의 성당이다. 야트막한 언덕에 작은 성당이지만 목조 건축에서 현대식 건축으로 넘어가는 시기의 건축물로 평가되고 있다. 중국인 기술자들을 데려다가 직접 벽돌을 구워 지었다고 한다.

공주중동성당 · 041-856-1033 · ₩ 무료 · P 무료

공주중동성당

공주제일교회(공주기독교박물관)

공주 지역에 세워진 최초의 감리교회이다. 한국전쟁 당시 건물 상당 부분이 파손됐으나 복원하여 건립 당시의 시대상을 보여준다. 공주제일교회는 충청 지역의 선교 거점이었다. 독립운동가인 유관순 열사와 조병옥 박사가 이 교회를 다녔다. 현재는 기독교박물관으로 사용되고 있다.

공주기독교박물관 · 041-853-7009 · ₩ 3,000원 · P 무료(협소)

공주제일교회

풀꽃문학관

시 「풀꽃」으로 알려진 나태주 시인의 문학관이다. 일제강점기에 지어진 건물에 그의 문학관이 만들어져 있다. 문학관 안으로 들어서면 시인이 직접 쓰고 그려 만든 병풍이 보인다. 내부에는 시인이 연주하던 풍금과 여행지에서 수집한 소품들이 가지런히 정리되어 있다.

공주풀꽃문학관 · 041-881-2708 · 10:00~16:00, 월요일 휴무 · ₩ 무료 · P 무료

풀꽃문학관

공주영상역사관

서양 건축양식의 근대건축물로 1920년 충남 금융조합연합회 회관으로 세워졌다. 공주읍이 공주시로 승격한 후 3년간 사용되다 2014년 공주의 옛 모습을 추억할 수 있는 공주 역사관으로 개관하였다.

공주역사영상관 · 041-852-6883 · 10:00~17:00, 월요일 휴무 · ₩ 무료 · P 무료(협소)

공주영상박물관

08 계룡산국립공원

845m 높이의 천황봉을 중심으로 28개의 봉우리로 이루어져 있다. 계룡산은 십승지 중의 하나로 이곳 산기슭에 도읍지를 건설하려 했을 정도로 조선의 명산으로 손꼽혔다. 삼국시대에는 큰 절이 창건되어 동쪽으로는 동학사, 북서쪽으로는 갑사, 남서쪽에는 신원사가 자리 잡고 있다.

Tip 경로

갑사(21.2km/28분) → 한국자연사박물관(2.3km/6분) → 동학사

한국자연사박물관

계룡산국립공원 자락에 있는 국내 최대 규모의 사립 자연사박물관이다. 입구에 들어서면 보이는 거대한 초식공룡의 모형은 아이들의 탄성을 자아내기에 충분하다. 계룡산에 왔다면 아이들과 함께 들러보자.

계룡산자연사박물관 042-824-4055
10:00~18:00, 월·화요일 휴무
9,000원 P 무료 www.krnamu.or.kr

갑사

갑사는 하늘과 땅과 사람 가운데서 가장 으뜸이라 해서 갑사가 되었다고 한다. 삼국시대에 창건된 사찰로 누가 언제 창건했는지에 관해서는 여러 가지 설이 있다. 임진왜란과 정유재란 때 화재로 인해 소실되어, 현재의 건물들은 조선시대 중 · 후반에 중건되었다. 갑사에는 보물 제256호인 철당간 및 지주와 제257호 부도, 석보상절의 목각판, 1584년에 만든 범종 등이 있다.

갑사 041-857-8981 무료 P 4,000원
www.gapsa.org

동학사

남북국시대 통일신라의 승려 상원이 창건한 사찰이다. 6 · 25전쟁 때 화재로 인해 소실되었다가 1960년 이후에 다시 중건하였다. 봄이면 벚꽃이 만발하는 동학사는 우리나라 최초의 비구니 승가대학이 있는 곳으로 유명하다. 신라 성덕왕 때에 작은 암자로 시작하여 소소한 증축이 반복되면서 오늘날에 이르렀다. 동학사에서 갑사로 넘어가는 고개에 남매 탑이 있는데, 사람들이 가장 많이 찾는 등산로이다.

동학사 042-825-2570 무료
P 4,000원 www.donghaksa.kr

09 돈암서원

조선 시대의 서원으로 예학자 사계 김장생의 덕을 기리기 위해 건립되었다. 돈암서원은 논산의 하임리 숲말 산기슭에 처음 창건되었다가, 지대가 낮아 홍수를 피할 수 없어 현재의 자리로 이전했다. 흥선 대원군의 서원 철폐령에도 살아남은 47개의 서원 중 하나이다. 우암 송시열과 김집, 송준길을 추가로 모시고 있다. 2019년 유네스코에 등재되었다.

돈암서원 041-733-9978 ₩ 무료 P 무료
www.donamseowon.co.kr

10 계백장군유적지

의자왕 때의 무신으로 백제 3충신으로 꼽히는 계백의 유허지다. 1966년 묘가 발견될 당시 봉분이 반 이상 붕괴되는 등 크게 파손된 채 방치되어 있었는데, 이를 부적면 사람들이 복묘하고 1976년에 비석을 세웠다. 2005년에는 백제군사박물관을 개관하여 백제의 군사 활동을 시대별로 정리한 연표와 백제의 군사방어시설로 중심적 역할을 했던 풍납토성, 웅진성, 부소산성 등 백제 주요 성 모형을 전시해 놓았다.

계백장군유적전승지 041-746-8432 ₩ 무료 P 무료

Tip 백제군사박물관&호국관

계백장군유적지 안에 있다. 군사박물관에서는 백제의 군사 활동을 시대별로 정리한 연표와 백제의 군사방어시설로 중심적 역할을 하였던 풍납토성, 웅진성 등 백제 주요 성 모형을 전시하여 토성의 축조 과정과 기능, 방어 체계 등을 살펴볼 수 있다. 호국관에서는 계백장군의 일대기와 군 병기의 발전 과정 등을 볼 수 있다.

백제군사박물관 041-746-8435
09:00~18:00, 신정 · 설 · 추석 당일 휴관
₩ 무료 P 무료 www.nonsan.go.kr/museum/

11 관촉사

관촉사에는 은진미륵으로 불리는 석조미륵보살입상(보물 제218호)이 있다. 이 입상 미간의 옥호에서 내는 빛을 보고 송나라 지안대사가 찾아와 예배하면서 이 절 이름을 관촉사라고 지었다고 한다. 높이 18.12m, 둘레 9.9m, 귀의 길이 1.8m, 관 높이 2.43m로 국내 최대 석불이다. 마을에서 올려다보면 미륵불의 뒷모습이 보일 정도이니 그 크기는 충분히 짐작할 만하다. 정면에서 본 은진미륵불은 몸체보다 큰 머리, 꽉 다문 입, 길게 옆으로 찢어진 눈의 매서움에 절로 고개가 숙여진다. 경내에는 관촉사 석등(보물 제232호), 배례석(충남유형문화재제53호) 등의 문화재가 있다.

논산 관촉사 041-736-5700 08:00~20:00
무료 무료

12 선샤인랜드

다양한 체험과 관람이 가능한 시에서 운영하는 복합 문화공간이다. 스크린 사격과 실내사격 체험이 가능한 밀리터리 체험관, 서바이벌 체험장, 군 장비 전시 광장과 1950년대를 재현한 1950 스튜디오가 있다.

선샤인랜드 041-746-8480 09:00~17:00
(점심시간 12:00~13:00), 수요일·신정·설·추석 당일 휴무
무료(체험비용 별도) 무료
www.nonsan.go.kr/sunshine/

Tip 선샤인스튜디오

국내 유일의 개화기 영상 촬영장으로 한동안 인기리에 방영했던 〈미스터 션샤인〉 드라마 촬영장이다. 약 6천 평 규모에 초가, 와가, 근대 양식 건축물, 그리고 적산가옥까지 1900년대 초 한성의 모습을 재현해 놓았다. 개화기 의상을 대여하여 사진 촬영도 가능하고, 내부에는 촬영장의 분위기를 살린 카페도 있어 여유롭게 즐기기에 좋다. 시에서 운영되는 선샤인 랜드와는 별개로 운영되어 입장료가 있으니 참고하자.

선샤인스튜디오 1811-7057
10:00~18:00, 수요일 휴무 10,000원
무료 sunshinestudio.co.kr/

곡교천 은행나무길

현충사 곡교천 은행나무길

수령 40~50년은 족히 되는 은행나무 750여 그루가 곡교천을 따라 약 1.2km에 이르는 나무 터널을 만들어 놓았다. 1973년 주민들이 심은 이 은행나무는 온양 학생들이 애지중지 키워 건강하게 자랄 수 있었다고 한다. 무럭무럭 자라 왕복 2차선 도로를 가득 메운 은행나무가 죽 늘어선 모습은 보는 이들의 감탄을 자아낸다. 여름엔 곡교천 둔치의 유채꽃이 펼쳐지고, 가을이면 코스모스와 어우러져 그 또한 아름답다.

아산 곡교천 ₩ 무료 P 무료(협소)

아산환경과학공원생태곤충원&장영실과학관

아산생태곤충원은 다양한 허브식물과 반딧불이, 타란툴라, 전갈 등 40여 종의 살아 있는 곤충이 전시되어 있어 직접 보고 만질 수 있는 생태체험 학습장이다. 소각장 굴뚝을 활용한 높이 150m의 그린 전망대와 장영실과학관이 자리하고 있다.

아산환경과학공원생태곤충원 041-538-1980
하절기 10:00~18:00, 동절기 10:00~17:00, 월요일 휴무
₩ 생태곤충원 3,000원, 전망대 500원, 장영실과학관 2,500원, 통합권 5,000원
P 무료 www.asanfmc.or.kr/insect

아산환경과학공원생태곤충원

태학산자연휴양림

학의 형태와 닮았다고 하는 태학산 동쪽에 있다. 휴양림 내에는 작은 계곡과 울창한 소나무 숲이 우거져 있고 여러 종류의 야생화가 만발하여 가족의 휴식 공간으로 좋다. 숙박시설로는 77.3m² 규모의 숲속의 집 2동과 야영장 시설이 있으며, 3개 노선의 등산로 · 대피소 · 정자 · 주차장 등도 있다. 주변의 문화재로는 태학산 정상 큰 바위에 새겨진 천안 삼태리마애불(보물 제407호)이 있다.

태학산자연휴양림 041-529-5108 3~10월 09:00~18:00, 11~2월 09:00~17:00 ₩ 무료 P 무료 www.cfmc.or.kr/_taehaksan

태학산자연휴양림

봉곡사

봉곡사

임진왜란 때 불에 타 폐사되었다가 1646년에 중창하였다. 봉곡사로 올라가는 길에는 천년의 숲이라 불리는 소나무 숲길이 있는데, 이 아름드리 소나무 밑동에는 한결같이 'V' 자 모양의 흉터가 있다. 이는 일제가 패망 직전에 연료로 쓰고자 송진을 채취하려고 주민을 동원해 낸 상처라고 한다. 그래서일까, 이 소나무 숲길은 색다른 울림이 있다.

아산 봉곡사 041-543-4004 일출~일몰 무료 P 무료

광덕사

광덕사

조선 초기에는 나병을 치유하려던 세조가 다녀갈 만큼 큰 사찰이었으나, 1592년 임진왜란 때 모두 불타버렸다. 가까스로 대웅전 · 천불전만 중건되어 큰 절의 명맥만은 유지할 수 있었다. 1981년 대웅전 · 천불전 등을 신 · 증축하였지만 오래된 절의 느낌은 적다.

대보름이면 부럼으로 한 해의 액을 쫓아 주는 데 단단히 한몫을 하는 호두는 고려 말에야 우리나라에 전래되었는데, 처음 호두를 심은 곳이 바로 이 광덕면이다. 문물교류가 빈번했던 고려 충렬왕 때 류청신이란 사람이 호두의 묘목과 종자를 가져와서 묘목은 광덕사에 심고 열매는 광덕면 매당리의 자기 집에 심었다고 전하나 분명하지 않다. 광덕사의 보화루 앞에 꽤 둥치가 굵은 호두나무 한 그루가 있는데, 그때 심었던 묘목인지는 알 길이 없지만 적어도 몇 백 년은 되어 보인다. 호두나무에 대롱대롱 매달린 열매가 앙증맞다.

광덕사 041-563-7050 04:00~18:00
무료 P 무료(협소)

국립공주박물관

국립공주박물관

국립공주박물관

무령왕릉에서 도보로 10분 거리에 있다. 박물관에 들어서면 공주 부근에서 출토된 통일신라 때와 고려 때 석불들이 모셔져 있다. 내부에는 무령왕릉에서 발굴된 대부분의 유적이 전시되어 있고, 매년 다양한 주제의 특별전도 개최하고 있다. 전시 일정은 홈페이지에서 확인 가능하다.

국립공주박물관 041-850-6300
4~10월 09:00~21:00(토요일 야간개장 09:00~21:00),
11~3월 09:00~19:00, 월요일 휴무
무료 P 무료 gongju.museum.go.kr

미르섬

미르섬

공산성을 금강 사이에 두고 마주 보는 금강신관공원은 1988년에 조성된 공원이다. 신관공원은 시민들을 위한 여가 활동 및 체육활동을 즐길 수 있도록 조성되어 있다. 공원 내에는 미르섬이라는 작은 섬이 있는데, 양귀비 · 핑크뮬리 · 해바라기 · 금계국 등 계절마다 꽃이 피어 사진을 찍거나 꽃구경을 위해 많이 찾는 곳이다.

금강신관공원 무료 P 무료

곰나루(고마나루)

금강의 나루터로 고마나루 또는 곰나루라고 불린다. 공주의 옛 지명인 고마는 곰의 옛말로, 한자로는 웅진이라 썼다. 이곳에 구전되는 곰 설화로 인해 고마나루로 불리게 되었다. 고마나루의 솔숲과 곰사당, 금강을 전망할 수 있는 전망대가 있다. 조용히 산책하거나 솔숲과 사당을 배경으로 사진 찍기 위해서 많이 찾는 곳인데, 특히 겨울 눈 내린 풍경이 아름답다. 바로 앞에 주차할 공간이 있으나 협소하다. 한옥마을에 주차 후 도보로 이동해도 된다.

고마나루 ₩ 무료 P 무료

곰나루(고마나루)

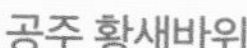

공주 황새바위

공산성에서 10분 정도 걸어가면 조선후기 천주교 신자들의 공개 처형 장소였던 황새바위가 나온다. 천주교 박해기에 전국에서 가장 많은 순교자가 나왔던 곳으로 지금도 천주교인들이 순례를 위해 방문하고 있다.

공주 황새바위 041-854-6321~2 ₩ 무료 P 무료 hwangsae.or.kr

공주 황새바위

석장리박물관

석장리박물관은 구석기 유물박물관으로 전시관, 선사공원, 구석기 유적, 체험 공간 등으로 나뉘어져 있다. 전시관은 상설전시, 기획전시, 야외전시로 나누어 실시하고, 선사 문화 체험 등 여러 프로그램을 실시하고 있다.

석장리박물관 041-840-8924 09:00~18:00
₩ 3,000원, 통합권[무령왕릉과 왕릉원+공산성+석장리유적(구석기박물관)] 6,000원 P 무료 www.sjnmuseum.go.kr

석장리박물관

사계고택(은농재)

유학 중 예의 본질을 탐구하는 예학을 연구한 조선 중기의 예학자 사계 김장생 선생이 낙향하여 살던 집이다. 이곳에서 우암 송시열, 동춘당 송준길 등 후진 양성을 했던 곳이기도 하다. 1602년 건립된 건물로 3천여 평의 규모에 10여 채의 기와집과 정원, 연못이 있고, 사계 김장생 선생의 영정을 모시고 있다.

두마면사무소(도보 3분) ₩ 무료 P 무료

사계고택(은농재)

입암저수지

2017년부터 3년에 걸쳐 개발된 저수지다. 가을에 걷는 수변길과 저수지의 반영이 특히 아름답다. 버스 종점인 곳에 있는 주차장을 이용하거나 조금 더 올라가면 저수지 바로 앞에 있는 카페 이용 시에는 카페 주차장을 이용하면 된다.

입암저수지 ₩ 무료

입암저수지

탑정호 수변생태공원

계백장군유적지에서 차로 4분 거리에 있다. 탑정호를 가운데 두고 생태습지, 갈대습지, 수변데크 산책로 등이 조성되어 있다. 여름에는 저수지에 연꽃이 가득 피어 특히 아름답다. 가족, 연인과 한적하게 산책하기 좋다.

탑정호 수변생태공원 ₩ 무료 P 무료

탑정호 수변생태공원

구 간 2

연무 IC ~ 금산사 IC

익산·완주·전주·김제·정읍

Best Course

연무 IC →

1 익산 익산교도소세트장 →

2 입점리고분전시관 →

3 미륵사지 → 금마서동공원&마한관 →
익산 보석박물관&화석박물관 →

4 왕궁리유적 →

5 완주 삼례문화예술촌 → 비비정각&비비정예술기차 →

6 전주 한국도로공사 전주수목원 →

7 김제 금산사 → 완주 대한민국 술테마박물관 →
정읍 피향정 → 김명관 고택

8 무성서원 → 옥정호 구절초테마공원 →

9 내장산국립공원&내장사 → 제이포렛 →
허브원 → 금산사 IC

01 익산교도소세트장

폐교였던 곳을 세트장으로 활용하고 있는 이곳은 국내 유일의 교도소 세트장이다. 2005년 영화 〈홀리데이〉를 시작으로 〈아이리스〉 〈전설의 마녀〉 〈7번방의 선물〉 〈빛과 그림자〉 〈태양을 삼켜라〉 등 200여 편의 영화와 드라마가 이곳에서 촬영됐다. 건물은 그리 크지 않지만 모의 법정과 교도소 체험 등을 할 수 있도록 꾸며 놓았다. 한쪽 벽면에 마련된 고백의 벽에는 수갑으로 고백하는 재미있는 체험도 가능하다.

익산교도소세트장 063-859-3836 09:00~18:00 (동절기 09:00~17:00), 월요일 휴무, 촬영일 입장 통제 무료 P 무료 www.iksan.go.kr(익산 문화관광)

02 입점리고분전시관

입점리고분은 1986년 이 마을의 주민이 우연히 금동제 모자들을 발견, 신고하면서 알려지게 되었다. 이후 긴급발굴을 통해 8기의 무덤을 확인했으나 1호를 제외하고는 도굴 등으로 인해 파손이 심했다. 1998년 13기의 고분이 확인되어 총 21기의 무덤이 조사되었다.

입점리 고분군은 5세기경 이 지역을 지배한 지배계층의 무덤이라고 추정하고 있다. 출토된 유물로는 토기류, 금동모자와 금귀고리, 유리구슬 등의 장신구류, 말갖춤(마구), 철기들로 백제의 중요 유물이다. 금동제 관모는 일본에서 나온 것과 비슷하여, 당시 백제와 일본 간의 문화교류를 짐작하게 한다.

익산입점리고분군 063-859-4634 10:00~18:00, 월요일 휴무 무료 P 무료 www.iksan.go.kr/ipjeomri

03 미륵사지

미륵사는 백제 무왕 때 지어진 절로 알려져 있다. 절터의 서쪽 부분 금당 터 앞에 자리한 미륵사지석탑은 국보 제11호로 현존하는 우리나라 석탑 중 건립연대가 가장 앞서 있는 최대의 석탑이다. 규모도 규모지만 당시 성행했던 목탑을 그대로 본떠 석탑으로 재현한 유물이다. 돌로 목조건축 기법을 구현한 것이다.

석탑은 거의 전면이 붕괴되어 동북면 한 귀퉁이의 6층까지만 남아 있으나 본래는 9층으로 추정된다. 1998년부터 복원을 위한 준비 단계를 거쳐 2001년 본격적인 해체 보수정비 작업이 시작되었고, 2018년 6월, 20년에 걸친 해체와 복원이 완료되어 공개되었다. 복원 시 9층으로 할 것인지, 남아 있던 6층으로 할 것인지 의견이 분분했다. 그러나 추정에 의한 복원은 보편적인 문화유산 보존원칙과도 맞지 않고, 인위적으로 보일 것을 우려하여 남아 있는 6층까지만 복원하였다. 2015년 7월 유네스코 세계문화유산으로 등재되었다.

익산미륵사지 063-859-3873 09:00~18:00
무료 P 무료 iksan.museum.go.kr

04 왕궁리유적

1989년 7월부터 발굴된 왕궁리유적지는 '왕궁리 성지'라고도 부른다. 무왕의 천도설이나 후백제 견훤의 도읍설이 전해지는 백제사의 수수께끼 같은 유적이다. 왕이나 왕족들이 사용했을 법한 물품이 출토되고, 오층석탑의 심초석에서 사리장엄구가 등도 발견됐기 때문이다. 한때는 왕궁이었다가 사찰로 변해 명맥을 유지하다 폐사지가 되면서 탑만 남았던 곳이지만, 현재는 또 하나의 왕궁으로 인정되어 현재 유네스코 세계문화유산 '백제역사지구'의 하나로 등재되었다.

왕궁리유적전시관 063-859-4631~2
09:00~18:00, 월요일 휴무 무료 P 무료
www.iksan.go.kr/wg

05 삼례문화예술촌

삼례역을 통해 일본으로 양곡을 반출할 목적으로 만들어진 창고로, 해방 이후 2010년까지 농협창고로 사용되었다. 이후 완주군이 매입하여 2013년 6월 지역 재생을 위한 통합 문화 공간으로 조성, 개관하였다. 제1전시관은 1920년대 일제강점기 양곡 창고를 리모델링한 공간으로 높은 층고와 함께 양곡 적재를 위한 목조 구조가 드러나 있어 역사적 의미가 담겨있다. 다목적공간과 야외광장은 주민들이 문화의 주체가 되어 활동할 수 있도록 세미나, 전시, 체험 공간 등으로 활용하고 있다.

삼례문화예술촌 063-290-3862
10:00~18:00, 월요일 휴무 ₩ 2,000원
P 무료 www.samnyecav.kr

Tip 삼례책마을&그림책미술관

삼례문화예술촌에서 약 4분 거리에 있다. 삼례책마을은 1950년대 사이에 지어진 양곡 창고를 개조하여 카페와 헌책방, 상설전시장으로 조성하였다. 그림책미술관은 책마을 바로 옆에 자리해 있으며, 문화사적 가치가 높은 그림책과 삽화를 소개하고 전문적으로 수집, 연구하는 그림책 특화 미술관이다.

06 한국도로공사 전주수목원

한국도로공사 전주수목원은 고속도로를 건설하면서 훼손된 자연을 복구하기 위해 사회에 공헌하는 차원에서 비영리로 운영되는 수목원이다. 공기업에서 운영하는 유일한 수목원으로 환경 복구를 위한 수목을 생산 및 공급하고, 다양한 식물종을 통한 자연 학습의 장으로도 활용하고 있다.

한국도로공사 전주수목원 063-714-7200
3/15~9/15 9:00~19:00, 9/16~3/14 09:00~18:00, 월요일·설·추석 당일 휴원 ₩ 무료 P 무료
www.ex.co.kr/arboretum/

07 금산사

금산사는 백제시대에 임금의 복을 비는 사찰로 처음 지어졌다. 이후 신라의 통일 이후 진표율사에 의해 중창되었다. 미륵신앙의 요람이라 일컫는 신라의 견훤이 후백제를 세울때 자칭 미륵이라 칭하며 민심을 얻고자 했으나 그로 인해 금산사에 유폐되면서, 견훤이 유폐된 절로 알려지게 되었다. 금산사에는 국보 제62호 미륵전과 오층석탑 · 혜덕왕사 진응탑비 등 10개의 보물이 있고, 성보박물관, 기념관 등이 있다. 봄이면 금산사 입구에 늘어선 벚꽃도 아름답다. 제1주차장에 주차할 경우 사찰의 바로 앞까지 들어갈 수 있으니 참고하자.

김제금산사 063-548-4441 ₩ 무료
P 제1~3주차장 2,000원, 모악산도립공원주차장 무료

08 무성서원

통일신라 때 태산고을의 군수로 있던 최치원의 학문과 덕행을 기리기 위해 태산사라는 이름으로 처음 창건하였다. 이후 1696년 최치원과 신잠의 사당을 합쳐 무성이라고 사액되면서 서편으로 개편되었다. 2019년 유네스코에 등재된 9곳의 한국의 서원 중 한 곳이다. 대원군의 서원 철폐령에도 살아남은 47개의 서원 중 한 곳이기도 하다.

무성서원 ₩ 무료 P 무료(협소)

09 내장산국립공원&내장사

우리나라 국립공원의 8번째로 지정되었다. 정읍과 순창의 경계에 있는 내장산은 호남 5대 명산 중 하나로, 산봉우리 정상이 독특한 기암으로 이루어져 호남의 금강이라고도 불렸다. 내장사로 올라가는 중간 우화정은 정자에 날개가 돋아 승천한다는 전설이 있는데, 맑은 호수에 붉은 단풍과 어우러진 풍경이 아름답다. 내장산 하면 대부분 단풍을 떠올릴 정도로 특히 가을에는 그 경치가 가히 일품이다. 그러나 초여름의 녹음이나 한겨울 눈 덮인 풍경 또한 아름다워 사계절 내내 발길이 끊이지 않는다. 내장산국립공원 내에 있는 내장사는 정유재란과 한국전쟁 때 모두 소실되고 지금의 절은 대부분 그 후에 중건된 것이다. 보존 중인 주요 문화재로는 내장사 이조동종이 있다.

내장사 063-538-8741 ₩ 무료 P 4,000~5,000원 www.naejangsa.org
내장산 063-538-7875 ₩ 무료 P 5,000원

Tip 내장산조각공원 &자생식물원

내장산 서래봉 자락에 2004년 조성되었다. 내장호수 바로 옆에 조성되어 전망대에서 바라보는 전망이 일품이다. 조각공원에는 국내 알아주는 미술전의 대상 작가 16명의 작품이 전시되어 있고, 동학농민혁명 100주년기념탑, 수목원, 전봉준 장군 공원 등이 함께 조성되어 있다.

내장산조각공원
063-536-6776
₩ 무료 P 무료

내장산

내장산

내장산조각공원

내장산조각공원

금마서동공원

금마서동공원&마한관

금마저수지를 끼고 있는 조각공원이다. 선화공주와 서동의 조각상과 더불어 98점의 조각들이 전시돼 있고, 공원 내에 자전거 도로와 삼한시대 마한의 역사와 생활상을 볼 수 있도록 꾸며진 마한관이 있다. 서동공원은 지역 주민들의 편안한 휴식처로 이용되고 있다.

금마서동공원 063-836-7461(금마서동공원), 063-859-4633(마한관)
마한관 09:00~18:00, 월요일·신정 휴무
₩ 무료 P 무료 iksan.go.kr/mahan

익산 보석박물관

화석박물관

익산 보석박물관&화석박물관

보석박물관은 인근의 풍부한 백제문화유적과 보석 생산으로 유명했던 익산시를 관광자원으로 활용하기 위해 만들어졌다. 피라미드를 연상시키는 박물관 입구를 지나 내부에 들어서면 수억 원대의 보석들이 전시되어 있다. 1층 기획전시실에는 한국의 여러 왕조와 영국 왕실의 보석 관련 복제유물도 볼 수 있다. 바로 옆에는 화석전시관도 있어 아이들과 함께하기에 좋겠다.

익산 보석박물관 10:00~18:00, 월요일 휴무
₩ 3,000원 P 무료 www.jewelmuseum.go.kr

비비정각

비비정각&비비정예술기차

비비정예술기차는 구 만경강 폐 철교 위에 있다. 호남지방의 농산물 수탈을 위해 1928년 일본에서 만들었다. 당시의 한강철도 다음 두 번째로 긴 교량으로 근대문화유산에 등록되어 있다. 완주군에서 4량의 새마을호 폐열차를 구입해 비비정예술기차로 개장했다. 만경강을 사이에 두고 맞은편에 비비정각이 있다. 비비정각은 1998년에 복원된 조선시대의 정자다. 1573년 무인 최영길에 의해 건립되었다가 1752년 관찰사 서명구가 중건하고, 다시 철거되었다가 1998년에 복원되었다. 비비정 아래로 삼례천과 주변으로 호남평야가 펼쳐져 풍광이 매우 아름답다.

비비정예술열차 063-211-7788 ₩ 무료 P 무료

대한민국 술테마박물관

대한민국 술테마박물관

기분이 좋을 때, 우울할 때, 힘들 때, 그냥 별일 없었으니 또 한 잔. 술은 인류가 발명한 가장 위대한 음료일지도 모른다. 대한민국 술테마박물관은 방대한 민속주 관련 자료와 전통술 제조 도구 등이 전시돼 있어 술에 관한 생활상과 변천사를 한자리에서 살펴볼 수 있는 사설 박물관이다. 박영국 씨 형제가 1980년대부터 꾸준히 수집한 관련 자료를 모아 설립했다. 5만 6천여 점의 민속주 관련 자료와 술 빚기 도구 등을 갖추었다. 우리나라 술뿐만 아니라 위인들의 술 이야기도 엿볼 수 있다.

대한민국술테마박물관 063-290-3842
하절기 10:00~18:00, 동절기 10:00~17:00, 월요일 휴무
₩ 2,000원 P 무료 www.sulmuseum.kr

피향정

신라시대에 태산 군수를 지내던 최치원이 연못가를 거닐며 풍월을 읊었다는 전설이 전해지는 누정이다. 이 정자의 앞뒤에 상연지와 하연지가 있어 연꽃이 피면 그 향기가 주변에 가득하다 하여 피향정이라 이름이 붙여졌으나 지금은 하연지만 남아 있다. 여름철 연꽃이 필 즈음 들러보자. 꽤 넓은 연못에 빽빽하게 들어찬 연잎이 편안한 시원함을 줄 것이다.

정읍 피향정 063-536-6776 무료

피향정

김명관 고택

조선 중기의 상류층 가옥으로 보통 아흔아홉 칸 집이라고도 부른다. 김동수 가옥으로 부르다 김동수의 6대조인 김명관이 1784년에 건립하여 김명관 고택으로 지정 명칭이 변경되었다. 김명관 고택은 청하산을 뒤로 두고, 앞으로는 동진강 상류의 맑은 물이 흐르는 곳에 동남쪽을 향하여 건립되었다. 거의 원형대로 보존되어 있다.

정읍김명관고택 063-539-5184 09:00~18:00 무료 무료

김명관 고택

옥정호 구절초테마공원

옥정호 상류, 정읍 망경대 부근에 조성된 공원이다. 매년 가을이면 솔숲 사이에서 만개한 구절초를 볼 수 있다. 처음에는 체육공원으로 조성되었으나 2006년부터 구절초를 심기 시작하면서 구절초 테마공원이 되었다. 해마다 축제도 열린다. 내부에는 산책로와 자생들꽃전시장, 쉼터 등의 시설이 있다.

구절초테마공원 063-539-6171 09:00~18:00 5,000원 무료

옥정호 구절초테마공원

제이포렛

35여 년간 개인이 가꾼 전라북도 민간정원 3호다. 카페를 같이 운영하고 있다. 다양한 수목과 야생화, 곳곳에 사진 찍을 수 있는 포인트까지 넓지 않은 부지에 알차게 꾸며져 있다.

제이포렛 0507-1318-6008

제이포렛

허브원

칠보산의 경사로에 조성된 아시아에서 가장 큰 라벤더 농원이다. 총 10만 평 중 약 3만 평 정도에 라벤더를 심어 놓았다. 라벤더가 개화하는 6월 중 방문하면 칠보산 자락의 능선을 따라 풍성하게 물결치는 라벤더를 볼 수 있다.

정읍허브원 08:00~19:00 7,000원 무료

허브원

구 간 3

백양사 IC ~ 동순천 IC

장성·순창·담양·순천·여수

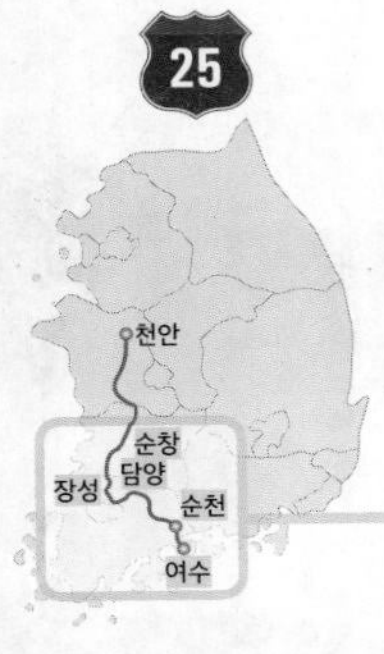

Best Course

백양사 IC →

1 장성 백양사 → 순창 강천산 군립공원 → 담양 담양호 둘레길 →

2 죽녹원 →

3 메타세쿼이아길 → 송강정 → 삼지내마을 → 명옥헌원림 → 식영정 → 광주호 호수생태원 →

4 소쇄원 →

5 순천 송광사 →

6 선암사 →

7 낙안읍성 →

8 순천만국가정원 →

9 순천만습지 →

10 순천드라마촬영장 → 여수 여수해양레일바이크&여수국가대표패러글라이딩 →

11 엑스포해양공원 →

12 여수해상케이블카 →

13 오동도 → 14 향일암 → 동순천 IC

01 백양사

내장산 국립공원에 위치한 사찰로 주변 경치가 매우 수려하다. 특히 가을 단풍이 아름답기로 유명하다. 백양사로 향하는 길에는 은은하게 단풍이 드는 갈참나무 군락지가 있다. 그중 우리나라에서 가장 오래된 수령 700년의 갈참나무가 눈길을 잡는다. 갈참나무를 지나 계곡을 따라 걸으면 쌍계루가 보이는데 기암절벽을 배경으로 계곡물에 반영된 쌍계루의 모습은 한 폭의 그림처럼 멋들어진다. 백학봉을 병풍 삼아 서 있는 대웅전과 부처님 진신사리가 봉안된 8층 석탑, 천연기념물로 지정된 홍매의 모습도 놓치지 말고 둘러보자.

백양사 061-392-7502 무료
P 무료 www.baekyangsa.com

02 죽녹원

죽녹원은 담양천 옆에 조성된 대나무 숲으로 죽림욕을 즐길 수 있는 산책코스와 대나무 분재를 볼 수 있는 생태전시관, 담양의 대표적인 6개의 정자를 재현한 시가문학촌으로 구성되어 있다. 운수대통 길, 사색의 길, 죽마고우 길, 철학자의 길 등 8가지 산책로가 죽녹원을 가로지르고 있으며 중간중간 쉼터와 전망대가 설치되어 있다. 예능 프로그램 〈1박 2일〉의 촬영지이기도 한 시가문학촌에는 죽로차를 맛볼 수 있는 죽로차 제다실과 숙박이 가능한 한옥 체험장이 있다. 담양천을 건너면 관방제림과 국수 거리가 나온다.

죽녹원 061-380-2680
하절기 09:00~19:00, 동절기 09:00~18:00
₩ 3,000원 P 무료 juknokwon.go.kr

Tip 관방제림

담양천 건너편의 관방제림의 시작점에는 국수 거리가 있다. 수령 200~300여 년의 거목들이 줄지어 서 있는 관방제림을 따라 약 2km 정도 걸으면 담양 메타세쿼이아 길이 나온다.

메타세쿼이아길

03 메타세쿼이아길

되살아난 화석의 거리. 메타세쿼이아는 은행나무와 함께 화석나무라는 별명을 가지고 있다. 약 1억 년 전의 백악기 화석에서 발견된 메타세쿼이아는 마지막 빙하기 이후 멸종되었다고 여겨졌으나 1940년대 중국에서 다시 발견되어 지금은 가로수로 많이 사용되고 있다. 담양 메타세쿼이아 길은 2.1km에 걸쳐 약 483그루의 메타세쿼이아가 빼곡한 운치 있는 산책로다. 중간중간 쉬어 갈 수 있는 정자와 포토존이 있으며 주차장 옆의 메타프로방스에서는 식사와 차를 즐길 수 있다.

담양시 메타세쿼이아로 12 061-380-3149 2,000원
무료 tour.damyang.go.kr(담양 문화관광)

04 소쇄원

소쇄원은 조광조의 제자 양산보가 낙향하여 조성한 곳으로 보길도의 부용동 원림과 더불어 조선시대의 대표적인 정원이다. 매표소를 지나 대나무 길을 따라 올라가면 맑은 계곡물 너머로 광풍각이 보인다. '비 갠 뒤 해가 뜨며 부는 청량한 바람'이라는 뜻의 광풍각은 소쇄원을 방문한 손님의 거처이고 '비 갠 하늘의 상쾌한 달'이라는 뜻을 가지는 제월당은 주인이 머물던 곳으로 광풍각의 위쪽에 있다. 제월당에는 우암 송시열이 썼다고 전해지는 현판이 있다.

소쇄원 061-381-0115 3·4·9·10월 09:00~18:00, 5~8월 09:00~19:00, 11~2월 09:00~17:00 2,000원
무료 www.soswaewon.co.kr

05 송광사

양산 통도사, 합천 해인사와 함께 삼보사찰로 불리는 송광사는 훌륭한 스님을 많이 배출한 승보사찰이다. 상쾌한 바람이 부는 편백 숲을 지나 일주문으로 들어서면 임경당과 우화각이 보인다. 개울 위로 고개를 내밀고 있는 임경당과 다리 위에 세워진 우화각은 커다란 단풍나무와 어우러져 고풍스러운 광경을 연출한다. 화려한 건축물인 대웅전 뒤로는 송광사에서 가장 오래된 국사전(국보 제56호)과 재미난 모양의 지붕을 가진 하사당(보물 제263호)이 있다.

송광사 061-755-0107
4~10월 08:00~18:00, 11~3월 09:00~17:00
₩ 무료 P 무료 www.songgwangsa.org

06 선암사

선암사는 화려한 문화를 자랑했던 백제시대에 세워진 사찰로 경치가 매우 아름답다. 특히 무지개를 닮은 승선교와 3월이면 작은 꽃망울을 터트리는 선암매가 눈길을 끈다. 선암사로 오르는 계곡에 있는 승선교는 1713년부터 6년에 걸쳐 만들어졌다고 전해진다. 원통전에서 각황전을 지나는 돌담길에는 고고한 자태를 뽐내는 50여 그루의 매화나무가 줄지어 서 있다. 그중 원통전 뒤쪽의 백매화와 각황전 돌담길의 홍매화는 천연기념물로 지정되어 있다.

선암사 061-754-5247 ₩ 무료 P 무료
www.seonamsa.net

07 낙안읍성

낙안읍성은 소담스러운 초가들이 옹기종기 모여 있는 민속 마을로 읍성 내에 주민이 거주하는 유일한 마을이다. 객사, 내아, 대장금 세트장, 옥사 등의 볼거리가 있다. 마을을 천천히 둘러본 후 성곽 위를 걸어보자. 나뭇잎 사이로 올록볼록 솟아 있는 귀여운 초가지붕을 볼 수 있다. 특히 남문과 서문 사이의 높은 성곽에서 내려다보는 마을 풍경이 일품이다.

낙안읍성 061-749-8831 11~1월 09:00~17:30, 2~4·10월 09:00~18:00, 5~9월 08:30~18:30 ₩ 4,000원 P 무료 www.suncheon.go.kr/nagan

Tip 낙안읍성에서 약 7km(약 15분) 거리에 벌교읍이 있다. 벌교는 꼬막으로 유명하니 꼬막요리를 좋아한다면 잠시 들러도 좋다.

08 순천만국가정원

우리나라 최초의 국가 정원으로 2013년 국제 정원박람회가 열린 곳이다. 한국정원, 독일정원, 프랑스정원 등 다양한 테마의 정원으로 구성되어 있다. 그중 하얀 산책로가 언덕을 휘감고 있는 독특한 형태의 호수 정원은 세계적인 정원 디자이너 찰스 젱스가 디자인한 것으로 순천의 지형을 닮았다. 호수 정원의 6개 언덕은 각각 인재, 포용, 성공과 명예, 성취, 사랑, 부부애의 뜻을 담고 있다.

순천만국가정원 061-749-3114 09:00~20:00 (입장마감 19:00), 매월 마지막 주 월요일 휴무
₩ 10,000원(순천만습지 관람 가능) P 무료
scbay.suncheon.go.kr

Tip

순천만국가정원과 순천문학관을 이어주는 스카이큐브

스카이큐브는 지상 3.5m에서 10m 높이의 레일 위를 운행한다. 순천만국가정원역을 출발하여 순천문학관역까지 약 12분(4.6km) 정도 소요된다. 순천문학관은 순천만습지에서 1km 정도 떨어져 있다.
₩ 왕복 8,000원

09 순천만습지

넓게 펼쳐진 갈대밭이 바람 소리에 장단을 맞춰 너울거리는 곳. 순천만습지는 광활한 갯벌과 함께 우리나라에서 가장 넓은 갈대 군락지를 품고 있다. 겨울이면 국제적 희귀조류인 흑두루미, 검은머리갈매기, 황새, 노랑부리저어새가 이 아름다운 갈대밭으로 날아든다. 갈대밭 사이로 난 산책로를 지나 용산전망대에 오르면 동글동글한 모양으로 자라는 갈대밭을 감상할 수 있다. 순천만국가정원과 함께 둘러본다면 통합권을 이용하자.

순천만습지 061-749-3114 매표시간 11~2월 08:00~17:00, 3·4·9·10월 08:00~18:00, 5~8월 08:00~19:00, 매월 마지막 주 월요일 휴무
₩ 10,000원(순천만국가정원 관람 가능)
P 3,000원 scbay.suncheon.go.kr

10 순천드라마촬영장

〈사랑과 야망〉〈제빵왕 김탁구〉〈늑대소년〉〈허삼관〉 등이 촬영된 곳이다. 1960년대의 순천 읍내 거리와 1970년대 봉천동 달동네, 그리고 1980년대의 서울 변두리 등이 재현되어 있다. 순천드라마촬영장에서 꼭 들러야 하는 곳은 순양극장 맞은편의 교복체험장이다. 영화 속에서 볼 수 있었던 옛 교복을 빌려 입고 세트장 곳곳에서 기념 촬영을 할 수 있다.

순천드라마촬영장 · 061-749-4003 · 09:00~18:00 · ₩ 3,000원
P 소형 1,000원, 중형 2,000원, 대형 3,000원

Tip 교복체험장
교복체험시간 1시간 ₩ 교복대여비 8,000원, 소품대여비 1,000원

11 엑스포해양공원

여수 엑스포해양공원은 2012년 여수세계박람회가 개최된 곳이다. 여수엑스포역과 오동도 사이의 연안에 조성되어 있으며 그 부지가 넓어 관람할 곳을 미리 정하는 것이 좋다. 스카이타워 전망대, 엑스포 디지털갤러리, 아쿠아플라넷, 해양레저스포츠체험장 등이 있다. 엑스포해양공원의 전경이 한눈에 보이는 스카이타워 전망대가 가장 인기 있다. 아쿠아플라넷에서는 다양한 해양생물은 물론 트릭아트갤러리, 아쿠아 판타지쇼 등을 관람할 수 있다. 레포츠를 좋아한다면 해양레저스포츠체험장과 스카이 플라이를 즐기는 것도 좋다. 여수 밤바다를 더 화려하게 만들어줄 빅오쇼도 놓치지 말고 꼭 챙기자. 빅오쇼는 겨울철에는 공연하지 않으며, 시기에 따라 공연 시간이 달라지니 홈페이지를 미리 확인하자.

엑스포해양공원 1577-2012 P 10분당 400원(1일 최대 13,000원)
www.expo2012.kr(여수 세계박람회)

12 여수해상케이블카

아시아에서 홍콩, 싱가폴, 베트남에 이어 네 번째로 바다 위를 지나는 국내 최초의 해상케이블카로 돌산공원과 자산공원을 왕복한다. 돌산공원과 자산공원 어디에서든 탑승할 수 있고 시간은 편도 13분, 왕복 25분 정도 소요된다. 일반 캐빈 35대와 강화유리로 바닥을 만든 크리스털 캐빈 15대를 운영 중이다. 크리스탈 캐빈은 바다 위를 걷는 듯한 짜릿함을 즐길 수 있어 인기다. 자산공원의 해야정류장에서는 오동도와 엑스포해양공원의 시원한 풍광이 한눈에 들어온다. 해야정류장 앞의 팔각정을 지나 계단을 내려오면 오동도 입구가 나온다.

여수해상케이블카 돌산정류장, 오동도 공영주차장 061-664-7301 일반 캐빈 왕복 17,000원, 크리스탈 캐빈 왕복 24,000원 최초 1시간 무료(이후 10분당 200원) yeosucablecar.com

Tip 여수 밤바다

노래로 만들어질 만큼 여수 밤바다에는 낭만이 가득하다. 오동도에서 이순신광장으로 이어지는 길이 밤바다를 즐기기에 최적인 곳이다. 어둠이 내려앉기 시작하면 오동도는 가로등 불빛으로 밝아지고 하멜등대와 거북선대교도 은은한 빛을 뿜어낸다. 여수의 명물인 해상케이블카 역시 밤바다의 아름다움을 만끽하기에 제격이다. 싱싱한 해산물로 구성된 삼합을 먹을 수 있는 낭만포차에서 하루를 마무리하는 것도 좋다. 낭만포차는 하멜등대 근처에 있다.

13 오동도

여수의 동백섬 오동도. 멀리서 바라보면 그 모양이 오동잎 같다 하여 오동도라 불린다. 오동도를 가득 채우고 있는 3,000여 그루의 동백나무는 1월부터 꽃을 피우기 시작하여 3월이면 섬 전체를 붉게 물들인다. 오동도는 768m의 방파제로 육지와 연결되어 있어 도보나 동백 열차를 이용하여 갈 수 있다. 운치 있는 산책로가 잘 조성되어 있으며 기암절벽과 어우러진 바다의 절경을 감상할 수 있는 전망 포인트도 많다.

오동도 061-659-1819 무료 P 오동도 주차타워 최초 1시간 무료(이후 10분당 200원)

Tip 동백열차
09:30~17:45 편도 1,000원

14 향일암

여수 금오산 절벽 위에 자리 잡은 향일암은 4대 관음 기도처이자 해맞이 명소이다. 매표소에서 제법 가파른 계단을 오르면 한 사람이 겨우 드나들 공간이 있는 바위틈을 지나게 된다. 이 석벽이 향일암의 불이문 역할을 하고 있다. 불이문이란 본당으로 들어가는 마지막 문으로 이름 그대로 진실은 둘이 아닌 하나이며 이곳을 통과해야 진리의 세계인 불국토에 들어갈 수 있다는 의미를 지닌다. 대웅전을 지나 관음전으로 오르는 길에도 석문이 있는데, 향일암의 7개 석문을 모두 통과하면 소원이 이루어진다는 이야기가 전해지고 있다.

향일암 061-644-4742
무료 P 최초 1시간 무료(이후 10분당 200원)
hyangiram.or.kr

Tip 금오산 정상

향일암에서 400m를 오르면 금오산 정상에 도달한다. 정상에서 바라보는 바다의 풍광이 멋지지만 오르는 길이 만만치 않다.

강천산군립공원

강천산군립공원

강천산 입구에 들어서면 두 개의 물줄기가 아름답게 떨어지는 병풍폭포가 보인다. 폭포를 지나 산을 오르면 계곡을 가로지르는 현수교를 만나게 된다. 50m 높이의 구름다리는 강천산을 밑에 두고 아찔하고도 아름다운 경관을 선사한다. 자연을 느끼며 여유로운 산행을 즐겨보자. 짙은 단풍이 드는 가을이 되면 강천산의 아름다움이 절정에 다다른다.

강천산군립공원 063-650-1672 07:00~18:00 ₩ 5,000원
P 무료 gangcheonsan.kr

담양호 둘레길

용마루길은 담양호를 따라 조성된 총길이 3.9km의 산책길로 왕복 약 2시간 정도 소요된다. 담양호 국민관광단지에 주차한 후 담양호를 가로지르는 목교를 건너면 나무 데크길로 들어선다. 중간중간 쉬어 갈 수 있는 작은 전망대가 있어 담양호의 수려한 풍광을 즐기기 좋다. 시작점에서 600m 정도 걸으면 두 나무가 서로를 감싸안고 자라나는 연리지를 볼 수 있다.

담양호국민관광단지 ₩ 무료 P 무료

담양호 둘레길

송강정

송강 정철이 관직에서 물러난 후 이곳에 초가를 짓고 죽록정이라 불렀다. 정철은 죽록정에서 지내면서 「사미인곡」 「속미인곡」 등의 가사를 지었다. 1770년에 후손들이 그를 기리기 위하여 정자를 다시 지었는데 그때 이름을 송강정이라 바꾸었다.

송강정 ₩ 무료 P 무료

송강정

삼지내마을

삼지내마을(창평슬로시티)

삼지내마을은 증도와 함께 아시아 최초의 슬로시티로 지정된 마을이다. 개성 있는 대문과 동글동글한 돌담길이 아기자기한 분위기를 자아낸다. 전통한옥에서 하룻밤을 보낼 수 있는 민박집이 많이 있으며 바느질, 막걸리 담기, 천연염색, 쌀엿 제조과정, 한지 조명 만들기 등 다양한 체험도 할 수 있다. 체험을 원한다면 사전예약은 필수. 마을 입구에 주차를 하고 천천히 마을을 둘러보자.

삼지내마을 ₩ 무료 P 무료

식영정

식영정

'그림자가 쉬고 있는 정자'라는 뜻을 가진 식영정은 환벽당, 송강정과 함께 송강 정철의 흔적이 남아 있는 곳이다. 송강 정철은 이곳에서 「성산별곡」을 남겼다. 식영정의 아래에는 작은 연못을 가진 정자인 부용정이 있다. 한국가사문학관과 광주호 호수생태원이 가까이 있으니 함께 둘러보자.

식영정 ₩ 무료 P 무료

명옥헌원림

명옥헌원림

소쇄원과 함께 담양의 아름다운 민간정원으로 꼽힌다. 조선 중기 오희도가 살던 곳으로 그의 아들인 오이정이 명옥헌을 짓고 연못을 만들어 가꾸었다. 명옥헌 주변에 빼곡히 자라나는 배롱나무가 유명한데 여름이 되면 연못 가득 피어나는 연꽃과 함께 붉은 절경을 만든다.

명옥헌원림 ₩ 무료 P 무료

광주호 호수생태원

광주호 호수생태원

인공호수인 광주호 주변에 조성된 공원으로 생태연못과 야생화정원, 수변관찰대, 전망대 등으로 구성되어 있다. 입구에는 천연기념물로 지정된 수령 430여 년의 왕버들 세 그루가 있다. 색색의 꽃으로 꾸며진 정원을 지나 호수로 향하면 버드나무 군락지가 나온다. 군락지에서 탐방로를 따라 걸으면 메타세쿼이아 나무가 줄지어 서 있는 아름다운 산책로를 만나게 된다.

광주호 호수생태원 062-613-7891 ₩ 무료 P 무료

여수해양레일바이크

여수해양레일바이크

길이 3.5km의 레일바이크로 전 구간 바다를 조망하며 달릴 수 있어 인기다. 레일바이크를 즐긴 후 인근에 있는 만성리 검은모래해변에 들러보자. 짙푸른 바다와 검은 모래, 바닷가에 늘어선 짙 파라솔이 이국적인 분위기를 자아낸다.

여수해양레일바이크 061-652-7882 ₩ 2인 26,000원, 4인 36,000원
P 무료 www.여수레일바이크.com

추천 숙소

담양 소아르호텔
갤러리와 카페를 갖추고 있는 호텔로 감각적이고 세련된 인테리어가 돋보인다. 담양 메타세쿼이아길 근처에 있는 메타프로방스 내에 있다.
소아르호텔 070-4938-8700

담양 메타펜션
흰 외벽에 주홍빛 지붕을 가진 이국적인 건물에 총 70개의 객실을 갖추고 있다. 메타프로방스 내에 있다.
메타프로방스 061-381-2002
www.metapension.com

순천 엠버서더호텔
상사호수 카페 거리 입구에 자리 잡고 있어 전망이 좋다.
엠버서더호텔 061-745-4422

여수 소노캄여수
여수 엑스포해양공원과 오동도 사이 연안에 자리한 고급 호텔로 멋진 전망을 가진 훌륭한 객실을 갖추고 있다.
소노캄여수 061-660-5800
www.sonohotelsresorts.com/yeosu

추천 체험

여수 여수국가대표패러글라이딩
비행 횟수 3,000회 이상의 강사와 동승하여 푸른 하늘을 날아볼 수 있다. 발밑으로 산과 바다가 내려다보이는 짜릿한 경험은 평생 잊을 수 없는 멋진 추억이 될 것이다.
여수패러글라이딩 010-6540-6541
₩ 120,000~200,000원 P 무료 www.sbpara.com

SNS 핫플레이스

카페 옥담
담양군 봉산면 연산길 89-11 0507-1440-8998

카페 브루웍스
순천시 역전길 61 0507-1334-2545

카페 카페드몽돌
여수시 돌산읍 계동로 552 0507-1460-7848

카페 모이핀 오션점
여수시 돌산읍 무술목길 50 061-641-8300

카페 낭만카페
여수시 고소5길 11 0507-1461-1189

소노캄여수

여수국가대표패러글라이딩

여수국가대표패러글라이딩

추천 맛집

진우네국수

담양 진우네국수

수령 200~300여 년의 거목들이 줄지어 있는 관방제림의 시작점에는 여러 개의 국숫집이 줄지어 있다. 이곳의 국수는 소면이 아닌 중면으로 삶아내어 쫄깃한 맛이 일품이다. 댓잎과 각종 한약재를 넣고 삶은 댓잎 계란도 별미다. 특히 진우네국수는 굵은 면으로 매콤하게 비벼 내는 비빔국수가 일품이다.

담양군 담양읍 객사 3길 32 061-381-5344

담양 뚝방국수

담양 토박이들이 많이 찾는 곳으로 댓잎 계란과 매콤한 비빔국수가 인기 있다.

담양군 담양읍 천변 5길 20 061-382-5630

담양 덕인관

덕인관

50년이 넘은 식당으로 다른 부위를 섞지 않고 오직 갈비만을 사용하여 만든 떡갈비를 내어준다.

담양군 담양읍 죽향대로 1121 0507-1342-7881

담양 승일식당

숯불에 구워져 나오는 담양식 돼지갈비를 맛볼 수 있다.

담양군 담양읍 중앙로 98-1 061-382-9011

승일식당

순천 흥덕식당

순천역 근처에 있는 식당으로 저렴한 가격으로 푸짐한 백반을 먹을 수 있다. 생선구이, 게장, 꼬막 등 다양한 반찬으로 한 상 가득 차려진다.

순천시 역전광장 3길 21 061-744-9208

두꺼비게장

여수 두꺼비게장

민꽃게 종류인 돌게로 만든 게장이 유명하다. 돌게는 벌떡게라고도 불리는데 꽃게보다 살은 적지만 그 맛이 담백하여 주로 게장에 쓰인다. 2인분 이상 주문해야 한다.

여수시 봉산남 3길 12 061-643-1880

여수 구백식당

여수시 여객선터미널길 18 061-662-0900

구 간 4

장성 IC ~ 고흥 IC

장성·광주·화순·보성·고흥

Best Course

장성 IC → 장성 필암서원 →

① 홍길동테마파크 →

② 광주 국립광주박물관 → 광주시립미술관 →

③ 광주학생독립운동기념탑 →

④ 양림역사문화마을 → 화순 무등산양떼목장 → 조광조선생유배지 →

⑤ 화순고인돌유적지 →

⑥ 운주사 → 쌍봉사 →

⑦ 보성 대한다원 → 득량 추억의거리 →

⑧ 태백산맥문학관 → 고흥 능가사 →

⑨ 고흥우주발사전망대 → 남포미술관 → 고흥 IC

01 홍길동테마파크

홍길동 생가터 주변에 조성된 넓은 공원으로 홍길동 생가, 홍길동 전시관 등의 볼거리가 있다. 홍길동 생가는 안채, 사랑채, 문간채 등 전통 한옥구조로 건립되어 당시의 생활 모습을 볼 수 있다. 아이들의 흥미를 돋우는 산체체험장과 분수광장, 야영장도 갖추고 있어 가족 단위로 방문하기 좋다. 홍길동테마파크 입구에는 고풍스러운 한옥에서 하룻밤 머무를 수 있는 청백한옥관이 있다.

홍길동테마파크 061-394-7242 ₩ 무료 P 무료

02 국립광주박물관

1975년 신안 앞바다에서 보물선이 발견되었다. 조업 중이던 어부가 청자 화병을 건져 올린 것이다. 9년에 걸친 수중 발굴이 시작되었고 침몰한 원나라 무역선에서 2만 4천여 점의 문화재를 발굴하였다. 이 역사적인 사건을 계기로 국립광주박물관이 탄생하였다. 국립광주박물관은 2개 층의 실내전시실과 야외전시실로 구성되어 있다. 야외전시실에는 고인돌과 가마터가 재현되어 있다. 1층의 실내전시실에는 선사·고대시대의 생활에 관한 유물을 볼 수 있다. 신안 앞바다에서 발굴된 유물은 중·근세시대의 예술품과 함께 2층에 전시되어 있다.

국립광주박물관 062-570-7000 10:00~18:00, 신정·설·추석 당일·4·11월 첫 번째 월요일 휴무
₩ 무료 P 무료 gwangju.museum.go.kr

03 광주학생독립운동기념탑

광주학생독립운동기념탑은 1929년 11월 3일, 광주에서 시작되어 전국적으로 확산된 광주학생독립운동의 정신을 기리기 위해 세워진 것으로, 타오르는 횃불의 이미지를 가지고 있는 높이 39m의 커다란 조형물이다. 기념탑은 하늘을 향해 솟아 있는 여러 개의 석조물로 구성되어 있다. 석조물 사이로 자유롭게 드나들 수 있어 색다른 재미를 느낄 수 있다. 기념탑 좌우에는 독립을 위해 투쟁하는 학생 선열들의 모습을 형상화한 조각상이 있다. 광주학생운동독립기념관에 주차한 후 기념관과 함께 둘러보자. 기념관에는 광주학생독립운동 관련 재판 기록 및 관련 선언문, 당시의 녹취 자료와 사진 등이 보존되어 있다.

광주학생독립운동기념관(광주 서구 학생독립로 30) 062-221-5500
09:00~18:00, 월요일·공휴일 휴무 ₩ 무료 P 무료 gsim.gen.go.kr

펭귄마을

04 양림역사문화마을

1904년 선교사들이 교회와 학교, 병원을 세우면서부터 양림동은 서양문물과 한국의 전통적인 모습이 어우러진 독특한 분위기를 풍기기 시작했다. 서양 건축물과 한국의 전통가옥이 이웃해 있고 빛바랜 물건들이 모여 예술적 감성이 흘러 넘치는 골목길도 생겨났다. 광주 3·1운동의 태동지이자 수많은 예술가가 창작혼을 피워낸 이곳이 양림역사문화마을이다. 양림마을이야기관 뒤쪽 주차장에 주차한 후 마을을 둘러보자. 양림마을이야기관에서 지도를 얻을 수 있다. 오래된 물건으로 꾸며진 펭귄마을과 우일선선교사사택, 이장우가옥 등 볼거리가 많다. 근대 건축물인 수피아홀과 수피아옛강당, 커티스메모리얼홀은 수피아 여자고등학교 내에 있다. 양림미술관을 지나 사직공원으로 올라가면 광주시를 조망할 수 있는 전망대가 나온다.

양림마을이야기관 ₩ 무료 P 무료 visityangnim.kr

우일선선교사사택

이장우가옥

사직전망타워

05 화순고인돌유적지

화순 보검재 계곡에는 세계문화유산으로 등재된 고인돌유적지가 있다. 옛 무덤 양식인 고인돌이 약 3km의 산길 주변으로 널리 분포되어 있어 신비한 분위기를 풍긴다. 무게가 290톤이 넘는 핑매바위와 가족의 공동묘역이라 추측되는 무리 지어 있는 고인돌 등 600여 개의 고인돌을 볼 수 있다. 뿐만 아니라 고인돌을 만들기 위해 바위를 쪼갠 흔적이 남아 있는 채석장도 있다. 고인돌유적지 관광안내소 옆에는 고인돌 하부의 무덤방과 무덤방에서 출토된 가락바퀴, 돌도끼, 돌화살촉이 전시된 실내전시장이 있다.

화순고인돌유적지
061-379-3933(대신리 발굴지 종합안내소)
₩ 무료 P 무료

06 운주사

화순의 운주사는 천불천탑의 사찰로 유명하다. 일반적으로 사찰이 그 안에 석탑과 석불을 품고 있다면 운주사는 석탑과 석불에 둘러싸인 사찰이다. 입구에서 골짜기를 따라 사찰로 향하면 듬성듬성 세워진 석탑과 좌우로 늘어선 소담한 석불을 볼 수 있다. 운주사의 석불은 그 생김새가 다양하고 투박하다. 특히 운주사 서쪽 산능선에는 '와불이 일어나는 날 새로운 세상이 열린다'는 이야기를 가진 거대한 와불이 있으니 꼭 보고 가자. 이 와불을 만나러 가는 산길에도 여러 석불과 석탑이 숨어 있어 운주사의 매력을 더한다.

운주사 061-374-0660 ₩ 무료 P 무료

07 대한다원

보성에 있는 차밭 중 가장 넓은 대한다원은 싱그러운 초록빛 물결로 가득 차 있다. 대한다원의 아름다움은 삼나무 가로수길에서 시작된다. 쭉쭉 뻗은 삼나무 사이를 100m 정도 걸으면 쉼터가 나오는데 여기서 녹차 아이스크림을 비롯한 다양한 녹차 제품을 살 수 있다. 쉼터를 지나면 푸른 차밭이 높고 넓게 펼쳐진다. 중앙계단으로 올라간 후 산책로를 따라 내려오면 된다. 가장 위쪽에 있는 바다 전망대까지 가는 길은 상당히 가파르다. 차밭이 넓고 경사가 심한 산기슭에 위치하므로 편한 신발을 준비하자.

대한다원 061-852-4540, 02-511-3455(대한다원 매표 안내)
3~10월 09:00~18:00, 11~2월 09:00~17:00 ₩ 4,000원 P 무료 www.dhdawon.com

08 태백산맥문학관

벌교읍 제석산에 있는 태백산맥문학관은 우리나라의 아픈 현대사를 넘어 새로운 희망을 기원하는 뜻을 담은 건축물이다. 산자락을 약 10m 파서 건물을 짓고, 깎은 산면에는 통일을 염원하는 대형 벽화인 '백두대간의 염원'을 설치하였다. 태백산맥문학관의 전시실에는 소설 『태백산맥』의 육필원고를 비롯하여 저자인 조정래 작가의 작품세계를 볼 수 있는 자료들이 전시되어 있다.

태백산맥문학관 061-850-8653 하절기 09:00~18:00, 동절기 09:00~17:00, 월요일 휴무
₩ 2,000원 P 무료 www.boseong.go.kr/tbsm

Tip 태백산맥 문학기행길

벌교는 소설 『태백산맥』의 배경으로, 곳곳에 소설 속 무대가 있다. 문학기행길은 소설 속 주요 장소를 중심으로 벌교를 둘러보는 약 8km의 코스이다. 일본식 가옥을 비롯한 다양한 근대문화유산을 볼 수 있고 벌교의 특산물인 꼬막을 맛볼 수 있는 꼬막 거리도 만나게 된다. 남도여관에서는 숙박도 가능하다.

문학기행길 코스 : 태백산맥문학관 → 회정리교회 → 소화다리 → 김범우의집 → 벌교홍교 → 자애병원 → 부용산공원 → 구금융조합 → 벌교초등학교 → 보성여관 → 벌교역 → 철다리 → 중도방죽 → 진트재 → 벌교시외버스터미널

09 고흥우주발사전망대

지붕 없는 미술관이라 불릴 만큼 고흥은 환상적인 자연경관을 자랑한다. 고흥우주발사전망대는 아름다운 해안가 절벽 위에 있다. 우암마을에서 해안도로를 타고 남쪽으로 향하면 이곳에 도착한다. VR 체험장, 야외전망대와 우주도서관 등의 볼거리가 있으며 스릴 있는 짚트랙도 즐길 수 있다. 3층에서 6층으로 이어지는 나선형 계단에서 바다를 조망할 수 있고 7층의 회전전망대에 오르면 차를 즐길 수 있는 카페가 있다. 전망대 옆 목재 데크를 따라 계단을 내려가면 일출로 유명한 남열리해돋이해수욕장이 나온다.

고흥우주발사전망대 061-830-5870 09:00~18:00, 월요일 휴무 ₩ 2,000원
P 무료 tour.goheung.go.kr(고흥 문화관광)

Tip 남열리해안도로

우암마을(고흥군 영남면 우천리)을 출발점으로 양화마을(고흥군 영남면 양사리)까지 해맞이로를 타면 눈부신 남해의 절경을 만끽할 수 있다. 중간쯤 쉼터가 있어 잠시 쉬어 가기도 좋다. 해맞이로는 양화마을을 지나 양사삼거리까지 이어진다. 양사삼거리에는 남포미술관이 있다.

필암서원

하서 김인후를 기리기 위하여 세워진 필암서원은 인재를 양성하고 유생들이 모여 정치를 논하였던 곳이다. 퇴계 이황과 함께 성균관에서 공부한 김인후는 인종의 스승을 지낼 만큼 뛰어난 문인이지만 인종이 죽고 나자 낙향하여 후학을 양성하며 평생을 지냈다. 정유재란 때 훼손되었으나 다시 지어져 현종에게서 필암서원이라 사액받았다.

필암서원 09:00~18:00 무료 P 무료

필암서원

광주시립미술관

광주시립미술관은 광주 비엔날레의 큰 축을 담당하는 미술관으로 호남 지역 작가의 작품을 주로 전시한다. 본관, 금남로 분관, 비엔날레관, 어린이 갤러리 등으로 구성되어 있다. 미술관 앞 잔디밭에도 작품이 전시되며 주변으로 넓은 공원이 있어 박물관 관람 후 산책을 즐기기 좋다. 시립민속박물관과 인접해 있으니 함께 둘러보자.

광주시립미술관 062-613-7100 10:00~18:00, 월요일 휴무
무료 P 무료 artmuse.gwangju.go.kr

광주시립미술관

무등산양떼목장

무등산국립공원에 위치한 목장으로 1974년부터 운영되고 있다. 처음에는 흑염소와 소를 키웠지만, 지금은 양 전문 목장으로 많은 관광객이 방문하고 있다. 울타리를 따라 산책로가 조성되어 있고 목장이 한눈에 내려다보이는 예쁜 전망대도 있다. 주말이면 목장을 가득 채운 동글동글한 양떼가 시원한 전경과 어우러져 탄성을 자아낸다.

무등산양떼목장 061-375-6269
4~9월 10:00~18:00, 10~3월 10:00~17:00, 화요일 휴무
7,000원 P 무료 www.mudeungsan-yangtte.co.kr

무등산양떼목장

조광조선생유배지

조선 중기 이상적인 개혁정치를 꿈꾸었던 정암 조광조가 마지막으로 머물렀던 곳이다. 정암 조광조는 중종반정으로 왕위에 오른 중종을 도와 성리학적 도학 정치를 실현하려 했으나 기묘사화 때 축출되어 화순으로 유배된 지 한 달 만에 사약을 받았다. 조광조의 영정을 모신 영정각과 초가가 복원돼 있다.

조광조선생유배지 무료

조광조선생유배지

득량역 추억의 거리

50년 된 추억다방, 이발관, 구멍가게, 롤라장, 역전만화방 등 70년대의 감성이 가득한 골목이다. 손으로 쓴 간판과 아기자기한 벽화가 정겨움을 더해 보성의 또 다른 포토존으로 떠오르고 있다. 1930년부터 영업을 시작하여 지금은 남도해양관광열차의 정차역인 득량역도 빼놓을 수 없는 볼거리.

득량역 무료 P 무료

득량역 추억의 거리

쌍봉사

쌍봉사

쌍봉사는 신라시대에 세워진 사찰로 독특한 건축 형태의 대웅전이 눈길을 잡는다. 대웅전은 평면이 정사각형인 3층 전각으로 그 모양이 탑을 연상시킨다. 이러한 건축 형식을 목조탑파형식이라 하는데 현재 쌍봉사의 대웅전과 법주사 팔상전만이 남아 있다. 가을이면 붉게 물든 단풍과 어우러져 아름다운 경관을 연출한다. 대웅전을 지나 언덕을 오르면 국보 제57호인 철감선사탑과 보물 제170호인 철감선사탑비가 있다.

쌍봉사 061-372-3765 ₩ 무료 P 무료

능가사

능가사

팔영산 아랫자락에 있는 능가사는 넓은 평지에 누각이 띄엄띄엄 서 있는 한적한 사찰이다. 수령을 알 수 없는 커다란 나무들이 사찰의 한쪽을 차지하고 있어 고즈넉한 분위기를 더한다. 능가사의 대웅전은 보물 제1307호로 지정되어 있으며 기둥의 위, 아랫부분보다 중간 부분이 굵은 배흘림 형태의 기둥으로 세워졌다.

능가사 061-832-8090 ₩ 무료 P 팔영산국립공원 오토캠핑장 주차장 비수기 4,000원, 성수기 5,000원 www.neunggasa.org

---

남포미술관

남포미술관

남포미술관은 폐교에 조성된 아담한 미술관이다. 깔끔하게 가꾸어진 정원이 하얀 건물과 어우러져 평온한 분위기를 자아낸다. 연꽃이 가득 핀 작은 연못과 소박한 정자도 있다. 수시로 개최되는 기획전시회에는 장르에 구애받지 않고, 다양한 작품이 전시되어 폭넓은 예술 세계를 접할 수 있다.

남포미술관 061-832-0003 10:00~17:00, 월~화요일 휴무
₩ 5,000원 P 무료 www.nampoart.co.kr

쌍봉사

추천 숙소

보성 보성여관

소설 『태백산맥』의 배경이 되었던 곳으로, 남도여관이라 불리기도 한다. 예스러운 분위기의 숙박동과 전통 일본식 다다미방으로 꾸며진 2층 공간이 운치 있다.

보성여관 061-858-7528 www.boseonginn.org

보성여관

SNS 핫플레이스

카페 구르미머무는

장성군 진원면 불태3로 168
0507-1362-5100

카페 초록잎이펼치는세상(차밭전망대)

보성군 회천면 녹차로 613
0507-1375-7988

카페 춘운서옥

보성군 보성읍 송재로 211-9
0507-1388-8959

카페 그린다향

보성군 보성읍 녹차로 750
0507-1320-8491

차밭전망대

보성녹차떡갈비

벌교꼬막식당

벌교꼬막식당

화순 달맞이흑두부

전남 화순군 도곡면 지강로 542 061-375-8465

화순 벽오동

화순군 화순읍 오성로 388 061-371-9289

보성 보성녹차떡갈비

대한다원 근처에 있는 식당으로 소떡갈비와 돼지떡갈비를 맛볼 수 있다. 몽글몽글한 계란찜과 시원한 콩나물선짓국을 비롯한 맛깔스러운 반찬이 푸짐하게 차려진다.

보성군 보성읍 흥성로 2541-4 061-853-0300

보성 특미관

보성군 보성읍 봉화로 53 0507-1359-4545

보성 벌교꼬막식당

벌교읍의 꼬막 거리에 있는 식당으로 다양한 방법으로 조리한 꼬막을 맛볼 수 있다.

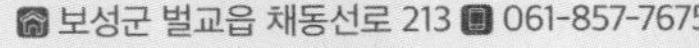
보성군 벌교읍 채동선로 213 061-857-7675

고흥 동방기사식당

불고기백반을 주문하면 야채를 섞은 삼겹살이 불판 위에 올려지고 10가지가 넘는 반찬이 상을 가득 채운다.

고흥군 과역면 고흥로 2921 061-832-9445

고흥 과역기사님식당

고흥군 과역면 고흥로 2959-3 061-834-3364

광주 1960 청원모밀

광주시 동구 중앙로 174-1 062-222-2210

광주 1913송정역시장

100년 역사를 간직한 전통시장으로 KTX 송정역이 증축되면서 새단장을 하였다. 국밥, 초코파이, 상추튀김, 수제고로케, 양갱을 비롯한 다양한 먹거리로 관광객의 발길을 잡고 있다.

광주시 광산구 송정로 8번길 13

구 간 5

산월 IC ~ 장흥 IC

나주·영암·강진·장흥

Best Course

산월 IC →

① 나주 나주목사내아 → 나주영상테마파크 →

② 국립나주박물관 →

③ 영암 왕인박사유적지 → 강진 무위사 → 강진다원 →

④ 영랑생가 → 사의재 →

⑤ 강진만생태공원 → 백련사 →

⑥ 다산초당&다산기념관 →

⑦ 가우도 →

⑧ 고려청자박물관 → 마량미항 →

⑨ 장흥 천관문학관 → 정남진전망대 → 남포마을 소등섬 →

⑩ 강진 남미륵사 →

⑪ 장흥 장흥우드랜드 → 장흥 IC

01 나주목사내아

조선시대의 관아 건물인 나주목사내아는 나주에 파견된 관리가 살던 기와집이다. '금학헌'이라는 이름을 가진 이 한옥에는 1980년대 후반까지도 나주 군수가 살았었다. 지금은 각광받는 한옥체험장으로 관광객의 발길이 끊이질 않는다. 저녁이 되면 숙박객의 편의를 위해 관람이 제한되지만 낮에는 자유롭게 관람할 수 있다. 지방의 궁궐 중 가장 크고 화려한 금성관과 맛집이 즐비한 나주곰탕 거리가 도보로 5분 거리에 있으니 함께 둘러보자. 나주목사내아 맞은편과 금성관 옆에 넓은 무료공영주차장이 있다.

나주목사내아 061-332-6565 09:00~18:00
무료 P 무료

02 국립나주박물관

국립나주박물관에는 삼한시대 마한 문화에 관련된 다양한 유물이 전시되어 있다. 대부분 영산강 유역에서 출토된 유물로 국보 제295호로 지정된 금동관과 길쭉한 항아리 두 개를 붙여 만든 독널이 특히 볼 만하다. 독널에서는 금동관을 비롯하여 금동 신발, 봉황무늬 자루칼 등 지배계층의 유물이 발견되었다. 박물관을 관람한 후 맞은편의 반남고분군도 둘러보자.

국립나주박물관 061-330-7800
09:00~18:00, 월요일 휴무 무료 P 무료
naju.museum.go.kr

03 왕인박사유적지

아스카 문화의 발전에 공헌한 왕인박사의 기념공원으로 왕인박사의 유적지와 아름다운 경관을 가진 정자들이 함께 어우러져 있다. 입구로 들어서면 제일 먼저 만나게 되는 영월관은 왕인박사기념관으로 왕인박사에 관련된 전시물과 영상을 관람할 수 있다. 왕인박사 동상을 지나 넓은 잔디를 가로지르면 누각을 품고 있는 아름다운 연못이 나온다. 연못을 지나 사당을 둘러본 다음 왕인박사가 마셨다고 전해지는 성천으로 가자. 성천에는 음력 삼월 삼짇날 이 물을 마시면 성인을 낳는다는 신비한 전설이 전해진다. 왕인박사가 공부한 곳이라 알려진 책굴은 주차장에서 꽤 거리가 있으므로 여유를 가지고 둘러보자.

왕인박사유적지 061-470-6643, 061-470-2559
무료 P 무료

04 영랑생가

영랑생가는 「모란이 피기까지는」으로 유명한 영랑 김윤식 시인이 태어난 곳으로 5월이면 초가 주변에 어여쁜 모란꽃이 가득 피어난다. 영랑생가 곳곳에 영랑의 작품이 새겨진 바위가 있다. 「모란이 피기까지는」이 새겨진 커다란 바위를 지나 문간채로 들어서면 김윤식 시인의 초상화가 놓여 있는 안채가 나온다. 안채 옆의 장독대에도 영랑의 시가 새겨진 바위가 숨어 있다. 소담한 초가를 천천히 둘러보며 영랑의 작품도 함께 감상하자.

영랑생가 061-430-3377 09:00~18:00 무료
www.gangjin.go.kr(강진 문화관광)

Tip 시문학파기념관

시문학파기념관에는 한국 현대시의 대표 시인과 역사, 그리고 영랑 김윤식을 비롯한 시문학파 9명의 시인에 관한 자료가 전시되어 있다. 1930년에 창간된 문예지 『시문학』과 심훈 선생의 「그날이 오면」 등 1920~1960년대의 희귀 도서도 볼 수 있다.

05 강진만생태공원

찬 바람이 불면 천연기념물로 지정된 큰고니 2,500여 마리가 20만 평의 갈대군락지인 강진만으로 날아든다. 강추위를 피해 겨울을 나기 위해서다. 강진만은 큰고니가 좋아하는 먹이인 새섬매자기가 풍부하여 큰고니의 집단서식지로 적합하다. 멸종위기종인 수달을 포함한 1,131종의 생물이 강진만에 서식하고 있다. 너울거리는 갈대밭 사이의 탐방로를 걸으면 큰고니를 본떠 만든 강진만의 랜드마크, 백조다리에 다다른다.

강진만생태공원 ₩ 무료 P 무료

06 다산초당&다산기념관

다산초당은 만덕산의 깊은 산속에 있는 소담한 한옥으로 다산 정약용이 귀양을 와 10여 년 동안 머무른 곳이다. 다산 정약용은 이곳에서 『목민심서』를 저술하고 실학을 집대성하며 학자들과 교류하였다. 다산초당 입구의 주차 공간은 매우 협소하므로, 다산기념관에 주차하고 다녀오는 것이 좋다. 다산기념관은 다산초당에서 약 800m 정도 떨어져 있다. 기념관에서 다산초당 입구까지는 완만한 시골길이 이어진다. 다산초당 입구에는 찻집과 식당, 기념품을 파는 상점이 있는데 이곳에서부터 가파른 산길이다. 산길을 10여 분 오르면 다산초당이 나온다.

다산초당 061-430-3911 09:00~18:00 ₩ 무료
P 무료 www.gangjin.go.kr(강진 문화관광)

07 가우도

가우도는 바다를 가로지르는 두 개의 출렁다리로 육지와 연결되어 있다. 가우도 출렁다리는 섬을 한 바퀴 감아 도는 둘레길로 이어진다. 약 2.5km의 둘레길 중 바다를 조망하며 산책하기 좋은 '함께해길'을 걸어보자. '함께해길'은 길이 0.77km의 해안데크길로 저두선착장 출렁다리에서 망호선착장 출렁다리까지 이어진다.

저두 출렁다리 주차장(강진군 대구면 저두리 315)
061-433-9500(가우도 짚트랙) ₩ 무료 P 무료

Tip 짚트랙

와이어에 매달려 바다를 횡단하는 레저시설로 가우도의 새로운 명물이다. 가우도 정상의 청자타워에서 저두해안까지 이어지는 973m의 와이어를 타고 약 1분간 내려온다. 저두주차장에 주차한 후 15분 정도(약 700m) 걸으면 청자타워가 나온다.
₩ 25,000원

08 고려청자박물관

강진에는 통일신라시대부터 고려시대까지 청자를 구워내던 가마터가 많이 남아 있다. 고려청자를 재현하고자 설립된 고려청자사업소를 모태로 1997년 고려청자박물관이 개관하였다. 실내전시실에서는 고려청자의 제작과정과 시대별로 전시된 다양한 청자를 볼 수 있다. 가마터를 살펴볼 수 있는 야외전시장도 둘러보자. 그릇을 만드는 프로그램을 체험하고 싶다면 홈페이지에서 예약하면 된다.

고려청자박물관 061-430-3755 09:00~18:00, 월요일 휴무 ₩ 2,000원 P 무료
www.celadon.go.kr

09 천관문학관

억불산 중턱에 있는 천관문학관은 장흥의 내로라하는 문인들과 그들의 작품을 소개하고 있다. 문학관 뒤쪽 산길을 따라 1km 정도 오르면 돌탑으로 꾸며진 천관산 문학공원이 나온다. 문학공원의 산책로에는 문학작품이 새겨진 바위들이 줄지어 있다. 수려한 자연경관과 함께 천천히 감상하자. 문학공원의 위쪽에는 탑산사와 작은 주차장이 있다.

천관문학관 061-860-6927
하절기 09:00~18:00, 동절기 09:00~17:00, 월요일 휴무 무료 P 무료
www.jangheung.go.kr(장흥 문화관광)

10 남미륵사

남미륵사는 불교 미륵 대전 총본산으로 전각들이 시골 마을 여기저기에 흩어져 있다. 남미륵사 방문은 코끼리 두 마리가 지키고 있는 불이문에서 시작된다. 불이문으로 들어서면 작은 오솔길을 따라 일주문과 대웅전이 나온다. 작은 연못 위에 지어진 용왕전, 자애로워 보이는 해수관음상을 본 후 시골길을 따라 33관음전으로 향하자. 남미륵사에 가장 큰 전각인 33관음전으로 향하는 길에 사람이 올라앉을 수 있는 빅토리아 연꽃을 볼 수 있다. 33관음전 뒤에는 아미타부처님 좌불상이 있다. 아미타부처님 좌불상은 동양 최대 규모를 자랑하는 황동불상으로 멀리서도 그 모습이 보인다.

남미륵사 061-433-6460 무료 P 무료
nmireuksa.or.kr

Tip 남미륵사 지도

남미륵사를 자세히 관람하고 싶다면 먼저 종무소에 들러 지도를 얻자. 불이문을 지나 33관음전으로 향하면 만불전 근처에 있는 종무소를 찾을 수 있다.

11 장흥우드랜드

쭉쭉 뻗은 편백나무가 가득 찬 휴양림으로 일상에서 벗어나 휴식을 취하기 좋은 곳이다. 입구에는 목공예를 경험할 수 있는 목공건축체험장이 있다. 산책로를 따라 올라가면 나무 조각과 꽃이 어우러진 조각공원, 앙증맞은 분수, 유명한 건축물의 모형이 전시된 미니어처 공원, 하룻밤 머물 수 있는 목조 주택들, 소금찜질과 톱밥 찜질을 즐길 수 있는 편백소금집이 나온다. 편백소금집을 지나면 삼림욕을 즐길 수 있는 '치유의 숲'으로 이어진다.

장흥우드랜드 061-864-0063 08:00~18:00 3,000원 P 무료
www.jhwoodland.co.kr

More & More

무위사

무위사

무위사의 주요 볼거리는 국보 제13호로 지정된 극락보전이다. 극락보전은 단아한 건축미를 지닌 조선 초기의 건축물로, 나무 기둥으로 분할된 측면이 특히 아름답다. 극락보전 내에는 흙으로 만든 아미타여래상이 모셔져 있다. 아미타여래상 뒤쪽의 아미타후불벽화도 눈여겨보자. 극락보전에는 아미타후불벽화를 비롯해 29점의 섬세한 벽화가 있었으나 지금은 아미타후불벽화와 수월관음도만 남아 있고, 나머지는 벽화보존관에 따로 봉안되어 있다.

무위사 061-432-4974 무료 P 무료 www.muwisa.or.kr

강진다원

강진다원

무위사에서 백운로를 따라 월출산으로 향하는 고개를 오르면 작은 쉼터가 나온다. 이 쉼터에서 내려다보이는 넓은 녹차밭이 설록차로 유명한 강진다원이다. 월출산의 기암괴석과 초록빛 녹차밭이 어우러져 싱그러운 풍경을 선사한다. 그 아래쪽에는 다양한 체험과 민박을 할 수 있는 녹향월촌이 있다.

강진다원(강진군 성전면 백운로 93-25)
061-432-5500 무료 P 무료

사의재

사의재

사의재는 다산 정약용이 1801년 강진으로 유배를 와서 처음 머물렀던 곳이다. 주막의 주인 할머니가 내어준 방 한 칸을 거처로 삼고 정약용이 직접 사의재라 이름 지었다. 사의재는 '네가지를 올바로 하는 이가 거처하는 집' 이란 뜻이다. 정약용은 4년 동안 이곳에서 지내면서 『경세유표』 「애절양」 등을 집필하였다.

사의재 무료 P 무료

사의재

백련사

백련사는 조선시대의 대표적인 지리책인 『동국여지승람』에서 '사계절을 통해 한결같은 절경'이라고 묘사될 만큼 빼어난 경관을 자랑한다. 특히 백련사로 오르는 길에 조성된 울창한 동백숲길이 아름답다. 백련사에서 약 800m 정도 오솔길을 걸으면 다산초당이 나온다.

백련사 061-432-0837 무료 P 무료 www.baekryunsa.net

백련사

마량미항

강진의 남쪽 바닷가에 있는 마량미항에서는 3월에서 11월의 토요일마다 '마량 놀토수산시장'이 열린다. 회센터를 중심으로 여행작가 추천 음식점이 늘어서 있어 싱싱한 해산물을 비롯한 각종 먹거리를 즐길 수 있다. 선착장 주변에 조형물이 세워진 쉼터가 있어 아름다운 바다를 감상하기에도 좋다.

마량항 무료 P 무료

마량미항

정남진전망대

서울 광화문을 기준으로 정남쪽에 세워진 정남진전망대는 황포 돛대와 떠오르는 태양을 형상화한 독특한 모양의 건축물이다. 1층의 정남진 홍보전시관과 9층의 카페, 10층의 전망대로 꾸며져 있다. 전망대에 오르면 바다 저편으로 고흥군과 소록도가 보인다.

정남진전망대 061-867-0399 3~10월 09:00~20:00, 11~2월 09:00~19:00, 월요일 휴무 2,000원 P 무료

정남진전망대

남포마을 소등섬

소등섬은 남포마을 앞바다에 있는 작은 바위섬으로 썰물 때 바닷물이 빠지면 육지와 연결된다. 큰 구경거리는 없지만 소등섬 뒤로 태양이 떠오르는 광경이 아름다워 사진가들이 즐겨 찾는다. 마을 입구의 빈터에 주차한 후 둘러보자.

소등섬 무료

남포마을 소등섬

남포마을 소등섬

추천 숙소

나주목사내아

나주 나주목사내아

조선시대의 관아건물로 1980년대까지 나주 군수가 머물렀던 곳이다. 지금은 관광지이자 각광받는 한옥체험장으로 숙박이 가능하다. 저녁 6시 이후에는 관람객의 출입이 통제되므로 편안히 휴식을 취할 수 있다.

나주목사내아 061-332-6565 moksanaea.naju.go.kr

강진 사의재한옥체험관

다산 정약용이 강진으로 유배를 와 처음 머물렀던 곳이 사의재다. 사의재한옥체험관은 사의재 뒤편에 조성된 한옥건물이다.

사의재한옥체험관 061-430-3328

장흥우드랜드

장흥 장흥우드랜드

편백숲에서 맑은 공기를 마시며 하룻밤 쉬어 갈 수 있다. 나무로 만들어진 운치 있는 숙박동이 장흥우드랜드 곳곳에 있다.

장흥우드랜드 061-864-0063 www.jhwoodland.co.kr

장흥 스파리조트 안단테

수문해수욕장 근처의 해변가에 있다. 보성 대한다원에서 20분 정도 걸린다. 찜질방과 바다를 조망하며 즐길 수 있는 녹차 해수탕이 있으며 여름에는 야외 수영장에서 물놀이도 가능하다. 1층의 카페에서 간단한 음료도 즐길 수 있다.

스파리조트안단테 061-862-2100 www.andanteresort.com

추천 체험

영산강 황포돛배 체험

나주 영산강 황포돛배 체험

과거 영산강을 오가던 황포돛배를 재현한 유람선으로 영산강의 낭만을 만끽할 수 있다. 홍어거리 근처의 영산포 등대에서 출발하며 천연염색박물관까지 왕복 10km 구간을 운행한다.

나주시 등대길 80 061-332-1755 10:00부터 1시간 간격으로 운행, 월요일 휴무 ₩ 8,000원(3인 이상 출발)

월출산 기찬랜드

영암 월출산 기찬랜드

여름이 되면 물놀이를 하려는 피서객들로 붐비는 곳이다. 계곡을 따라 조성된 넓은 야외수영장이 인기다. 주변에 가야금산조기념관이 있어 함께 둘러보기 좋다.

기찬랜드 061-471-8501 ₩ 6,000원(야외수영장 미개장 시 무료) P 무료

장흥 정남진장흥토요시장

매주 토요일마다 열리는 재래시장으로 장흥삼합을 비롯한 다양한 먹거리를 즐길 수 있다.

정남진장흥토요시장 061-864-7002 무료 주변 공영주차장 이용

정남진장흥토요시장

추천 맛집

나주 하얀집

곰탕에 들어 있는 고기가 아주 부드럽다. 나주곰탕거리에 있는 식당으로 항상 손님들로 북적인다.

나주시 금성관길 6-1

061-333-4292

나주 홍어1번지

나주시 영산3길 2-1

061-332-7444

영암 중원회관

소갈비와 낙지를 함께 끓여 먹는 갈낙탕이 유명하다. 육회와 산낙지가 함께 나오는 육낙탕탕이도 인기다.

영암군 영암읍 군청로 2-13

061-473-6700

장흥 만나숯불갈비

장흥군 장흥읍 물레방앗간길 4

061-864-1818

SNS 핫플레이스

전라남도산림자원연구소 (메타세쿼이아길&향나무길)

나주시 산포면 다도로 7

극장통거리

강진군 강진읍 보은로3길 45(공영주차장)

카페 고바우상록공원전망대

강진군 대구면 청자로 1606

하얀집

극장통거리

고바우상록공원전망대

Part 8

옛 이야기가 흐르는 서정적 여행길

27번 순천완주고속도로

총길이 117.8km의 호남 내륙지역을 연결하는 고속도로로 2011년 4월에 개통되었다. 전라남도 순천에서 광양, 구례, 전라북도 남원과 임실 등을 경유하여 완주를 종점으로 연결한다. 순천완주고속도로의 개통으로 철도와 일반국도로만 연결되던 곳이 하나의 권역으로 연결되고, 기존에 호남고속도로와 떨어져 있던 호남 내륙지역 일부와 수도권 간 접근성이 획기적으로 높아졌다. 이로 인해 호남 동남부권의 관광사업이 더욱 발전하는 계기가 되기도 하였다.

27

구 간 1

익산 IC ~ 지리산 IC

완주·전주·남원

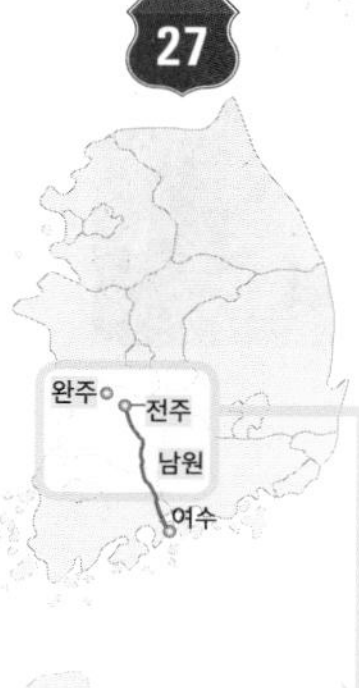

Best Course

익산 IC → 완주 천호성지 →

1. 대아수목원 →
2. 송광사 →
3. 전주 팔복예술공장 → 덕진공원 →
4. 전주 한옥마을 → 완산공원&완산칠봉꽃동산 →
   완주 공기마을 편백숲 →
5. 남원 혼불문학관 → 만인의 총 →
6. 광한루원 →
7. 춘향테마파크 →
8. 남원시립김병종미술관 → 남원백두대간전시관 →
9. 실상사 → 지리산 IC

01 대아수목원

대아수목원은 과거에 전국 8대 오지에 들었을 정도로 지형적으로 사람들의 접근이 어려웠다. 그로 인해 인위적 훼손 없이 자연 그대로의 모습이 보전되어 있어 크지는 않지만, 그 나름의 멋으로 사람들이 자주 찾는 곳이다. 4~6월에 피는 금낭화 군락지로도 유명하다. 수목원에는 식물과 함께 쉴 수 있는 숲문화마루, 열대식물원, 산림체험관 등 다양한 자연학습을 할 수 있다.

대아수목원 063-243-1951
3~10월 09:00~18:00, 11~2월 09:00~17:00(1시간 전 입장 마감), 신정·설·추석 당일 휴원
₩ 무료 P 무료 forest.jb.go.kr/daeagarden

02 송광사

송광사는 과거 병자호란으로 소현세자와 봉림대군 두 왕세자가 청나라에 볼모로 보내지게 되면서 두 왕세자의 무사 환국과 국란의 아픔을 치유하고자 대대적으로 중창한 인조대왕의 호국원찰이다. 나라에 큰일이 있을 때면 대웅전, 나한전, 지장전의 불상이 많은 땀과 눈물을 흘렸다고 한다.

송광사는 종남산 아래 널찍한 대지 위에 자리를 잡은 평지사찰이라 어린이나 노인이 오기에도 좋다. 주차장에 차를 세우고 들어가면 기이하게 절의 옆구리 부분이다. 제일 처음 마주치는 것은 송광사 동종이고, 천왕문을 통해 마지막에 보는 것이 일주문이다. 송광사의 천왕문에는 보물로 지정된 사천왕상이 있는데, 4m가 넘는 거대한 크기와 흙으로 빚어 만든 섬세하고 세밀한 모습에 절로 감탄사가 나온다.

완주 송광사 063-243-8091 ₩ 무료 P 무료
www.songgwangsa.or.kr

03 팔복예술공장

1979년부터 1990년대 초반까지 카세트 테이프를 생산하던 공장으로, 폐업 후 25년간 방치되었다가 문화, 예술의 플랫폼으로 재탄생하였다. 전시장과 창작 스튜디오, 문화예술교육 전용시설인 꿈터 등으로 구성되어 있다. 이외에도 팔복예술공장을 방문하는 시민과 관광객을 위한 여러 가지 프로그램과 가족 및 단체를 위한 체험도 마련되어 있으니 사전에 확인하고 방문하도록 하자.

팔복예술공장 063-211-0288
10:00~18:00, 월요일·설·추석 당일 휴무,
카페 써니 10:00~19:00, 써니부엌 11:30~14:30
₩ 무료 P 무료 www.palbokart.kr/

04 전주 한옥마을

전주 한옥마을은 일제강점기 때 성안으로 들어온 일본인들에 대한 반발로 자연스럽게 형성된 마을이다. 100년도 채 되지 않아 지금의 형태를 갖추게 된 한옥마을은 외곽이 아닌 전주 도시 내에 자리를 잡아 모여있는데, 그래서인지 전통한옥보다는 도시형 한옥에 가깝다. 한옥마을에는 경기전, 풍남문, 전동성당 등 문화유적지도 많이 남아 있어 더더욱 특별한 분위기를 자아낸다. 한옥마을을 체험할 수 있는 게스트하우스와 한복체험, 곳곳에 먹거리도 가득하다.

한옥마을 공영주차장 063-282-1330
₩ 무료 P 공영주차장 최초 30분 1,000원(이후 30분당 500원) hanok.jeonju.go.kr

Tip 추천 경로

전주한옥마을공영주차장(주차) → 전주난장 → 경기전 → 풍남문 → 전동성당 → 오목대 → 자만벽화마을

오목대와 이목대

남원의 황산에서 왜구를 물리치고 돌아가던 이성계 장군이 전주 이씨 종친이 있는 이곳에서 승전잔치를 베풀었다. 조선왕조 개국 후에 여기에 정자를 짓고 이름을 오목대라 지었다. 오목대 언덕에서 내려다보면 한옥마을의 전경이 한눈에 들어온다. 오목대 맞은편으로 70m쯤 위쪽에 조선 태조 이성계의 4대조 목조 이안사의 출생지로 전해오는 이목대가 있다.

오목대, 이목대 ₩ 무료 P 공영주차장 이용
jeonjuhanoktown.com

오목대와 이목대

경기전

조선을 건국한 태조 이성계의 영정을 봉안한 곳이다. 경내에는 이성계 어진(왕의 초상화)과 조경묘가 있다. 원래의 규모는 훨씬 컸으나 일제강점기에 일본인 소학교를 세우기 위해 절반 정도를 허물었다고 한다. 『조선왕조실록』을 보관하기 위해 설치된 전주사고, 예종대왕의 태를 묻어둔 태실과 태비, 전주 이씨의 시조인 이한과 영조가 친필로 쓴 위패가 모셔져 있는 조경묘 등이 남아 있다.

경기전 063-281-2790 3~5월 09:00~19:00, 6~8월 09:00~20:00, 11~2월 09:00~18:00
₩ 3,000원 P 공영주차장 이용
jeonjuhanoktown.com

경기전

경기전

전동성당

1891년 보드네 신부가 부지를 매입하고 1908년 서울 명동성당을 설계한 프와넬 신부에게 설계를 맡겨 7년 만에 완공되었다. 일제강점기에 지어진 건축물로 성당 건축에 사용된 일부 벽돌은 당시 일본 통감부가 전주 읍성을 헐면서 나온 흙을 벽돌로 구웠으며 전주 읍성의 풍남문 인근 성벽에서 나온 돌로 성당의 주춧돌을 삼았다고 한다.

전동성당 063-284-3222 09:00~18:00
₩ 무료 P 공영주차장 이용 www.jeondong.or.kr

전동성당

전주 난장

풍남문

순종 원년, 도시계획의 목적으로 전주성이 모두 헐리면서 유일하게 남은 성문이다. 오백 년간 호남 수부의 성곽으로 군림하던 전주성의 일부일 뿐이지만 그것만으로도 충분히 위엄 있다. 풍남문 앞으로 넓은 광장이 있는데 한옥마을을 찾은 관광객과 전주시민의 만남의 광장으로서도 많이 이용된다.

풍남문 063-281-2553 무료
공영주차장 이용 jeonjuhanoktown.com

풍남문

전주 난장

전주 난장은 3년 6개월의 공사를 거쳐 개인이 25년간 수집한 근대 소품들로 꾸민 체험형 박물관이다. 옛집 10채로 만들어 더욱 오래된 느낌이 드는 난장은 만화방, 활쏘기 체험, 학교체험, 오락실 등 70여 개의 테마로 나뉘어져 다양한 볼거리와 체험 거리를 제공한다.

한옥마을공영주차장 063-244-0001
월~목요일 10:00~19:30, 금요일 10:00~20:00, 토~일요일 09:30~19:30 7,500원
www.jjnanjang.com

자만벽화마을

한옥마을 한눈에 볼 수 있는 곳이다. 골목골목 예쁜 카페와 벽화가 자리하고 있어 산책하거나 사진 찍기에 좋다.

www.jeonjuhanoktown.com/tour05/

05 혼불문학관

작가 최명희의 소설 『혼불』의 주요 배경이었던 청호저수지, 노봉마을, 노적봉, 서도역 등이 있는 장소에 만들어진 문학관이다. 내부에는 소설 속의 각종 장면이 디오라마로 전시되어 있고, 작가 최명희의 집필실 등을 재현해 놓았다. 문학관 주변을 걸으며 소설 속 장면을 찾아보는 재미도 있다. 혼불문학관에서 차로 약 5분 정도 가면 구서도역 영상촬영장도 있다.

혼불문학관 063-620-6788 무료 P 무료

Tip 구서도역 영상촬영장

우리나라에서 가장 오래된 목조역사로 1934년 간이역으로 출발해 2002년 신축하여 옮긴 후 영상촬영장으로 운영하고 있다. 〈미스터 션샤인〉의 촬영장이기도 하며, 메타세쿼이아 철길과 역사관, 역무원 관사 등으로 조성되어 있다.

P 무료(협소)

06 광한루원

광한루는 1419년 황희가 광통루라는 누각을 짓고 산수를 즐기던 곳이었다. 1444년 전라도 관찰사 정인지가 광통루를 거닐다 아름다운 경치에 반하여 이곳을 달나라 미인 항아가 사는 월궁 속의 광한청허부(廣寒清虛府)라는 뜻에서 '광한루'라 부르게 되었다. 소설 『춘향전』에서 이도령과 춘향이 연을 맺은 광한루원으로 유명하나, 사실 이곳은 천체와 우주를 상징하는 요소들로 가득 찬 독특한 누원으로, 우리나라 조경사에서 큰 의미를 가지는 곳이다. 남원역에서 걸어서 약 15분이면 갈 수 있다.

광한루 주차장 063-625-4861
4~10월 08:00~21:00(무료개장 19:00~21:00),
11~3월 08:00~20:00(무료개장 18:00~20:00)
4,000원 P 2,000원 gwanghallu.or.kr

07 춘향테마파크

춘향을 주제로 조성한 테마파크다. 광한루원에서 대략 5~10분 거리에 있다. 〈춘향뎐〉을 주제로 촬영 세트장과 부용당, 월매집, 동헌, 옥사 등이 조성되어 있다. 간단한 체험시설과 관람객들의 휴식공간과 연인들의 포토존이 마련되어 있어 많은 이들이 찾고 있다.

춘향테마파크 063-620-5799 4~10월 09:00~22:00, 11~3월 09:00~21:00 ₩ 3,000원 P 무료 www.namwontheme.or.kr

08 남원시립김병종미술관

춘향테마파크 안에 위치해 있으나 테마파크와는 별도로 운영된다. 김병종미술관은 남원시에서 직접 운영하는 공립미술관으로 2018년 3월에 개관했다. 김병종 작가의 문학관련 자료들을 볼 수 있으며, 남원 출신 작가들의 전시공간으로 활용되고 있다. 약 2,000권의 미술·문학·인문학 관련 도서가 비치된 북카페도 있다. 미술관을 배경으로 사진을 찍기 위해 많이 찾는 곳이기도 하다.

남원시립김병종미술관 063-620-5660
10:00~18:00, 월요일·신정·설·추석 당일 휴무
₩ 무료 P 무료 nkam.modoo.at/

09 실상사

남원시 산내면 지리산 자락에 위치해 있다. 통일신라의 승려 홍척이 구산선문 중 하나인 실상산문을 개산하면서 창건했다. 창건 이후 3대조 편운까지는 절을 크게 중창하는 등 규모가 커졌으나 1468년 화재로 전부 소실되고 약 200년간 폐허로 있었다. 승려들은 백장암에 있으면서 명맥을 이어갔다. 1679년이 되어서야 조금씩 건물이 세워졌으나 1882년 또다시 화재가 일어나면서 소실되었다. 1884년 월송 등이 중건했으나, 1980년에는 도굴꾼에 의해 문화재가 파손되기도 했다. 보광전에는 베트남에서 이운해 왔다는 종이로 만든 보살입상과 1694년에 만든 범종이 있다. 종을 치는 자리에는 일본의 지도 비슷한 무늬가 있는데, 이것을 치면 일본이 망한다는 소문이 돌아 일제 말기에 주지가 문초를 당하기도 했다. 또, 약사전에 철제여래좌상은 천황봉과 일직 선상에 있는데, 우리나라의 정기를 일본으로 보내지 않겠다는 이념으로 이곳에 안치했다고 한다. 이외에도 실상사에는 약수암과 백장암의 문화재를 포함하여 국보 1점과 보물 11점 등 단일 사찰로는 가장 많은 문화재를 보유하고 있다.

남원실상사 063-636-3031 무료 무료 www.silsangsa.or.kr/

덕진공원

천호성지

천호산 기슭에 있다. 이곳에는 1866년 병인박해로 전주 숲정이에서 순교한 여섯 성인 중 다섯 성인과 1868년 여산에서 순교한 열 명의 순교자가 묻혀 있다. 이곳 성지는 150년 전통의 교우촌으로, 본래 고흥 유씨 문종의 사유지였다. 언제라도 쫓겨날 수 있는 상황이었는데, 우연히 1909년 이 땅을 매입할 기회가 생겨 신부를 중심으로 12명의 교우가 힘을 모아 150 정보의 임야를 매입했다. 이후 1941년경 75 정보를 교회에 봉헌하면서 성지로 보존할 수 있었다. 고즈넉한 풍경의 성지는 종교인이 아니라도 방문하여 산책하기에 좋다.

완주천호성지 063-263-1004 ₩ 무료 P 무료 www.cheonhos.org/

천호성지

덕진공원

덕진호 일대의 시민공원이다. 수양버들과 벚꽃나무가 주변에 늘어서 있다. 계절에 따라 창포와 연꽃이 덕진호를 메워 호반 위의 현수교와 함께 무척 아름답다. 특히 연꽃으로 유명하여 여름에 많이 찾는다.

덕진공원 ₩ 무료 P 무료

덕진공원

완산공원&완산칠봉꽃동산

동학농민운동의 격전지로 완산칠봉이라고도 불린다. 공원에는 전나무, 삼나무, 측백 등 숲이 울창하고, 팔각정이 세워진 전망대에 오르면 전주한옥마을부터 시내를 한눈에 감상할 수 있다. 공원 내에 있는 완산칠봉꽃동산은 겹벚꽃과 철쭉이 특히 유명하여 꽃피는 시기에는 인산인해를 이룬다. 꽃동산의 제일 위쪽에 동학농민혁명운동을 알리는 녹두관이 자리하고 있다.

완산공원 ₩ 무료 P 무료

완주 공기마을 편백숲

완주 공기마을 편백숲

마을 뒷산의 옥녀봉과 한오봉에서 내려다보면 밥그릇처럼 생겼다 하여 '공기마을'이라고 한다. 2011년 개봉한 영화 〈최종병기 활〉의 촬영지로 유명한 완주 편백숲은 주차장 입구에서 20분 정도 걸어가면 만날 수 있다. 한쪽 길은 편백숲으로 이어지고, 다른 한쪽은 유황샘 산책로로 가는 길이다. 1976년 조성된 공기마을 편백숲은 10만 그루 편백이 군락을 이뤘다. 일반에 공개되지 않다가 지난 2009년 숲 가꾸기 사업으로 개방되었다. 촘촘하게 들어선 편백나무로 인해 숲은 한낮에도 어두컴컴하고 서늘하다. 도시와는 확연하게 다른 공기와 흙 밟는 소리는 온몸의 긴장을 풀어준다. 편백에서는 휘발성 물질의 향기 성분인 '피톤치드'가 뿜어져 나온다.

완주 공기마을 편백숲 ₩ 5,000원 P 무료

만인의 총

만인의총

정유재란 때 남원 성을 지키려다 순절한 왜군에게 학살된 민 · 관 · 군 1만여 명의 의사들을 위해 만든 무덤이다. 당시 피난에서 돌아온 성민들이 사당을 건립하고 무덤을 만들었으나, 고종 8년에 사우 훼철령으로 사당이 철폐되었다. 이후 제단을 설치했으나 일제가 제단을 파괴하고 제사마저 금지해 광복 이후에야 사당을 다시 세우고 제사를 지낼 수 있게 되었다. 매년 제향행사를 실시하고 있다.

만인의총 063-636-9321 9~10월 09:00~18:00, 11~2월 09:00~17:00
₩ 무료 P 무료 www.cha.go.kr/manin/ManinIndex.do

남원백두대간전시관

백두대간의 생태를 교육하고 체험할 수 있는 전시관이다. 전체적인 부지 모양은 지도상 한반도의 형상을 본따 꾸몄다. 전시관 내부에는 상설전시실과 기획전시실, 5D서클영상관 등이 있고, 외부에는 야외공연장을 비롯하여 생태문화 체험장, 곤충온실 등으로 조성되어 있다.

남원백두대간전시관 063-620-5752 10:00~17:00,
월요일·설·추석 당일 휴관 ₩ 2,000원 P 무료 www.namwon.go.kr/tour

추천 숙소

전주 베니키아 전주한성

침대방부터 온돌까지 다양한 인원이 묵을 수 있도록 준비되어 있고 조식도 가능하다. 영화의 거리 중심에 있어 주변 먹거리도 다양하다.

베니키아 전주한성호텔 063-288-0014

베니키아 전주한성

전주 한옥마을 게스트하우스

한옥마을 안에 여러 게스트하우스가 있다. 많은 관광객으로 주말에는 방이 없을 수도 있다. 한옥마을을 들르기 전 필히 예약하고 가도록 하자.

www.jeonjuhanokroom.kr

정읍 송참봉조선동네

이곳은 송기준 씨가 사재를 털어 재현한 마을이다. 옛것이 점점 사라지는 것이 안타까워 귀향을 결심했다고 한다. 지금 현재의 모습을 재현한 것은 목수가 아닌, 송참봉과 뜻을 이해한 동네 할아버지들이라고 한다. 나지막한 초가집은 영락없는 조선시대의 초가집인데, 그 문을 열고 안을 들여다보면 선풍기와 백열등이 보인다. 화장실 역시 재래식이 아니다. 내부에 화장실과 욕실은 없으며, 외부에 공동 화장실과 샤워실이 있다. 조선동네에서 숙박 체험과 전통문화 체험 등을 할 수 있다. 숙박객과 식당 예약자만 입장 가능하니 참고하도록 하자.

송참봉조선동네 063-532-0054 https://gechosundongne.imweb.me/

Tip 송참봉조선동네에 들렀다면 돌깨주막에 들러 참봉밥을 꼭 먹어보자. 어른들에게는 시골밥의 향수를, 아이들에게는 새로운 맛을 경험하는 시간이 될 것이다.

완주 아원갤러리카페

완주군 소양면 송광수만로 516-7 www.awon.kr

완주 힐조타운

완주군 비봉면 천호로 235-38 0507-1355-1317

송참봉조선동네

송참봉조선동네

추천 맛집

베테랑

왱이콩나물국밥

전주 베테랑

한옥마을 내에 있다. 대표적인 메뉴는 칼국수인데, 들깻가루를 듬뿍 넣어 고소하다.

전주시 완산구 경기전길 135(교동)

063-285-9898

전주 왱이콩나물

전주시 완산구 동문길 88(경원동)

063-287-6980

전주 한국집

전주시 완산구 어진길 119(전동)

063-284-2224

전주 대동국수 삼천점

전주시 완산구 용리로 27

063-226-8426

SNS 핫플레이스

위봉산성

오스갤러리

위봉산성

조선시대의 산성이다. 이곳에서 BTS의 뮤직비디오가 촬영되면서 유명해졌다. 주변에 주차할 곳이 마땅치 않으니 참고하자.

카페 오스갤러리&오성제

BTS의 뮤직비디오 촬영으로 유명해진 곳이다. 오성제 부근에는 주차할 곳이 없으니 카페에 주차 후 도보로 오성제까지 가면 된다. 부근에 SNS 감성의 카페가 많아 주말에는 인산인해를 이룬다.

카페 두베카페

완주군 소양면 송광수만로 472-23

063-243-5222

구 간 2

서남원 IC~ 진교 IC

곡성·구례·하동·광양

Best Course

서남원 IC →

1. **곡성** 섬진강기차마을 → 섬진강레일바이크 → 조태일시문학기념관 → 태안사 →
2. **구례** 사성암 → 한국압화박물관 →
3. 산수유마을 →
4. 화엄사 →
5. 쌍산재 → 운조루 → 연곡사 → **하동** 화개장터 →
6. 쌍계사 →
7. 최참판댁 →
8. **광양** 섬진강매화마을 →
9. **하동** 삼성궁 → 청학동 도인촌 → 하동 레일바이크 → 하동 플라이웨이케이블카 → 진교 IC

27
함양군
경상남도
남원시
서남원 IC
산청군
③ 산수유마을
지리산국립공원
섬진강
① 섬진강기차마을
섬진강 레일바이크
④ 화엄사
연곡사
청학동 도인촌
⑨ 삼성궁
⑥ 쌍계사
27
구례군
⑤ 쌍산재
한국압화전시관
운조루
곡성군
② 사성암
화개장터
백운산
진양호
⑦ 최참판댁
스타웨이하동 스카이워크
태안사
조태일시문학기념관
하동군
하동 레일바이크
광양시
⑧ 섬진강매화마을
하동 플라이웨이케이블카
우주총동원
진교 IC

01 섬진강기차마을

섬진강기차마을에는 영화 속에서나 볼 법한 증기기관차가 아직도 레일 위를 달리고 있다. 가정역까지 왕복 20km를 운행하는 이 증기기관차가 섬진강기차마을에서 가장 유명한 볼거리다. 증기기관차 이외에도 색색의 장미로 꾸며진 정원, 경쾌한 멜로디가 흐르는 음악분수와 도깨비 체험관인 요술랜드 등이 있다. 섬진강기차마을의 매표소이자 입구로 쓰이는 단층 건물은 옛 곡성역사로 근대문화유산으로 지정되어 있다.

섬진강기차마을 061-362-7461 09:00~18:00 5,000원 무료

Tip 증기기관차

섬진강 증기기관차는 섬진강 기차마을에서 가정역까지 10km의 거리를 운행한다. 기차마을에서 오전 9시 40분에 첫 번째 열차가 출발하며 하루 5회 운행한다. 도착지까지 갔다가 되돌아오는 데 1시간 5분이 소요되며, 인터넷을 통해 예매가 가능하다.

061-363-9900 왕복 9,000원 www.railtrip.co.kr/homepage/gokseong

02 사성암

사성암은 원효대사를 비롯한 4명의 고승이 수행을 한 곳이라 전해지는 암자로 오산의 정상에 있다. 차 한 대 겨우 지날 정도로 좁은 산길을 올라야 하므로 개인 차량으로 가기 어렵다. 대신 죽연마을 버스정류장에서 셔틀버스를 타고 15분 정도 산을 오른 후 가파른 길을 100m 정도 더 걸으면 높은 기둥과 절벽에 걸쳐진 사성암을 만날 수 있다. 절벽 위에 아슬하게 세워진 대웅전에 들어서면 원효대사가 손톱으로 새겼다고 전해지는 마애여래입상을 볼 수 있다.

사성암 마을버스 매표소(구례군 문척면 동해벚꽃로 95)
061-781-4544 ₩ 무료 P 무료

> **Tip 사성암 셔틀버스**
>
> 사성암 셔틀버스는 대략 20~30분 간격으로 해가 지기 전까지 운행한다. 정해진 시간 없이 버스의 좌석이 어느 정도 채워지면 출발한다. 사성암에서는 셔틀버스 탑승권을 구매할 수 없으므로 미리 왕복표를 구매하자. 버스정류장 앞에 사성암 무료주차장이 있다.
>
> ₩ 왕복 3,400원

03 산수유마을

이른 봄, 지리산 한 자락에 노란 꽃물이 든다. 마을 가득 자라나는 산수유가 앞다투어 꽃망울을 터트리기 때문이다. 이 노란 봄꽃을 보기 위해 전국에서 관광객이 밀려든다. 산수유 마을 중 가장 높은 곳에 자리한 상위마을의 돌담길, 서시천과 산수유꽃이 어우러져 절경을 이루는 반곡마을이 특히 유명하다. 반곡마을 대음교 주변의 꽃담길은 빼놓을 수 없는 꽃놀이 포인트. 매년 개최되는 산수유 축제 기간에는 다양한 행사도 즐길 수 있다. 근처에 지리산 온천랜드가 있으니 꽃구경 후 따뜻한 온천물에 몸을 담그는 것도 좋다.

구례산수유마을 ₩ 무료 P 무료

04 화엄사

6m를 넘는 커다란 석등(국보 제12호), 웅장한 목조건물인 각황전(국보 제67호), 네 마리의 돌사자가 탑을 받치고 있는 사사자 삼층석탑(국보 제35호), 붉은색과 초록색이 화려하게 어우러진 화엄사 영산회괘불탱(국보 제301호). 화엄사가 품고 있는 소중한 문화재로 꼭 찾아봐야 할 볼거리다. 사찰의 중심 건물은 대웅전이지만 화엄사에서는 먼저 각황전으로 향하자. 우리나라에서 가장 큰 석등이 각황전 앞에 버티고 서 있다. 사사자 삼층석탑은 복원공사로 인해 아쉽게도 볼 수가 없다. 해가 질 무렵 화엄사를 방문하는 것도 좋다. 저녁 6시가 되면 경쾌한 북소리와 예불을 알리는 장엄한 타종소리가 화엄사에 울려 퍼진다.

화엄사 061-783-7600 무료 P 무료
www.hwaeomsa.com

05 쌍산재

쌍산재는 자연을 벗 삼아 학문을 닦던 선비들의 자취가 남아있는 고택이다. 운영자의 고조부님 호인 '쌍산'을 빌려 쌍산재라 이름 지었다. 넓고 아름다운 정원을 가진 쌍산재의 입구는 소박하다. 이웃에게 화려한 가옥으로 인한 위화감을 주지 않으려는 배려의 뜻이다. 작은 대문을 넘어서면 안채와 별채, 대나무길이 한눈에 들어온다. 대나무길을 통과하면 푸른 잔디밭이 펼쳐지고 운치 있는 정원으로 둘러싸인 서당채가 나온다.

쌍산재 010-3635-7115 11:00~16:30 (입장마감 16:00), 화요일 휴무
10,000원(웰컴티 제공) P 무료
www.ssangsanje.com

06 쌍계사

쌍계사의 대웅전 앞에는 용을 닮은 머리를 가진 거북이 오래된 비석을 지고 있다. 이 비석이 국보 제47호로 지정된 쌍계사 진감선사탑비다. 비석에는 통일신라시대의 유명한 승려인 진감선사의 일생이 기록되어 있다. 비석에 새겨진 글씨는 신라시대의 뛰어난 문인인 최치원의 것으로 비문 역시 최치원이 지었다고 한다. 쌍계사는 진감선사탑비 이외에도 10여 점의 소중한 문화재를 간직하고 있다.

쌍계사 055-883-1901 무료
무료 www.ssanggyesa.net

Tip **화개10리 벚꽃길**

화개장터에서 쌍계사로 이어지는 화개10리 벚꽃길은 우리나라에서 가장 아름다운 꽃길 중 하나로 손꼽힌다. 봄이 되면 흩날리는 벚꽃을 보러오는 관광객으로 항상 붐비는 곳이기도 하다. 화개장터 주차장에 주차하고 꽃길을 걸어보자.

07 최참판댁

하동군 악양면에 소설『토지』를 배경으로 하는 촬영세트장이 있다. 이곳에는 주인공 서희의 가옥인 최참판댁과 주변 인물들이 사는 초가 마을, 장터 등이 재현되어 있다. 매표소를 지나 기념품 상점이 즐비한 오르막길을 오르면 왼쪽으로 작은 초가들이 보인다. 초가마다 등장인물에 대한 설명이 적혀 있는 팻말이 붙어 있고 군데군데 그들이 가꾸었을 법한 텃밭도 있다. 마을을 둘러본 후 표지판을 따라 최참판댁으로 향하자. 최참판댁은 작은 연못이 있는 별당과 커다란 안채, 멋스러운 사랑채가 있는 으리으리한 기와집이다. 사랑채 뒤쪽으로 돌아가면 초당으로 이어지는 대나무길이 있고, 초당에서 평사리 문학관까지 산책로가 조성되어 있다. 이 숲길은 조용히 사색을 즐기며 걷기에 좋다.

최참판댁 055-880-2960 09:00~18:00
2,000원 무료

08 섬진강매화마을

봄이 되면 마을 전체가 하얀 매화꽃으로 뒤덮인다. 끝없이 펼쳐진 매화꽃 사이를 걸으면 포근한 봄 내음이 코끝을 간지럽힌다. 매화밭 사이의 골목길을 따라 올라가면 매화꽃만큼이나 많은 옹기가 늘어선 홍쌍리 청매실농원이 나온다. 2,000여 개의 한국 전통 옹기 안에는 청매실이 가득 담겨 숙성되고 있다. 청매실농원을 등지고 왼쪽으로 향하면 대나무 숲길을 지나 홍매화가 많이 피는 매화밭을 만나게 되고 오른쪽으로 발길을 돌리면 영화 촬영지인 소담한 초가와 작은 기와집이 있다.

홍쌍리청매실농원 061-772-9494 ₩ 무료 P 무료

09 삼성궁

지리산 깊은 산속에 청량한 바람과 함께 신비함이 감도는 거대한 돌무더기가 있다. 청학동 신선교 출신의 한풀선사가 40여 년 동안 돌을 쌓아올린 곳으로 환인, 환웅, 단군 세 명의 성인을 모시는 곳이라 하여 삼성궁이라 부른다. 숲길을 걸으면 조각이 새겨져 있거나 재미있는 그림이 그려진 돌이 길을 안내한다. 돌길을 따라 시원한 계곡과 에메랄드빛 연못, 커다란 움집 모양의 마고성을 지나면 삼성궁이 나온다. 매표소에서 마고성을 지나 삼성궁을 한 바퀴 둘러보는 데 1시간 정도 소요된다.

삼성궁 055-884-1279 08:30~16:40
₩ 8,000원 P 무료

조태일시문학기념관

조태일시문학기념관

문학잡지를 창간하고 8권의 시집을 집필한 조태일 선생의 기념관으로 태안사로 오르는 산길에 있다. 계곡 입구에 있는 태안사 매표소를 지나 300m 정도 올라가면 조태일시문학기념관이 나온다. 따스한 빛이 쏟아지는 실내전시실로 들어서면 조태일 선생의 작품세계와 근대 시문학에 관한 자료를 관람할 수 있다. 3,000여 권의 시집을 전시하고 있는 시집전시관과 마주하고 있으니 함께 둘러보자.

조태일시문학기념관 061-362-5868 3~10월 09:00~18:00, 11~2월 09:00~17:00, 월요일 휴무 ₩ 무료 P 무료

태안사

태안사

태안사는 과거에 화엄사와 송광사, 선암사 등을 그 밑에 둘 정도로 번창한 사찰이었으나 억불정책과 한국전쟁을 겪으며 쇠락하여 지금은 고즈넉한 분위기를 풍기고 있다. 매표소에서 울퉁불퉁한 산길을 따라 2km 정도 올라가면 나뭇잎으로 반쯤 가려진 능파각의 모습이 보인다. 능파각은 계곡에 걸쳐진 다리 위에 지붕을 얹은 건축물로 그 모양새가 독특하다. 능파각과 함께 사리탑을 품고 있는 둥근 연못도 태안사의 아름다운 볼거리다.

태안사 061-363-6622 ₩ 무료 P 무료

야생화압화전시관

한국압화박물관

한국압화박물관을 방문하면 말린 꽃잎으로 만든 섬세한 작품을 만날 수 있다. 색색의 꽃잎이 모여 풍경화나 정물화가 되기도 하고 꽃 모양 그 자체로 하나의 그림이 되기도 한다. 전시장에는 꽃잎으로 그린 그림과 함께 꽃으로 화려하게 수놓아진 가구와 소품이 전시되어 있다. 주변에 잠자리생태관, 농경유물전시장이 있으니 함께 둘러보자. 농경유물전시장에서는 농기구와 함께 다양한 식물을 볼 수 있다.

한국압화박물관 061-781-7117 10:00~17:00, 월요일 휴무
₩ 2,000원(매월 마지막 주 수요일 무료) P 무료

하동 플라이웨이케이블카

섬진강 레일바이크

시속 15~20km의 속도로 섬진강변을 달리는 철길 자전거로 가정역에서 출발하여 반환점을 돌아 다시 출발지로 온다. 3.6km의 구간을 운행하는 데 30분 정도 소요되며 홈페이지를 통해 예약할 수 있다.

섬진강레일바이크 061-362-7717 10:00~17:00 ₩ 2인승 20,000원, 4인승 30,000원 P 무료 www.railtrip.co.kr/homepage/gokseong

하동 플라이웨이케이블카

하동 플라이웨이케이블카

다도해의 신비로운 풍경을 조망할 수 있는 금오산 정산까지 왕복한다. 상부역사 주변으로 1.2km의 둘레길이 조성되어 있고 짚와이어와 스카이워크까지 즐길 거리가 가득하다.

하동케이블카 055-883-2000 ₩ 왕복 20,000원 P 무료
hadongcablecar.com

운조루

운조루는 조선 후기에 세워진 건축물로 양반가옥의 모습을 잘 보여주고 있다. 고풍스러운 누마루가 있는 사랑채와 가옥의 중심건물인 안채를 찬찬히 둘러보자. 운조루에서 놓치지 말아야 할 볼거리는 쌀을 보관하는 커다란 원통형의 뒤주이다. 흉년이 들면 운조루의 양반들은 이 뒤주를 열어 굶주린 백성을 도왔다고 한다. 그 마음을 보여주듯 뒤주에는 '누구나 이 쌀독을 열 수 있다'는 뜻인 '타인능해'라는 문구가 적혀 있다.

운조루 061-781-2644 ₩ 1,000원 www.unjoru.net

운조루

연곡사

피아골 계곡은 붉게 물드는 단풍이 아름답기로 유명하다. 연곡사는 피아골 계곡 아래에 있는 고즈넉한 사찰로 가을이 되면 화려한 단풍에 둘러싸인다. 단풍이 절정에 이르기 전 국화꽃으로 장식된 모습도 볼 만하다. 국보 제53호로 지정된 동승탑과 국보 제54호 북승탑, 보물 제151호인 삼층석탑도 둘러보자.

연곡사 061-782-7412 ₩ 무료 P 무료 www.yeongoksa.kr

연곡사

화개장터

화개장터는 경상남도 하동군에 있는 전통시장으로 마주하고 있는 섬진강을 건너면 전라남도 구례군이다. 이 지리적 요인이 한몫하여 예로부터 상인들의 왕래가 잦은 큰 시장이었다. 각종 약재나 농산물 등을 살 수 있고 국밥을 비롯한 다양한 먹거리를 즐길 수 있다.

화개장터 055-883-5722 ₩ 무료 P 무료

화개장터

청학동 도인촌

삼성궁에서 2km 정도 떨어진 곳에 청학동 도인촌이 있다. 청학동의 가장 위쪽에 자리한 조용한 마을로 실제로 사람이 살고 있다. 소담한 초가 사이를 거닐며 지리산의 상쾌한 공기를 마셔보자. 주차공간이 여유롭지 않으므로 청학동 탐방지원센터를 지나 넓은 공터에 주차한 후 걸어가는 것이 좋다.

청학동탐방지원센터(하동군 청학동길 77), 청학동도인촌(하동군 청학동길 109)
₩ 무료

청학동 도인촌

하동 레일바이크

경상남도 밀양과 광주광역시 송정동을 오가던 경전선의 옛 북천역이 하동 레일바이크의 매표소다. 증기기관차를 본떠 만든 풍경열차를 타고 양보역으로 이동 후 레일바이크에 탑승하여 돌아온다. 색색의 조명이 환상적인 분위기를 연출하는 1.2km의 터널 구간이 하동 레일바이크의 핵심 포인트. 옛 북천역 주변에는 5월이면 양귀비가 만발하고 가을에는 코스모스와 메밀꽃이 한가득 피어나 볼거리를 더한다.

하동레일바이크 055-882-2244 하절기 09:30~17:30,
동절기 09:30~16:00 ₩ 2인승 30,000원 P 무료 www.hdrailbike.com

하동 레일바이크

추천 숙소

지리산온천랜드

구례 지리산온천랜드

산수유마을에 있는 온천테마파크로 숙박시설을 비롯해 찜질방, 노천온천 등의 다양한 편의시설을 갖추고 있다.

지리산온천랜드 061-780-7890

SNS 핫플레이스

목월빵집

구례군 구례읍 서시천로 85

0507-1400-1477

카페 씨엘로957

곡성군 겸면 입면로 163-14

061-363-4300

카페 무우루

구례군 문척면 죽연길 6

0507-1303-7179

카페 우주총동원

하동군 진교면 구고속도로 392

0507-1316-9635

카페 스타웨이하동

하동군 악양면 섬진강대로 3358-110

055-884-7410

카페 매암제다원

경남 하동군 악양면 악양서로 346-1

055-883-3500

카페 더로드101

하동군 화개면 화개로 357

0507-1314-4118

카페 쌍계명차

하동군 화개면 화개로 30

055-883-2440

정동원길

우주총동원

스타웨이하동

추천 맛집

곡성 용궁산장

용궁산장(곡성군 죽곡면 대황강로 1598-17) 061-362-8346

곡성 별천지가든

섬진강 옆에 자리 잡은 식당으로 식사하면서 창문 너머 유유히 흐르는 섬진강을 감상할 수 있다. 속이 꽉 찬 참게로 만든 참게탕이 유명하다.

별천지가든(곡성군 오곡면 섬진강로 1266) 061-362-8746

구례 동아식당

부드럽고 연한 가오리찜을 부추와 함께 담아 내어준다.

동아식당(구례군 구례읍 봉동길 4-5) 061-782-5474

하동 동백식당

참게탕과 함께 재첩정식이 유명하다. 재첩정식을 시키면 기본 밑반찬에 재첩국과 재첩무침이 나온다.

동백식당(하동군 화개면 화개로 13) 055-883-2439

하동 금양가든

30년 전통의 식당으로 모둠정식을 주문하면 재첩회무침, 재첩국, 재첩전, 참게장과 함께 10여 종의 밑반찬이 푸짐하게 차려진다.

금양가든(하동군 하동읍 섬진강대로 1877) 055-884-1580

구 간 3

하동 IC~ 사천 IC

남해·사천·고성

Best Course

하동 IC → 남해 충렬사 → 양모리학교 →

1 이순신영상관 →

2 남해유배문학관 →

3 가천다랭이마을 → 두모마을 →

4 보리암 →

5 상주은모래비치 →

6 독일마을 → 물건리방조어부림 →
바람흔적 미술관 → 죽방렴 관람대 →

7 사천 사천바다케이블카 → 노산공원 →

8 고성 상족암군립공원&고성공룡박물관 →
사천 선진리성 → 항공우주박물관 →
다래와인갤러리 → 사천 IC

다래와인갤러리
진주시
하동군
사천 IC
전라남도
항공우주박물관
선진리성
사천시
광양시
하동 IC
고성군
선상카페 씨맨스
충렬사
7 사천바다케이블카
양모리학교
이순신영상관 1
한려해상 국립공원
노산공원
8 상족암군립공원/ 고성공룡박물관
통영시
남해군
2 남해유배문학관
죽방렴 관람대
여수시
독일마을 6
물건리방조어부림
바람흔적미술관
한려해상 국립공원
4 보리암
남해보물섬전망대
섬이정원
두모마을
가천다랭이마을 3
5 상주은모래비치
설리스카이워크

01 이순신영상관

이순신영상관은 노량해전에 관한 영상을 볼 수 있는 입체영상관과 이순신 장군에 대한 자료가 가득한 전시관으로 구성되어 있다. 영상관이 있는 곳은 노량해전에서 전사한 이순신 장군의 주검이 처음 도착한 곳으로, 주변에 충무공의 유적지가 있다. 키가 큰 소나무들이 늘어선 길 끝에 '삼도수군통제사 이순신비'가 있고 계속해서 숲속 오솔길을 걸으면 노량해전의 격전지를 바라볼 수 있는 누각인 첨망대가 나온다.

이순신영상관 055-860-3786
09:00~18:00, 화요일 휴무 ₩ 무료 P 무료

02 남해유배문학관

서포 김만중은 「관동별곡」의 송강 정철, 「어부사시사」의 고산 윤선도와 함께 조선시대의 대표적인 문학가로 손꼽힌다. 인현왕후, 장희빈과 시대를 같이 했던 그는 장희빈이 낳은 왕자의 세자 간택을 반대하였다가 숙종의 노여움을 사 남해로 유배를 당했다. 유배지에서 그는 뛰어난 문학작품인 『구운몽』과 『사씨남정기』를 집필하였다. 남해유배문학관은 조선시대 유배지였던 남해의 문화와 역사로 채워져 있다. 남해의 옛 생활상을 볼 수 있는 향토역사실과 유배 생활을 재현한 유배체험실, 서포 김만중을 비롯해 남해로 유배 온 문인들과 그들의 문학세계를 알 수 있는 유배문학실 등을 관람할 수 있다.

남해유배문학관 055-860-8888
09:00~18:00, 화요일 휴무 ₩ 2,000원 P 무료

03 가천다랭이마을

파도가 만든 백사장의 무늬처럼 다랭이마을은 부드러운 곡선들로 그려져 있다. 바다와 마주한 산비탈에 층층이 만들어진 농경지가 있고 그 사이 올망졸망 작은 집들이 모여 있다. 경사진 길을 따라 마을로 내려가면 아담한 건물 사이로 꼬불꼬불한 골목길이 이어진다. 골목길을 따라 밥무덤과 암수바위를 둘러보자. 바닷물이 찰랑거리는 해안가 산책로도 있다. 대부분 가정에서 민박집이나 식당을 운영하므로 하룻밤 머물면서 천천히 마을을 둘러보는 것도 좋다. 마을 입구의 관광안내소 앞에 주차공간이 마련되어 있다.

가천다랭이마을 055-863-3427, 010-7609-3427 ₩ 무료 P 무료 darangyi.modoo.at

Tip 다랭이지겟길

다랭이마을부터 항촌전망대, 몽돌해변을 지나 평산항까지 이어지는 해안가 둘레길로 총 16km이다. 코스를 완주하는 데는 약 5시간이 소요된다.

코스 : 다랭이마을(4.8km) → 향촌전망대(0.8km) → 향촌조약돌해변(1.3km) → 선구몽돌해변(1.7km) → 사촌해수욕장(4.8km) → 유구진달래군락지(2.2km) → 평산항

04 보리암

우리나라 3대 관음성지 중 하나인 보리암은 금산의 벼랑 끝에 지어진 암자로 전망이 매우 아름답다. 보리암에 오르면 뒤로는 금산의 기암괴석이, 앞으로는 울퉁불퉁한 산줄기와 아득히 펼쳐진 바다가 보인다. 보리암은 금산 제2주차장에서 1km쯤 떨어져 있다. 경사진 흙길을 20여 분 걸으면 아래로 향하는 돌계단이 나오고 그 끝에 보리암의 모습이 보인다. 암자를 지나 가파른 계단을 내려가면 소원을 이루어 준다는 해수관음상이 나온다.

보리암 055-862-6115 1,000원
P 비수기 4,000원, 성수기 5,000원 boriam.or.kr

05 상주은모래비치

독일마을에서 상주은모래비치로 이어지는 해안도로가 바로 남해의 유명한 드라이브 코스인 물미해안도로이다. 독일마을에서 15km 정도 해안도로를 타고 오면 언덕을 돌아 초승달 모양의 백사장이 보이는 곳이 나온다. 작은 정자가 있는 이곳이 하얀 모래와 푸른 바다가 어우러진 해변의 모습을 감상하는 전망 포인트다. 모래가 얼마나 곱고 아름다운지 이름도 무려 은색 모래해변이다. 해변의 뒤쪽에는 울창한 소나무숲이 있어 운치를 더한다.

상주은모래비치 055-863-3573(상주번영회)
무료 P 무료 sangjubeach.com

Tip 마을버스

평일에는 보리암으로 오르는 제2주차장을 이용할 수 있지만, 주말에는 통제된다. 제1주차장에 주차한 후 마을버스를 이용하여 제2주차장으로 가야 한다.
첫차 08:00, 막차 16:00 ₩ 왕복 3,400원

06 독일마을

1960년대에 독일로 파견되었던 교포들이 돌아와 사는 마을로 하얀 벽과 붉은 지붕의 건물이 이국적인 아름다움을 풍긴다. 해안도로에서 가파른 언덕길을 올라가면 산비탈에 있는 독일마을로 들어서게 된다. 독일마을의 꼭대기에 있는 주차장에 주차한 후 마을을 둘러보면 된다. 주차장 맞은편에는 원예예술촌이 있고 주차장 위쪽에는 독일마을의 역사를 알 수 있는 파독전시관이 있다. 광장을 가로지르면 독일마을의 전경과 물건리방조어부림이 한눈에 보이는 전망대가 나온다.

독일마을 055-860-3540(파독전시관) ₩ 무료 P 무료 남해독일마을.com

07 사천바다케이블카

사천바다케이블카는 바다와 섬, 그리고 산을 잇는 2.43km의 구간을 약 20분간 운행한다. 그중 816m의 바다 구간은 최고 높이 74m로 삼천포대교를 내려다보며 짜릿함을 만끽할 수 있다. 대방승강장에서 케이블카에 탑승하면 바다를 건너 초양도를 돌아 대방승강장 뒤편의 각산정류장으로 향한다. 각산정류장의 전망대에 오르면 시야 한가득 담기는 남해의 수려한 풍광에 감탄이 절로 난다.

사천바다케이블카 055-831-7300
일반캐빈 왕복 18,000원, 크리스탈캐빈 왕복 23,000원
무료 scfmc.or.kr/cablecar

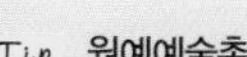

Tip 원예예술촌

이국적인 주택과 화려한 정원으로 꾸며진 아름다운 마을로 별도의 입장료가 있다.

원예예술촌 055-867-4702 09:00~18:00, 화요일 휴무 6,000원(사천바다케이블카 입장권 소지 시 1,000원 할인) 무료 www.housengarden.net

08 상족암군립공원&고성공룡박물관

상족암군립공원에 도착하면 S라인을 가진 커다란 공룡탑이 가장 먼저 관광객을 반긴다. 공룡탑을 지나 고성공룡박물관으로 들어서면 공룡의 골격을 재현해놓은 모형과 공룡 발자국, 시대별로 전시된 다양한 화석을 볼 수 있다. 박물관을 관람한 후 공룡조형물과 전망대가 있는 공원을 지나 해안가로 향하자. 여러 겹의 가로줄 무늬를 가지고 있는 해안가 절벽이 상족암이다. 상족암 한쪽 귀퉁이에는 동굴이 있는데 멀리서 보면 상다리처럼 보인다고 해서 상족암이라 불렀다고 한다. 상족암 앞의 넓은 암석 위에는 둥근 모양으로 점점이 찍힌 공룡 발자국 화석이 남아 있다.

고성공룡박물관 055-670-4451 하절기 09:00~18:00, 동절기 09:00~17:00, 월요일 휴무
3,000원 2,000원 museum.goseong.go.kr

충렬사

충렬사는 이순신 장군의 유해를 아산으로 옮기기 전에 잠시 모셨던 곳이다. 충렬사로 들어서면 우암 송시열이 지은 글이 새겨진 묘비와 이순신 장군의 영정을 모시는 사당이 차례로 나온다. 사당을 지나면 이순신 장군의 가묘가 있다.

남해충렬사 1588-3415 하절기 09:00~18:00, 동절기 09:00~17:00 ₩ 무료 P 무료

충렬사

양모리학교

바다가 보이는 언덕 위에 자리 잡은 작은 목장이다. 할아버지, 할머니 두 어르신이 운영하는 곳으로 시골집 같은 정겨움을 느낄 수 있다. 입장료를 내면 양이 좋아하는 옥수수로 만든 사료와 건초를 바구니에 담아준다.

양모리학교 0507-1442-8993 3~10월 09:00~18:00, 11~2월 10:00~17:00, 화요일 휴무 ₩ 6,000원 P 무료

양모리학교

두모마을

봄이 되면 남해 두모마을의 어귀에 노란 계단이 넓게 펼쳐진다. 다랭이논을 가득 채운 유채꽃이 꽃망울을 터트리기 때문이다. 장관을 이룬 노란 물결 너머로 보이는 마을이 두모마을이다. 마을에서는 농사와 개매기, 바지락 캐기 등 다양한 체험을 할 수 있다. 민박과 체험행사 모두 마을에서 공동으로 관리하며, 예약을 해야 한다.

두모마을 055-862-5865(체험관) P 무료

두모마을

물건리방조어부림

물건리방조어부림

방풍림이란 태풍으로 인한 마을의 피해를 최소화하기 위해 바닷가에 심은 나무다. 남해의 물건리에는 푸조나무와 이팝나무, 팽나무 등의 1만여 그루가 넘는 방풍림으로 이루어진 방조어부림이 있다. 길이가 자그마치 1.5km에 이르는 물건리방조어부림은 300년간 이곳 마을을 지키고 있다. 방풍림 사이로 산책로가 꾸며져 있으며 건너편 산비탈의 독일마을에서 물건리방조어부림의 전경을 볼 수 있다.

물건리방조어부림 ₩ 무료 P 무료

바람흔적미술관

바람흔적미술관

합천 황매산 부근에 '바람흔적미술관'을 열었던 설치미술가 최영호 작가가 내산저수지 언덕 위에 세운 두 번째 미술관이다. 저수지 주변으로 미술관의 마스코트인 거대한 바람개비가 줄지어 있어 시원한 풍광을 선사한다. 전시실 관람 후 2층 옥상 전망대에 올라보자. 호젓한 경치를 만끽할 수 있다. 주변을 거닐면 굴다리에 그려진 귀여운 벽화도 볼 수 있다.

바람흔적미술관 하절기 10:00~17:00, 동절기 10:00~18:00, 화요일 휴무 ₩ 무료 P 무료

노산공원

노산공원

노산공원은 삼천포항 근처의 바닷가 공원으로 가볍게 산책하기 좋다. 공원을 지나 해안 산책로를 따라 걸으면 삼천포 아가씨상과 물고기 모양의 조형물, 잠시 쉬어 가기 좋은 팔각정을 만난다. 공원 안에 있는 박재삼문학관도 함께 둘러보자.

노산공원 ₩ 무료 P 무료

죽방렴관람대

죽방렴관람대

전통 어업 방식인 죽방렴을 가까이서 볼 수 있다. 죽방렴은 '대나무어사리'라고도 불리는데 10m 길이의 참나무 말목 300여 개를 갯벌에 세우고 대나무발을 조류가 흐르는 반대 방향으로 벌려두어, 빠른 유속에 의해 물고기가 원통형의 대나무발 속에 모이도록 하는 포획 방식이다. 죽방렴에서 포획된 멸치는 상처가 없고 자연 그대로의 싱싱함이 살아있어 최상품으로 인정받고 있다.

죽방렴관람대(남해군 삼동면 지족리 224-6) ₩ 무료 P 무료

죽방렴관람대

선진리성

선진리성

선진리성은 임진왜란 때 일본군이 머물기 위해 둥글게 쌓은 일본식 성곽으로 바다가 보이는 낮은 언덕 위에 있다. 평소에는 특별한 것이 없지만 봄이 되면 공원을 가득 채우고 있는 벚나무가 옅은 분홍색의 꽃비를 내려준다.

선진리성 ₩ 무료 P 무료

선진리성

항공우주박물관

대통령 전용기를 비롯한 다양한 종류의 비행기를 만나 볼 수 있는 곳이다. 줄지어 있는 비행기와 전차, 미사일 사이를 걸어가면 전시관이 나온다. 전시관은 항공우주관과 자유수호관으로 구성되어 있다. 항공우주관에서는 천장에 매달린 비행기 모형과 함께 비행에 관한 다양한 정보를 볼 수 있고 자유수호관에서는 한국전쟁에 관련된 자료를 관람할 수 있다.

항공우주박물관 055-851-6565
하절기 09:00~18:00, 동절기 09:00~17:00 ₩ 4,000원 P 무료
kaimuseum.co.kr

항공우주박물관

다래와인갤러리

진주성에서 14km 정도 떨어진 한적한 도로변에 있는 와인터널이다. 달콤한 다래와인을 맛볼 수 있는 곳으로 터널 내에 아름다운 그림과 조각품이 전시되어 있다.

사천다래와인갤러리 055-854-5800 10:00~18:00, 월요일 휴무
₩ 무료 P 무료

다래와인갤러리

추천 숙소

남해 다랭이마을 민박

darangyi.modoo.at
갯바위집 010-8503-6892
긴돌담집 010-8550-8222
넓은바다집 010-3166-9075
느티나무길 010-9809-2660
대나무집 010-9256-5587

남해 독일마을 민박

남해독일마을.com
뮌헨하우스 010-7108-8400
철수네집 010-2511-3301
베를린성 010-2485-8081

다랭이마을

독일마을

SNS 핫플레이스

설리스카이워크

섬이정원

남해보물섬전망대

설리스카이워크

남해군 미조면 미송로303번길 176 0507-1445-4252

섬이정원

남해군 남면 남면로 1534-110 0507-1399-3577

B급상점

남해군 남면 남면로66번길 41 055-864-6638

카페 선상카페 씨맨스

사천시 송포동 1342-1 055-832-8285

카페 나인뷰커피(천국의계단 포토존)

사천시 남양광포1길 16 055-835-0055

카페 아일랜드 카페

남해군 창선면 서부로 1099-4 1층 055-867-4003

카페 남해보물섬전망대

남해군 삼동면 동부대로 720 0507-1377-0047

선상카페

추천 맛집

남해 우리식당
멸치쌈밥을 주문하면 뚝배기에 큼직한 멸치와 시래기가 한가득 담겨 나온다. 쌈 채소 위에 멸치와 시래기를 함께 올려 싸먹으면 된다. 1인분도 주문할 수 있다.
남해군 삼동면 동부대로 186번길 7 055-867-0074

우리식당

남해 평산횟집
주인아저씨가 직접 잡은 생선을 두툼하게 썰어 내어준다.
남해군 남면 남면로 1739번길 55 055-863-1047

남해 시골할매막걸리
다랭이마을에 있는 식당으로 유자잎을 넣어 직접 담근 막걸리를 맛볼 수 있다.
남해군 남면 남면로 679번길 17-37 0507-1324-8381

남해 미조식당
남해군 미조면 미조로 232 0507-1401-7837

남해 대청마루
남해군 삼동면 동부대로 1293 055-867-0008

남해 대중식당
남해군 상주면 남해대로 694 055-863-2738

Part 9

우국충절의 기개가 서린 길

35번 중부고속도로

국내에서 10번째로 건설된 고속도로다.
이 고속도로가 완공되면서 우리나라 고속도로 총길이는 1,500km를 넘게 되었다.
중부고속도로를 건설할 때 해당 지역 내의 문화 유적을 조사, 발굴하기도 하였다.
저수지나 하천 댐이 많아 안개가 자주 발생하는데,
이른 아침에는 그 안개로 신비로운 느낌마저 들기도 한다.
남북으로 관통하는 중부고속도로 위의 여행지를 만나보자.

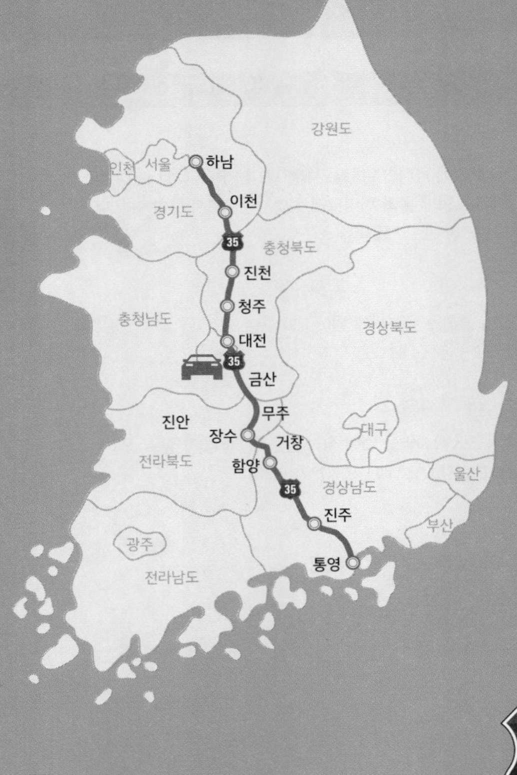

35

구 간 1

대소 IC~ 진천 IC

음성·안성·진천·증평

Best Course

대소 IC→

1 음성 한독의약박물관 →

2 안성 칠장사 →

3 진천 배티성지 → 만뢰산자연생태공원 →

4 보탑사 →

5 정송강사 →

6 길상사 →

7 진천종박물관&백곡저수지 →

8 이상설생가 →

음성 품바재생예술체험촌 → 코리아크래프트브루어리 →

9 증평 블랙스톤벨포레 →

진천 초평호한반도전망대 →

10 농다리 → 진천 IC

45
동충주 IC
충주시
② 칠장사
안성시
남안성 IC
① 한독의약박물관
음성군
충주호
③ 배티성지
충청북도
45
만뢰산 자연생태공원
⑦ 진천종박물관/백곡저수지
• 코리아크래프트브루어리
• 품바재생예술체험촌
월악산 국립공원
길상사 ⑥
진천군
⑧ 이상설생가
④ 보탑사
⑨ 블랙스톤벨포레
⑤ 정송강사
⑩ 농다리
천안시
• 초평호한반도전망대
괴산군
속리산 국립공원

01 한독의약박물관

1964년에 개관한 한독의약박물관은 한국 최초의 의약전문 기업박물관이다. 한독의약박물관에는 보물 6점과 충청북도 유형문화재 2점을 포함하여 총 2만여 점의 동서양 의약관련 유물을 전시하고 있다. 1층에는 중국, 일본, 독일, 영국, 미국 등 동서양의 의약역사와 외과수술도구 및 여러 나라의 약병 등을 볼 수 있는 국제전시실과 기업 창업자인 제석 김신권 회장이 기증한 유물을 모은 제석홀이 있다. 2층 한국전시실에는 6점의 보물과 함께 우리나라의 다양한 의약 유물과 의서들이 전시되어 있다. 이밖에도 다양한 체험 프로그램도 운영 중이며, 생명갤러리에서는 생명과 관련된 예술작품을 관람할 수 있다.

한독의약박물관 · 0507-1416-1012 · 09:00~17:00, 월요일 휴무 · 무료 · 무료 · handokmuseum.modoo.at

02 칠장사

울창한 숲속에 자리한 칠장사는 여러 이야기가 가득한 아름다운 사찰이다. 신라 선덕여왕 5년(636년)에 창건됐다는 설이 있으나 확실하지는 않으며, 칠장사라는 이름은 고려 원종 5년(1014년)에 혜소국사가 이 절에서 7인의 도적을 교화했다는 설에서 유래했다고 한다. 천년고찰인 칠장사에는 그 외에도 여러 설화가 구전되는데 궁예가 10살 때까지 이곳에서 유년기를 보냈다는 설과 의적 임꺽정이 꺽정불을 올렸다는 설이 전해진다. 또한 암행어사 박문수가 이곳에서 기도하고 합격했다는 설화도 있어, 많은 이가 시험 전 합격을 빌러 온다. 또한 칠장산은 우리나라 백두대간 9개의 정맥 중 3개가 만나거나 나눠는 출발점인 곳이다. 아담하지만 아름다워서 경치를 즐기며 등산하기 좋다.

칠장사 031-673-0776 무료 P 무료 www.chiljangsa.org

03 배티성지

조선시대에는 천주교도들이 학살당한 신유박해(1801년)와 병인박해(1866년)라는 큰 사건이 있었다. 이때 천주교인들이 박해를 피해서 숨어든 골짜기가 지금의 배티성지다. 이 마을에는 조선교구 최초의 신학교가 있었다. 이곳이 한국 천주교회의 첫 번째 신학생이던 최양업 신부가 선교활동을 하던 중심지이다. 주변에는 27여 기에 이르는 순교자들의 무덤도 있다. 최양업 신부는 이곳에서 글을 모르는 교우들을 위해 『천주가사』와 최초의 기도서인 『천주성교공과』 그리고 한글 교리서인 『성교요리문답』을 만들었다. 기념대성당은 최양업 신부 선종 150주년 기념으로 세웠다. 최양업 신부의 사제관으로 사용되던 초가집이 재현되어 있으며, 십자가의 길, 무명 순교자 묘역, 최양업 신부 동상과 박물관 등도 조성되어 있다.

배티성지 043-533-5710 무료 P 무료 www.baeti.org

04 보탑사

고려시대 절터에 있는 보탑사는 비구니 승려 지광, 묘순, 능현 스님에 의해 창건되었다. 나지막한 계단을 올라 절에 들어서면 화려한 3층 목탑이 눈에 들어온다. 목탑은 신라시대의 황룡사 9층 목탑을 모델로 한 것이다. 당시 대목수 신영훈을 비롯한 여러 장인이 참여하여 완성한 것이다. 특이한 것은 단 한 개의 못도 사용하지 않고 전통방식대로 지었다는 것이다. 목탑은 사람이 들어갈 수 있도록 만들었으며, 목탑의 2층에는 법보전으로 윤장대를 두고 『팔만대장경』 번역본을 보관하고 있다. 좁은 나무계단을 지나 마주하는 3층은 미륵삼존불을 모시고 있는 미륵전이다. 3층에서 바라보는 보련산은 마치 연꽃이 활짝 핀 것처럼 보인다. 목탑의 위치가 연꽃의 중심부라고 한다. 보탑사는 절이라는 느낌보다 마치 아름다운 정원을 보는 듯하다.

보탑사 043-533-0206 ₩ 무료 P 무료

05 정송강사

조선시대 시인이자 예조판서를 지낸 송강 정철의 위패를 모신 사당이다. 정철 선생은 윤선도와 함께 조선시가의 양대 산맥으로 불린다. 그는 「성산별곡」, 「관동별곡」, 「훈민가」, 「사미인곡」, 「속미인곡」 등 많은 가사와 시조를 남겼다. 입구에 신도비와 거대한 회목나무 한 그루가 서 있다. 회목나무는 세월의 무게를 버티기 힘든 듯 많은 지지대에 의지하고 있다. 정송강사에는 정철 선생의 유품인 은배, 옥배, 연행일기 65일분, 친필편지 등이 보관된 유물관이 있고, 남쪽으로 송강의 묘소와 시비 그리고 비각이 있다. 유물관을 지나 가파르고 우거진 오솔길을 따라 올라가면 송강이 그의 아들과 함께 묻혀 있다.

정송강사 043-532-0878 09:00~18:00
₩ 무료 P 무료

06 길상사

신라가 삼국통일을 하는 데 가장 공을 많이 세운 김유신의 위패와 영정을 모신 사당이다. 신라 흥덕왕 10년(835년)에 흥무대왕으로 추존된 후 태령산 아래에 사당을 짓고 봄가을마다 나라에서 주관하여 제를 올리다가 조선시대에 들어서는 관에서 제를 올리게 되었다. 임진왜란, 병자호란을 겪으면서 폐허가 되었지만 1926년에 재건하였다. 계단 앞에 서면 높은 곳에 사당이 있다. 봄이면 벚꽃이 계단 양옆으로 아름다운 터널을 만들어 올라가는 길도 힘든 줄 모르게 한다. 길상사 가는 길에는 김유신 탄생지와 태실이 남아 있다. 탄생지에는 생가와 육당 최남선이 '흥무대왕 김유신 적허비'라고 적은 유허비가 모셔져 있다. 김유신의 태(胎)를 묻은 것으로 전해지는 태령산 정상에는 김유신이 말 타고 훈련하던 '치마대'와 우물로 사용하던 연보정이 당시 모습 그대로 남아 있다.

길상사 043-539-3835 09:00~18:00 ₩ 무료
P 무료

07 진천종박물관&백곡저수지

진천역사테마공원 안에 있는 진천종박물관은 전 세계의 다양한 종을 전시하고 있다. 본래 전통문화유산인 범종에 대한 예술적 가치와 종에 대한 이해를 돕기 위해 만들었다. 진천에는 국내에서 가장 오래된 고대 철 생산 유적지가 있어 그 의미가 더욱 깊다. 박물관은 지상 2층과 지하 1층인데, 각 전시실과 타종 체험장, 뮤지엄 숍과 전시 연출 공간, 수장고 등 다양한 공간이 있다. 종소리 체험 및 음향 감상 코너뿐 아니라 종을 제작하는 전체 과정이 밀랍으로 재현되어 있어 아이들의 학습에 도움이 된다. 직접 종 문양을 탁본하는 것도 가능하다. 진천역사테마공원 뒤에는 방파제와 같은 언덕이 있다. 그 안에 있는 넓은 백곡저수지는 눈부시게 아름다운 햇살을 곱게 담아 두고 있다.

진천종박물관 043-539-3847
10:00~18:00, 월요일 휴무
₩ 진천종박물관 5,000원(생거판화미술관 입장료 포함)
P 무료 www.jincheonbell.net

08 이상설생가

조선시대 마지막 과거시험에 합격한 구한말 독립운동가 이상설 선생의 생가다. 남들보다 먼저 신학문에 뜻을 둔 이상설 선생은 영어, 프랑스어 등 7개 외국어를 구사할 수 있었다. 불평등한 을사조약이 체결되었을 때, 선생은 네덜란드 헤이그에서 열린 만국평화회의에 특사로 파견되었다. 하지만 일본의 방해로 작전에 실패했고, 이후 선생은 러시아로 건너가 블라디보스토크를 중심으로 독립운동을 하였다. 만주에 학교를 세우고 교육과 계몽운동에 온힘을 쏟았다. 이상설 선생의 생가는 진천 농촌마을 한가운데 있어 농촌의 풍경도 함께 즐길 수 있다.

이상설생가 043-539-3114 무료 P 무료

09 블랙스톤벨포레

벨포레는 'Belle(아름다운)'과 'Foret(숲)'을 합성한 말로 두타산 자락의 아름다운 산세와 원남저수지 주변의 경관이 함께 어우러져 아름다운 숲을 만든다는 의미이다. 블랙스톤벨포레에는 골프장과 리조트 그리고 아이들과 함께 즐길 수 있는 목장과 놀이동산, 몬테소리 웰컴키즈가 있고, 반려견과 함께하는 휴양 공간 펫포레, 아이들과 함께 즐길 수 있는 놀이동산, 회전 그네, 사계절 썰매장, 미니 골프장이 있다. 또한 스릴을 즐길 수 있는 익스트림 루지와 수상 종합 플레이 그라운드 마리나클럽 등이 조성되어 있다.

블랙스톤벨포레 043-926-1098
3~10월 10:00~18:00, 11~2월 10:00~16:30, 주말·공휴일 09:00~17:00 회전 그네 6,000원, 사계절 썰매장 14,000원(시즌별 상이), 미니 골프 (1인) 9,000원, 벨포레 목장 (평일) 5,000원, (주말) 8,000원, 마운틴 카트 35,000~90,000원
www.blackstonebelleforet.com

10 농다리

굴티마을 앞에 흐르는 미호천에는 독특한 모양의 돌다리가 있다. 농다리라 부르는 이 돌다리는 우리나라에서 가장 길고 오래되었다. 오랜 세월 속 큰 장마에도 떠내려가지 않고 원형을 유지할 수 있는 이유는 교각의 모양과 물고기 비늘처럼 돌뿌리가 서로 물려지도록 쌓은 축조방법에 있다. 그 모양이 마치 지네처럼 생겨서 '지네다리'라고도 부른다. 우주선과 같은 날렵한 교각 사이로 시원한 물줄기가 흐르고 있다. 농다리를 건너 숲길을 오르면 쉼터와 정자가 있다. 그 뒤로 시원하게 펼쳐진 초평저수지가 있다. 저수지를 따라 설치된 수변데크는 가족과 연인이 산책을 즐길 수 있다. 전망대가 있는 정자에 올라가면 천년의 세월을 흘려보낸 농다리의 완전한 모습을 내려다볼 수 있다.

진천농교 ₩ 무료 P 무료

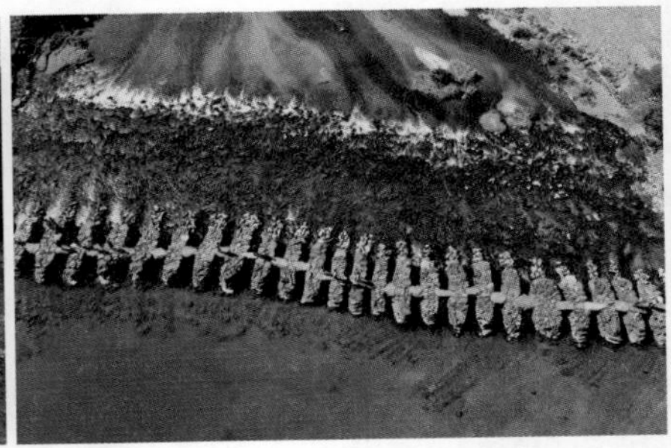

만뢰산자연생태공원

자연의 생태와 구조에 관한 연구, 보전을 위해 조성된 생태공원이다. 작은 공간이지만 다양한 테마로 작은 공간까지 알차게 조성되었다. 입구에서부터 잔디광장을 지나면 생태연못 및 습지, 억새원, 자생수목원, 야생초화원, 밀원식물원, 건생 및 습생초지원, 과수열매나무원, 생태 및 자연탐방로, 관상조류원 등이 숲길과 데크길을 따라 이어져 있다. 또한, 물놀이체험장, 생태교육장, 곤충관찰원 등을 갖추고 있고, 한적한 숲길을 따라가면 가족피크닉장과 별자리마당도 있다. 사계절이 즐거운 생태공원이다.

진천군 진천읍 연곡리 34-1 043-539-3448 ₩ 무료 P 무료

만뢰산자연생태공원

품바재생예술체험촌

음성의 품바재생예술촌은 1층 체험관과 2층 전시관으로 구성되어 있다. 1층의 3, 4, 5, 6관 체험관에서는 미니어처 만들기, 곤충 만들기, 시계 만들기, 도자기 핸드메이드 등 다양한 체험을 즐길 수 있다. 와이낫 팝아트, 파브르윤 정크아트공작소, 생활소품, 핸드메이드 리빙용품, 점핑클레어 등 각 분야별 작가들이 입주해 체험을 도와준다(사전예약 필수).

음성군 원남면 원중로 399번길 30 043-873- 0399

품바재생예술체험촌

코리아크래프트브루어리

음성 원남산업단지에는 주변과 어울리지 않는 맥주공장이 있다. 붉은 벽돌의 독특한 외관을 가진 코리아크래프트브루어리(Korea Craft Brewery). 발음하기도 쉽지 않다. 흔히 말하는 '수제맥주 공장'으로 2014년 주세법 개정 이후에 생긴 한국 최초의 수제맥주 공장이다. 세계에 내놔도 손색없는 한국의 대표 맥주를 만들고자 독일과 일본의 기술자를 데려와 기술을 연구하고 있다. 브루어리에서는 투어도 진행하고 있다. 홈페이지를 통해 사전에 신청하면 견학과 시음을 할 수 있다.

Brewery Tour 20,000원(가이드 투어+맥주 샘플러 4종 각 200ml+시그니처 맥주잔 1개)

Brewing Tour 50,000원(보리 주스 만들기 체험 500ml 1병 +가이드 투어+맥주 샘플러 4종 각 200ml+시그니처 맥주잔 1개)

음성군 원남면 원남산단로 97 043-927-2600 09:00~17:00

www.koreacraftbrewery.com

코리아크래프트브루어리

코리아크래프트브루어리

초평호 한반도지형전망대

두타산을 휘감은 초평호는 우리나라에서 손꼽히는 담수량을 자랑하고 있다. 광복 이후 축조된 저수지로 과거에는 낚시터로 유명해서 인근에 붕어찜마을이 생겼다. 두타산 삼형제봉에서 내려다보면 위로는 중국이, 아래로는 삼면이 바다에 제주도섬까지 갖춘 한반도 모습과 일본 열도가 있는 것처럼 보인다. 전망대에서 바라보면 가장 완벽한 한반도 지형을 만들어내 자연의 신비함을 느낄수 있다.

한반도지형전망대(충북 진천군 초평면 화산리 563-1)에서 도보

초평호 한반도지형전망공원

추천 맛집

진천 생거진천 쌀밥집

염돈재가든
진천군 백곡면 백곡로 184 / 0507-1371-3367

청산가든
진천군 이월면 진안로 354 / 043-537-4878

오리대가
진천군 광혜원면 실원길 15-36 / 043-535-5995

예원한정식
진천군 진천읍 상산로 55-1 / 043-534-6388

SNS 핫플레이스

카페 바들말
진천군 광혜원면 바들말길 47
043-535-3070

카페 모드니
진천군 진천읍 문진로 1026 2층
0507-1420-8302

컨츄리블랙펍
음성군 감곡면 행군이길 171-51
0507-1403-9593

카페 이와
증평군 증평읍 증안지길 155
0507-1346-3567

카페 이목
음성군 삼성면 대청로 189
0507-1415-5890

바들말

이와

이와

구 간 2

남대전IC ~ 소양IC

금산·무주·거창·함양·장수·진안

Best Course

남대전IC → 금산 하늘물빛정원 →

1. 금산 칠백의총 → 개삼터 → 무주 머루와인동굴 → 안국사 →
2. 무주 반디랜드 →
3. 태권도원 → 서벽정 → 파회 →
4. 덕유산국립공원&무주구천동계곡 →
5. 거창 수승대 → 함양 개평한옥마을 → 남계서원 →
6. 상림공원 → 하미앙 와인밸리 → 지리산조망공원 →
7. 서암정사 →
8. 벽송사 → 삼봉산 금대암&다락논 →
9. 장수 의암사 →
10. 진안 마이산 →
11. 수선루 → 소양 IC

논산시
하늘물빛정원
추부 IC
금산군 ❶ 금산 칠백의총
개삼터
서천군
익산시
❷ 무주 반디랜드
무주군 ❸ 태권도원
머루와인동굴
서벽정
군산시
완주군
안국사
파회
35
❹ 덕유산국립공원/무주구천동계곡
전주시
진안군
수승대 ❺
진안 IC
부안군
마이산 ❿
수선루 ⓫
김제시
장수군
변산반도 국립공원
전라북도
❾ 의암사
35
임실군
함양군
정읍시
개평한옥마을
남계서원
❻ 상림공원
내장산 국립공원
하미앙 와인밸리
지리산조망공원
고창군
순창군
남원시
삼봉산 금대암/다락논
서암정사 ❼ ❽ 벽송사
지리산국립공원

01 금산 칠백의총

임진왜란 때 왜군과의 싸움에서 순절한 700의사의 묘이다. 당시 임진왜란이 일어나자 조헌 선생과 영규대사는 의병을 일으켜 호남순찰사인 권율 장군과 적을 협공하기로 약속하였다. 그러나 아군이 열세임을 알고는 작전을 늦추고자 편지를 띄웠으나 이를 받아보지 못하고 출병한 의병부대는 결전을 벌이다 모두 순절하였다. 4일 후, 순절한 700구의 유해를 조헌 선생의 제자가 합장하고 칠백의총이라 했다. 그 후 일제강점기에 일본인 경찰서장에 의해 700의병의 순의비가 폭파되었다가 주민들에 의해 다시 건립되었다. 사당에서 순국선열의 넋을 추모하고, 당시의 유물들을 보여주는 전시관도 둘러보자.

칠백의총 041-753-8701
3~10월 09:00~18:00, 11~2월 09:00~17:00, 월요일 휴무 무료 무료 700.cha.go.kr

02 무주 반디랜드

반딧불이가 알에서부터 빛을 내는 어른벌레가 되기까지의 과정을 주제로 건축되었다. 희귀 곤충을 전시한 곤충박물관과 내 별을 찾아볼 수 있는 천문과학관, 반딧불이 생태 복원지, 야영장, 통나무집 등 반딧불이를 체험하고 학습, 관람할 수 있는 공간이다.

무주 반디랜드 063-324-1155
곤충박물관 3~10월 09:00~18:00, 11~2월 09:00~17:00, 월요일 휴무 곤충박물관 5,000원, 천문과학관 3,000원
무료 tour.muju.go.kr/bandiland

Tip 예약

반디랜드의 시설은 홈페이지에서 예약이 가능하다. 천문과학관은 운영시간이 다르니, 방문 전 홈페이지를 통해 입장시간 및 프로그램을 확인하고 방문하자.

03 태권도원

태권도 체험공간으로 서울 월드컵 경기장의 10배, 여의도 면적의 절반에 해당하는 규모다. 내부에는 무료로 셔틀버스가 운행되고 있어 셔틀버스로 내부를 관람하면 된다. 태권도원에서는 태권도 시범단 공연 관람, 격파체험, 박물관 견학 등을 할 수 있다. 모노레일(별도 요금)을 타고 전망대에 올라 바라보는 경치도 아름답다. 태권도 관련 프로그램을 신청한 단체에만 개방되던 숙박시설이 2018년부터 일반인에게 개방되어 숙박도 가능하다.

국립태권도원 063-320-0114
3~10월 10:00~18:00(공휴일 ~19:00),
11~2월 10:00~17:00(공휴일 ~18:00), 월요일 휴무
₩ 4,000원 P 무료
www.tpf.or.kr/t1/main/index.do

04 덕유산국립공원&무주구천동계곡

1975년 오대산과 함께 국내 10번째로 지정된 국립공원이다. 주봉인 향적봉을 중심으로 백두대간의 산줄기가 뻗어 있다. 무주 덕유산 케이블카를 이용해 향적봉까지 올라가 볼 수 있다. 덕유산은 여름이면 계곡, 가을이면 단풍, 겨울이면 산행으로 인기가 좋은 산이다. 덕유산국립공원 안에는 백련사와 안국사 등의 사찰과 백제와 신라의 경계가 되었다는 나제통문이 있다. 나제통문은 암벽 가운데 난 커다란 구멍으로 일종의 국경 역할을 했다는 전설이 있다. 실제로는 일제강점기에 뚫린 터널이라고 하나, 암벽 한가운데 뻥 뚫린 구멍이 신비하게 느껴져 여러 전설을 만들고 있다.

덕유산국립공원 063-322-3174
₩ 덕유산곤돌라 왕복 22,000원 P 5,000원
www.knps.or.kr/

Tip 무주구천동계곡

수심대 등 구천동 33경의 명소가 계곡을 따라 위치해 있다. 단풍과 설경이 아름답고, 여름에는 계곡에서 물놀이를 하기 위해 많이 찾는다.

05 수승대

백제의 사신이 신라로 갈 때 마지막 배웅지였던 곳이다. 당시 '돌아오지 못할 것을 근심했다'고 하여 수송대로 불리던 것을 퇴계 이황이 옆 동네에서 전해 듣고 뜻이 좋지 않아 '수승대'로 바꾸었다. 수승대는 빼어난 경치로 선비들의 마음을 단번에 사로잡은 곳이다. 그래서인지 경내의 유명한 거북바위 옆에는 퇴계 이황의 5언시를 비롯하여 수많은 풍류가들의 시와 화답시가 빼곡히 새겨져 있다. 당장이라도 계곡에 들어갈 듯한 거북바위 형상이 주변 경관과 어우러져 생동감 있는 아름다움을 선사한다. 수승대에서는 야영장, 겨울에는 눈썰매장도 운영한다.

수승대관광지 055-940-8530
09:00~18:00 무료 5,000원

Tip 수승대

수승대는 야영장뿐만 아니라 겨울에는 눈썰매장도 운영한다. 역사적인 장소에서 신나게 즐기고 싶다면 가족과 함께 방문하자.

06 상림공원

상림공원은 통일신라 말 진성여왕 때 최치원이 만든 우리나라 최초의 인공 숲이다. 공원 내에는 함화루, 사운정, 초선정 등 여러 정자와 최치원 신도비 · 만세기념비 · 척화비 등의 비석, 이은리 석불, 다볕당 등이 있다. 상림공원은 봄꽃, 여름의 녹음, 가을의 단풍, 겨울의 설경으로 두루두루 아름다운 경치를 자랑한다. 사계절 내내 가족 · 연인과 함께 산책하기에 좋다.

상림공원 055-960-5756
무료 무료

07 서암정사

서암정사는 이제 30년 정도된 사찰이다. 오래된 사찰에서 느껴지는 멋은 없으나 한국전쟁으로 인해 죽어간 동족들의 원혼을 달래고, 인류평화를 기원하는 절인 만큼 그 의미가 깊다. 서암정사로 오르는 길은 넋을 기리기 위해 암벽에 부조된 불상들이 가득하다. 아름다운 경치로 유명한 칠선계곡의 초입에 위치해 있다.

서암정사 055-962-5662 ₩ 무료 P 무료

08 벽송사

화재로 인해 정확한 연혁을 알 수는 없으나 신라 말이나 고려 초에 창건된 것으로 추측된다. 주차장을 지나 올라가면 전각 안에 모셔놓은 장승이 있다. 원래 벽송사로 오르던 초입에 사천왕이나 인왕의 역할을 대신하여 세워진 듯하나, 보호하기 위해 옮겨진 것으로 보인다. 머리가 탄 금호장군, 그리고 원형이 남아 있으나 썩어가던 호법대장군은 어딘지 마음을 헛헛하게 한다. 벽송사는 판소리의 여섯 마당 중 하나인 「변강쇠가」의 무대이기도 하다. 영화로 제작되면서 단순한 '성'의 이야기로 알고 있는 사람들이 있으나, 사실 하층 유랑민의 비극적 생활과 민중들의 억업된 생활을 보여주는 민중문학으로 평가받는 작품이다.

벽송사 055-962-5661
₩ 무료 P 무료

09 의암사

의암사는 장수사람들이 논개를 추모하는 마음을 담아 1954년 세워졌다. 임진왜란 때 끝까지 저항하던 진주성이 함락되자 왜장들은 촉석루에서 주연을 베풀었다. 기생으로 가장해 그 자리에 참석한 논개는 왜장 게야무라 후미스케를 바위 위로 유혹한 후 껴안은 채 남강 아래로 투신하여 자결했다. 그가 뛰어내린 바위를 훗날 의암이라 하였다. 의암사 안에는 작은 사당과 함께 논개의 일생을 알려주는 전시관이 있다.

> **Tip 동만3저수지**
> 논개사당 바로 앞에 있는 저수지로, 의암사에서 보는 풍경이 아름답다. 저수지에는 수변데크와 정자가 마련되어 있어 산책하기에 좋다.

논개사당 / 하절기 09:00~18:00, 동절기 09:00~17:00 / P 무료

10 마이산

20m 간격으로 솟아 있는 암봉의 모습이 말의 귀를 닮아 마이산이라는 이름을 붙였다 한다. 암마이봉 남쪽 사면에 자리한 탑사는 약 2.5km의 벚꽃길을 지나 탑영제를 거쳐서 가는데, 탑영제에 비치는 마이봉의 모습과 벚꽃이 어울려 아름다운 정취를 선사한다. 탑사에는 높이 15m, 둘레 20여m의 거대한 돌탑부터 크고 작은 돌멩이들로 이루어진 돌탑이 있는데, 거센 폭풍우에도 넘어가는 일이 없다고 한다.

마이산 063-433-3313 09:00~18:00
₩ 3,000원 P 2,000원

은수사

마이산 탑사에서 10~15분 정도 한적한 산길을 따라 올라가면 있다. 태조 이성계가 이곳의 물이 은처럼 맑다고 표현하여 은수사라 전해진다. 이성계가 심었다고 전해지는 천연기념물 청실 배나무와 겨울이면 거꾸로 언다는 고드름으로 유명하다.

11 수선루

연안 송씨 4형제가 선조의 덕을 기리고 심신을 수련하고자 지었다고 하나, 실제로는 80세가 되어서도 이곳에서 풍류를 즐기는 네 형제의 모습이 마치 중국의 신선 같다고 하여 수선루라 불렸다고 한다. 누정 안쪽을 볼 수는 없으나 외부에서 보는 모습은 충분히 신비롭다. 드라마 〈녹두전〉의 촬영지로 유명해졌다. 지난 2019년 12월에 우리나라 보물 제2055호로 승격되었다. 주차 후 도보 2~3분이면 도착한다.

수선루 063-432-2594 ₩ 무료 P 무료

하늘물빛정원

장산호수 주변으로 조성된 테마정원으로 2009년 개장했다. 꽃다지, 산당화, 뚝버들의 수목과 야생화가 정원을 이루고 있다. 하늘 물빛정원은 약 150여 종의 허브와 열대식물로 꾸며진 식물원과 다양한 꽃과 허브가 가득한 산책길, 머들령 초입에서 장산저수지 끝까지 길게 이어진 호수 주변의 산책길이 있다. 60만여 구의 꼬마전구로 꾸며진 저수지의 야경도 볼만하다.

하늘물빛정원 1588-2613 10:00~22:00 무료(체험비 별도)
무료 gardenofsky.com/scenery/

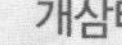

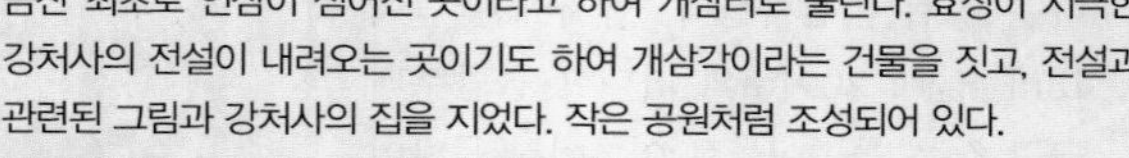

개삼터

개삼터

금산 최초로 인삼이 심어진 곳이라고 하여 개삼터로 불린다. 효성이 지극한 강처사의 전설이 내려오는 곳이기도 하여 개삼각이라는 건물을 짓고, 전설과 관련된 그림과 강처사의 집을 지었다. 작은 공원처럼 조성되어 있다.

개삼터 041-750-2384 무료 무료

머루와인동굴

머루와인동굴

무주의 대표적인 특산품인 산머루로 만든 와인을 느낄 수 있는 곳이다. 와인동굴 내부에서는 작은 포토존이 마련되어 있고, 시음행사와 족욕체험을 할 수 있어 연인이나 가족들도 많이 찾는다. 2,000원의 이용요금은 와인동굴 관람을 마치면 지역특산품으로 만든 음료와 바꾸어준다.

머루와인동굴 063-322-4720 4~10월 10:00~17:30,
11~3월 10:00~16:30, 월요일 휴무 2,000원 무료
tour.muju.go.kr/cave/index.do

안국사

안국사

적장산성에 유일하게 남아 있는 조선 후기에 증축된 사찰이다. 1277년에 월인이 창건했다는 설과 조선 태조 때 무학대사가 절을 지었다는 설이 있다. 극락전 안에 보물 제1267호인 괘불이 있다. 임진왜란 때에 승병들의 거처로도 사용되었다고 한다.

안국사 063-322-6162 무료 무료

서벽정

서벽정

대사헌의 벼슬까지 올랐던 연재 송병선은 송시열의 9대손이다. 1905년 을사조약이 체결되자 왕에게 상소하려다, 경무사 윤철규에게 속아 일본헌병대에 의해 고향으로 강제 이송당했다. 당시의 세태를 비관하여 은둔하였는데, 친구의 소개로 무주 구천동에 왔다가 그 아름다움에 반해 낙향하여 머물던 곳이다.

서벽정 무료 무료

남계서원

파회

파회는 소에 잠겼던 물이 급류를 타다가 기암에 부딪히면서 작은 소용돌이를 만들다 그 사이로 흘러들어가는 곳이다. 파회가 있는 곳은 무주 구천동에서도 독특한 지형으로 뱀이 큰 'S' 자를 그리며 지나가는 모습을 한 사행천이다. 연재 송병선이 이름 지었다고 한다.

🏠 파회 주차장 ₩ 무료 P 무료

파회

개평한옥마을

지은 지 100여 년이 넘는, 크고 작은 한옥 60여 채가 모여 있는 마을이다. 함양일두고택, 오담고택, 노참판댁고가 등 당당한 풍채의 고택이 고풍스러운 풍경을 자아낸다. 개평한옥마을은 풍수지리설에 따르면 배 형상을 띠고 있어 다섯 개 이외에는 우물을 일절 만들지 않았다고 한다. 사람이 아직 살고 있는 마을로 현재와 과거가 예쁘게 어우러져 있다. 오래된 고택의 고즈넉한 여운이 남는 마을이다.

🏠 개평한옥마을 📱 055-963-9645 ₩ 무료 P 무료

개평한옥마을

남계서원

흥선대원군의 서원 철폐령 때 헐리지 않고 남아 있는 서원 중의 하나로 소수서원에 이어 두 번째로 세워졌다. 남계서원은 조선시대 서원건축의 초기 배치 형식을 보여준다. 소수서원은 일정한 형식이 없이 건물이 배치된 데에 비해, 남계서원은 건물의 쓰임새에 따라 배치가 되어 있다. 전체적으로 잘 정돈된 느낌으로 안정감이 있다.

🏠 남계서원 📱 055-962-9785 P 무료

Tip 청계서원

김종직의 제자인 김일손을 기리기 위한 서원이다. 김일손은 조선 연산군 때의 학자로, 관리들의 부정부패를 비판했으며 글에 재주가 뛰어났다고 한다. 남계서원에서 도보 4분 거리에 있다.

하미앙 와인밸리

하미앙 와인동굴

하미앙 와인밸리는 지리산 줄기 해발 500고지의 작은 평원에 아담하게 자리 잡은 유럽풍 산머루 테마농원이다. 직접 만든 와인 판매 및 무료 체험 및 견학도 가능하다. 홈페이지를 통해 예약 후 가면 된다.

하미앙와인밸리 055-964-2500 09:00~18:00

무료 무료 www.sanmuru.com/

지안재와 정령치휴게소

지안재

지리산 길은 한국의 아름다운 길 100선에 선정된 길 중 하나로, 지안재는 곡선으로 된 도로가 한눈에 보여 출사지로도 많이 찾는 곳이다. 지안재와 오도재를 지나면 지리산제1문과 조망공원이 나온다. 지리산제1문을 지나면 있는 정령치 휴게소는 주천면과 산내면에 걸쳐 있는 지리산 국립공원의 고개에 있는 전망대로 자동차로 갈 수 있는 가장 높은 전망대(해발 1,172m)다. 노고단에서 반야봉을 거쳐 천왕봉에 이르는 지리산의 봉우리들과 남원의 시가지와 성삼재, 왕시루봉을 볼 수 있다. 정령치에서 산행을 시작하는 사람들이나 전망대에서 풍경을 보기 위해 찾는 사람이 많다. 산행을 시작하는 곳에서 바라보는 풍경도 아름답다.

P 지안재(주차장 없음. 긴급대피 주차공간 있으나 협소),
정령치휴게소 최초 1시간 2,000원(이후 10분당 600원)

삼봉산 금대암&다락논

무량수전, 나한전, 금대선원 세 동의 건물만 남은 사찰이다. 올라가는 길이 오도재만큼이나 꼬불꼬불하고 가파른 시골길이지만 오붓하게 자리한 금대암은 주변의 풍경과 맞물려 무척이나 아름답다. 우뚝 솟은 전나무와 2012년 CNN에서 한국에서 가봐야 할 곳으로 선정한 다락논의 모습은 놓치면 안 될 풍경이다.

삼봉산 금대암 055-962-5500

P 무료(주차 공간 협소)

다락논

추천 숙소

함양 함양일두고택

남도 지방의 대표적 양반 고택으로 조선 성종 때의 대학자인 일두 정여창의 집이다. TV 드라마 〈토지〉의 촬영 장소이기도 하다.

함양일두고택 055-962-7077

함양 우명리정씨고가

함양군 수동면 효리길 6 010-5356-4116

추천 체험

금산 금산인삼약초시장

금산은 고려인삼의 종주지로서 전국 생산량의 80%가 거래되고 있는 인삼시장이다. 또한 인삼과 함께 전국 약령시장으로도 발돋움하고 있다. 금산인삼약초시장 내에는 전통적인 재래시장과 다양한 인삼 종류와 건강 보조 제품을 취급하는 금산인삼국제시장, 금산수삼센터, 금산인삼호텔쇼핑센터, 금산약초백화점 등이 있다. 이곳에서는 타 지역에 비해 각종 인삼류 및 약초 등을 20~50% 저렴한 가격으로 구입할 수 있다. 매달 2, 7, 12, 22, 27일 날 열리는 금산장은 새벽 2시부터 전국 각지에서 상인 및 소비자들이 몰려와 인산인해를 이룬다.

금산인삼국제시장 09:00~18:00 P 무료

추천 맛집

진안 마이산 풍경식당

철판 위에 더덕과 구운 돼지고기가 일품이다.

진안군 마령면 마이산남로 194(동촌리)

063-432-6611

마이산 풍경식당

진안 초가정담

진안군 마령면 마이산남로 213 063-432-2469

함양 늘봄가든

함양군 함양읍 필봉산길 65-1 055-962-6996

함양 조샌집

함양군 함양읍 학사루길 36 055-963-9860

함양 안의원조갈비집

함양군 안의면 광풍로 125 0507-1410-0668

구 간 3

생초 IC ~ 통영 IC

산청·진주·고성·통영

Best Course

생초 IC → 산청 구형왕릉 →

1 동의보감촌(산청한방테마파크) →
목면시배유지 → 겁외사&성철대종사생가 →
남사예담촌 → 진주 진양호 전망대 →

2 진주성 →

3 경상남도수목원 →

4 고성 당항포관광지 →

5 통영 이순신공원 →

6 동피랑벽화마을 →

7 세병관 →

8 서피랑공원 →

9 한려수도조망케이블카 → 미래사 →

10 박경리기념관 →

11 달아공원 → 통영 IC

생초 IC
구형왕릉
수선사
1 동의보감촌(산청한방테마파크)
산청군
의령군
지리산
국립공원
목면시배유지
경상남도
함안군
김해시
남사예담촌
겁외사/성철대종사생가
35
진주시
2 진주성
진양호 전망대
진주레일바이크
다래와인갤러리
3 경상남도수목원
창원시
하동군
사천시
4 당항포관광지
광양시
고성군
35
한려해상
국립공원
통영 IC
5 이순신공원
세병관 7
6 동피랑벽화마을
거제시
서피랑공원 8
9 한려수도
조망케이블카
남해군
박경리기념관 10
달아공원 11
미래사
한려해상
국립공원
여수시

01 동의보감촌(산청한방테마파크)

2013년 산청 세계전통의학엑스포가 개최된 곳으로 한방과 건강을 주제로 조성된 테마파크다. 한의학박물관과 약초전시관, 꽃과 조각들로 꾸며진 공원, 한방체험이 가능한 숙박시설이 있다. 한의학박물관은 여러 전시물과 함께 체험실을 갖추어 다양한 즐길 거리를 제공한다. 투명한 유리 외벽의 산청약초관에서는 다양한 약초를 볼 수 있다. 색색의 꽃으로 꾸며진 약초테마공원과 커다란 곰과 거북의 조형물이 있는 한방테마공원, 아이들이 좋아하는 미로 공원도 조성되어 있어 가족과 함께 즐기기 좋다. 테마파크가 상당히 넓으니 지도를 챙겨서 들어가자. 지도는 동의보감촌 입구 상점에서 얻을 수 있다.

동의보감촌 055-970-7216 09:00~18:00, 월요일 휴무 주제관·한의학박물관 2,000원
P 무료 donguibogam-village.sancheong.go.kr

02 진주성

논개의 이야기가 전해지는 곳으로 현재 진주성 안에는 넓은 공원이 조성되어 있다. 1592년 진주대첩 당시 김시민 장군이 이곳에서 일본군을 크게 격파하였다. 진주대첩 이후 다시 한 번 일본군이 진주성을 공격했고 약 열흘 동안의 전투 끝에 진주성은 함락되었다. 이 전투가 끝난 후 논개가 적장을 안고 의암에서 남강으로 뛰어들었다. 진주성의 공북문으로 들어서면 김시민 장군의 동상이 있다. 동상의 오른쪽에 있는 북장대에 오르면 진주 시내의 전경이 한눈에 들어온다. 서장대부터 촉성루에 이르는 성벽을 따라 걸으면 유유히 흐르는 남강의 모습을 볼 수 있다. 촉성루는 전투 시 군사를 지휘하던 곳으로 진주성에서 가장 유명한 볼거리다. 촉성루 밑의 계단으로 내려가면 의암이 나온다.

진주성 공북문(진주시 남강로 626)
055-749-5171 09:00~18:00 2,000원
최초 30분 500원(이후 10분당 200원)

Tip 진주레일바이크

진주성에서 멀지 않은 곳에 남강을 따라 2km의 선로를 왕복하는 레일바이크가 있다. 출발 시간이 정해져 있지 않아 관람객이 오면 상시 출발하며, 레일바이크를 타고 돌아오는데 40분 정도 소요된다. 레일바이크 탑승장에 작은 놀이공원이 있어 아이들과 함께 방문하기 좋다.

진주레일바이크 055-758-0101
9,000원 무료 www.jinjurailbike.com

03 경상남도수목원

진주시 반성면에 위치한 수목원으로 지역 주민은 반성수목원이라 부른다. 갖가지 꽃과 나무 사이로 길게 이어진 산책로는 따뜻한 봄날에 거닐기 좋다. 여름이면 메타세쿼이아 나무가 줄지어 있는 잔디 정원이 푸르름을 자랑하고 가을에는 미국에서 들여온 풍나무가 산책로를 붉게 물들인다.

경상남도수목원 055-254-3811
하절기 09:00~18:00, 동절기 09:00~17:00
₩ 1,500원 P 무료
www.gyeongnam.go.kr/tree/index.gyeong

04 당항포관광지

바다의 문과 공룡의 문. 당항포관광지로 들어가는 입구는 두 곳이다. 당항포관광지는 충무공 이순신 장군의 승리를 기념하기 위해 조성된 곳으로 이순신 장군에 관한 볼거리와 공룡 전시관이 모여 있다. 시원스레 펼쳐진 바다의 문으로 들어서면 충무공 기념사당인 숭충사, 당항포해전관, 거북선체험관 등 이순신 장군과 관련된 관광지가 있다. 백악기의 공룡들을 만나고 싶다면 공룡의 문을 이용하자. 공룡이 풀을 뜯어 먹는 모양의 공룡캐릭터관, 해안가 산책로와 이어진 공룡 발자국 화석지 등을 관람할 수 있다. 3년마다 열리는 세계공룡엑스포가 이곳에서 개최된다.

당항포관광지(바다의문), 당항포오토캠핑장(공룡의문)
055-670-4505 하절기 09:00~18:00, 동절기 09:00~17:00, 월요일 휴무 ₩ 7,000원 P 3,000원
dhp.goseong.go.kr

05 이순신공원

바닷가 산책로가 아름다운 곳으로 예전 이름은 한산대첩 기념공원이다. 이름에서 알 수 있듯이 이순신 장군이 일본군을 크게 무찌른 한산도 대첩의 격전지가 내려다보이는 곳에 있다. 주차장에서 메타세쿼이아 나무가 즐비한 오르막길을 오르면 바다를 향해 있는 이순신 장군의 동상이 나온다. 이순신 장군의 동상이 향하고 있는 푸른 바다가 바로 한산도 대첩이 일어났던 곳이다. 이 전망대에서부터 해안 산책로가 이어진다. 짙푸른 바다와 구불구불하게 놓인 산책로, 주변에 펼쳐져 있는 초록빛 잔디가 멋진 풍경을 선사한다.

이순신공원 055-642-4737 ₩ 무료 P 무료
www.utour.go.kr(통영 문화관광)

06 동피랑벽화마을

통영 중앙시장 뒤쪽에 바라만 보아도 마음이 따뜻해지는 벽화마을이 있다. 동쪽 벼랑이라는 뜻을 가지는 이 마을은 회색빛의 허름한 동네였다. 2007년 재개발 계획에 의해 마을이 철거될 위기에 처하자 한 시민단체가 벽화공모전을 열었고, 19개 팀이 참여하여 동피랑을 화려하게 변화시켰다. 달라진 동피랑의 모습을 보기 위해 관광객이 몰렸고 통영시는 마을 철거방침을 철회하였다. 동피랑 마을은 아름다운 관광지인 동시에 여전히 마을 사람들의 삶의 터전인 만큼 조용히 둘러보자. 평일에는 마을 주변에 주차할 수 있지만, 주말에는 통제되므로 공영주차장을 이용해야 한다.

동피랑마을, 통제영주차장(세병관), 중앙시장 공영주차장(통영시 남망길 25)
055-650-2622(동피랑 시설문의) ₩ 무료
P 통제영주차장·중앙시장 공영주차장 최초 30분 500원 (이후 10분당 200원), 1일 6,000원

07 세병관

세병관은 조선시대 선조 36년에 지어진 웅장한 목조 건물로 약 290여 년 동안 경상, 전라, 충청도의 수군을 총지휘했던 '삼도수군통제영'의 객사로 사용된 건물이다. 당나라 시인 두보의 시에서 따온 세병관이란 이름에는 평화를 바라는 애절한 마음이 담겨 있다. 경복궁의 가장 아름다운 건물인 경회루, 여수의 진남관과 어깨를 나란히 하는 건축물로 국보 제305호로 지정되어 있다.

세병관 055-645-3805 09:00~18:00
3,000원 P 통제영주차장 최초 30분 500원 (이후 10분당 200원), 1일 6,000원
www.utour.go.kr(통영 문화관광)

08 서피랑공원

인생 사진을 얻을 수 있는 통영의 또 다른 포토존이다. 알록달록 사진 찍기 좋은 99계단과 밟으면 멜로디가 울려 퍼지는 피아노계단, 그리고 바지가 반쯤 내려간 엉덩이 의자가 서피랑 공원의 포인트! 공원의 정상인 서포루에서 충렬사 방향으로 내려오면 서피랑 무료주차장이 나온다. 서포루와 가깝지만, 서피랑의 명물인 99계단과는 거리가 조금 있다. 서피랑은 소설가 박경리 선생이 태어난 곳으로 주차장 근처에 박경리 선생의 생가가 있으니 함께 둘러보아도 좋다.

서피랑공원 055-650-4681(통영관광안내소)
무료 P 무료

Tip 충렬사

충무공 이순신 장군을 모시는 사당으로 세병관 근처에 있다. 제를 올리는 정당과 인재양성을 위한 경충재(충렬서원), 사무를 보던 숭무당, 충무공의 8대손 이승권이 지은 누각인 강한루가 있다. 강한루 뒤쪽의 외삼문은 우표의 도안으로 사용될 만큼 뛰어난 조형미를 자랑한다.

09 한려수도조망케이블카

통영의 대표 관광지인 한려수도조망케이블카는 운행 길이가 1,975m로 국내 관광 케이블카 중 긴편에 속한다. 통영 시내와 한려수도의 아름다운 모습을 한눈에 내려다볼 수 있고, 힘들지 않게 미륵산 정상을 밟을 수 있어 인기다. 상부 탑승장에서 미륵산 정상까지는 10여 분 정도 소요된다. 정상으로 향하는 데크길 중간중간 전망대가 설치되어 있어 쉬어 가기 좋다. 성수기나 주말에는 한 시간 이상 대기해야 하는 경우가 많으므로 케이블카의 표를 먼저 확보한 후 다른 관광지를 둘러보자.

한려수도조망케이블카 1544-3303 상시 변동, 매월 두 번째, 네 번째 수요일 휴무
왕복 17,000원, 편도 13,500원 P 무료 cablecar.ttdc.kr

Tip 스카이라인 루지

하부터미널에서 리프트를 이용하여 상부터미널로 이동한 후 카트를 타고 트랙을 내려온다. 총 2.1km의 트랙은 곡선 코스, 터널 등 다양한 구간으로 구성되어 있다. 탑승자 스스로 카트의 방향과 속도를 제어할 수 있어 재미를 더한다.

통영루지 070-4731-8473 10:00~18:00
3회 이용권 32,000원 P 무료
www.skylineluge.com/ko/tongyeong

10 박경리기념관

『토지』, 『김약국의 딸들』로 유명한 소설가 박경리 선생의 묘소가 있는 곳이다. 기념관에는 『토지』의 친필원고와 여권, 편지 등의 유품을 비롯한 다양한 자료가 전시되어 있다. 박경리 선생이 평소 집필하던 서재도 재현되어 있으니 둘러보자. 기념관 뒤쪽의 산책로를 따라 올라가면 박경리 선생의 묘소가 나온다.

박경리기념관 055-650-2541
09:00~18:00, 월요일 휴무 ₩ 무료 P 무료
pkn.tongyeong.go.kr

11 달아공원

동양의 나폴리라 불리는 통영에서 빼놓을 수 없는 볼거리는 해안도로를 달리며 바라보는 바다의 전경이다. 한려수도의 비경을 보고 싶다면 산양일주도로를 타고 달아공원으로 가자. 달아공원은 아름다운 낙조를 보기 위해 많은 사람이 찾는 곳으로 산양일주도로의 중간쯤에 있다. 달아공원 옆에는 넓은 유료주차장(신용카드 전용)이 마련되어 있다. 관광객으로 붐비는 기간이 아니라면 달아공원 휴게소 앞 무료주차공간을 이용하자. 휴게소에서 100m 정도 걸으면 달아공원의 전망대가 나온다.

달아공원 055-650-0580(통영관광안내소)
₩ 무료 P 최초 1시간 1,100원(이후 10분당 300원, 신용카드 전용) www.utour.go.kr(통영 문화관광)

구형왕릉

구형왕릉

구형왕릉

구형왕릉은 피라미드 모양의 돌무덤으로 그 주인은 김유신의 증조부이자 가야의 마지막 왕인 구형왕이라고 알려져 있다. 구불구불한 산길 막다른 곳에 녹음으로 둘러싸인 구형왕릉이 있다. 비스듬한 풀밭 위에 쌓여진 돌무더기가 맑은 계곡물과 어우러져 청아하고 신비한 분위기를 자아낸다. 구형왕릉은 원래 석탑이라는 설도 있다. 『동국여지승람』에 언급되는 이야기와 구형왕의 유물이 근처에서 출토되었다는 데 힘입어 왕릉이라는 설이 더 강력하지만 확실히 밝혀진 것은 없다.

구형왕릉 ₩ 무료 P 무료

목면시배유지

목면시배유지

고려 말 문익점이 그의 장인과 함께 목화를 처음으로 재배한 곳이다. 목화의 성장 과정과 베를 짜는 과정을 볼 수 있는 전시관이 있고 전시관 뒤쪽으로 목화밭이 있다.

목면시배유지 055-973-2445 09:00~18:00
₩ 무료 P 무료

겁외사

겁외사&성철대종사생가

'산은 산이요 물은 물이로다'라는 법문을 남긴 성철 스님을 추모하고 뜻을 기리는 사찰로 성철스님의 생가터에 세워졌다. 생가 안채와 사랑채가 복원되어 있고 스님의 소탈한 일상을 엿볼 수 있는 유품이 전시되어 있다.

겁외사 055-973-1615 ₩ 무료 P 무료

남사예담촌

아름답기로 손꼽히는 전통한옥마을로 고풍스러운 한옥과 고즈넉한 돌담길이 운치 있다. 마을에서 가장 큰 최씨고택과 200년 된 안채가 있는 이씨고택을 중심으로 주변을 둘러보자. 이씨고택 앞 골목에는 두 그루의 회화나무가 있는데 X 모양으로 교차하고 있다. 이 나무 밑을 지나가면 금슬 좋은 부부가 된다는 이야기가 전해진다. 돌담길 사이를 거닐다 보면 650년 된 매화나무와 600년 된 감나무도 만날 수 있다.

🏠 남사예담촌 📱 070-8199-7107 ₩ 무료 🅿 무료

남사예담촌

진양호 전망대

진주성에서 남강을 따라 8km쯤 가면 인공호수인 진양호의 시원한 경관을 즐길 수 있는 전망대가 나온다. 진양호공원 꼭대기에 위치한 이 전망대는 새하얀 벽과 붉은 난간을 가진 독특한 외관의 건물이다. 소원이 이루어진다는 일년계단과 이어져 있고 전망대 아래에는 동물원도 있다. 진양호 동물원 주차장을 이용한 후 전망대를 관람하면 된다.

🏠 진양호 동물원 ₩ 무료 🅿 무료

진양호 전망대

미래사

미래사는 미륵산 남쪽 기슭에 위치한 작은 사찰로 편백숲으로 둘러싸여 있다. 1951년 구산 스님이 석두, 효봉 두 스님의 안거를 위해 2~3칸의 토굴을 지은 것을 시작으로 1975년 미륵불상을 조성하고 1983년 대웅전을 중건하였다. 우리나라에서는 보기 드문 십자팔작누각의 범종각도 볼거리. 미래사 주차장에서 미륵불 전망대까지 약 260m를 걸어보자. 편백숲의 상쾌한 공기를 만끽할 수 있다.

🏠 미래사 📱 055-645-5324 ₩ 무료 🅿 무료

미래사

추천 맛집

통영 풍화김밥
충무김밥을 2인분 이상 주문해야 한다. 주차가 힘들지만, 통영의 3대 충무김밥집이라 불릴 만큼 유명하다. 충무김밥을 주문하면 시래깃국, 어묵과 함께 매콤하게 무친 오징어, 잘 익은 무김치가 나온다.

통영시 통영해안로 233-1

055-644-1990

통영 뚱보할매김밥집
통영 중앙시장 근처에 있으므로 중앙시장 공영주차장을 이용하면 편리하다. 동피랑벽화마을과 가까이 있어 벽화마을을 방문하기 전 이곳에서 배를 채우면 좋다.

통영시 통영해안로 325

055-645-2619

통영 미주뚝배기
해물뚝배기만을 판매하는 식당으로 2인분 이상 주문이 가능하다. 통영 여객선 터미널 근처에 있다.

통영시 통영해안로 227-2

055-642-0742

통영 원조시락국
시래기는 무에 붙어 있는 잎이며, 시래깃국의 사투리가 시락국이다. 이곳의 시락국은 장어 머리와 뼈를 고아낸 국물에 시래기와 된장을 넣어 끓여낸다. 시락국 단일 메뉴이며, 반찬은 원하는 만큼 직접 가져다 먹으면 된다.

통영시 새터길 12-10

055-646-5973

통영 오미사꿀빵 분점
오미사꿀빵은 밀가루 반죽에 팥앙금을 넣어 튀긴 후 꿀을 발라 만든, 겉은 바삭하고 속은 부드러운 빵이다. 1960년 초 꿀빵집 옆에 오미사란 이름의 세탁소가 있었는데 시간이 흘러 세탁소는 없어지고 '오미사 옆집'이라 불리던 꿀빵집이 자연스레 오미사빵집이라 불리게 되었다고 한다.

통영시 도남로 110

055-646-3230

진주 하연옥
70년간 이어져 온 여행작가 추천 음식점으로 멸치로 우려낸 육수를 사용한다. 우둔살을 얇게 저며 부쳐내는 육전도 부드럽고 고소하다.

진주시 진주대로 1317-20

055-746-0525

SNS 핫플레이스

카페 수선사
산청군 산청읍 웅석봉로154번길 102-23

055-973-1096

카페 아오라카페
진주시 내동면 망경로 17

0507-1314-8712

카페 마켓진양호
진주시 판문오동길 115번길 52 1층

0507-1374-9343

카페 카페녘
통영시 용남면 남해안대로 21 더벨르타워

0507-1391-0122

수선사

수선사

구 간 4

거제도

Best Course

통영 IC →
1 포로수용소유적공원&거제관광모노레일 →
2 거제맹종죽테마파크 →
3 매미성 →
4 소노캄 거제 마리나베이 →
5 구조라해수욕장 →
6 학동흑진주몽돌해수욕장 →
7 거제자연휴양림 →
8 바람의 언덕&신선대 →
9 해금강 →
10 외도 보타니아 →
11 여차몽돌해변&해안도로

01 포로수용소유적공원 &거제관광모노레일

한국전쟁 당시 인민군과 중공군 포로를 수용하기 위해 실제로 사용했던 포로수용소다. 포로수용소유적공원에서는 잔존유적지와 막사촌, 사진 등 관련 자료를 구경할 수 있다. 탱크전시장과 포로들이 걸었던 다리를 지나면 막사촌이 나오는데, 포로들이 수감되어 있던 현장을 그대로 복원해놓았다.

포로수용소유적공원 055-639-0625
09:00~18:00, 설날·추석 당일·화요일 휴무
₩ 7,000원 P 최초 3시간 2,000원(이후 30분당 1,000원)
www.gmdc.co.kr/_pow

Tip 거제관광모노레일

포로수용소 유적공원에서 계룡산 상부까지 이어지는 가파른 레일 위를 운행한다. 상행 25분 하행 20분 정도 소요된다. 계룡산 상부에는 거제도 포로수용소 유적지와 전망대가 있고 1km를 더 올라가면 계룡산 정상에 다다른다.
₩ 18,000원(포로수용소유적공원 관람 가능)

02 거제맹종죽테마파크

우리나라 맹종죽의 80% 이상이 거제도에서 생산된다. 맹종죽이 울창한 숲을 이루고 있는 거제 맹종죽 테마파크로 향하자. 죽림욕장은 밖의 온도보다 4~7도 정도 낮기 때문에 산소 발생량이 많고 일반 숲보다 음이온 발생량이 10배 정도 높다. 시원한 바람과 상쾌한 공기를 즐기며 산책로를 걸어보자. 대나무 의자에 앉아 사색에 잠기는 것도 좋다. 산중턱에 위치한 쉼터에 다다르면 거제의 푸른 바다가 한눈에 들어온다.

거제맹종죽테마파크 055-637-0067
하절기 09:00~18:00, 동절기 09:00~17:30
4,000원 무료 www.maengjongjuk.co.kr

03 매미성

중세시대 유럽의 성을 연상케 하는 훌륭한 외관. 혼자서 쌓아올렸다고 믿기 힘든 규모. 매미성은 시민 백순삼 씨가 설계도 한 장 없이 오랜 시간 묵묵히 쌓아올린 벽이다. 2003년 우리나라에 큰 피해를 입혔던 태풍 매미로 인해 백순삼 씨는 경작지를 잃었고 그 후 자연재해로부터 작물을 지키기 위해 매미성을 만들었다고 한다. 바닷가에 네모난 돌을 쌓고 시멘트로 메우는 작업을 반복하여 지금의 모습에 이르렀고 현재도 매미성은 계속 지어지는 중이다. 매미성과 조금 떨어진 곳에 주차장이 있고 매미성으로 향하는 길목에는 카페촌이 형성되어 있다.

매미성 무료 무료

소노캄 거제 마리나베이

04 소노캄 거제 마리나베이

거제시 일운면 소동리에 있는 대명리조트 거제 마리나베이는 전체 객실이 한려해상국립공원을 바라보는 오션뷰이며, 3,500명을 동시수용하는 대단위 워터파크 오션베이(Ocean Bay), 700석 규모의 대연회장과 각종 부대시설을 갖추고 있다. 옥녀봉을 등지고 바다를 향해 자리 잡은 리조트는 거제 최고의 경관을 자랑한다. 바다와 접한 오션베이는 각종 물놀이 시설과 워터파크가 들어서 있어 가족 단위 여행객들에게 안성맞춤이다. 또한 마리나베이 요트투어는 낭만(요트)과 스릴(제트보트)이 공존하는 바다 여행이다.

대명리조트 거제 1588-4888
www.sonohotelsresorts.com/calm_gj

05 구조라해수욕장

모래가 부드럽고 수심이 완만해 거제도에서도 손꼽히는 해수욕장. 장승포에서 가깝고 해수욕장 서쪽 해안에는 효자 전설이 얽힌 윤돌섬이 자리 잡고 있다. 해수욕장 주변에는 조선 중기에 축성한 구조라 성지와 외도해상공원 등 이름난 명승지가 많다.

구조라해수욕장 055-639-3000
tour.geoje.go.kr

06 학동흑진주몽돌해수욕장

동글동글한 몽돌이 1.2km 정도 펼쳐져 있는 학동 몽돌해수욕장. 몽돌의 크기가 규칙적으로 분포되어 있어 맨발로 몽돌을 밟으면 지압효과가 있다. 물이 맑고 깨끗하여 야영하기도 좋고 해변의 절경을 즐길 수 있으며, 유람선을 타고 명승2호인 해금강을 관광할 수 있다. 해안선을 따라 펼쳐지는 관광도로가 있고 동백숲이 유명하다.

학동흑진주몽돌해수욕장 055-635-5421

Tip 학동 동백숲&팔색조 번식지

3만여 그루의 동백나무가 자생하는 거대한 숲이다. 2월 말이면 일제히 꽃을 피운다.

07 거제자연휴양림

거제도에서 바다 구경에 슬슬 질렸다면 거제자연휴양림에 들러보는 것도 좋다. 녹음이 우거진 길을 산책하며 신선한 음이온을 마음껏 마시고, 숲속 산장에서 1박을 하며 쉬어 갈 수도 있다(사전예약 필수). 산장 외에도 휴양림 안에는 등산로와 산책로, 야영장 등의 편의시설이 완비되어 있어 가족끼리 편하게 쉬어 갈 수 있다. 산 정상의 전망대에서는 거제도 전경과 한려해상의 작은 섬들이 한눈에 들어오며, 날씨가 맑은 날은 멀리 현해탄과 대마도도 구경할 수 있다.

거제자연휴양림 055-639-8115~6

www.foresttrip.go.kr/indvz/main.do?hmpgId

08 바람의 언덕&신선대

해금강 가는 길, 거제도의 갈곶리에는 섬과 바다가 만들어내는 아름다운 풍경이 있다. 도로를 사이에 두고 왼편에는 도장포 바람의 언덕, 오른편에는 신선대가 자리한다. 신선대는 신선이 내려와 아름다운 풍경을 앞에 두고 풍류를 즐겼다는 곳이다. 깎아내린 듯한 절벽 위의 널찍한 공간은 주변 바다와 잘 어울린다. 갓처럼 생겨 '갓바위'라고도 불리는데, 벼슬을 원하는 사람이 이 바위에서 관직을 얻기 위한 제사를 지내면 소원이 이루어진다는 이야기도 전한다. 바람의 언덕은 '띠밭늘'이었다. 띠는 풀이니 다른 말로 옮기자면 그냥 풀밭이다. 바람이 하도 불어서 풀조차 잘 자라지 않았다는 곳이 바로 바람의 언덕이다. 그 바람을 맞으며 풍차가 서 있다. 이국적인 경치이면서 바람의 언덕을 대표하는 풍경이기도 하다.

신선대 거제관광안내소 055-639-4178
무료 3,000원(주차장이 혼잡함)

신선대

09 해금강

거제의 동백 여행은 학동 동백숲에서 출발해 해금강을 거쳐 여차해변으로 가는 길이 편하다. 이 길은 에메랄드빛 바다를 곁에 두고 이어진다. 화사한 햇살을 받으며 드라이브를 즐기다가 바다가 보이는 언덕이 나오면 차를 멈추면 된다. 파란 바다를 바라보며 치마폭을 들썩이는 봄바람처럼 붉은 사랑을 품어본다. 해안도로를 따라 달리는 자동차의 질주가 경쾌해 보인다. 두 개의 섬이 맞닿은 해금강은 한려해상국립공원에 속하며, 1971년 명승 제2호로 지정되었다. 지형이 칡뿌리가 뻗어 내린 형상을 하고 있다 해서 붙여진 갈도(갈곶도)라는 이름보다는 바다의 금강산을 뜻하는 해금강으로 널리 불리고 있다. 해금강 최고의 비경인 십자동굴을 비롯하여 사자바위, 부처바위, 촛대바위 등 기이한 암석이 많다. 유람선을 타고 해금강을 구경하는 코스가 인기 있다.

해금강 055-635-5421 tour.geoje.go.kr

10 외도 보타니아

거제도에 있는 외도해상공원은 구조라항에서 유람선으로 20분이면 닿는 섬이다. 30년 전 한 개인이 섬을 사들여 관광공원으로 꾸몄다. 이곳은 야자수, 선인장 등 아열대식물이 가득하고 스파리티움, 마호니아 같은 희귀식물도 많다. 편백나무로 만든 천국의 계단과 비너스공원도 이곳의 명물이다. 영화와 드라마의 촬영지로 알려지면서 많은 여행객이 찾는다.

장승포여객터미널 055-681-4541
하절기 08:00~19:00, 동절기 08:30~17:00
₩ 11,000원 www.oedobotania.com

11 여차몽돌해변&해안도로

남부면 다포마을 고개 너머의 따뜻한 남쪽 바닷가에 자리 잡고 있다. 앞바다에 점점이 원근감을 느끼는 8개의 작은 섬을 바라보고 지킨다고 하여 '여차'라는 지명이 생겼다고 한다. 아담한 포구, 눈이 시리도록 푸른 바다, 점점이 떠 있는 섬들은 병풍을 펼쳐 놓은 듯 아름답다. 또한, 고깃배들이 한가로이 바다에 떠 있는 모습은 평화로운 한 어촌 해변의 풍치를 더한다. 거제 남쪽에서 오붓하고 한적한 분위기로 가족 단위의 휴식처로 각광받고 있다.

여차몽돌해변 055-639-4244(거제시 해양항만과)
tour.geoje.go.kr

추천 숙소

오션테라

전 객실 테라스와 오션뷰를 갖춘 럭셔리 풀빌라 펜션이다.
거제시 장목면 율천두모로 139-17
055- 636-5400 oceanterra.modoo.at

오션테라

바람의 언덕 리조트

거제시 남부면 해금강로 132
0507-1406-6377 바람의언덕.com

해미래펜션

거제시 남부면 도장포2길 6
010-9334-6080 www.haemire.co.kr

추천 맛집

천년송횟집

해금강호텔 바로 옆에 있는 천년송횟집은 신선한 자연산 회와 홍합죽으로 소문난 맛집. 신선한 해산물이 입맛을 돋우고 해금강 일대가 한눈에 내려다보인다.
거제시 남부면 해금강 3길 17
055-632-6210

백만석게장백반 본점

30여 년 전통의 거제도 맛집이며 멍게 전문점이다. 멍게 비빔밥과 간장게장이 무한리필이다. 거제 포로수용소유적공원 주차장 출구 옆에 있다.
거제시 계룡로 47
055-638-3300

SNS 핫플레이스

카페 온더선셋

거제시 사등면 성포로 65 055-634-2233

카페 맴맴그집앞(천국의 계단 포토존)

거제시 장목면 복항길 19 주2동 1층
0507-1439-9984

카페 시방리카페 매미성점

거제시 장목면 옥포대첩로 1216 0507-1342-9239

카페 외도널서리

거제시 일운면 구조라로4길 21 055-682-4541

카페 마소마레

거제시 일운면 거제대로 1828-5 0507-1404-4300

카페 바람의핫도그 본점

거제시 남부면 다대5길 13
0507-1437-1169

Part 10

찬란한 중원문화를 찾아서

45번 중부내륙고속도로

생거진천(生居鎭川)이란 말이 있다. 살아서는 진천에 사는 것이 좋다는 뜻이다. 하늘이 내린 최적의 자연환경과 후덕한 인심 때문이다. 삼국통일의 위업을 달성한 흥무대왕 김유신이 태어난 곳으로, 천년의 세월을 버티고 있는 진천 농다리가 있다. 길상사, 보탑사, 종박물관, 정송강사, 배티성지 등이 진천을 대표하고 있다. 삼국시대의 다양한 문화가 융합되어 만들어진 중원문화는 충주에서 시작되었다.

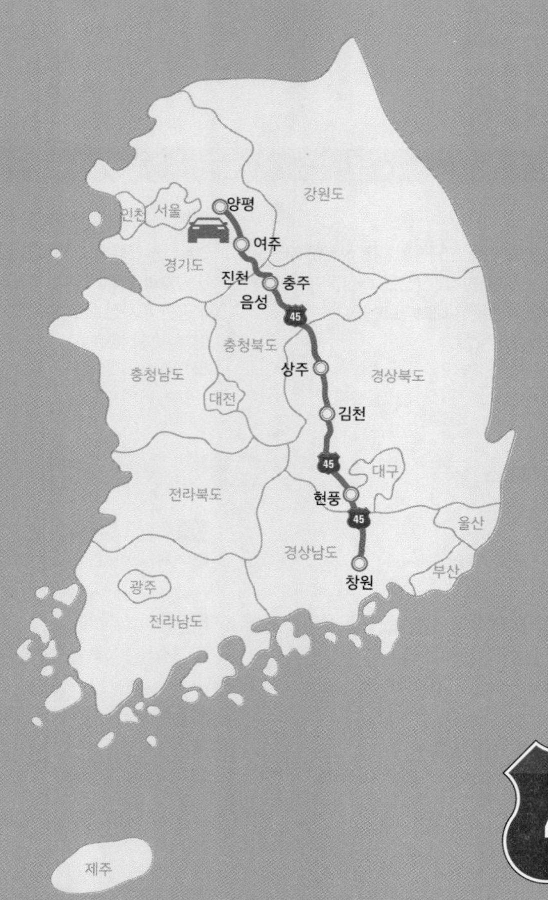

구 간 1

감곡 IC ~ 괴산 IC

음성·충주

Best Course

감곡 IC →

1. 음성 감곡매괴성모순례지성당 →
2. 철박물관 →
3. 미타사 → 충주 오대호아트팩토리 → 우림정원 →
4. 충주고구려천문과학관 →
5. 고구려비전시관 →
6. 중앙탑사적공원 →
7. 탄금대 →
8. 세계무술박물관 →
9. 조동리 선사유적박물관 → 건지마을 →
   충주호 종댕이길 → 활옥동굴 →
10. 임충민공 충렬사 →
11. 단호사 →
12. 수주팔봉 →
13. 충주미륵대원지 → 괴산 IC

01 감곡매괴성모순례지성당

감곡성당은 프랑스 파리외방전교회 소속의 임가밀로 신부가 설립하고 시잘레 신부가 설계하였다. 1896년에 설립된 성당은 충청북도에서 가정 먼저 세워진 성당이다. 30m가 넘는 뾰족한 종탑과 하늘을 찌를 것 같은 첨탑의 모습이 명동성당과 흡사하다. 성당 내부에 있는 성모상은 1930년 프랑스에서 가져온 것인데, 한국전쟁 때 북한군이 쏜 총알자국이 아직도 남아 있다. 현재의 성당 자리는 명성황후의 육촌오빠 민응식의 집으로 임오군란 때 명성황후가 피신을 왔던 장소이다. 하얀 석조건물 매괴박물관에서는 감곡성당이 수집, 보관하고 있던 각종 유물을 전시하고 있다. 임가밀로 신부의 유품과 예수성심기, 성모성심기 등 천주교 유물을 볼 수 있다. 산상십자가로 가는 가파른 언덕길에는 묵주기도 20현의와 산상 십자가의 길이 있다.

감곡매괴성모순례성당 043-881-2809
무료 P 무료 www.maegoe.com

02 철박물관

철박물관은 철을 주제로 우리 생활에서 철의 소중함을 알리기 위한 공간이다. 인적 드문 시골에 아담한 모습의 철박물관은 마치 전원주택과 같다. 박물관은 실내와 야외전시장으로 이뤄져 있으며, 오랜 옛날부터 우리의 삶의 일부분처럼 함께해온 철의 역사와 문화를 보여주는 특별한 아이템이 가득하다. 상설전시에서는 철의 탄생, 철의 생산, 생활 속의 철, 철의 역사와 예술 등을 주제로 전시되고 있다. 야외에서는 조선시대에 철을 만들던 곳이라고 추정되는 유적지, 철을 이용하여 제품을 만드는 공정 등을 살펴볼 수 있다. 우리 생활과 밀접한 관계를 맺고 있는 철을 친근하고 재미있게 만나보자!

철박물관 043-883-2321
10:00~17:00, 일·월요일 휴무 무료 P 무료
www.ironmuseum.or.kr

03 미타사

미타사는 신라 진덕여왕 때 원효대사가 창건했다고 전해지나 확실하진 않다. 경내에는 극락전, 삼성각, 선실, 요사채 및 3층 석탑 등이 있다. 미타사 가는 길에 멀리서도 커다란 불상이 한눈에 보이는데, 바로 지장보살입상이다. 높이 41m의 동양 최대 지장보살이다. 지장보살입상은 모든 중생이 백팔참회를 통해 성불하기 바라는 뜻에서 세웠다. 지장보살성지를 지나 미타사를 향하여 오르다 보면 왼쪽 바위벽에 조각된 불상이 보인다. 마애여래입상이다. 이 마애불은 고려후기의 작품으로 자연 암벽을 이용하여 만들었는데, 불상의 머리와 어깨 부분을 깊이 새겨 상반신의 입체감을 부각시켰다.

미타사 043-873-0330 무료 www.mitasa.co.kr

04 충주고구려천문과학관

충주고구려천문과학관은 고구려의 기상을 이어받자는 의미로 세워졌다. 1층에는 전시실, 시청각실, 천체투영실이, 2층에는 주관측실과 보조관측실이 있다. 1층 전시실에는 별자리와 천문에 관한 고대인들의 사상과 우리나라의 고천문도인 '천상열차분야지도(天象列次分野之圖)'가 전시되어 있다. 천체투영실은 반구형의 영사막으로 되어 있어 프로젝트 빔으로 천체 및 별자리를 입체적으로 감상할 수 있다. 2층 주관측실은 돔(Dom)형 구조로 되어 지름 600mm의 고성능 대구경 망원경을 통해 낮에는 태양의 홍염을, 밤에는 별, 행성, 달, 성운, 성단 등을 관찰할 수 있다. 밤하늘의 아름다움과 별자리에 대한 이야기를 들으며 어른들은 동심으로, 아이들은 미지의 세계로 여행을 떠나보자.

고구려천문과학관 043-842-3247
₩ 3,000원(천체투영실 500원 별도), 사전예약 필수 (40명 한정) P 무료 www.gogostar.kr

05 고구려비전시관

고구려비는 장수왕이 남한강 유역을 공략한 후 세운 기념비다. 광개토왕릉비와 함께 고구려가 위로는 만주, 아래로는 남한강 유역까지 세력을 확장했음을 보여준다. 비문을 통해 중원지방을 점령했던 5세기 중엽에서 6세기 초반까지 고구려와 신라의 관계를 알 수 있다. 신라를 '동이'라고 부르고 고구려왕이 신라왕에게 의복을 하사했다는 표현으로 보아 고구려와 신라는 주종관계였으며, 당시에 신라에 고구려 군사가 주둔하고 있음을 알 수 있다. 고구려비에 대한 비문과 삼국의 관계 및 역사에 대한 소개와 함께 안악 3호분, 광개토대왕비, 충주 고구려비 발견 과정 등도 소개하고 있다. 고구려가 세계의 중심이라고 생각하던 고대 고구려의 웅대한 세계관을 느낄 수 있다.

고구려비전시관 043-850-7301
09:00~18:00, 월요일 휴무 ₩ 무료 P 무료

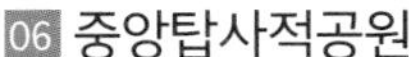

06 중앙탑사적공원

충주 탑평리7층석탑은 지리적으로 우리나라 중앙에 위치한다고 해서 중앙탑으로 부른다. 통일신라시대에 세워진 석탑으로 신라시대 석탑 중에서 규모가 가장 크다. 중앙탑사적공원은 중앙탑을 중심으로 조성한 공원이다. '문화재와 호반예술의 만남'이라는 주제로 국내 조각가들의 작품을 전시한 충북 최초의 야외 조각공원이다. 남한강을 따라 넓은 잔디밭에 다양한 수종의 나무를 심어 시민들의 휴식공간을 만들었다. 중앙탑을 마주하고 있는 충주박물관은 충주의 역사와 민속자료가 전시되어 있다.

중앙탑사적공원

043-842-0532 09:00~18:00 ₩ 무료 P 무료

충주박물관

043-850-3924

09:00~18:00, 월요일 휴무 ₩ 무료 P 무료

07 탄금대

탄금대가 있는 대문산은 산세가 완만하고 기암절벽을 휘감아 돌며 흐르는 남한강과 울창한 송림으로 경치가 매우 아름다운 곳이다. 탄금대는 신라 진흥왕 때 우리나라 3대 악성(樂聖) 중 하나인 우륵 선생이 가야금을 타던 곳이다. 우륵은 조국의 멸망 후에 이곳에 강제로 이주 당한 수많은 가야인들 중 한 사람으로, 탄금대 절벽에서 풍광을 감상하면서 가야금을 타는 것으로 하루를 보냈다. 그 아름다운 소리에 사람들이 하나둘 모여 부락을 이루고 그곳을 탄금대라 명명했다고 한다. 또한 이곳은 임진왜란 때 무장 신립 장군의 부대가 왜적과의 전투에서 크게 패하고 남한강물에 투신자살한 아픔이 있는 곳이다. 탄금대로 가는 길에 있는 탄금정과 충혼탑 중간에는 아동 문학가이자 항일시인인 권태응 선생의 「감자꽃」 노래비가 있고, 신립장군전적비 등이 있다.

탄금대 043-848-2246 ₩ 무료 P 무료

08 세계무술박물관

세계무술공원 내에 있는 무술을 주제로 한 박물관이다. 우리나라 고유무술과 세계 각국의 무술관계자들이 모여서 '세계무술과 문화의 만남'이라는 주제로 매년 가을에 행사를 열고 있다. 이곳에서는 영화에서나 볼 법한 세계무술의 다양한 모습과 가치를 만날 수 있다. 우리 고유의 무술인 택견을 비롯해서 다른 나라의 전통무술을 이해하고 이에 관한 다양한 정보도 얻을 수 있다. 박물관에는 무술대회에 참가한 여러 나라들이 기증한 각국의 민속공예품을 비롯하여 다양한 무기들도 소개하고 있다. 관람객을 위한 택견 동작 따라 하기, 고수를 이겨라, 기와격파 등 여러 가지 체험도 가능하다. 공원에는 남한강변을 따라 산책로와 자전거 도로가 있어서 산책과 여가활동을 하기 좋다.

세계무술박물관 043-857-9416
09:00~18:00, 월요일 휴무 ₩ 무료 P 무료

09 조동리 선사유적박물관

1990년 집중호우로 세상에 알려지게 된 조동리는 신석기, 청동기시대부터 우리 선조들의 집단 취락지였다. 조동리에서 발견된 집터, 불땐 자리 등으로 보아 청동기시대부터 사람들이 살아왔음을 알 수 있다. 조동리 선사유적박물관에서는 당시 생활모습을 전시하여 충주지역의 신석기, 청동기시대의 역사를 살펴볼 수 있다. 지하 1층, 지상 2층 규모로 각종 토기류와 석기류 등의 출토유물 124건 203점 가운데 국가로부터 89건 146점을 대여받아 전시하고 있다. 1층에는 조동리 선사유적지, 한국의 선사문화, 조동리의 생활상 등을 볼 수 있는 생활문화실이 있고, 2층에는 벼의 기원과 진화, 한국의 도작농경, 조동리의 농경생활을 살펴볼 수 있는 쌀 문화실과 영상체험전시실, 학예연구실 등이 있다.

조동리 선사유적박물관 043-850-3991
09:00~18:00, 월요일 휴무 ₩ 무료 P 무료

10 임충민공 충렬사

조선 인조 때 명장 임경업 장군의 얼을 기린 곳이다. 임경업 장군은 1633년(인조 11년) 명나라의 반란군을 토벌하고 병자호란 때 청나라의 공격으로부터 백마산성을 수비한 명장이다. 임경업 장군의 초상화에는 일화가 전해져 온다. 청나라 지원군으로 명나라 공격에 나섰으나 '반청친명(反淸親明)'의 신념으로 활촉을 빼고 공격하여 은밀하게 명나라를 도와주었다. 이에 감사의 뜻으로 명나라가 화가를 보내 임 장군의 초상화를 두 점 그려서 한 점은 명 황제에게, 한 점은 장군에게 전해주었다. 충렬사비는 억울하게 누명을 쓰고 고문을 받던 중 죽은 임 장군의 신원이 회복되면서 충절과 업적을 기리기 위해 세운 것이다. 임 장군이 늘 곁에 두고 사용하였던 추련도와 일제강점기 때 일본군이 영조의 낙관을 파낸 현판 등 40여 점의 유물이 전시되어 있다.

임충민공 충렬사 043-850-7302 09:00~18:00 ₩ 무료 P 무료

11 단호사

조선 숙종 때 중건하여 송림사로 부르다가 1954년에 지금의 단호사로 이름을 바꾸었다. 경내에는 조선 초기에 심어진 커다란 노송 한 그루가 있다. 강원도에 살던 문약국이라는 사람이 아들을 얻기 위해 불공을 드리러 왔다가, 불당도 고치고 불공을 드렸는데 적적함에 이 소나무를 심었다고 전해진다. 또 하나 유명한 것은 철불좌상이다. 고려, 조선시대를 통틀어 우리나라의 철불상 수는 몇 안 된다. 그중 유난히 철불상이 많은 곳이 바로 충주다. 삼국시대부터 철의 주산지이던 충주에는 유난히 생김새가 독특하고 매력적인 철불이 많았다. 단호사의 철불은 그중 가장 매력적이다. 단호사를 뒤덮을 듯 우거진 두 그루의 느티나무가 절의 예스러움을 더해준다.

단호사 043-851-7879 ₩ 무료 P 무료

12 수주팔봉

수주팔봉은 '물 위에 서있는 여덟개 봉우리'를 뜻한다. 달천 물길을 따라가다 보면 너른 물줄기가 산자락을 휘감아 회돌이 치는 곳이 나온다. 그 강 건너편에 병풍처럼 늘어선 바위가 팔봉자락이다. 대형스크린처럼 깎아지른 암봉은 송곳바위, 중바위, 칼바위 등 이름도 제각기이다. 넓은 달천이 수주팔봉 가운데로 안기며 떨어지는 물줄기가 팔봉폭포이다. 농지로 사용하기 위한 인공폭포이다. 그 위에 걸린 수주팔봉 출렁다리는 길이 47.75m, 폭 1.7m로 산봉우리 사이를 이어준다. 출렁다리 위에 서면 팔봉마을을 휘감는 물돌이, 날카로운 암벽, 그 암벽에 뿌리내린 소나무들이 달천과 어우러져 한 폭의 수묵화를 그려내고 있다. 출렁다리를 지나면 전망대까지 가는 길이 있다. 좁은 길과 가파른 계단 끝에 전망대를 만날 수 있다(왕복 30분). 드라마 〈빈센조〉 촬영지로 '차박의 성지'라 불린다.

🏠 충주시 대소원면 팔봉향산길 190
📱 043-842-0531(충주종합관광안내소) ₩ 무료 P 무료

13 충주미륵대원지

하늘재와 지릅재 사이에 있는 미륵대원지는 신라의 마지막 왕자인 마의태자가 만들었다. 금강산으로 가던 중 꿈에서 관세음보살로부터 석불을 세우라는 계시를 받고 지금의 미륵리에 석불을 세워 절을 만들었다고 한다. 본래 석조(石造)와 목구조(木構造)를 합성시킨 석굴사원(石窟寺院) 터로 석굴을 금당으로 삼은 특이한 구조이다. 대부분의 불상은 남향으로 되어 있는데, 미륵사지 석불은 북향이다. 석불이 있는 주실은 가로 9.8m, 세로 10.75m의 넓이며, 그 한가운데 불상을 봉안하였다.

🏠 충주미륵대원지 ₩ 무료 P 무료

오대호아트팩토리

오대호아트팩토리

정크아트는 폐타이어나 고철, 폐차 등 수명을 다한 물건을 예술작품으로 만드는 것을 말한다. 우리나라 정크아트 1세대인 오대호 작가가 만든 갤러리 겸 체험공간이다. 옛 능암초등학교를 리모델링하여 직접 만지고 감상할 수 있는 전시관으로 만들었다. 넓은 운동장을 가득 채운 로봇은 아이뿐만 아니라 어른들도 동심으로 돌아가게 만든다. 공부하던 교실은 동화스토리텔링, 동물형상작품, 아트모빌 등 작품이 전시되어 있다. 체험학습실에서는 정크아트를 배울 수 있다. 아기자기한 소품을 구경하는 재미와 함께 야외에서 직접 만지고 타는 조각품을 즐겨보자.

충주시 양성면 가곡로 1434 043-844-0741 10:00~18:00, 월요일 휴관
₩ 7,000원(이색 자전거 이용 포함) P 무료 5factory.kr

우림정원

우림정원

우림정원은 도심에 살던 부부가 귀촌해서 만든 아름다운 정원이다. 두 부부의 이름을 따서 만든 정원이지만 그 규모는 여느 공원 못지않다. 우림정원의 산책로에는 계절을 느낄 수 있는 꽃길, 곧게 뻗은 메타세쿼이아 숲길, 작은 연못, 다양한 표정을 지닌 장승, 하늘로 뻗은 솟대, 소나무길 등 다양한 테마를 만날 수 있다. 곳곳에는 부부가 직접 쌓은 돌탑과 조형물이 숨어 있다. 그 끝에는 작은 공연장도 있다. 작은 광장이 있는 예술공원을 지나 카페에서 잠시 쉬어가자. 정성스런 부부의 손길 덕분에 우아하고 정갈한 산책길을 거닐며 힐링하는 시간을 가질 수 있다.

충주시 엄정면 삼실길 42 043-844-8100 09:00~17:00
₩ 5,000원(카페 무료) P 무료

건지마을

건지마을

충주의 해넘이 명소를 뜨는 건지마을은 산중턱에 있는 작고 아담한 마을이다. 큰길에서 1km 정도 가파른 고갯길을 올라야 만날 수 있다. 오르막길 중간지점에 '사진 찍기 좋은 풍경 포인트'라는 포토존이 있다. 'S' 자로 굽은 남한강과 충주 시가지 풍경이 한눈에 들어와 가장 아름다운 석양을 즐길 수 포토존이다. 마을회관 앞 갈림길에서 '광명사'라 쓰인 이정표를 따라 가면 작은 절이 있다. 광명사 마당에서 내려다보는 건지마을은 작지만 평온해 보인다. 늦은 오후 오렌지 황금물결로 시작해 시시각각 색이 변하는 하늘과 그 빛을 머금은 남한강의 풍경을 감상해보자.

동량면 건지길 134 ₩ 무료 P 무료

충주호 종댕이길

충주호 종댕이길

계명산 줄기인 심항산을 감아 돌면서 충주호의 아름다움을 느낄 수 있는 산책길이다. 마즈막재에서 충주댐 물문학관까지 약 11.5km의 우거진 숲길을 따라 걸으면 시원한 바람과 다양한 식물들을 즐길 수 있다. '종댕이'는 근처의 상종, 하종 마을의 옛 이름에서 비롯되었다. 심항산을 종댕이산이라고도 부른다. 심항산 입구의 오솔길을 따라 출렁다리까지는 약 3.8km로, 숲해설안내사와 함께 걸어보자.

마즈막재(충주시 충주호수로 1170) ₩ 무료

활옥동굴

활옥동굴은 일제강점기이던 1920년대부터 백옥을 비롯하여 활옥과 활석을 채굴하던 탄광이었다. 2018년 폐광된 갱도의 전체 길이는 약 87km이며, 현재는 일부만이 일반인에게 공개되고 있다. 오랜 세월을 안고 있는 탄광과 분쇄 공장이 카페로 다시 태어났다. 최대한 탄광이 가진 거친 느낌을 그대로 살리면서 LED조명 등 최소한의 현대적인 인테리어를 가미하여 이색적인 분위기를 만들어냈다. 안전모를 착용하고 동굴에 입장하여야 한다. 동굴 곳곳에 설치된 LED조명과 산호초, 돌고래, 개구리와 전갈 등의 조형물을 설치하여 기존의 탄광 느낌은 찾아볼 수 없다. 좌욕기가 설치된 건강테라피실, 무대가 있는 공연장 등 이색적인 테마동굴로 변신한 광산이 충주의 핫플레이스로 주목받고 있다.

충북 충주시 목벌안길 26 0507-1447-0517, 043-848-0503
09:00~18:00, 월요일 휴무 ₩ 입장료+보트 15,000원

활옥동굴

Travel Plus

추천 숙소

충주 켄싱턴리조트
충주시 앙성면 돈산리 산전장수1길 103
043-857-0055

충주 충주그랜드관광호텔
충주시 중원대로 3496
043-848-5554

충주 수안보온천랜드
충주시 수안보면 온천리 주정산로 32
043-855-8400

추천 체험

충주 충주호크루즈-관광유람선
충주호는 우리나라 최대의 다목적댐으로 충주, 제천, 단양을 잇는 인공호수이며, 호수 주변에는 월악산국립공원, 단양팔경, 청풍문화재단지 등 뛰어난 관광자원을 보유하고 있다.
선착장 : 충주나루 · 월악나루 · 청풍나루 · 장회나루(청풍나루와 장회나루 추천)
청풍 ⇄ 장회나루(왕복)
(청풍문화재단지, 수경분수세트장, 모노레일, 금월봉, 옥순봉, 구담봉, 금수산, 제비봉, 만학천봉, 옥순대교 등)
청풍나루 또는 장회나루 휴게소
043-851-7400(승선 예약 문의)
충주호크루즈 www.chungjuho.com

충주호 유람선

성봉채플

게으른 악어

SNS 핫플레이스

수안보 성봉채플
충주시 수안보면 탑골1길 36

카페 게으른 악어
충주시 살미면 월악로 927
043-724-9009

카페 세상상회
충주시 관아5길 4-1
0507-1313-3458

서유숙(펜션)
충주시 소태면 덕은로 596
043-855-9909

추천 맛집

충주 운정식당
남한강에 서식하는 올갱이는 구수하고 담백한 맛이 일품이다. 일반적으로 올갱이국은 해장국으로 많이 먹지만 올갱이덮밥, 올갱이회냉면, 올갱이전골 등 다양한 요리가 있다.
충주시 중원대로 3432-1
043-847-2820

충주 사과순대
충주시 대소원면 대소원로 137
043-846-9463

괴산 오십년할머니집
괴산군 괴산읍 괴강로느티울길 8-1
043-832-2974

괴산 할매청국장
괴산군 칠성면 연풍로 166-2
043-832-6152

괴산 괴산식당
괴산군 괴산읍 읍내로 13길 10
043-832-2885

충주 소라가든
충주시 수안보면 노포란길 12
043-846-7819

음성 초향기칼국수
음성군 원남면 충청대로 327
043-872-4410

충주 복탄횟집
충주시 소태면 덕은로 581
043-855-7795

충주 실비집
충주시 엄정면 새동네1길 7-24
043-852-0159

충주 귀골산장
충주시 살미면 팔봉향산길 398
043-851-8818

충주 영화식당
충주시 수안보면 물탕1길 11
043-846-4500

충주 본가참숯석갈비
충주시 능바우길 1
0507-1355-7839

충주 청평가든
충주시 노은면 솔고개로 739
0507-1406-9539

충주 메밀마당 충주중앙탑 본점
충주시 중앙탑면 중앙탑길 103
043-855-0283

충주 시골식당
충주시 하종민길 1
043-847-8036

초향기칼국수

메밀마당 충주중앙탑 본점

구 간 2

괴산IC ~ 북상주IC

괴산·문경·상주

Best Course

괴산IC →

1. 괴산 김시민장군 충민사 → 고산정&제월대 → 일완홍범식고택 →
2. 문광저수지 은행나무길 →
3. 금사담 암서재&화양구곡 →
4. 산막이옛길&충청도양반길 → 연하협구름다리 → 갈은구곡 → 쌍곡구곡 →
5. 각연사 → 한지체험박물관 →
6. 괴산원풍리마애이불병좌상 →
7. 수옥폭포&수옥정관광지 →
8. 문경 문경새재도립공원 →
9. 옛길박물관 →
10. 문경자연생태박물관 →
11. 문경활공랜드&단산모노레일 → 대승사 → 경천호 → 고모산성&진남교반 →
12. 문경에코월드 →
13. 오미자테마터널 →
14. 문경철로자전거 →
15. 상주 명주박물관 → 전고령가야왕릉 → 상주박물관

괴산 IC
① 김시민장군 충민사
45
월악산국립공원
고산정/제월대
일완홍범식고택
⑦ 수옥폭포/수옥정관광지
⑥ 괴산원풍리마애이불병좌상
한지체험박물관
괴산군
② 문광저수지 은행나무길
⑧ 문경새재도립공원
쌍곡구곡
산막이옛길/충청도양반길 ④
⑤ 각연사
문경자연생태박물관 ⑩
⑨ 옛길박물관
대승사
연하협구름다리
갈은구곡
⑪ 문경활공랜드/단산모노레일
문경시
충청북도
③ 금사담 암서재/화양구곡
고모산성/진남교반
속리산 국립공원
문경에코월드 ⑫
⑬ 오미자테마터널
문경철로자전거 ⑭
45
상주시
보은군
점촌함창 IC
⑮ 명주박물관
전고령가야왕릉
경천호
상주박물관

01 김시민장군 충민사

김시민장군 충민사는 임진왜란 때 공을 세운 충무공(忠武公) 김시민과 그의 숙부 김제갑의 위패를 봉안하고 있는 사당이다. 김시민은 선조 11년(1578년) 무과에 급제하고, 선조 24년(1591년)에 진주판관이 되었다. 임진왜란이 일어났을 때 진주목사로 사천, 고성, 진해에서 왜군을 크게 격파하고 영남 우도병마절도사에 올랐다. 임진왜란 3대 대첩 중 하나인 진주성 전투에서 김시민은 적을 격퇴하다가 전사했다. 이후 선조 37년(1604년) 선무공신 2등에 추록되고, 뒤에 영의정에 추증되었다. 효충문을 지나 선무문을 들어서면 곧게 뻗은 소나무 두 그루 사이로 충무공 김시민의 초상화가 보인다. 관리사무소 옆에는 옛 사당으로 오르는 길이 있다. 주차장에서 도보로 다리를 건너야 한다.

김시민장군 충민사 ₩ 무료 P 무료

02 문광저수지 은행나무길

울긋불긋 단풍이 물드는 가을이 오면 문광면 양곡저수지 일대는 노란 은행나무길이 열린다. 문광저수지를 둘러싼 400여m에 은행나무가 길게 늘어서 있어 황금빛 에코로드길이 생긴다. 황금빛 은행나무길이 저수지 물 위에 노란 물결과 주변의 가을산이 어우러지면서 한 폭의 몽환적인 수채화를 그려내기 때문이다. 그 아름다운 모습을 사진에 담기 위해 이른 아침부터 수많은 관광객들이 은행나무길을 빼곡하게 채운다. 물안개가 피어오르는 저수지와 물가에 피어난 왕버들나무, 저수지에 비친 노란 은행나무와 울긋불긋 뒷산의 단풍을 잊지 못해 다시 찾는 곳, 괴산 은행나무길이다.

문광저수지 ₩ 무료 P 무료

03 금사담 암서재&화양구곡

화양계곡은 넓게 펼쳐진 바위와 맑은 물, 울창한 숲이 아름다운 곳이다. 주위 바위 사이에는 노송이 울창하고 맑은 물이 감돌며 층암절벽이 즐비하여 경치가 매우 좋다. 너른 바위 위에 소나무를 벗 삼아 서 있는 암서재는 조선후기 좌의정을 지낸 우암 송시열이 은거하며 제자들을 가르치던 곳이다. 계곡을 따라 흐르던 물줄기가 잠시 쉬어 가는 곳이 금사담이다. 이 밖에도 가파르게 솟은 기암이 하늘을 떠받드는 경천벽, 맑은 물에 구름의 그림자가 비치는 운영담, 송시열이 효종대왕의 돌아가심을 슬퍼하며 통곡한 읍궁암, 의종의 어필이 새겨진 첨성대, 우뚝 솟은 바위가 구름을 가를 듯한 능운대, 마치 용이 꿈틀거리는 듯한 와룡암, 낙락장송 위에 백학이 집을 짓고 새끼를 쳤다는 학소대, 오랜 세월을 새기고 있는 흰바위 파천이 화양구곡이다.

화양구곡 P 3,000원

04 산막이옛길&충청도양반길

칠성면 외사리 사오랑 마을에서 산골마을인 산막이 마을까지 연결된 총길이 10리의 옛길을 말한다. 산막이옛길은 추억의 한 장면처럼 아련한 추억을 따라 옛길을 복원했다. 주변 산이 장막처럼 둘러싸여 있어서 산막이라고 한다. 산골마을 사람들의 이야기가 담긴 흙길, 오가며 나눈 정이 쌓여 생긴 길이라 그런지 요즘 만들어진 트레킹코스에 비해 소박하고 정겹다. 싱그러운 산바람과 산들거리는 강바람이 만나는 산막이옛길을 느리게 걸어보자. 산골소년이 뛰어다니던 자연을 그대로 느낄 수 있다. 끝나는 지점에 충청도양반길이 시작된다. 양반들이 한양을 오가던 아름다운 길은 괴산호의 수려한 물길 따라 이어진다.

코스 : 산막이옛길 1코스(4.4km), 2코스(9km), 충청도 양반길(약 21km)

산막이옛길 043-832-3527
유람선 09:00~17:00 P 3,000원

05 각연사

신라 법흥왕 때 유일대사가 터를 잡고 절을 지으려 하자 까마귀 떼가 날아들어 쉬지 않고 대팻밥과 나무 부스러기를 물고 어디론가 사라졌다. 이 모습을 기이하게 여겨 까마귀들을 따라가 보니 현재의 각연사 터 연못에 대팻밥이 떨어져 있었다. 그 안을 들여다보니 연못 안에 돌부처님 한 분이 계시고, 그 부처님 몸에선 광채가 퍼져 나왔다. 이에 유일대사는 못을 메우고 그 자리에 절을 세웠다. 연못 속의 돌부처님을 보고 깨침을 얻었다 하여 '깨달을 각(覺)', '연못 연(淵)' 자를 써, '각연사'라고 이름을 지었다. 절 주변은 우뚝 솟은 산들이 마치 연꽃이 피어 있는 듯하다. 경내에는 대웅전과 통일신라시대의 불상인 석조비로자나불좌상을 본존으로 한 비로전 등 다양한 불교문화재를 가지고 있다.

각연사 043-832-6148 ₩ 무료 P 무료

06 괴산원풍리마애이불병좌상

수옥폭포를 지나 문경으로 넘어가는 길가에 커다란 바위가 시선을 잡는다. 높이가 12m나 되는 마애불이다. 우리나라에서 커다란 암석을 음각으로 파내고, 두 불상을 나란히 배치한 마애불은 드물다. 두 불상을 나란히 조각한 예는 죽령마애불, 전(傳) 대전사지출토 청동이불병좌상 등이 있는데, 이것은 『법화경』에 나오는 다보여래(多寶如來)와 석가여래(釋迦如來)의 설화를 반영하는 것으로 추정된다. 원풍리마애좌불상을 마애이불병좌상이라 부르는 이유이다. 두 불상이 나란히 앉아 있는 마애불은 둥근 얼굴에 가늘고 긴 눈, 넓적한 입 등을 가지고 있다. 얼굴 전반에 미소가 번지고 있어 완강하면서도 한결 자비로운 느낌을 준다. 급경사 길에 위치한 탓에 놓치기 쉬우며, 도로 건너편에서 봐야 전체를 제대로 볼 수 있다.

괴산원풍리마애불좌상 ₩ 무료 P 무료

07 수옥폭포&수옥정관광지

수옥폭포는 괴산군 연풍면 신풍리에 위치한 수옥정관광지 안에 있다. 주차장에서 관광지로 연결된 산책로를 따라가면 웅장한 물소리가 남은 여정을 인도한다. 힘차게 떨어지는 물줄기는 조령 제3관문에서 소조령을 향하여 흘러내리는 물줄기다. 20m의 절벽 아래로 떨어지는 폭포 물줄기가 굽이치며 소를 만들고 흘러간다. 널찍한 바위 앞 팔각정이 자리하고 있다. 팔각정에 올라 폭포를 바라보니 신선의 세계에 들어온 듯하다. 고려 말기에는 공민왕이 홍건적을 피해 이곳으로 피신하여 초가를 지어 행궁을 삼고, 조그만 절을 지어 불자를 삼고 폭포 아래 작은 정자를 지어 비통함을 잊으려 했다는 이야기가 전해 온다.

수옥폭포 043-830-3604 무료 P 무료

08 문경새재도립공원

문경새재는 새도 날아서 넘기 힘든 고개라 '새재'라 부른다. 임진왜란 이후, 이곳에 주흘관, 조곡관, 조령관 등 3개의 관문을 설치하고 국방의 요새로 삼았다. 문경새재 초입에는 선비상을 중심으로 6면에 선비와 관련된 전통 시가 새겨져 있다. 최근에는 KBS 촬영장이 들어서 새로운 관광명소로 거듭나고 있다. 드라마 〈대왕세종〉, 〈선덕여왕〉, 〈제중원〉, 〈추노〉 등의 촬영 장소를 볼 수 있다. 문경새재도립공원을 걸으면 역사 속으로 시간여행을 떠날 수 있고, 아름다운 풍광도 관람할 수 있다. 제1관문인 주흘관에서 제3관문인 조령관까지는 약 6.5km로 왕복 4시간 정도 걸리는 길이지만 길이 완만하고 나무가 우거져 있어 가벼운 트레킹 코스로 좋다.

문경새재도립공원 0507-1321-0709
3~10월 09:00~18:00, 11~2월 09:00~17:00
무료, 전동차 이용 2,000원, 오픈 세트장 2,000원
P 2,000원 gbmg.go.kr/tour(문경 문화관광)

09 옛길박물관

조선팔도 고갯길의 대명사로 불리던 '문경새재'에는 옛길박물관이 있다. 문경에는 우리나라 최고(最古)의 고갯길인 '하늘재', 옛길의 백미(白眉)이자 한국의 '차마고도'라 할 수 있는 '토끼비리'가 있다. 옛길박물관은 옛길 위에서 펼쳐졌던 문화들을 담아내고 있다. 박물관은 3개 전시실과 야외전시장을 갖추고 있다. 주흘실에는 문경관문, 영남대로, 문경의 전투, 경상감사 도임행차 등이 전시되어 있다. 조곡실에는 문경의 문화와 의식주 생활, 집과 모둠살이, 신앙과 의례, 생업기술 등에 관한 소장품 및 자료가 있다. 조령실에서는 굽다리접시 · 토기항아리 등 신라시대 토기가 주를 이루는 문화재들이 전시되어 있다. 야외전시장에는 금학사지삼층석탑, 서낭당, 연자방아, 옹기와 장독대 등이 있다. 옛 조상들이 길 위에 심어 놓은 우리나라의 문화를 배울 수 있다.

옛길박물관 054-550-8372 3~10월 09:00~18:00, 11~2월 09:00~17:00 무료 무료

10 문경자연생태박물관

문경새재의 생물자원을 보존하는 자연생태전시관과 야외생태학습 및 체험을 할 수 있는 자연생태공원, 옛길 주변의 자연생태관찰지구 등으로 구성되어 있다. 자연생태전시관 1층은 신재생에너지전시관이 있고, 문경의 자연환경을 영상으로 학습할 수 있는 영상관 등이 있다. 2층은 문경의 생태자원 및 자연사를 학습할 수 있는 상설전시관과 게임을 통해 자연생태를 학습할 수 있는 생태 게임룸으로 구성되어 있다. 자연생태공원은 생태습지와 연못, 건생초와 습생초지원, 야생화원으로 나누어 조성하였다. 나무데크길을 따라 산책을 하면서 자연생태를 관찰할 수 있어 가족들에게 좋다.

문경자연생태박물관 054-550-8383
3~10월 09:00~18:00, 11~2월 09:00~17:00
무료 무료 www.gbmg.go.kr/tour

11 문경활공랜드&단산모노레일

문경읍 고요리에 있는 문경활공랜드는 백주대간 명산에 둘러싸여 수려한 경관을 품고 있다. 국내 최장거리 왕복 3.6km의 문경단산관광모노레일을 타고 최고 42도의 경사를 올라 전망대활공장에 오를 수 있다. 활공장 전망대에 서면 360도 백두대간의 풍경을 한눈에 둘러볼 수 있다. 형형색색의 패러글라이딩이 문경하늘을 날고 있다. 2인승 체험비행, 기본코스부터 실력과 형태에 맞는 다양한 비행을 즐길 수 있다. 패러글라이딩 스쿨에서는 실제 비행을 위한 교육도 받을 수 있다. 정상부에는 별빛전망대, 별별소원, 그네타고, 썸타고, 숲속레일썰매장, 단산오토캠핑장 등이 있어 문경의 가장 핫플레이스로 꼽힌다.

문경활공랜드

경북 문경시 문경읍 활공장길 80 1599-5623
7~8월 08:00~18:00, 9~6월 09:00~16:00
일반(10분) 13만 원, 액티브코스(15분 이상) 17만 원, VIP코스(20분 이상) 22만 원, VVIP코스(30분 이상) 30만 원
www.flyingland.net

단산모노레일

문경시 문경읍 활공장길 106 054-572-7273
4~10월 09:00~18:00, 11~3월 09:30~17:30, 월요일 휴무 14,000원(예약) 무료

12 문경에코월드

옛 대한석탄공사 은성광업소 자리에 개관한 석탄전문박물관으로, 최근 새로 개장한 문경에코월드 안에 있다. 연탄 모습의 박물관 안에는 석탄과 관련된 산업, 생활상 등이 전시되어 있다. 2층 전시실에는 석탄의 기원과 변천, 석탄이 형성되는 과정을, 3층에는 광부들의 생활상과 석탄운반용 증기기관차와 연탄제조기, 채탄도구 등이 전시되어 있다. 밀랍인형으로 탄광촌 점심시간 모습과 막장 굴진작업 광경, 갱도작업 모습, 석탄선별 작업 광경을 재현하였다. 문경문화관에는 문경 지역의 역사와 문화, 산업, 문경팔경 등을 한눈에 볼 수 있다. 폐광 직전까지 활용되었던 230m의 갱도를 전시실로 꾸몄는데 광부들의 갱도생활을 체험할 수 있다.

문경에코월드 054-572-6854
09:00~18:00 10,000원(모노레일 무료)
무료 www.mgtpcr.or.kr/new/eco

13 오미자테마터널

문경8경 중에 제1경으로 손꼽히는 진남교반에 자리하고 있다. 오미자테마터널은 별빛터널, 오미자와인 시음코너, 와인바, 캐릭터존, 오미자 조형물과 함께 도자기와 그림, 예술품으로 장식된 갤러리, 포토존, 어린이를 위한 만화캐릭터 및 트릭아트 그리고 카페와 홍보점 등으로 구성되어 있다.

경북 문경시 마성면 문경대로 1356-1
054-554-5212 3~10월 09:30~18:00
(토·일요일·공휴일 ~19:00), 11~2월 10:00~18:00,
월요일 휴무 3,500원 무료 www.omijatt.com

14 문경철로자전거

20여 년 전 석탄을 실어 나르던 철로가 관광자원으로 바뀌어 '문경 철로자전거'로 다시 태어났다. 문경이 광산 산업으로 활발했던 시절에 석탄을 실어 나르던 철로를 관광자원으로 개발한 것이다. 문경팔경 중 제1경으로 꼽히는 진남교반 주변에 있으며, 영강변을 따라 이어지는 철로 위에서 아름다운 풍경을 함께 감상할 수 있다.

코스 :
진남역 진남역~구랑리 구간 3.6km(왕복 7.2km)
구랑리역 구랑리역~먹뱅이 구간 3.3km(왕복 6.6km)
가은역꼬마열차 총길이 400m 순환열차

🏠 문경시 마성면 진남1길 155(진남역),
문경시 마성면 구랑로 20(구랑리역),
문경시 가은읍 대야로 2445(가은꼬마열차)
📞 054-553-8300(진남역), 054-571-4200(구랑리역),
054-572-5068(가은꼬마열차)
🕘 진남역 월요일 휴무, 구랑리역 화요일 휴무
₩ 철로자전거(인터넷 예약제) 1대 25,000원,
가은꼬마열차(현장 발권) 일반 3,000원
P 무료 🌐 www.mgtpcr.or.kr

15 명주박물관

함창은 고대 고령 가야국의 도읍지며, 신라시대부터 양잠과 더불어 명주산지로 유명한 곳이다. 명주를 짜려면 명주실이 필요하고, 명주실을 뽑는 것이 누에고치다. 누에고치 한 개에서 1,200~1,500m에 달하는 실이 나오는데, 너무 가늘어 여러 줄을 꼬아서 명주실을 만든다. 전시장에는 누에가 고치를 짓고, 고치에서 실을 뽑아 명주를 짜는 과정을 이해하기 쉽게 전시하고 있다. 손으로 짜던 베틀의 원리를 이용하여 우아하면서도 고전미가 넘치고 자연스러운 명주 스카프와 한복을 생산하고 있다. 또한 명주 관련 테마파크 체험관도 운영하고 있다.

🏠 함창 명주박물관 📞 054-541-9260 🕘 09:00~18:00
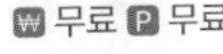
₩ 무료 P 무료

일완홍범식고택

일완홍범식고택

1910년 8월 29일은 우리나라가 처음으로 국권을 상실한 치욕의 날이다. 금산 군수 홍범식은 경술국치(庚戌國恥)에 항거하여 스스로 목숨을 끊었다. '훗날에도 나를 욕되게 하지 마라', '죽을지언정 친일하지 말라'는 유서를 후손에 남겼다. 순국열사 홍범식의 아들 홍명희는 이곳에서 그 뜻을 이어받아 1919년 3월 19일 만세시위를 계획하였다. 그가 바로 역사소설 『임꺽정(林巨正)』의 작가 벽초(碧初) 홍명희(洪命憙)이다. 최근 복원을 마친 홍범식고택은 조선 중기 중부 지방 양반가옥의 특징을 잘 보여주는 곳으로 대표적인 문학기행코스로 꼽히는 곳이다. 벽초 홍명희 선생이 10년에 걸쳐 집필한 『임꺽정』은 민중의 삶을 탁월하게 재현한 역사소설이다.

일완홍범식고택 ₩ 무료 P 무료

고산정&제월대

고산정은 고산 9경의 하나인 제월대 옆에 자리하고 있는 정자이다. 고산정은 충북에서 가장 오래된 정자로 선조 29년(1596년)에 충청도 관찰사 유근이 건립하였다. 처음에는 만송정이었으나 유근이 이곳에 은거하게 되면서 그의 호를 따서 고산정으로 부르게 되었다. 고산정의 처마 밑에는 이원이 쓴 현판이 걸려 있고, 정자 안에는 명나라 사신이었던 주지번이 쓴 '호산승집', 웅화가 쓴 '고산정사기' 등의 편액들이 걸려 있다. 제월대 펜션 옆에 자리한 이탄유원지 주차장에서 도보로 5분 거리에 있는 고산정은 달천강의 아름다운 풍광이 한눈에 들어오는 조망을 자랑한다. 발 아래로 흐르는 달천강은 여름철 사람들이 많이 찾는 피서지이다. 소설가 벽초 홍명희 선생의 제월리 생가와 문학비가 인근에 자리하고 있다.

제월대 ₩ 무료 P 무료

고산정&제월대

고산정&제월대

연하협구름다리

연하협구름다리

괴산댐 상류 산막이옛길에서 유일하게 달천을 가로지르는 다리이다. 전체 길이 167m, 폭 2.1m의 현수교로 소나무출렁다리, 양반길출렁다리와 함께 산막이옛길 3번째 다리이다. 이 구름다리가 설치되면서 산막이옛길을 걷기가 편리해졌다. 연하협구름다리를 건너고 다시 출렁다리를 건너면 충청도양반길을 이어서 걸을 수 있게 되었다. 길을 걷고 배를 타지 않고도 달천의 한가운데 서서 달천의 풍광을 즐길 수 있게 되었다.

괴산군 칠성면 사은리 ₩ 무료 P 무료

연하협구름다리

갈은구곡

아홉 곳의 명소가 있다고 해서 갈은구곡이라 부른다. 골이 깊기로 소문난 괴산에서도 가장 깊은 곳이라 할 만큼 깊숙이 들어가 있는 계곡으로 아직도 찾는 사람이 많지 않다. 산을 올라갈수록 맑고 투명한 계곡이 곳곳에 숨어 있고, 다양한 모양의 반석이 쉴 곳을 제공한다. 오래전에 이 계곡 입구 마을에 갈씨 성을 가진 사람들이 은거했다 하여 갈은구곡이라는 이름이 붙여졌으며 제1곡 갈은동문부터, 갈천정, 강선대, 옥류벽, 금병, 구암(거북바위), 고송유수재, 칠학동천, 그리고 제9곡 선국암까지를 말한다.

갈론계곡 ₩ 무료 P 무료

쌍곡구곡

쌍곡구곡

괴산군 칠성면 쌍곡마을로부터 제수리재에 이르기까지 10.5km의 구간이다. 천연의 자연경관을 지닌 쌍곡계곡은 옛날부터 쌍계라 불렸고, 조선시대 퇴계 이황, 송강 정철 등 당시 수많은 유학자와 문인들이 쌍곡의 산수 경치를 사랑하여 이곳에 왔었다고 전해진다. 수많은 전설과 함께 보배산, 군자산, 비학산의 웅장한 산세에 둘러싸여 있고 계곡을 흐르는 맑은 물이 기암절벽과 노송, 울창한 숲과 함께 조화를 이룬다. 구곡은 호롱소, 소금강, 병암(떡바위), 문수암, 쌍벽, 용소, 쌍곡폭포, 선녀탕, 마당바위(장암)를 말한다.

쌍곡구곡 ₩ 무료 P 4,000~5,000원

한지체험박물관

한지체험박물관

옛 신풍분교 터에 들어선 괴산한지체험박물관은 한지를 테마로 한 이색 공간이다. 장승의 환대를 받으며 들어선 한지체험박물관 1층에는 기획전시실, 한지관과 영상실, 공예실 그리고 체험관이 있다. 특히 한지관에는 한지에 대한 일반 정보뿐만 아니라 괴산 한지에 소개와 관련 유물이 전시되어 있다. 강당에서는 한지에 대한 동영상 강의가 진행 중이며, 한지 체험실에서는 전통한지 뜨기, 야생화지 뜨기, 한지등 만들기, 한지 옛 책 만들기 등 다양한 체험을 즐길 수 있다. 겉과 속이 다른 괴산한지체험박물관은 가족과 연인 모두 추천한다. 입장 시 한지기념품을 제공한다.

한지체험박물관

한지체험박물관 043-832-3223 09:00~18:00, 월요일 휴무
₩ 4,000원 P 무료 www.museumhanji.com

대승사

대승사에는 목각아미타여래설법상, 금동아미타여래좌상, 마애여래좌상, 사면석불, 지장탱화 등 많은 문화재가 있다. 고종 12년(1875년) 목각후불탱을 부석사로부터 옮겨오면서 계속 논란이 있었으나, 결국 대승사에 귀속되었다. 『삼국유사』에 따르면 신라 진평왕 9년(587년)에 하늘에서 사면에 불상이 새겨진 둥근 기둥 모양의 바위가 붉은 비단에 싸여 내려왔다. 왕이 소문을 듣고 찾아와 예경하고 그 바위 곁에 절을 지어 대승사라 하고 이름 없는 스님에게 맡겼다고 한다. 그 스님이 매일 정성껏 불상에 예배와 공양을 하고 『법화경』을 읽었는데 그가 죽은 뒤 무덤에서 흰색과 푸른색의 연꽃이 피어났다고 한다.

대승사 054-552-7105 무료 무료 www.daeseungsa.or.kr

대승사

대승사

경천호

경천호는 낙동강 지류를 막아서 만든 계곡형 저수지이다. 적성리 황장산에서 골짜기를 따라 흐르던 개울과 함께 경천호를 가득 채운 경천댐은 빼어난 경관으로 사진 찍기 좋은 명소로 선정되었다. 경천댐 축조와 관련된 전설이 전해오고 있다. 3대째 머슴살이를 하던 단양 장씨가 수도승이 알려준 대로 명당자리에 묘를 쓴 후 9대까지 이곳을 찾지 말라는 말에 따라 예천으로 이사를 가자 재산이 늘기 시작하여 부자가 되었다는 것이다. 처음 댐을 건설할 때 제방 장소를 장씨 묘소로 정하고 암반층 탐사작업을 벌였으나 지하 18m를 내려가도 암반층을 만나지 못했다. 따라서 지금의 위치로 변경을 하고 담수를 하자 댐의 물이 묘소 앞까지 들어와 명당에 걸맞은 환경이 조성되었다고 한다.

경천호 무료 무료

경천호

고모산성&진남교반

고모산성

고모산성

고모산성은 토끼비리(토끼벼루의 사투리)와 함께 영남대로 옛길의 중심축이다. 진남교반 위의 절벽을 넘어 한양으로 과거를 보러 가던 선비들이 걷던 길 위에 있다. 고모산(姑母山)에 있는 고모산성의 남문지는 성내로 진입하는 도로가 있던 곳이며, 동문지, 북문지와 성벽을 볼 수 있다. 성벽을 따라가다 보면 영남대로 옛길로 갈 수 있다. 고모산성에 오르는 또 다른 이유는 경북팔경 중 제1경으로 손꼽히는 진남교반을 보기 위해서다. 기암괴석과 깎아지른 듯한 층암절벽이 영강 위에 나란히 놓인 철교 · 구교 · 신교 등 3개의 교량과 절묘한 조화를 이루어 빼어난 경치를 자랑하고 있다.

🏠 고모산성 ₩ 무료 P 무료

전고령가야왕릉

전고령가야왕릉

전고령가야왕릉

『신증동국여지승람』에 "가야왕릉이 현의 남쪽 2리쯤에 있어 오랫동안 전해오고 있다."라고 기록되어 있다. 고령가야왕릉은 지역 주민들 사이에서 1,500여 년간 구전으로 왕릉이라 전해져 왔다. 그러다가 선조 25년(1592년)에 능 밑 층계 앞에 묻혀 있는 묘비가 발견되어 고령가야의 태조 왕릉으로 확인되었다. 고령가야국은 낙동강을 중심으로 일어난 6가야 중 함창, 문경, 가은 지방 일대에 건국한 나라이다. 산수가 명려하고 학문을 숭상하고 농사에 힘써 풍요하고 평화로운 태평성대가 계속되다가 신라에 병합되었다. 태조 왕릉은 서릉이고 만세각 우측에 있는 동릉은 왕비릉이다.

🏠 전고령가야왕릉 ₩ 무료 P 무료

상주박물관

고대 사벌국 및 고령가야가 번창했던 지역인 상주는 신라시대부터 조선시대까지 유서 깊고 우수한 전통을 지닌 주요 도시였다. 상주박물관은 본관건물에 상설전시장 및 기획전시실들을 운영하고 있으며, 야외공연장과 분수, 생태연못 등 야외시설이 있다. 전통의례관은 유교문화를 바탕으로 전통혼례나 금혼식, 은혼식, 예절교육과 전통문화를 체험할 수 있다.

🏠 상주박물관 ☎ 054-536-6160 ⏰ 09:30~17:30, 월요일 휴무
₩ 무료 P 무료 🌐 www.sangju.go.kr/museum

상주박물관

상주박물관

추천 숙소

괴산 호텔웨스트오브가나안
연풍면 수옥정길 175-1 043-833-8814~6

문경 STX리조트
농암면 청화로 509 054-460-5000

문경 문경관광호텔
문경읍 새재2길 32-11 054-571-8001

상주 소나무와 황토집 펜션
이안면 공검이안길 658 054-541-3584

추천 체험

문경 문경관광사격장

도심을 벗어나 넓은 들판에서 즐기는 클레이 사격. 문경관광사격장은 전국에서 몇 군데 안 되는 클레이 사격장이다. 클레이 사격 외에도 권총 사격, 공기총 사격까지 경험해 볼 수 있다. 전문가의 지도로 여성 및 일반초보자도 즐길 수 있다.

문경관광사격장 054-553-0001 09:00~18:00
클레이 22,000원(25발), 권총 15,000원(10발), 공기총 4,000원(10발) www.mgtpcr.or.kr

문경 집라인 문경

해발 487m 불정산에 있는 불정자연휴양림에서 즐기는 국내 최다 9개의 집라인 코스를 즐겨보자. 코스마다 자신감과 즐거움은 집라인만의 스릴과 재미를 느낄 수 있다.

문경청소년수련관, 불정자연휴양림 1588-5219
하절기 09:00~18:00, 동절기 09:00~17:00
59,000원 zipline.co.kr

상주 상주국제승마장

상주는 신라 화랑들의 터전이며, 조선 임진왜란 때 명장 정기룡 장군이 용마를 얻었다는 전설 등 말과 관련된 많은 역사가 있는 곳이다.

상주국제승마장 054-537-6681
일반 30,000원(강습료 포함, 40분 내외), 승마체험(5,000원) www.siec.kr

추천 맛집

괴산 서울식당

맑은 물에서 서식하는 올갱이와 된장, 부추, 아욱 등을 넣고 요리하면 얼큰하고 칼칼한 맛을 낸다. 숙취, 신경통, 간기능 개선 효과가 있다고 알려져 있다.

괴산군 괴산읍 읍내로 283-1
043-832-2135

괴산 · 문경 메기매운탕

민물생선과 온갖 양념을 넣고 얼큰하게 끓이면 여름철 보양식으로 제격이다.

오십년할머니집
괴산군 괴산읍 괴강로 느티울길 8-1
043-832-2974

진남매운탕
문경시 문경읍 마성면 진남1길 210
054-552-8888

문경 문경약돌돼지석쇠구이

사료에 페그마이트를 첨가하여 돼지 특유의 냄새가 없으며, 육질이 쫄깃쫄깃하고 맛이 깔끔한 편이다.

새재할매집
문경시 문경읍 새재로 922 054-571-5600

하초동
문경시 문경읍 새재로 861 0507-1390-7978

문경식당
문경시 문경읍 새재로 920-1 054-571-3044

괴산 다래정

괴산군 괴산읍 동진천길 165
043-832-1246

함창 할매손두부집
상주시 함창읍 함창 중앙로 100-6
0507-1359-0437

예천 용궁단골식당
예천군 용궁면 용궁시장길 30
054-653-6126

예천 새대구숯불구이
예천군 예천읍 시장로 61
0507-1337-1547

예천 청포집
예천군 예천읍 맛고을길 30
054-655-0264

문경 광성식당
문경시 새재로 918
054-572-3466

문경 세구기매운탕
문경시 중앙5길 12
054-556-7878

문경 초계 한우
문경시 호계면 부천로 136
0507-1321-7331

문경 수정식당
문경시 가은읍 대야로 2478-1
0507-1445-8544

문경 알콩달콩
문경시 호계면 상무로 321
054-553-3339

문경 초곡관
문경시 마성면 진남1길 179
010-9597-2020

문경 광성식당
문경시 문경읍 새재로 918
054-572-3466

상주 개운궁
상주시 경상대로 2882
0507-1487-9090

상주 상주축산농협 명실상감한우프라자
상주시 영남제일로 1119-9
054-531-9911

SNS 핫플레이스

카페 가은역
문경시 가은읍 대야로 2441
0507-1315-2441

카페 고더스 커피로스터리
문경시 가은읍 공단강변길 17
0507-1334-6248

카페 화수헌
문경시 산양면 현리3길 9
0507-1365-0724

카페 선일
문경시 문경읍 주흘로 51
0507-1352-5430

카페 산양정행소
문경시 산양면 불암2길 14-5
0507-1392-0418

카페 카페 그곳
상주시 신서문1길 172
0507-1321-0968

카페 카페 버스정류장
상주시 함창읍 함창중앙로 94
054-541-2378

가나다라 브루어리
문경시 문경대로 625-1
070-7799-2428

화수헌

선일

산양정행소

구 간 3

성주 IC ~ 서마산 IC

합천·고령·창녕 의령·함안·창원

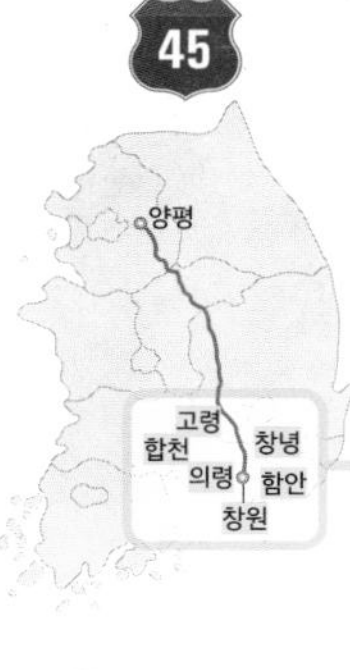

Best Course

성주 IC →

1. 합천 해인사 → 대장경테마파크 →
2. 고령 대가야박물관&대가야역사테마관광지 →
3. 합천 합천영상테마파크 →
4. 창녕 우포늪 → 산토끼노래동산 →
5. 창녕박물관 → 관룡사 →
6. 의령 철쭉설화원 →
7. 충익사 →
8. 함안 강주마을 →
9. 함안박물관 →
10. 창원 해양드라마세트장 →
11. 저도 스카이워크 →
12. 문신미술관 → 가고파꼬부랑길 →
13. 여좌천 → 경화역 → 진해루 → 행암철길마을 →
14. 진해해양공원 → 소사마을 → 서마산 IC

01 해인사

해인사는 양산 통도사, 순천 송광사와 함께 우리나라 3대 사찰이다. 그중 법보사찰인 해인사는 대장경을 보관하면서부터 그 역할을 하게 되었다. 대장경은 고려시대 때 두 차례에 걸쳐 만들어졌는데 먼저 간행된 구판대장경은 몽고군의 방화로 불타버렸고 지금 해인사에 보관된 대장경은 그 후 다시 만든 것이다. 『팔만대장경』을 보관하는 장경판전은 국보 52호로 지정된 문화재로 그 가치를 인정받아 유네스코 세계문화유산으로 지정되어 있다.

해인사 055-934-3000 무료 4,000원 www.haeinsa.or.kr

02 대가야박물관&대가야역사테마관광지

대가야박물관

대가야박물관은 대가야역사관과 왕릉전시관, 우륵박물관으로 구성되어 있다. 대가야박물관 주변에는 대가야가 융성했던 서기 400년경부터 562년 사이에 만들어진 704개의 고분이 분포되어 있다.

대가야역사관

대가야의 시작부터 멸망 이후까지 고령 지역의 역사와 문화에 관한 유물이 전시되어 있다. 구석기시대의 생활상을 재현한 모형물과 토기, 돌칼과 장신구 등을 볼 수 있다.

대가야왕릉전시관

대규모 순장 무덤인 지산리 44호분을 실물 크기로 재현한 전시관이다. 전시관 내부에는 3기의 돌방과 여러 개의 돌덧널이 있다. 가장 큰 돌방인 으뜸돌방에는 무덤의 주인인 왕이 누워 있고 2기의 딸린돌방에는 왕의 내세 생활을 위한 물건이 있다. 돌덧널에서는 24명가량의 유골이 발견되었는데, 이들은 시종, 무사, 일반 백성 등 다양한 신분의 사람들로 추측되고 있다.

우륵박물관

우륵은 고구려의 왕산악, 조선의 박연과 함께 우리나라 3대 악성으로 불린다. 대가야 출신인 우륵은 가실왕의 명으로 정정골에서 가야금을 만들고 연주하였다. 정정골에 세워진 우륵박물관에는 우륵에 관한 자료와 함께 다양한 종류의 가야금과 한국의 전통악기가 전시되어 있다.

대가야박물관 054-950-7103
하절기 09:00~18:00, 동절기 09:00~17:00, 월요일 휴무 ₩ 무료 P 무료
www.goryeong.go.kr/daegaya

대가야역사테마관광지

대가야의 문화를 주제로 조성된 공원이다. 대가야의 시조 이진아시왕의 어머니인 정견모주의 동상이 세워진 분수, 대가야 유물 체험관, 대가야 가마터 체험관, 고분군이 한눈에 내려다보이는 전망대 등이 있다. 펜션과 캠핑장, 여름이면 개장하는 물놀이장도 갖추고 있어 아이들과 함께 방문하기 좋다.

대가야역사테마관광지
3~10월 09:00~18:00, 11~2월 09:00~17:00
₩ 무료 P 무료

03 합천영상테마파크

합천 벚꽃길의 끝자락에 시간을 거슬러 올라간 마을이 있다. 낯익은 건물들이 올망졸망 모여 있는 이곳은 〈태극기 휘날리며〉 〈써니〉 등을 촬영한 영화세트장이다. 건물 사이를 지나는 전차, 일제강점기의 조선총독부건물과 종로경찰서, 옛 서울역, 추억의 파고다 극장 등 1930년대부터 80년대까지 서울의 모습이 재현되어 있다. 전쟁으로 폐허가 된 거리와 나지막한 언덕 위의 으스스한 교회까지 다양한 볼거리로 가득하다. 여름이면 고스트파크가 개장한다.

합천영상테마파크 055-930-8633(매표소)
하절기 09:00~18:00, 동절기 09:00~17:00
5,000원 무료 hcmoviethemepark.com

우포늪

04 우포늪

우리나라에서 가장 큰 늪지대로 우포, 목포, 사지포, 쪽지벌을 통틀어 우포늪이라 부른다. 우포늪을 둘러보기 전에 먼저 우포늪 생태관으로 향하자. 생태관 주변에 있는 안내소에서 우포늪 지도를 얻을 수 있다. 우포늪은 상당히 넓으므로 미리 가볼 곳을 정하는 것이 좋다. 생태관에서 오솔길을 따라 400m 정도 걸으면 4개의 늪 중 가장 큰 우포가 나온다. 산책로를 따라 중간중간 관찰대가 설치되어 있다. 징검다리 근처의 운치 있는 나무와 목포의 전경을 조망할 수 있는 목포제방도 둘러보자.

우포늪생태관 055-530-2121 ₩ 무료 P 무료

05 창녕박물관

계성고분군과 교동고분군에서 출토된 유물이 창녕박물관 대부분을 채우고 있다. 토기와 장신구 등 삼국시대 가야의 것으로 추측되는 유물이 많다. 그중 송현동 제15호분에서 발굴된 순장 인골을 복원한 자료가 볼 만하다. '송현'이라 이름 붙여진 이 인골은 16세 전후 소녀의 것으로 추정되고 있다. 153.5cm의 키에 21.5인치의 허리. 거의 8등신에 속하는 신체 비율을 가진 송현이는 턱뼈가 짧고 목이 긴 미인형이다. 박물관 관람 후 고분군도 둘러보자.

창녕박물관 055-530-1500
09:00~18:00, 월요일 휴무 ₩ 무료 P 무료
museum.cng.go.kr

06 철쭉설화원

전래동화 속의 주인공인 도깨비를 주제로 한 우산 정상 부근에 조성된 산책로다. 도깨비 공원이라고도 불린다. 목재계단을 따라 재미난 도깨비가 줄지어 있어 아이들에게 인기가 좋다. 산책로 끝에는 대장도깨비 쇠목이가 황금 망개떡을 들고 있는데 이 망개떡을 만지면 부자가 된다고 한다. 평일에는 철쭉설화원까지 차로 이동할 수 있으나 주말에는 통제되므로 쇠목재에 주차한 후 1.4km를 걸어 올라가야 한다.

쇠목재 ₩ 무료 P 무료

07 충익사

임진왜란 때 의병을 이끌고 나라를 위해 싸운 곽재우 장군의 위패를 모시는 사당으로 당시 함께 활약한 17명 장수의 위패도 함께 모시고 있다. 충익사 주변에는 의병탑과 의병박물관, 구름다리 등이 있는 넓은 공원이 조성되어 있다. 이 공원을 여름이면 물놀이를 즐기기 위해 많은 사람이 찾는 곳이기도 하다. 의병박물관에는 선사시대, 철기시대, 가야시대의 유물과 곽재우 장군에 관련된 유물 등 다양한 볼거리가 있다.

충익사 055-573-2629 09:00~18:00
₩ 무료 P 무료

08 강주마을

함안의 강주마을은 3년 전만 하더라도 한적한 시골 마을이었다. 하지만 마을의 동산 위에 넓은 해바라기밭을 만들고 낡은 담벼락에 알록달록한 벽화를 그리는 등 주민들이 마을을 가꾸기 시작했고, 그 결과 지금은 많은 관광객이 강주마을을 찾고 있다. 강주마을을 방문하기 가장 좋은 계절은 해바라기가 만개하는 여름이다. 하늘과 맞닿아 있는 노란 해바라기밭은 탄성을 자아내기에 충분하다.

강주마을 010-4452-3452(강주 해바라기축제위원회)
tour.haman.go.kr(함안 문화관광)

Tip 함안둑방길

강주마을에서 8km 정도 떨어진 곳에 풍차가 있는 아름다운 꽃길이 있다. 날씨가 예쁜 날 잠시 들러 걸어보자. 풍차 앞에 무료주차장이 있다.
함안둑방길(함안군 법수면 악양길47) P 무료

09 함안박물관

함안은 1,500여 년 전 아라가야의 도읍이 있었던 곳으로 그 흔적을 많이 볼 수 있다. 함안박물관에는 아라가야의 유물을 중심으로 함안의 역사와 문화에 관련된 흥미로운 전시물이 가득하다. 박물관 뒤쪽의 언덕을 오르면 아라가야 왕과 귀족들의 무덤이 넓게 펼쳐진 함안말이산고분군이 나온다.

함안박물관 055-580-3901
3~10월 09:00~18:00, 11~2월 09:00~17:00,
신정·설날·추석 연휴·월요일 휴무
₩ 무료 P 무료 museum.haman.go.kr

10 해양드라마세트장

가야시대의 야철장, 저잣거리, 선착장 등이 재현된 해안가 세트장으로 너와 지붕을 얹은 목조건물들이 운치 있다. 입구로 들어서면 왼쪽에 고깔 모양의 야철장과 저잣거리가 보인다. 정면 해안가로 향하면 이국적 분위기의 김해관을 지나 선착장이 나온다. 선착장 옆에는 나무로 만든 3척의 배가 한가로이 떠 있다.

창원 해양드라마세트장 055-248-3711
09:00~18:00 ₩ 무료 P 무료

11 저도 스카이워크

육지와 저도를 연결하는 높이 13.5m의 철제 교량으로 원래 이름은 저도연육교다. 다리 바닥에 투명한 강화 유리를 설치하여 2017년 3월 스카이워크로 재개장하였다. 데이비드 린 감독의 영화 〈콰이강의 다리〉에서 나오는 다리와 닮았다 하여 콰이강의 다리라 불리기도 한다. 이후 7개월 만에 70만 명이 다녀갈 정도로 인기가 좋다.

저도연육교 055-225-3691(창원 문화관광)
10:00~21:00 ₩ 무료 P 무료
culture.changwon.go.kr(창원 문화관광)

Tip 저도 비치로드

저도 해안가를 따라 이어지는 둘레길로 그림같이 펼쳐진 다도해의 풍광을 감상하기 좋다.

12 문신미술관

문신미술관은 화가이자 조각가인 문신의 작품으로 채워져 있다. 작가가 많은 애착을 가졌던 석고원형작품이 전시된 원형미술관을 포함한 3개의 전시관이 있다. 전시된 작품뿐만 아니라 미술관 건물 역시 뛰어난 조형미를 갖추고 있으니 작품과 함께 찬찬히 감상하자. 창원 시립 마산박물관과 인접해 있으므로 함께 둘러보는 것도 좋다.

🏠 문신미술관 📱 055-247-2100, 055-225-7181
⏲ 09:00~18:00, 월요일 휴무 ₩ 500원
P 무료(창원시립마산박물관 무료주차장)

13 여좌천

봄이 되면 만개한 벚꽃이 하천을 따라 분홍빛 터널을 만든다. 하천 옆에는 나무산책로가 조성되어 있다. 그중 드라마 〈로망스〉에서 두 주인공이 만난 장소인 로망스 다리가 유명하다. 벚꽃 축제가 시작되면 여좌천에 수많은 인파가 몰린다. 주차 공간이 여유롭지 않으므로 축제 기간에는 대중교통을 이용하는 것이 좋다. 입구에 작은 무료 공영주차장이 있으나 평소에도 비어 있는 경우가 드물다.

🏠 로망스다리(창원시 진해구 여좌로 15번길 56)
📱 055-225-3691(진해 문화관광) ₩ 무료

14 진해해양공원

진해해양공원은 음지도에 조성된 공원으로 136m 높이의 솔라타워, 군함전시관, 해양생물과 화석을 볼 수 있는 해양생물테마파크 등의 볼거리가 있다. 솔라타워는 돛을 모티브로 디자인된 전망대로 거가대교를 조망할 수 있다. 솔라타워를 관람한 후 해안 산책로를 걸으면 거대한 위용을 자랑하는 군함전시관이 보인다. 군함전시관은 실제 한국전쟁에 참여하였다가 퇴역한 군함으로 아쉽게도 내부관람은 할 수 없다. 해안 산책로와 이어진 우도보도교를 건너면 고즈넉한 분위기의 우도를 방문할 수 있다.

진해해양공원 055-712-0425 09:00~18:00, 월요일 휴무(야외시설은 개방)
솔라타워 3,500원 최초 30분 300원(이후 10분당 100원), 하루 3,000원

Tip 동섬

진해해양공원 앞에는 '신비의 바닷길'을 가진 조그마한 섬이 있다. 바닷물이 빠져 동섬이 육지와 연결되어 있다면 잠시 들러 산책로를 걸어보자.

동섬 무료

대장경테마파크

천년의 역사를 가진 고려대장경의 조판을 기념하기 위해 지어진 전시관이다. 불교와 대장경에 관련된 다양한 자료가 전시되어 있다. 대장경 전시실에서는 반영구적 재질인 인천동으로 간행한 동판 팔만대장경을 볼 수 있고, 대장경 수장실에서는 세계 최초의 목판 인쇄본인 한국의 무구정광대다라니경, 중국 최초의 목판 인쇄본인 금강경 등 세계의 다양한 대장경을 만날 수 있다.

대장경테마파크 055-930-4801 3~10월 09:00~18:00, 11~2월 09:00~17:00, 월요일 휴무 ₩ 5,000원 P 무료

대장경테마파크

산토끼노래동산

아이와 함께 여행 중이라면 산토끼노래동산에 들러보자. 산토끼노래동산은 동요 '산토끼'에 관련된 테마공원으로 '산토끼'의 작곡자인 이일래 선생이 근무하였던 이방초등학교 뒷산에 있다. 공원에는 산토끼 동요관과 귀여운 조형물이 가득한 산책로, 아이들이 좋아하는 롤링 미끄럼틀과 미로 동산 등이 있다. 다양한 종류의 토끼를 만날 수 있는 체험장에서는 토끼에게 직접 먹이를 줄 수 있다.

산토끼노래동산 0507-1352-1401 09:00~18:00, 월요일 휴무 ₩ 2,000원 P 무료

산토끼노래동산

관룡사

관룡사는 화왕산의 아름다움을 품은 사찰로 대웅전(보물 제212호)과 약사전(보물 제146호)을 비롯한 여러 점의 보물을 간직하고 있다. 가을이 되면 울긋불긋한 단풍과 함께 화왕산의 유명한 억새밭을 보기 위해 많은 등산객이 찾고 있으나 등산 코스가 꽤 험한 편이다. 화왕산의 아름다움을 가볍게 즐기고 싶다면 관룡사에서 500m 정도 떨어져 있는 용선대에 올라보자. 화왕산의 수려한 산세가 한눈에 내려다보이는 용선대에는 보물 제295호로 지정된 석조여래좌상이 있다.

관룡사 055-521-1747 ₩ 무료 P 무료

용선대

가고파꼬부랑길

가고파꼬부랑길

문신미술관에서 300m 떨어진 곳에 꼬불꼬불한 계단을 따라 재미있는 그림이 가득한 벽화 마을이 있다. 탐스러운 복숭아가 주렁주렁 달린 나무, 울창한 숲속에 사는 호랑이와 코끼리 그림을 찾아보자. 주차 공간이 따로 마련되어 있지 않으므로 주변 골목의 주차 공간이나 문신미술관 주차장을 이용해야 한다.

🏠 가고파꼬부랑길 벽화마을 ₩ 무료

경화역

경화역

지금은 기차가 다니지 않는 조용한 역이다. 철길을 따라 꽃나무가 늘어서 있어 산책을 즐기기에 좋다. 봄이 되면 벚꽃이 흐드러지게 피어 매우 아름다운 광경을 선사한다. 진해 벚꽃축제가 시작되면 가장 붐비는 곳 중 하나이다. 경화역 앞에 작은 공영주차장이 있다.

🏠 경화역, 경화역 공영주차장 ₩ 무료 P 무료

제황산공원 모노레일

제황산공원에 있는 길이 174m의 모노레일로 제황산 정상의 진해탑까지 운행한다. 벚꽃이 만개한 봄이면 아름다운 진해시의 모습을 조망할 수 있다.

🏠 모노레일카(창원시 진해구 중원동로 54) 📞 055-712-0442 🕘 09:00~18:00, 월요일 휴무 ₩ 왕복 3,000원, 편도 2,000원

진해루

진해루

해안가 도로를 달리면 해변공원에 있는 진해루가 보인다. 진해루는 시원한 바닷바람을 맞으며 휴식을 취하기 좋은 누각이다. 주변에 넓은 광장이 조성되어 있어 아이들이 뛰어놀기에도 좋다.

🏠 진해루 ₩ 무료 P 무료

행암철길마을

행암철길마을

진해루에서 해안도로를 타고 진해해양공원으로 향하면 행암마을을 지나게 된다. 행암마을의 바닷가에는 오래된 기찻길이 뻗어 있고, 기찻길은 바다 위 산책로로 이어진다. 주차 공간이 마련되어 있어 잠시 쉬어가기 좋다.

🏠 창원시 진해구 행암로 229 ₩ 무료 P 무료

소사마을

소사마을

소사마을은 예스러운 정취가 가득한 작은 마을이다. 마을 입구에 김달진문학관이 있다. 문학관에는 생전에 사용한 물건과 친필원고 등 김달진 시인의 삶과 작품세계를 엿볼 수 있는 자료가 전시되어 있다. 문학관을 지나 고즈넉한 골목길을 걸으면 빈티지한 작품들로 채워진 박배덕 갤러리와 오래된 물건들로 가득 찬 김씨박물관이 나온다. 주말에는 1960~1970년대의 생활용품이 전시된 소사주막도 관람할 수 있다.

🏠 소사마을 ₩ 무료

추천 맛집

창녕 김숙녀시래기밥상

창녕에서 유명한 한우 전문점이다. 시래기밥상을 주문하면 불고기를 비롯해 시래깃국과 시래기 된장찌개가 차려진 푸짐한 시골 밥상을 맛볼 수 있다.

창녕군 영산면 온천로 63

055-536-4555

창녕 도리원

다양한 종류의 장아찌가 유명한 식당으로 정원을 가진 한옥 건물이 인상적이다. 식사를 주문하면 밑반찬으로 장아찌가 함께 나온다.

창녕군 영산면 온천로 103-25

0507-1317-6116

창녕 도천진짜순대 본점

김말이순대, 왕순대, 소창순대, 순대전골 등 고소하고 부드러운 순대 요리를 맛볼 수 있다. 그중 순대전골이 특히 인기 있다.

창녕군 도천면 일리새긴길 8

055-536-4388

의령 의령망개떡

3대째 이어져 오고 있는 의령 망개떡집은 충익사 근처의 의령시장 안에 있다. 망개떡은 팥고물이 들어있는 쫀득한 떡을 삶은 망개잎으로 포장한 것으로 상큼한 망개잎의 향기가 떡에 배어 그 맛이 일품이다.

의령군 의령읍 의병로 18길 3-4

055-573-2422

의령 의령소바

의령소바 본점으로 의령시장 안에 있다. 소바는 물론 메밀전병, 메밀만두 등 다양한 메뉴가 있다.

의령군 의령읍 의병로 18길 3-5

0507-1411-0885

함안 대구식당

경상도식 소고기 국밥을 맛볼 수 있다. 두툼한 소고기와 선지, 콩나물을 얼큰하게 끓여내 대접에 가득 담아준다.

함안군 함안면 북촌2길 50-27

055-583-4026

창원 명서밀면

30년 넘게 이어져 오는 밀면집으로 명서전통시장 안에 있다.

창원시 의창구 명지로 84번길 6

055-288-3994

명서밀면

추천 숙소

합천 해인사관광호텔

해인사관광호텔

055-933-2000

고령 개실마을 한옥스테이

개실마을 www.gaesil.net

연풍고가 054-956-4022

추우재 054-956-4022

석정댁 054-956-4022

하동댁 054-956-4022

SNS 핫플레이스

신소양체육공원

합천군 합천읍 영창리 898

핫들생태공원

합천군 율곡면 임북리 810-1

은행나무 캠핑장

고령군 다산면 좌학리

카페 카페 모토라드

합천군 대병면 합천호수로 525

0507-1388-8883

카페 산과구름아래

창녕군 창녕읍 자하곡길 25

0507-1474-5155

카페 카페 뜬

함안군 법수면 부남1길 24-15

0507-1376-0215

카페 식목일

함안군 함안면 함안대로 255

0507-1360-1336

카페 스위트랩

창원시 진해구 속천로 73-1

055-547-8588

카페 커피프렌즈

창원시 성산구 삼귀로 414-23

010-9695-1000

개실마을

Part 11

백두대간을 따라 유교문화 속으로

55번 중앙고속도로

원주에는 조선시대 정치, 경제, 문화의 중심지이던 강원감영지와 전통한지의 우수성을 알리는 한지테마파크 그리고 용소막성당, 구룡사 등이 있다. 방랑시인 김삿갓과 단종의 애사를 간직한 영월은 지붕 없는 박물관이라 부를 정도로 박물관이 많다. 푸른 강물이 휘감고 지나가는 청령포는 어린 단종의 눈물이 담긴 유배지로 꼭 들려보자. 세계문화유산으로 등재된 장릉, 신선의 세계와 같은 선돌과 한반도 지형을 가진 선암마을, 별마로천문대도 있다.

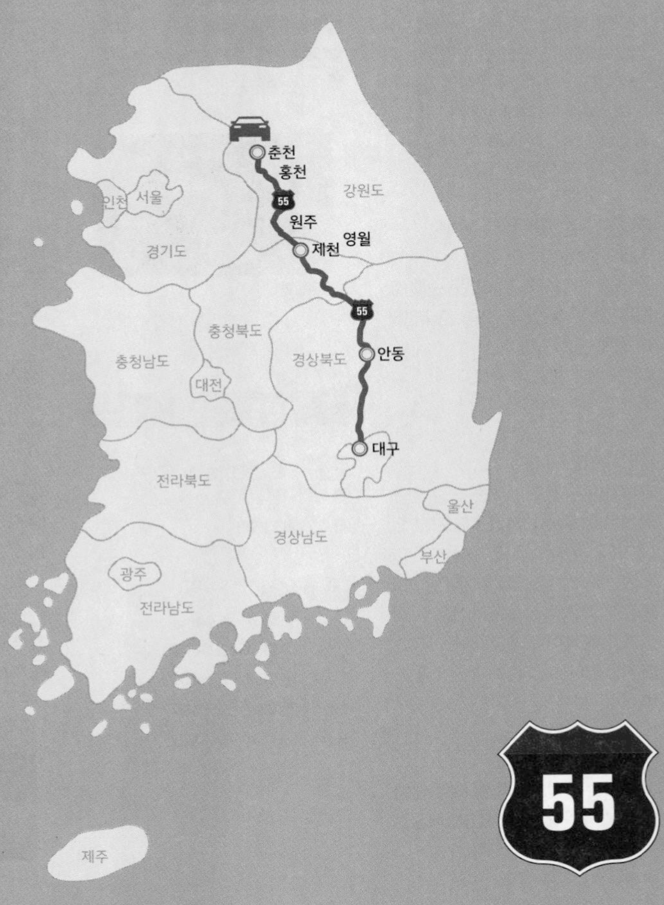

구 간 1

북원주 IC ~ 제천 IC

원주·영월·단양·제천

Best Course

북원주 IC

1 원주 강원감영지 →

2 원주 한지테마파크 →

3 박경리문학공원 → 고판화박물관 →

4 영월 젊은달와이파크 →

5 요선정&요선암 →

6 법흥사 → 판운리 섶다리 →

7 선암마을&한반도지형 →

8 선돌 → 9 장릉&단종역사관 →

10 별마로천문대 → 봉래산활공장 →
동강사진박물관 → 라디오스타박물관 →

11 청령포 →

12 난고김삿갓유적지 → 단양 온달관광지 →

13 제천 청풍호반케이블카&관광모노레일 →

14 의림지 → 교동민화마을 →

15 배론성지 → 제천 IC

01 강원감영지

강원감영은 조선시대 강원도 관찰사가 직무를 보던 관청이다. 1395년 영동지방과 영서지방이 합쳐져 '강원도'가 되었다. 이후 강원도는 1895년(고종 32년) 8도제(道制)가 폐지되고 23부제(府制)가 시행될 때까지 500여 년간 정치, 문화, 경제의 중심지 역할을 했다. 강원감영에는 정문과 같은 포정루와 관찰사의 집무지인 선화당이 원형 그대로 남아 있다. 포정루(布政樓)는 관찰사가 정사를 잘 시행하는지 살펴보라는 뜻을 가지고 있다. 임금의 덕을 선양하고 백성을 교화한다는 뜻의 선화당(宣化堂)은 8도 중에서도 유일하다. 그 외에도 공방고지, 책방고 등과 같은 유물이 비교적 잘 보존되어 있다. 선화당에서는 각종 연주회뿐만 아니라 전통국악과 전래놀이 등 다양한 문화프로그램을 제공한다. 문화도 감상하고, 감영지 내에 설치된 체험 포토존에서 재미있는 인증샷도 찍어보자.

강원감영지 / 033-747-2416 / 09:00~22:00 / 무료

P 공영주차장 평일 최초 30분 600원(이후 10분당 300원), 주말·공휴일 무료

02 원주 한지테마파크

원주는 토양이 좋고, 일조량이 많아 질 좋은 닥나무가 자라기 좋은 환경을 가지고 있다. 강원감영지이던 원주는 관청에 공급하기 위하여 더욱 질 좋은 한지를 만들게 되었다. 원주한지는 700년 동안 보관이 가능해 『직지심경』과 『왕오천축국전』처럼 중요한 책자에는 원주한지를 사용하였다고 한다. 1층에는 한지역사실과 영상실, 체험실, 기념품점과 카페가 있고, 2층에는 한지 및 국내외 종이 관련 기획전이 열린다. 원주한지가 만들어지는 과정을 상세하게 설명하고 있으며 한지의 유래와 역사를 한눈에 보고 체험할 수 있게 되어 있다. 1층 전시공간에는 치악산 상원사의 '은혜 갚은 꿩'에 대한 전설과 한지 만드는 과정을 작고 인형으로 섬세하게 재현해 놓았다.

한지테마파크 033-734-4739 09:00~18:00, 월요일 휴무 ₩ 무료 P 무료 www.hanjipark.com

03 박경리문학공원

대하소설『토지』는 박경리 선생이 26년이란 시간에 걸쳐 집필한 5부작 20권의 대작이다. 원주는 박경리 선생이『토지』3부를 마친 뒤 1980년에 옮겨와 4부와 5부를 집필한 곳이다. 토지는 동학농민혁명과 갑오개혁이 지난 1897년부터 일제강점기에서 독립한 1945년 8월 15일까지를 시대적 배경으로 하고 있다. 박경리문학공원은 박경리 선생의 생가와 그 주위에 소설『토지』속의 배경인 평사리마당, 홍이동산, 용두레벌 등 3개의 테마공원으로 조성하였다. 박경리 선생의 생가에는 주방과 집필실뿐만 아니라 손주를 위해 만든 연못과 텃밭 그리고 나무들이 남아 있다. 공원 내 북카페와 박경리 문학의 집이 있는데, 문학의 집 2층에는 유품들이 타임캡슐처럼 전시되어 있다. 3~4층에는『토지』의 역사적 이해를 돕기 위한 자료들이 전시되어 있다. 특히, 등장인물의 관계도를 통해 대하소설『토지』의 작품성과 엄청난 스케일을 짐작할 수 있다.

박경리문학공원 033-762-6843 10:00~17:00, 월요일 휴무
무료 무료 www.wonju.go.kr/tojipark

04 젊은달와이파크

어린 단종의 아픔이 가득하던 영월에 젊은 달이 떴다. 젊은달와이파크는 주천이라는 마을 지명에서 유래한 술샘박물관을 재탄생시킨 곳이다. 술샘박물관은 젊은달와이파크의 마지막 공간에서 만날 수 있으며, 양조장, 주막모형 등 각종 술과 관련된 자료 전시하고 있다. 젊은달와이파크는 가장 자연적인 원색인 붉은색을 이용하여 원초적인 생명의 근원과 무한한 우주의 공간을 건물에 담고자 한 것이다. 랜드마크와 같은 붉은 대나무 조형물이 있는 입구를 지나면 카페 겸 매표소인 쉼의 공간이 있다. 전시관 안에는 나무로 만든 돔 형태의 공간인 목성과 사임당이 걷던 길, 우주정원이 있는 미술관들, 붉은 파빌리온, 바람의 길 등의 미술관 건물을 연결한 거대한 미술관이자 야외 미술공간이다. 전시뿐만 아니라 피노키오 마리오네트공예, 오르골 색칠 체험, 핸드드립 커피 만들기, 카카오초콜릿과 쿠키 만들기 등 다양한 체험을 할 수 있다.

젊은달와이파크 033-372-9411 10:00~18:00 ₩ 젊은달 15,000원, 특별관 5,000원
P 무료 ypark.kr

05 요선정&요선암

맑은 물이 흐르는 계곡 기슭에 요선암이라 새겨진 큰 반석이 있고, 그 위로 요선정과 마애여래좌상 그리고 작은 석탑 하나가 세워져 있다. 요선(邀仙)은 신선을 맞이한다는 뜻이다. 조선시대 시인이며 서예가인 양봉래가 평창 군수 시절 이곳에서 경관을 즐기다가 새겨놓은 글씨이다. 둥글게 깎은 바위들과 이로 인해 군데군데 생긴 크고 작은 선녀탕의 모습이 재미있다. 흐르는 물에 실려온 자갈과 모래가 오랜 세월 갈고 갈아서 생긴 모양이다. 요선정은 대대로 이 지방에 살고 있는 원세하, 곽태응, 이응호를 중심으로 하는 주민들이 힘을 모아 숙종, 영조, 정조 세 임금이 써준 어제시(御製詩)를 봉안하기 위하여 1913년에 세운 정자이다. 그 정자 앞에는 바위 한 면에 음각으로 새겨놓은 높이 3.5m의 무릉리 마애불좌상과 고려시대로 추정되는 작은 석탑 1기가 남아 있다.

요선정 1577-0545 ₩ 무료 P 무료

06 법흥사

법흥사는 신라에 화엄사상을 최초로 소개한 자장율사(慈藏律師)에 의해 창건된 사찰이다. 화엄사상(華嚴思想)이란, 우주의 모든 사물은 그 어느 하나라도 홀로 있거나 일어나는 일이 없으며, 하나로 융합하고 있다는 불교사상이다. 법흥사에서 적멸보궁으로 이어지는 0.5km의 소나무 숲길을 걷다 마주치는 가파른 계단길을 따라 오르면 숨이 차오른다. 하지만 곧 탁 트인 광경과 함께 사자산을 품은 적멸보궁이 반갑게 맞아준다. 법흥사는 다른 적멸보궁과 달리 뒷산에 부처의 진신사리를 봉안했다. 그래서 적멸보궁에는 부처의 삼존불 대신 뒷산을 향해 커다란 창 하나가 뚫려 있다. 바로 산 전체가 부처라는 뜻이다. 적멸보궁 뒤로 돌아가면 자장율사가 수도하던 토굴과 당나라에서 진신사리를 넣고 왔다는 석함(石函)이 남아 있다.

법흥사 033-374-9177 08:00~18:00 ₩ 무료
P 무료 www.bubheungsa.kr

07 선암마을&한반도지형

선암마을은 서강(西江)이라 불리는 평창강변에 자리 잡고 있는 마을이다. 숲이 우거진 산책로를 따라 걸어서 전망대 데크 위에 서면 선암마을을 찾는 이유를 알 수 있다. 여기서 내려다보면 삼면이 바다로 둘러싸인 우리 한반도와 꼭 닮은 한반도 지형이 보이기 때문이다. 인위적으로 만들기도 어려운 동고서저(東高西低) 형태도 똑같다. 특히 동쪽은 숲과 절벽이 산맥과 같이 형성되어 있고, 서쪽은 넓은 모래사장과 낮은 경사의 평지로 이루어졌다. 자연만큼 위대한 예술가는 없다는 것을 새삼 느끼게 한다. 무궁화 꽃을 배경으로 한 선암마을의 한반도지형은 영월의 대표적인 촬영 명소이다. 한반도지형의 동해안을 출발해 서해안까지 약 1km 구간을 뗏목을 타고 왕복하는 체험장도 마련되어 있다.

선암마을 1577-0545, 010-9399-5060(뗏목체험)
₩ 무료, 뗏목체험 1인 탑승 시 20,000원, 2인 탑승 시 1인당 10,000원, 3인 탑승 시 1인당 8,000원 P 2,000원

08 선돌

소나기재 정상에서 도보로 약 100m 정도 나무 계단을 오르면 어느새 신선의 세계에 들어서게 된다. 발 아래로 서강 물결이 휘감아 흐르는 절벽을 마치 커다란 칼로 내리쳐 갈라놓은 듯한 기암괴석이 서 있다. 높이 70여m의 거대한 탑과 같은 기암괴석이 영월의 대표적인 아름다운 명소인 선돌이다. 이름 그대로 '서 있는 돌'이다. 짙은 구름에 둘러싸인 선돌의 모습은 마치 한 폭의 그림을 보는 듯하여 '신선암'이라고도 불린다.

"때로는 조금 높은 곳에서 보는 이런 풍경이 나를 놀라게 해. 저 아래에서는 전혀 생각하지 못한 것들이 펼쳐지거든." – 영화 〈가을로〉에서

선돌 ₩ 무료 P 무료

09 장릉&단종역사관

세종대왕의 손자이자 조선 6대 왕인 단종(재위 1452~1455년)이 잠든 곳이다. 아버지 문종이 재위 2년 만에 승하하자 12세의 나이로 왕위에 오르지만 숙부인 수양대군에게 왕위를 빼앗기고 죽임을 당한 비운의 왕, 단종. 단종은 유배지인 청령포에서 머물던 중 홍수로 인해 관풍헌으로 옮겼으나 1457년 세조가 내린 사약을 받아 17세를 일기로 짧고도 슬픈 생을 마감했다. 단종의 시신을 거두면 삼족을 멸한다는 세조의 엄명과 함께 단종의 시신은 차가운 동강에 버려졌다. 하지만 다행히 영월호장 엄홍도가 그 시신을 수습하여 암매장하였다. 숙종 24년(1698년)에 단종은 왕으로 복위되었고, 단종의 시신을 수습한 엄홍도는 충절의 상징이 되었다. 단종의 아픔을 이해하듯 장릉 주위의 소나무들은 이 능을 향해 절을 하듯 기울어져 있다. 비운의 왕 단종을 만날 수 있는 단종역사관은 반드시 둘러봐야 할 곳이다.

장릉 033-374-4215 09:00~18:00 2,000원 무료 www.yw.go.kr/tour

10 별마로천문대

별마로는 별(Star)과 마(정상을 뜻하는 마루) 그리고 로(嶚)의 합성어로 '별을 보는 고요한 정상'이란 뜻이다. 별마로천문대는 해발 800m 봉래산 정상에 자리하고 있으며, 국내 시민천문대 중 최대 규모인 지름 80cm 주망원경과 여러 대의 보조망원경이 설치되어 있다. 주망원경을 통해 달표면이나 별구름(성운), 별무리(성단)를 관측할 수 있으며, 8m 돔스크린이 있는 천체투영실에서는 가상의 별로 별자리 관찰이 가능하다. 낮에는 패러글라이딩 활공장으로 사용되고 있는 봉래산 정상은 영월 시내를 한눈에 내려다보기 더없이 좋은 곳이다. 날씨 좋은 밤에는 아름다운 별빛 아래 물들은 영월의 야경을 볼 수 있다. 쏟아지는 별들과 은하수를 보고 싶다면 별마로천문대로 가보자.

별마로천문대 4~9월 15:00~23:00, 10~3월 14:00~22:00, 월요일 휴무 7,000원 P 무료
www.yao.or.kr(홈페이지 예매 필수)

11 청령포

단종의 유배지인 청령포는 동, 남, 북 삼면이 강으로 둘러싸여 있고 서쪽은 육육봉(六六峰)이라는 험준한 암벽이 있는 섬과도 같은 곳이다. 유배지로는 최고의 지리적 여건을 갖춘 셈이다. 나룻배를 타고 들어가면 청령포 안에는 단종 어소(御所)와 울창한 소나무 숲만이 자리한다. 숲에는 높이 30m, 둘레 5m의 수령 600년으로 추정되는 소나무가 우뚝 솟아 있는데 몸통은 하나에서 둘로 갈라져 있어 마치 두 그루의 나무처럼 보인다. 어린 단종이 유배되었던 당시의 비참한 모습을 보고(觀), 오열하는 울음소리를 들었다(音)해서 관음송(觀音松)이라 한다. 단종이 남긴 유일한 유적인 망향탑은 자신의 예측할 수 없는 앞날에 대한 슬픔과 왕비 송씨에 대한 그리움으로 쌓아 올린 것이다. 푸른 하늘이 비치는 청령포에 소나무와 흐르는 강물을 벗 삼아 외로운 삶을 보낸 어린 단종의 슬픈 모습이 떠오른다.

청령포 033-372-1240 09:00~18:00
3,000원(나룻배 승선료 포함) P 무료

12 난고김삿갓유적지

영월은 해학과 재치와 풍류로 한 세상을 살다간 조선 후기 방랑시인이자 천재시인 김삿갓이 머물렀던 곳이다. 김삿갓의 조부인 김익순은 홍경래의 난을 진압하지 못하고 오히려 투항한 것과 관련하여 폐족을 당하게 된다. 그 사실을 모르던 김삿갓은 20세 때 영월 동헌에서 열리는 백일장에서 "홍경래의 난 때, 순절한 가산 군수 정공의 충절을 찬양하고, 항복한 김익순을 규탄하라"는 주제의 시험에서 장원을 했다. 이후 어머니로부터 김익순이 조부라는 것을 알게되자 조상을 욕되게 하여 하늘을 쳐다볼 수 없다며 삿갓을 쓰기 시작했다. 조선 말기 봉건사회에 대한 해학과 풍자의 시로 서민과 함께 하며 57세로 객사할 때까지 전국을 떠돌면서 방랑 걸식하였다. 김삿갓 유적지에는 깨끗한 곡동천이 흐르고, 단풍이 기암괴석과 어우러져 한껏 멋을 내고 있다.

난고김삿갓유적지 033-375-7900 09:00~18:00, 월요일 휴무 ₩ 2,000원 P 무료
www.ywmuseum.com/museum/index.do?museum_no=7

13 청풍호반케이블카&관광모노레일

청풍호반의 아름다움을 즐기며 해발 531m 비봉산 정상을 오르는 방법은 두 가지다. 숲속으로 놓인 레일을 따라 오르는 모노레일과 호수 위로 오르는 케이블카다. 가파른 경사길과 숲길을 달리며 자연을 즐길 수 있는 모노레일은 비봉산 정상까지 3km를 왕복할 수 있다(편도 약 23분 소요). 청풍면 물태리에서 출발하는 케이블카는 비봉산 정상까지 2.3km 운행 가능하다(편도 약 10분 소요). 모노레일과 케이블카는 왕복, 편도를 선택해 이용할 수 있으나 탑승장이 다르니 유의하자. 정상에 있는 전망대에는 하트, 달 등 다양한 프레임의 포토존이 있고, 4층 비봉하늘전망대에는 타임캡슐관도 있다.

청풍호반케이블카

043-643-7301 1~3월 11:00~16:30, 4~6·11월 10:00~17:00, 7~9월 10:00~18:00, 10월 10:00~17:30, 12월 10:00~16:30 ₩ 일반캐빈 18,000원, 크리스탈캐빈 23,000원 P 무료 www.cheongpungcablecar.com

청풍호관광모노레일

043-653-5121 3~10월 10:00~17:00, 11월 10:00~16:00, 월요일 및 12~2월 동계휴장
₩ 12,000원 P 무료 www.cheongpungcablecar.com

Tip 케이블카 탑승장에는 영상관을 가로지르는 6m 높이의 투명 다리(Bridge) 위에 서서 새가 되어 하늘을 날 듯, 다양한 세상을 비행하는 체험이 가능한 시네마360이 있다. 착시현상을 불러일으키는 환상미술관과 함께 즐겨보자.

14 의림지

충청도를 호서지방이라 부르는데 이는 호수의 서쪽이란 뜻이다. 여기서 말하는 호수는 의림지를 말한다. 의림지는 삼한시대에 축조된 저수지로 유명하다. 김제의 벽골제, 밀양의 수산제와 함께 삼한시대 수리 시설 가운데 하나이다. 신라 진흥왕 때 악성 우륵이 개울물을 막아 둑을 쌓았고, 그로부터 700년 뒤 이곳에 온 현감 박의림이 좀 더 견고하게 새로 쌓은 것이라고도 한다. 현재는 제천 지방의 경승지로 호수 주변에는 순조 7년(1807년)에 세워진 영호정과 수백 년을 자란 소나무와 수양버들, 자연폭포 등이 어우러져 아름다운 경관을 만들고 있다. 주위에 솔밭공원, 국궁장, 파크랜드 등이 있어 시민들과 관광객들에게 좋은 휴식처가 되고 있다.

의림지 043-651-7101 무료 무료

15 배론성지

한국 천주교 전파의 시작점인 배론성지는 천주교에서 매우 중요한 의미를 가지고 있다. 한국 초대교회의 신자들이 박해를 피해 숨어 들어온 곳이기 때문이다. 이곳에서 그들은 화전과 옹기를 구워 생계를 유지하며 신앙을 키웠다. 배론성지는 지리적으로 충주, 청주를 거쳐 전라도와 통하고, 제천에서 죽령을 넘으면 경상도와 통하며 원주를 거쳐서 강원도와도 통할 수 있는 교통의 길목이다. 배론이란 지명은 이 마을이 자리한 산골짜 지형이 배 밑바닥 모양이기 때문에 유래한 것이다. 1801년 신유박해 때 황사영이 당시의 박해 상황과 신앙의 자유와 교회의 재건을 요청하는 백서를 토굴 속에 숨어 집필한곳이기도 하다. 우리나라 최초의 근대식 교육기관인 배론 신학교가 있던 곳이며, 우리나라 두 번째 신부인 최양업의 분묘가 있는 곳이다.

배론성지 043-651-4527 09:00~18:00
무료 무료 www.baeron.or.kr

고판화박물관

고즈넉한 명주사 경내에 있는 고판화박물관은 우리나라에 하나밖에 없는 옛날 목판화들을 전시하고 있다. 목판은 『팔만대장경』이나 『무구정광다라니경』과 같은 대표적인 것을 제외하고는 가치를 인정받지 못하는 편이다. 하지만 명주사 주지이자 고판화박물관 관장인 한선학 스님은 군 법사 시절부터 판화를 모으기 시작해 지금은 목판과 판화 4,000여 점을 소장하고 있다. 고판화박물관에는 우리나라뿐만 아니라 중국, 일본, 티베트, 몽골, 인도, 네팔 등 판화가 발전되었던 동양의 고판화 자료들을 수집, 보관하고, 전시, 연구하는 곳이다. 박물관에 전시된 작품은 그중 일부로, 주제별로 전시한다. 박물관 내에는 뮤지엄스테이라는 프로그램이 있고, 목판화를 직접 새겨서 작품을 만들 수도 있다.

고판화박물관 033-761-7885 하절기 10:00~18:00, 동절기 10:00~17:00, 월요일 휴무 ₩ 5,000원(판화체험비 포함) P 무료 www.gopanhwa.com

고판화박물관

고판화박물관

영월 박물관 투어

영월의 다른 볼거리를 꼽는다면 박물관이다. 거리 곳곳에 숨어 있는 박물관을 찾아 투어를 떠나보자. 대표적인 공립박물관은 방랑시인 김삿갓의 생애와 문학을 볼 수 있는 **난고김삿갓문학관**, 사진을 통해 세계를 끌어안은 **동강사진박물관**, 단종의 발자취를 담은 **단종역사관**, 약 4~5억 년 전에 형성된 우리나라 대표적 석회암 동굴인 고씨굴, 국내 최초의 동굴생물을 주제로 한 **동굴생태관**, 잊혀져 가는 탄광촌의 생활현장을 재현한 **강원도탄광문화촌**, 국내외 희귀곤충이 전시된 **영월곤충박물관** 등이 있다.

영월의 사립박물관으로는 폐교에 세워진 **국제현대미술관**, 만봉 스님의 유물과 탱화가 전시된 **만봉불화박물관**, 교과서 밖으로 튀어나온 듯한 **화석박물관**, 조선시대 민화를 체험할 수 있는 **조선민화박물관**, 자연과 흙의 조화를 경험하는 **쾌연재도자미술관**, 녹차와 관련된 각종 도구를 한눈에 볼 수 있는 **호안다구박물관**, 독도의 고지도 등 희귀자료를 소장한 **호야지리박물관**, 세계 100여 개국의 민속악기를 모아둔 **세계민속악기박물관**, 아프리카 문화를 느낄 수 있는 **아프리카미술박물관**, 평화와 사랑을 주제로 한 **종교미술박물관**, 다양한 테마의 곰인형을 만날 수 있는 **베어가 곰인형박물관**, 미로와 미술을 접목한 휴식공간 **아트미로공원**, 잊혀져 가는 우리문화를 체험할 수 있는 **근현대생활사박물관**, 우리나라 교육의 역사가 한곳에 모인 **초등교육박물관**, 디지털예술의 조화를 경험할 수 있는 **동강디지털소사이어티**, 인도문화체험 프로그램을 운영하는 **인도미술박물관**, 가족신문과 여행신문을 직접 제작하고 기념으로 간직할 수 있는 국내 최초의 **미디어기자박물관**, 각종 술과 관련된 자료들이 전시되고 주막 거리가 있는 **술샘박물관**, 라디오에 대한 모든 것을 보고 느끼고 체험할 수 있는 **라디오스타박물관**, **닥종이 박물관**, **양씨판화미술관**, **영월동강생태공원**, **음향역사박물관**이 있다.

조선민화박물관

종교미술박물관

베어가 곰인형박물관

미디어기자박물관

판운리 섶다리

섶다리마을

영월의 주천, 도천, 무릉 지역을 휘감아 흐르는 서강은 사행천으로 유명하다. 그 구불거리는 정도가 심해 마치 가운데 부분은 섬처럼 보인다. '섬 안의 강'이 지금의 '서마니강'으로 바뀌었다고 한다. 영월의 대표적인 드라이브코스인 서마니강을 따라가다 보면 섶다리가 강물 위에 놓여 있다. 섶다리는 해마다 추수를 마치고 10월 말경에 만들어 다음 해 장마가 시작되기 전에 거두어들이는 임시다리를 말한다. 물에 강한 물푸레나무를 'Y' 자형으로 거꾸로 막고, 그 위에 굵은 소나무와 참나무를 얹어 다리의 골격을 만든 후 솔가지로 상판을 덮고 그 위에 흙을 덮는다. 걸음걸음 옮길 때마다 출렁거림이 여느 다리와는 사뭇 다르다. 부드러우면서도 편하고, 걸음이 즐겁다. 특히, 겨울철에 눈이 내리면 하얀 마을과 마을이 이어주는 섶다리는 살그머니 풍경화 그림 속으로 들어가 앉는다.

섶다리마을 · 10월 말 이후~ · 무료 · P 무료

봉래산활공장

봉래산활공장

별마로천문대에서 뒤쪽으로 난 계단을 올라가면 봉래산활공장이 있다. 봉래산활공장에 오르면 패러글라이딩을 즐길 수 있지만, 올라가기만 해도 영월의 아름다운 풍경도 감상할 수 있다. 낮에 내려다보는 풍경도 아름답지만 밤에 별과 함께 반짝이는 영월을 보는 것이 더 좋다.

영월군 영월읍 천문대길 397 · 033-372-8445(별마로천문대) · 무료 · P 무료

동강사진박물관

동강사진박물관

국내 최초의 공립 사진박물관이다. 과거의 사진은 역사를 기록하는 수단이자 증인이었다. SNS가 발달한 지금은 사진을 통해 자기표현과 의사소통의 수단으로 발전하였다. 지금은 카메라 없이 스마트폰으로도 사진을 찍을 수 있다. 사진이 우리에게 한 발 더 다가온 것이다. 동강사진박물관에는 해마다 국제사진전시회를 개최하고 있으며, 3개의 전시실과 야외 화랑 그리고 사진체험실 등이 있다.

동강사진박물관 · 033-375-4554 · 09:00~18:00 · 2,000원 · P 무료
www.dgphotomuseum.com

라디오스타박물관

라디오스타박물관

배우 안성기와 박중훈의 명콤비를 보여준 영화 〈라디오스타〉 촬영지를 박물관으로 만들었다. 박물관에는 영화의 한 장면을 추억할 수 있는 곳도 있지만 라디오라는 매체의 탄생과 역사를 담고 있다. 시각적으로 관람하는 것보다 직접 라디오 방송제작에 참여하고 경험할 수 있는 체험형 학습박물관이다. 노래 '비와 당신'을 들으며 라디오에 대한 추억 속으로 들어가 보자.

라디오스타박물관 · 033-372-8123 · 09:00~18:00, 월요일 휴무
3,000원 · P 무료

온달관광지

온달관광지

온달관광지

평강공주와 바보온달 이야기를 테마로 조성된 관광지이다. 온달전시관, 온달산성, 온달동굴 등이 있고, 드라마 〈정도전〉 〈화랑: 더비기닝〉 〈달의 연인-보보경심 려〉 등 촬영세트장도 함께 돌아볼 수 있다. 온달산성은 삼국시대의 성곽으로 남한강변을 따라 축성되었다. 길이 682m, 높이 6~8m로 원형이 잘 보존된 반월형 석성으로 역사적 가치가 높다고 한다. 온달동굴은 총 길이가 700m이며, 약 10만 년 전에 생성된 것으로 추정된다.

온달산성 043-423-8820 3~11월 09:00~18:00, 12~2월 09:00~17:00
₩ 5,500원 P 무료 www.dytc.or.kr/main/33

용소막성당

용소막성당

강원도 횡성의 풍수원성당, 원주의 원동성당에 이어 세 번째로 설립된 성당이다. 붉은 벽돌로 지은 아담한 전통 양옥식 성당은 뾰족한 첨탑이 인상적이다. 성당이 위치한 마을의 지형이 용의 형상과 같고, 성당이 용의 발 부분에 위치해 용소막성당이라 부른다. 그 옆에 부속건물인 선종완 라우렌시오 사제유물관이 있다. 유물관 안에는 선종완 신부의 유물과 유품들이 전시되어 있다. 한글과 영어는 물론 독일과 이탈리아, 러시아 등 여러 나라의 성경이 전시되어 있다. 커다란 느티나무의 넉넉함이 곧게 뻗은 성당의 날카로운 모습과 대조적이다. 마치 오랜 시간을 서로 보듬어 주고 있는 듯한 느낌이다.

용소막성당 033-763-2343 ₩ 무료

교동민화마을

교동민화마을

제천향교 앞에서 방사형으로 갈라진 벽화마을이 있다. 다른 벽화마을과 달리 아름답고 재치가 넘치는 우리 민화로 전래동화 또는 전통 소재를 중심으로 벽화를 그려나갔다. 화려한 색감과 재미난 소재를 보고, 읽으며 골목길 따라 걸어보자. 작은 공방에서 다양한 체험 프로그램을 운영하고 있으며, 민화체험도 가능하다.

교동민화마을 010-8007-7736 ₩ 무료 P 무료 jecheonfolk.modoo.at

추천 숙소

석항트레인 스테이
영월군 중동면 석항역길 15
033-378-0900

히어리 펜션
영월군 김삿갓면 김삿갓로 587-6
010-9775-2448

탑스텐리조트동강시스타
영월군 영월읍 사지막길 160
033-905-2000

조견당(김종길 전통가옥)
영월군 주천면 고가옥길 27
033-372-7229

SNS 핫플레이스

메타세콰이어길
영월군 주천면 판운리 474-1

제이큐브뮤지엄
영월군 영월읍 사지막길 56
0507-1377-6446
09:30~20:00, 화요일 휴무
(1층 별빛마루 카페,
2층 제이큐브미술관)

이달엔영월(빵집)
영월군 영월읍 덕포시장길 50
0507-1340-7173
영월 덕포5일장,
토~월 11:00~16:00

추천 체험

영월 패러글라이딩
해발 800m(별마로천문대 옆)에서 이륙하여 영월 시내와 아름다운 동강을 바라보며 하늘에서 자유를 만끽해보자. 전문강사들의 교육과 함께 탑승하므로 남녀노소 함께 즐길 수 있다(사전예약 필수).

영월봉래산 패러글라이딩 0507-1427-0041
콘돌스클럽 033-373-9111
영월패러글라이딩 0507-1312-5627

영월 동강래프팅
우리나라 최고의 래프팅 장소로 손 꼽히는 동강. 울창한 숲과 가파른 절벽 등의 아름다움을 갖춘 곳이다. 완만한 물살과 급류를 통과하면서 스릴과 즐거움을 느끼고 아름다운 동강만의 매력에 푹 빠져보자.

1코스 : 문산나루터–섭새강변(10km/3시간)
2코스 : 진탄나루터–섭새강변(13km/4시간)
3코스 : 고성운치리–섭새강변(30km/8시간)

동강래프팅(영월군 영월읍 동강로 826) 1544-7569
아라연코스 30,000원 www.orayon.co.kr

원주 초콜릿황후
유럽의 방식과 달리 우리 선조들의 전통발효기법으로, 생초콜릿에 특별한 맛과 효능을 더한 발효초콜릿 전문점이다. '손탁호텔'이라고 불리는 이곳은 발효초콜릿과 발효음료를 맛볼 수 있는 카페이자 체험 공간이다. 발효초콜릿, 카카오케이크, 초콜릿 퐁듀 등 직접 만들어볼 수도 있다(하루 전 예약 필수).

초콜릿황후 0507-1401-7306
10:00~21:00, 화요일 휴무 무료 P 무료
www.chocohwanghu.co.kr

발효초콜릿 황후

추천 맛집

원주 복숭아 불고기

복숭아 불고기는 한우를 복숭아즙으로 재우고, 참숯으로 구워내는 방식이다. 기존의 불고기와는 색다른 맛을 느낄 수 있는 원주식 웰빙음식이다.

섬강한우촌

원주시 지정면 판대리 377 033-733-3007

장군본가

원주시 행구로 53 0507-1341-3065

원주 뽕잎황태밥

청정자연에서 자란 뽕잎과 황태로 지은 밥이다. 뽕잎황태밥에는 칼슘과 철분 등 약 50여 가지의 미네랄과 아미노산, 식이섬유가 풍부한 건강나물밥상이다.

미향

원주시 장미공원길 16 2층 033-747-5652

영월 주천묵집

영월군 주천면 송학주천로 1282-11

0507-1388-3800 10:00~18:00, 화요일 휴무

영월 곤드레나물밥

곤드레는 태백산의 해발 700m 고지에서 재생하는 곤드레나물과 보리로 밥을 지어 양념간장으로 비벼 먹는 웰빙음식이다.

솔잎가든

정선군 영월읍 청령포로 48-5 033-373-3323

동박골식당

정선군 정선읍 정선로 1314 033-563-2211

영월 강원토속식당

칡녹말로 만든 강원도의 칡국수는 칡 특유의 향과 맛으로 달짝지근한 맛이 강하다.

영월군 김삿갓면 영월동로 1121-14

033-372-9014

정선 콧등치기국수

정선 장터의 명물인 콧등치기국수는 후루룩 들이마시다가 면발이 콧등을 칠 정도로 탄력이 좋아서 붙여진 이름이다.

성원식당

정선군 정선읍 5일장길 27-2 033-563-0439

대박집

정선군 정선읍 5일장길 37-5 033-563-8240

옹심이네

정선군 정선읍 비봉로2 033-563-0080

동광식당

정선군 정선읍 녹송1길 27 033-563-3100

정선 한치식당

정선군 정선읍 녹송1길 30

033-562-1068

영월 연당동치미

영월군 열월읍 분수대길 34

033-375-8272

영월 성호식당

영월군 영월읍 영월로 2101

033-374-3215

영월 덕포식당

영월군 영월읍 덕포시장길 69

033-374-2420

영월 영월서부시장

강원 영월군 영월읍 서부시장길 12-4

영월 동강다슬기

강원 영월군 영월읍 영월로 2105

033-374-2821

영월 다하누한우프라자

강원 영월군 주천면 도천길 22

0507-1440-2280

구 간 2

남제천 IC ~ 풍기 IC

제천·단양·영주·봉화

55

Best Course

남제천 IC → 제천 청풍랜드 →

1 청풍문화유산단지 →

2 정방사 →

3 금수산 용담폭포 → 단양 수양개빛터널&수양개선사유물전시관 →

4 만천하스카이워크 →

5 단양강 잔도길 → 다누리아쿠아리움 →

6 도담삼봉 →

7 고수동굴 → 양방산전망대&양방산활공장 → 옥순봉&장회나루 →

8 선암계곡 →

9 사인암 →

10 영주 희방폭포&희방사 → 인삼박물관 → 순흥읍내리벽화고분 →

11 소수서원 →

12 소수박물관&선비촌 →

13 부석사 →

14 봉화 축서사 → 국립백두대간수목원 → 봉화계서당종택(이몽룡생가) →

15 닭실마을&청암정 → 봉화전통문화마을 → 한누리 워낭마을 → 풍기 IC

남제천 IC
제천시
충청북도
영월군
충주호
청풍랜드
2 정방사
1 청풍 문화유산단지
3 금수산 용담폭포
단양군
6 도담삼봉
7 고수동굴
다누리아쿠아리움
양방산전망대/양방산활공장
수양개빛터널/수양개선사유물전시관
4 만천하스카이워크
5 단양강 잔도길
옥순봉
새한서점
장회나루
소백산 국립공원
봉황산
13 부석사
국립백두대간수목원
문수산
축서사 14
봉화군
봉화계서당종택 (이몽룡생가)
12 소수박물관/선비촌
11 소수서원
10 희방폭포/희방사
순흥읍내리벽화고분
8 선암계곡
9 사인암
인삼박물관
영주시
15 닭실마을 /청암정
풍기 IC
한누리 워낭마을
봉화전통문화마을
월악산 국립공원
예천군
경상북도

01 청풍문화유산단지

남한강 물줄기 따라 상류로 달리다보면 청풍을 만날 수 있다. 청풍은 선사시대부터 문화의 중심지로, 고려와 조선에는 수운을 이용한 상업과 문물이 크게 발전하였다. 청풍문화재단지는 1978년 충주댐의 건설로 수몰된 제천시 청풍면 5개면 61개 마을에 있던 보물, 지방유형문화재, 생활유물 등 53점의 문화재를 한 곳에 모아둔 곳이다. 단지 안에는 고려 때 관아의 연회장소로 건축된 청풍 한벽루와 청풍 석조여래입상, 청풍을 드나들던 관문인 팔영루, 조선시대 청풍부 아문인 금남루가 있다. 이 외에도 응청각, 청풍향교, 관아 등이 전시되어 있다. 청풍문화재단지에서 제천까지 약 10km 구간은 아름다운 금수산의 기암괴석과 청풍호반이 드리워져 있어 환상의 드라이브 코스이다. 매년 4월이면 벚꽃길 명소로 사랑받고 있다.

청풍문화유산단지 043-641-5532
3~10월 09:00~18:00, 11~2월 09:00~17:00
3,000원 P 무료

02 정방사

정방사는 신라 문무왕 2년(662년)에 의상대사가 세운 절로, 『동국여지승람』에는 산방사로 소개되어 있다. 의상대사가 도를 얻은 후 절을 짓기 위하여 지팡이를 던지자 이곳에 날아가 꽂혀서 절을 세웠다는 전설이 있다. 청풍호반도로를 벗어나 정방사 주차장으로 향하는 길이 인상적이다. 주차장에서 숲길을 따라 걷다보면 가파른 계단 위로 정방사가 고개를 내민다. 법당 지붕의 절반가량 뒤덮은 거대한 암벽 아래 자리 잡은 정방사는 주변 경관이 빼어나고, 법당 앞에서 바라다보는 청풍호는 은은한 풍경소리와 함께 마음을 편안하게 한다. 청풍호반의 모습을 보기 위해서라도 반드시 올라가보자. 정방사 가는 길에 만나는 울창한 소나무 숲 사이로 깎아 세운 절벽과 맑은 물이 흐르는 능강계곡은 여행의 덤이다(주차장에서 도보 10~20분 소요).

정방사 043-647-7399 ₩ 무료 P 무료

03 금수산 용담폭포

본래 백운산이던 것을 조선 중기 퇴계 이황이 금수산이라 바꿔 불렀다. 그는 곱게 단풍이 물든 백운산의 모습이 '비단에 수를 놓은 듯 아름답다'라고 감탄하며 산의 이름을 바꾸었다고 한다. 금수산은 기암절벽이 비경을 만드는 곳으로 꽃이 만개하는 봄, 얼음골의 맑은 물소리와 폭포소리를 들으며 걸을 수 있는 여름, 붉게 물들어 산의 이름도 바꾼 가을 그리고 하얀 눈꽃이 피어나는 겨울까지 많은 관광객들이 즐겨 찾는 산이다. 하지만 산 정상을 오르는 길은 생각만큼 만만치 않다. 상천리 백운동에서 약 10분 거리에 있는 용담폭포는 높이 30m에서 시원한 물줄기를 땅에 내리꽂고 있다. 그 소리를 듣고 있는 것만으로도 시원해진다.

용담폭포 ₩ 무료 P 무료

04 만천하스카이워크

단양의 새로운 랜드마크이다. 남한강 위로 길게 솟아오른 절벽 끝에 달걀과 같은 철구조물이 설치되었다. 만학천봉 전망대에 오르면 3개의 손가락처럼 하늘을 향해 길게 뻗은 스카이워크가 있다. 고강도 삼중강화유리로 만든 스카이워크를 걸어가면 단양 시내 전경과 남한강 물줄기를 한눈에 내려다볼 수 있다. 문득 내려다본 강물 위로 짜릿한 전율이 흘러간다. 만천하스카이워크와 함께 알파인코스터, 집라인 등의 놀이기구도 함께 즐겨보자.

만천하스카이워크 ☎ 043-421-0015
하절기 09:00~18:00, 동절기 09:00~17:00, 월요일 휴무
₩ 4,000원 P 무료 www.dytc.or.kr/mancheonha/89

Tip 알파인코스터

정상까지는 자동으로 올라가지만 내려오는 620m의 구간은 최고 시속 40km의 속도를 체감할 수 있다. 직접 알파인의 속도를 조작이 가능하다.

₩ 18,000원

05 단양강 잔도길

만천하스카이워크 아래 흐르는 남한강에 1.2km의 좁은 잔도길을 걸어보자. 단양강 잔도는 나무데크 길을 따라 만든 수변길을 따라 왕복 30~40분 정도 가볍게 산책할 수 있는 길이다. 호수 위를 걷는 느낌도 좋지만 벼랑길 위를 걷는 듯 스릴 구간도 있어 새로운 명소로 뜨고 있다. 단양보건소 주차장이나 만천하스카이워크 주차장에서 연결되며 왕복으로 이용하면 편리하다.

만천하스카이워크 ₩ 무료 P 무료

06 도담삼봉

단양팔경의 하나인 도담삼봉은 남한강의 푸른 강물 가운데 우뚝 선 기암괴석이다. 조선왕조의 개국 공신인 정도전이 이곳 중앙봉에 정자를 짓고 찾아와서 경치를 구경하고 풍월을 읊었다고 한다. 자신의 호를 삼봉이라고 한 것도 도담삼봉에 연유한 것이라고 한다. 늠름한 장군봉을 중심으로 왼쪽에는 교태를 머금은 첩봉과 오른쪽은 얌전하게 돌아앉은 처봉의 모습은 아들을 얻기 위해 첩을 둔 남편을 미워하여 돌아앉은 본처의 모습이라고 한다. 보면 볼수록 그 생김새와 이름이 잘 어울려 선조들의 지혜와 상상력에 감탄하게 된다. 장군봉에는 '삼도정'이라는 육각정자가 있는데 이른 아침 물안개 속 은은한 모습에 신비로운 느낌마저 든다. 주차장 앞에서 바로 도담삼봉을 볼 수 있다는 것이 아주 큰 매력이다.

도담삼봉 043-421-3182(도담삼봉유원지)
무료 P 3,000원

07 고수동굴

길이 1,395m에 이르는 고수동굴은 동양에서 가장 신비롭고 아름다운 천연 동굴로 유명하다. 내부에는 웅장한 폭포를 이루는 종유석, 7m 길이의 고드름처럼 생긴 종유석, 땅에서 돌출되어 올라온 석순, 석순과 종유석이 만나 기둥을 이룬 석주, 꽃모양을 하고 있는 암석, 동굴산호, 동굴진주, 천연적으로 만들어진 다리 천연교, 선녀탕이라 불리는 물웅덩이, 희귀 종유석인 아라고나이트 등 볼거리도 다양하다. 석회암 동굴에서 볼 수 있는 거의 모든 것을 볼 수 있다. 그중에서도 동굴의 수호신이라고 할 수 있는 사자바위, 도담삼봉바위, 마리아상, 사랑바위, 천당성벽 등 자연과 세월이 빚어낸 경이로운 작품들이 고수동굴의 백미라 할 수 있다.

고수동굴 043-422-3072
4~10월 09:00~17:30, 11~3월 09:00~17:00
11,000원(온라인 9,900원) P 3,000원
www.gosucave.co.kr

08 선암계곡(하선암 · 중선암 · 상선암)

선암계곡은 신선이 노닐다 간 자리라는 뜻의 '삼선구곡(三仙九曲)'이라고도 한다. 계곡은 도로를 품고 있어 맑은 물과 눈부시게 하얀 바위가 펼쳐진 풍경을 감상하며 드라이브를 즐길 수 있다. 하선암의 3단으로 된 흰 바위는 그 위에 둥글고 커다란 바위가 얹혀 있는데, 마치 미륵과도 같아 '부처바위(佛岩)'라고도 부른다. 중선암은 순백색의 바위가 층층대를 이루고 맑은 물이 그 위를 흐르고 있다. 바위에 쓰인 '사군강산 삼선수석'은 충북의 단양, 영춘, 제천, 청풍 중에 상선암, 중선암, 하선암이 가장 아름답다는 뜻이다. 상선암에는 크고 널찍한 바위는 없으나, 작은 바위들이 모여 있는 모습이 소박하고 정겹다. 맑은 물이 반석 사이를 흐르다가 좁은 골에 이르러 폭포가 되어 구름다리 아래로 떨어진다. 한 발 가까이 다가가 그 소리를 듣고 있으면 어느새 무릉도원에 들어서 있다.

선암계곡 ₩ 무료 P 무료

하선암
중선암
상선암

09 사인암

사인암(舍人巖)은 선암계곡의 상·중·하선암과 함께 단양팔경 중 하나이다. 병풍처럼 펼쳐진 넓은 바위가 수직을 이루고 하늘로 뻗어나간다. 그 위에 곧은 노송의 어우러짐이 절로 깊은 한숨을 내쉬게 한다. 추사 김정희는 하늘에서 내려온 한 폭의 그림과 같다고 했다. 단원 김홍도 역시 1년여를 고민한 끝에 '사인암도'를 완성했다. 김홍도는 단양의 유명한 곳인 도담삼봉, 옥순봉, 사인암 등을 그린 '병진년화첩'을 완성하게 되었다. 임금을 보필하는 직책인 정4품 '사인(舍人)'이라는 벼슬을 지낸 고려 말 대학장 역동 우탁(禹倬) 선생이 낙향하여 이곳에 머물며 후학을 가르쳤었다. 조선 성종 때 단양 군수 임재광은 우탁 선생을 기리기 위해 '사인암'이라 지었다고 전해진다. 사인암 앞에 서면 자연이 가장 위대한 예술가임을 되새겨보게 된다.

사인암 | 043-422-1146 | 무료 | P 무료

10 희방폭포&희방사

소백산 기슭에 자리한 희방폭포는 소백산맥의 최고 봉우리인 비로봉으로 올라가는 길목에 있다. 20분쯤 오르면 높이 28m의 웅장한 폭포를 만날 수 있다. 폭포의 시원한 물줄기를 뒤로하고 오솔길을 걷다보면 소백산이 품은 천년고찰 희방사가 반겨준다. 신라 선덕여왕 12년(643년)에 두운대사가 세운 희방사에는 귀중한 문화유산 『훈민정음』의 원판과 『월인석보』 1, 2권의 판목을 보존하고 있었으나 한국전쟁으로 소실되었다.

희방사에는 은은한 종소리로 유명한 동종이 보관되어 있다. 전설에 의하면 경주호장의 무남독녀를 잡아먹으려다 목구멍에 비녀가 걸린 호랑이를 두운대사가 도와주었고, 이 은혜를 갚기 위해 호랑이가 경주호장의 무남독녀를 도로 살려주었다고 한다. 두운대사로 인해 딸의 목숨을 건진 경주호장이 감사의 표시로 희방사를 지어주었다고 전해진다.

희방폭포 | 054-638-6196 | 2,000원 | P 4,000원

11 소수서원

우리나라 최초의 사액서원인 소수서원(紹修書院)은 주세붕이 풍기군수로 부임한 이듬해 평소 흠모하던 안향(安珦) 선생의 고향에 위패를 봉안하고, 건립한 백운동서원(白雲洞書院)의 시초이다. 이후 명종 5년, 퇴계 이황 선생이 풍기군수로 재임할 때 나라에 건의하여 소수서원이란 친필사액을 받게 되었다. 입구에 있는 숙주사지당간지주는 통일신라 작품으로 단종복위 실패로 사찰은 모두 불타버리고 그 흔적만 남아 있다. 단종복위 실패로 인해 이 고을 사람들은 '정축지변'이란 참화를 당하게 되었다. 그 억울한 넋들의 울음소리를 달래기 위해 주세붕 선생이 바위에 '경(敬)' 자를 붉게 칠해 정성껏 제를 지냈다고 한다(백운동 경자바위). 강학당은 유생들이 모여 강의를 듣던 곳이며, 문성공묘는 안향 선생의 위패를 모신 사당이다. 사액서원이란 나라로부터 책, 토지, 노비를 하사받고 면세, 면역의 특권을 가진 서원인데 조선 철종 때까지 400여 개에 달했다. 이후 서원철폐령이 내리면서 47개만 남아 있게 되었는데 소수서원이 여기 포함된다. 무너져 가는 교학(教學)을 다시 일으켜야 한다는 의미를 담은 소수서원. 지금 시대에도 그 필요성이 다시금 느껴진다.

소수서원 054-639-5852 3~5·9·10월 09:00~18:00, 6~8월 09:00~19:00, 11~2월 09:00~17:00
3,000원(소수박물관, 선비촌 관람 가능) 무료 www.yeongju.go.kr/open_content/sosuseowon/index.do

12 소수박물관&선비촌

소수서원과 선비촌 사이에 있는 소수박물관은 소수서원에 대한 여러 가지 이야기와 관련 자료, 그리고 한국인의 정신세계를 지배하고 있는 유교와 관련된 전통문화유산을 체계적으로 소개하고 있다. 서원과 유교를 주제로 영주의 귀중한 유물과 유적에 대하여 정리, 전시하고 있다. 제1전시실은 선사시대부터 영주 지역에 사람들이 정착하여 살았다는 것을 보여준다. 제2전시실에서는 공자의 유교사상이 우리나라에 어떠한 영향을 끼치게 되었는지 알 수 있으며, 제3전시실에서는 사학기관인 서원과 지방 인재양성이 목적인 향교에 대한 소개하고 있다. 마지막으로 제4전시실은 소수서원에 대한 수많은 이야기를 한눈에 알 수 있게 해준다. 우리나라의 생활과 정신세계 바탕을 유교적인 자료로 해석한 유교종합박물관이다.

소수박물관

054-639-7964 3~5·9·10월 09:00~18:00, 6~8월 09:00~19:00, 11~2월 09:00~17:00
₩ 3,000원(소수서원, 선비촌 관람 가능) P 무료

선비촌은 선비정신을 몸소 실천하고 선비들의 생활을 직접 체험할 수 있는 곳이다. 옛 선비들이 살던 곳을 그대로 재현하여 수신제가, 입신양명, 우도불 우빈, 거무구안 4가지로 조성하였다. 수신제가(修身齊家)는 자신을 수양하기 위해 노력하던 선비들의 모습을, 입신양명(立身揚名)은 중앙관직에 진출하여 활동한 영주 선비들의 모습을, 우도불우빈(優道不優貧)은 가난하더라도 올바른 삶을 소중히 여긴 선비들의 모습을, 마지막으로 거무구안(居無求安)은 사는 데 있어 편안함을 추구하지 않겠다는 영주 선비의 정신을 보여주는 공간이다. 선비촌은 시대를 거슬러 올라가 옛 선비들의 고결한 정신과 숨결을 느낄 수 있는 곳이다. 제기차기, 지게지기 등 전통문화체험도 가능하다.

선비촌

054-630-9712 09:00~18:00
₩ 3,000원(소수서원, 소수박물관 관람 가능) P 무료
www.sunbichon.net

13 부석사

부석사는 신라 문무왕 16년(676년)에 의상대사가 왕명으로 창건한 화엄종의 수사찰이다. 의상대사가 당나라에 유학하고 있을 때 당의 신라 침략 소식을 듣고 이를 왕에게 알리고자 귀국하여 이 절을 창건하였다. 불전 서쪽에 큰 바위가 있는데 아래에 있는 바위와 서로 붙지 않고 떠 있어 '뜬 돌'이라 한 데서 부석사라는 이름이 유래되었다. 1,300여 년의 역사를 자랑하는 천년고찰답게 우리나라 최고의 목조건물인 무량수전을 비롯하여 통일신라시대 유물인 석등, 석조여래좌상, 삼층석탑, 당간지주, 석조기단 등이 있다. 고려시대 유물은 조사당, 소조여래좌상, 조사당벽화, 고려각판, 원융국사비 등이다. 그중에서도 화려하고 섬세한 소조여래좌상은 고려시대 최고의 걸작품이다. 무량수전의 현판은 공민왕이 홍건적의 난을 피해 안동에 머무는 동안에 쓴 친필이다. 앞의 석등은 부처의 광명을 상징하는 광명등인데 4개의 창안을 들여다보면 무(無)라는 글자가 새겨져 있다. 조사당은 의상대사가 머물던 곳이며, 사천왕상과 보살상이 그려진 벽화는 목조건물에 그려진 벽화 중 가장 오래된 것이다. 조사당 앞 석단 위에 있는 선비화는 의상대사가 짚었던 지팡이로 천축으로 가기 전에 꽂으면서 '나무를 보고 나의 생사를 알라'고 했다는 이야기가 전해진다. 부석사의 또 다른 매력은 소백산 자락의 일출과 일몰을 모두 볼 수 있다는 것이다. 원융국사비에서는 일출을, 무량수전에서는 소백산맥 위로 지는 일몰의 아름다움을 볼 수 있다. 소백산 자락이 마치 부석사의 일부인 듯 그 품안에 들어와 자리하니 그 풍경을 아름답다는 말밖에 표현하지 못함이 그저 미안할 따름이다.

부석사 054-633-3464 06:30~19:00 무료 P 무료 www.pusoksa.org

14 축서사

신라 문무왕 13년(673년)에 의상대사가 부석사보다 3년 먼저 창건한 절이다. 조선조 말기 한일합병에 반대한 의병들의 항일투쟁 기지 역할을 한다는 이유로 일본이 강제로 불을 질렀다. 당시 대부분의 사찰이 불타버리고 대웅전만이 남았다. 축서사에 들어서면 거대한 5층 사리보탑이 있다. 진신사리 112과를 봉안한 보탑성전은 유리창을 통해 사리보탑을 모신 전각이다. 대웅전에서는 가장 오래되고 작은 전각인 석조비로자나불좌상 및 목조광배를 모시고 있다. 불상은 통일신라시대에 만들어진 비로자나불이고, 높이가 108cm, 좌대가 96cm이다. 조선시대 만들어진 목조광배는 나무에 불꽃무늬와 꽃무늬를 화려하게 조각하였다. 대웅전 앞에 무너질 듯 서 있는 고려시대 석등은 마치 축서사의 지난한 역사를 보여주는 것 같다. 은행잎이 노랗게 물든 축서사에서 내려다보는 산 능선과 구름속의 풍광이 너무나도 아름답다.

축서사 054-672-7579, 054-673-9962(템플스테이) 무료 P 무료 www.chookseosa.org

15 닭실마을&청암정

산들이 마을을 둥그렇게 둘러싼 모습이 마치 닭이 알을 품고 있는 형상인 '금계포란형'과 같다고 해서 '닭실'이라 부르다가 최근에 '달실'로 이름을 바꾸었다. 풍수지리학적으로 명당자리인 달실마을은 조선 중종 때 문신 충재 권벌 선생과 그의 후손 안동 권씨가 500여 년간 집성촌을 이루고 살아온 마을이다. 충재 권벌은 사대사화의 역사 속에서도 선비로서의 정신을 바르게 간직한 분이다. 종택에 있는 청암정은 거북모양의 너럭바위에 자리한 정자이다. 정자 둘레 동, 남, 북쪽으로 3개의 문이 있고, 그 곁에 충재유물전시관이 있다. 청암정은 영화 〈동이〉, 〈스캔들〉, 드라마 〈바람의 화원〉 등 촬영지로도 유명하다. 달실마을의 또 다른 명물은 500년 전통을 이어온 한과인데, 지금도 마을 부녀회가 전통적인 방식으로 만들고 있다.

청암정(봉화군 봉화읍 유곡리 931) ₩ 무료 P 무료

청풍랜드

청풍랜드

제천 최고의 드라이브 코스인 청풍호반길을 따라 가다보면 청풍랜드가 있다. 국내 최고 높이인 62m의 번지점프대와 국내에 첫 선을 보이는 파일럿의 비상탈출 느낌을 담은 이젝션시트, 그리고 40m 높이에서 중력 방향으로 반원을 그리며 창공을 나는 빅스윙, 왕복 1.4km를 와이어에 의지해서 푸른 호수 위를 가로지는 케이블코스터, 높이 15m, 넓이 16m²의 국내 최대의 인공암벽장 등을 갖춘 국내 최초 익스트림 레저스포츠타운이다.

청풍랜드 043-648-4151

번지점프 60,000원, 이젝션시트 25,000원, 빅스윙 25,000원, 집라인 35,000원, 빅3(번지점프+이젝션시트+빅스윙) 104,000원

무료 www.cheongpungland.com

수양개빛터널

수양개빛터널&수양개선사유물전시관

중앙선의 폐철도를 이용한 신개면 체험형 관광지이다. 터널의 빛이 차단되는 장점을 활용하여 내부에 최상의 음향과 시뮬레이션 영상, 조명, 4D어트랙션 등을 설치하여 볼만한 멀티미디어 쇼를 제공하고 있다. 야외에는 정글코스, 구름다리코스, 미디어볼코스 등 다양한 테마를 조성하고 있다. 해 질 무렵 LED 조명이 하나둘 불을 밝히면, 형형색색의 조형물이 어둠 속에서 나타난다.

수양개빛터널

043-421-5453 11~3월 14:00~21:00, 4~10월 14:00~22:00, 화요일 휴무

9,000원 무료 www.ledtunnel.co.kr

수양개선사유물전시관

043-423-8502 09:00~18:00, 화요일 휴무

2,000원 무료 www.danyang.go.kr/suyanggae/1385

Tip 수양개선사유물전시관

수양개빛터널 입장료는 수양개선사유물박물관의 입장료가 포함되어 있으니 함께 둘러보자. 수양개선사유물전시관은 충주댐 수몰지구 문화유적 발굴조사의 일환으로 발굴하던 중 나온 중기 구석기시대부터 마한시대까지의 문화층에서 발굴된 유적 · 유물을 전시하고 있다.

다누리아쿠아리움

다누리아쿠아리움

최근 가족 단위의 여행이 늘면서 단양 다누리아쿠아리움이 단양의 새로운 명소로 떠오르고 있다. 지하 1, 2층은 국내 최대 규모의 민물고기 생태관으로 82개의 수조와 수심 8m에 달하는 메인 수조가 있다. 단양의 대표적인 쏘가리를 포함하여 국내어종 84종 13,000마리와 아마존의 제왕 피라루쿠 등 해외 민물어류 62종 3,000마리의 다양한 물고기를 눈앞에서 볼 수 있다. 그밖에도 국내 유일의 낚시박물관, 도서관, 4D체험관 등이 있어 천천히 둘러볼 수 있다. 인근에는 단양구경시장도 있어서, 단양마늘을 이용한 즐거운 먹을거리를 맛볼 수 있다. 다누리센터 앞에는 하늘에 형형색색의 수를 놓고 내려오는 패러글라이딩 착륙장이 있다.

단양다누리아쿠아리움 043-423-4235 09:00~18:00(성수기 ~19:00)

10,000원 아쿠아리움 이용 시 최초 2시간 무료(이후 10분당 200원)

www.danyang.go.kr/aquarium

양방산전망대&양방산활공장

단양의 대표적인 래프팅은 패러글라이딩이다. 패러글라이딩은 낙하산과 행글라이딩의 합성어로, 낙하산을 타고 하늘을 나는 액티비티이다. 단양의 푸른 하늘에는 노란색, 빨간색, 흰색의 패러글라이더가 연이어 화려하게 수를 놓고 있다. 단양은 두산활공장과 양방산활공장을 포함하여 5개의 활공장을 가지고 있다. 이 중 단양의 전망을 한눈에 내려다보는 양방산전망대에 있는 양방산활공장이 가장 인기가 많다. 푸른 하늘위에서 남한강을 굽이굽이 살피고 흘러나가는 단양을 품기에는 가장 적합한 활공장이다. 전문가와 함께 하는 2인 1조 패러글라이딩을 타고 단양 하늘을 날아보자.

양방산전망대 🏠 단양읍 양방산길 350
단양패러마을 📱 010-4412-3326
단양 패러글라이딩 드림레저 📱 0507-1368-0083
단양레저 📱 043-423-4123

양방산전망대

양방산전망대

옥순봉&장회나루

옥순봉(玉筍峯)은 희고 푸른 여러 개의 봉우리가 마치 비온 뒤에 솟아나는 대나무 순 같다는 뜻이다. 옥순봉의 산세는 청풍호와 어우러져 더욱 뛰어난 풍경을 자랑한다. 옥순봉은 길이 잘 되어 있어 쉽게 오를 수 있다(편도 1시간 산행). 36번 국도를 타고 괴곡리 계란재에서 옥순봉 산행을 시작한다. 옥순봉 정상에서 확 트인 청평로를 내려다보는 것도 좋지만, 유람선을 타고 청풍호 물살을 가르며 옥순봉과 구담봉의 멋들어진 모습을 관광하는 것도 좋다. 만일, 시간적인 여유가 없다면 장회나루터에 있는 전망대에서 잠시 쉬어 가자.
전망대에는 단양 기생 두향의 조각상이 있다. 퇴계 이황 선생이 단양군수 시절에 사랑을 한 몸에 받던 단양 기생 두향이 옥순봉의 절경을 보고 단양군에 속하게 해달라고 청하였다. 청풍군수가 이를 허락하지 않자 이황 선생이 석벽이 마치 대나무 순과 같다 하여 옥순봉이라 이름 짓고, 석벽에 '단구동문(丹丘洞門)'이라 남겨 단양의 관문이 되었다는 이야기도 전해온다.

🏠 계란재 ₩ 무료 P 무료

장회나루

국립백두대간수목원

봉화의 새로운 핫플레이스인 백두대간수목원. 백두대간이란 이름은 울창한 숲과 호랑이가 연상된다. 실제로 이곳에는 시베리아 호랑이가 숲에서 서식하고 있다. 생태탐방지구에는 금강소나무가 자연생태로 가장 보존하고 있고, 최고령의 550년된 철쭉군락지와 꼬리진달래군락지는 자연을 만끽하기에 충분하다. 중점조성지구는 자연에 대한 연구와 교육을 위한 곳이며 측백나무를 이용한 미로원, 교과서원, 모험의 숲 등에서 직접 체험이 가능하다.

🏠 국립백두대간수목원 📱 054-679-1000 🕘 하절기 09:00~18:00, 동절기 09:00~17:00, 월요일 휴무 ₩ 5,000원 P 무료
🌐 www.bdna.or.kr

국립백두대간수목원

국립백두대간수목원

인삼박물관

인삼박물관

'시간을 이어온 생명의 숨결'을 주제로 인삼 종주국인 우리나라 인삼의 역사와 정보를 보여 주고 있다. 1층 로비에서는 아리랑위성 2호에서 찍은 한반도 지형 사진 위에서 인삼의 뒷이야기를 보여준다. 2층으로 올라가는 통로에서는 과거 경상도와 서울의 인삼교역지인 죽령옛길을 만들어 놓고 인삼무역 이야기를 전해준다. 『삼국사기』에 의하면 삼국시대부터 소백산에 산삼이 많았으나 고려 때 과도한 남획으로 생산량이 줄어들었고 그로 인해 백성들의 피해가 커져갔다고 한다. 이를 해결하기 위해 조선 풍기군수 주세붕 선생이 산삼종자를 골라 재배하기 시작한 것이 인삼 재배의 시초였다. 인삼은 생육조건이 무척 까다로운 음지식물이지만 해발 300~500m 고원지대인 풍기 지방의 기후와 토양은 인삼을 기르기에 적합해 풍기인삼은 최고의 상품으로 인정받아 왔다.

인삼박물관 054-639-7681 하절기 09:00~18:00, 동절기 09:00~17:00, 월요일 휴무 ₩ 무료 P 무료 www.yeongju.go.kr/insam

순흥읍내리벽화고분

순흥읍내리벽화고분

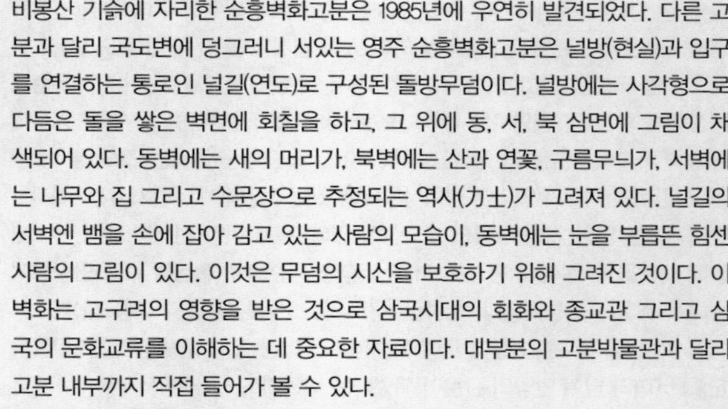

비봉산 기슭에 자리한 순흥벽화고분은 1985년에 우연히 발견되었다. 다른 고분과 달리 국도변에 덩그러니 서있는 영주 순흥벽화고분은 널방(현실)과 입구를 연결하는 통로인 널길(연도)로 구성된 돌방무덤이다. 널방에는 사각형으로 다듬은 돌을 쌓은 벽면에 회칠을 하고, 그 위에 동, 서, 북 삼면에 그림이 채색되어 있다. 동벽에는 새의 머리가, 북벽에는 산과 연꽃, 구름무늬가, 서벽에는 나무와 집 그리고 수문장으로 추정되는 역사(力士)가 그려져 있다. 널길의 서벽엔 뱀을 손에 잡아 감고 있는 사람의 모습이, 동벽에는 눈을 부릅뜬 힘센 사람의 그림이 있다. 이것은 무덤의 시신을 보호하기 위해 그려진 것이다. 이 벽화는 고구려의 영향을 받은 것으로 삼국시대의 회화와 종교관 그리고 삼국의 문화교류를 이해하는 데 중요한 자료이다. 대부분의 고분박물관과 달리 고분 내부까지 직접 들어가 볼 수 있다.

순흥읍내리벽화고분 ₩ 무료 P 무료

봉화계서당종택(이몽룡생가)

봉화계서당종택(이몽룡생가)

한국 최대의 로맨스이자 4대 국문소설의 하나인 『춘향전』의 주인공 이몽룡은 실존인물을 모델로 지어졌다고 한다. 바로 봉화의 성이성(成以性) 선생이다. 또 그가 1613년에 문중 자제들과 후학양성을 위해 만든 곳이 '계서당'이다. 성이성 선생은 1627년(인조 5년)에 문과에 급제하여 4번의 어사를 지냈다. 『춘향전』은 『난중잡록』, 『손잡록』을 집필한 작가이자 성이성의 스승인 산서 조경남이 지었는데, 그는 암행어사가 되어 남원에 돌아온 제자의 이야기를 듣고, 이를 소설로 썼다고 한다. 소설 속의 주인공을 현실에서 만난다는 신기함과 함께 이몽룡이 어린 시절을 보낸 공간 속에서 강직하고 청렴한 조선시대 선비가 살았던 소설 『춘향전』 속으로 들어가보자.

봉화계서당종택 ₩ 무료 P 무료

이몽룡생가(계서당)

봉화전통문화마을

바래미는 마을이 지상보다 낮은 바다였다는 뜻이다. 그래서 '해저'라고도 한다. 실제로 60여 년 전만 해도 마을의 논과 웅덩이에서 조개를 흔히 볼 수 있었다고 한다. 바래미 전통마을은 의성 김씨의 집성촌이다. 1919년 3·1운동 직후 심산 김창숙 선생을 중심으로 독립청원서를 작성하여 파리강화 회의에 참석하여 전 세계에 한국의 현실을 알리고 독립을 호소할 것을 기획하게 된다. 이것이 파리장서사건(長書事件)이다.

조선말기의 문신 만회 김건수가 살던 만회고택에서 독립운동가들이 모여 독립청원서를 작성하였다. 이로 인해 일본 정부에게 탄압을 당하며 137명 모두 경성감옥에 투옥당하게 된다. 바래미 전통마을은 겉으로는 여느 시골마을과 다르지 않다. 마을 안쪽으로 들어가야 많은 이야기를 담은 고택들을 만날 수 있기 때문이다.

봉화전통문화마을(봉화군 봉화읍 해저리 723-3) ₩ 무료 P 무료

봉화전통문화마을

한누리 워낭마을&<워낭소리> 촬영지

한때 극장가를 촉촉하게 만든 영화 〈워낭소리〉를 기억하는지. 출연진은 최원균 할아버지와 소 한 마리뿐인 장편 다큐멘터리이다. 화려한 연출도, 유명한 캐스팅도, 액션도, 로맨스도 없지만 많은 사람들의 마음속에 자리한 영화였다. 3여 년에 걸쳐 촬영한 이 영화는 숨이 막히도록 아름다운 자연의 풍경을 스크린 가득하게 보여주었다. 사람들의 심금을 울렸던 〈워낭소리〉의 촬영지가 궁금하다면 한번 찾아가 보자. 마을 곳곳에 영화 주요 장면과 줄거리, 할아버지와 누렁이 동상 등이 남아 있다.

워낭소리 촬영지(봉화군 상운면 산정길 84-41) ₩ 무료 P 무료

www.hannuri.kr

한누리 워낭마을&<워낭소리> 촬영지

추천 숙소

단양 단촌서원고택
단양시 단성면 북상하리길 103-10
0507-1320-5415

단양 소노문 단양
단양시 단양읍 삼봉로 187-17
1588-4888

제천 클럽이에스제천리조트
제천시 수산면 옥순봉로 1248
043-648-0480

제천 리솜포레스트
제천시 백운면 금봉로 365
043-649-6000

영주 한국선비문화수련원
영주시 순흥면 소백로 2806
054-638-6444

추천 맛집

단양 한방약초한정식
예촌
단양군 청풍면 청풍명월로 28 043-647-3707
원뜰
단양군 금성면 국사봉로 26길 18 043-648-6788
산마루
단양군 금성면 청풍호로 909 043-645-9119

단양 마늘솥밥
돌집식당
단양군 단양읍 중앙2로 11 043-422-2842
자연식당
단양군 단양읍 별곡10길 5-1 043-422-3029

단양 민물매운탕
어부명가
단양군 단양읍 수변로 87 0507-1421-7688
단양 강천쏘가리 매운탕 본점
단양군 단양읍 수변로 59 0507-1403-1298
대교식당
단양군 단양읍 중앙 2로 9 0507-1363-4008
얼음골맛집
단양군 단성면 월악로 4192-6 043-422-6315

봉화 자갈마당
봉화군 내성로4길 12-25 054-672-5505

봉화 송이돌솥밥
솔봉이
봉화군 봉화읍 내성천1길 76-1 054-673-1090

봉화 봉성돼지숯불구이
청봉숯불구이
봉화군 봉성면 봉명로 565-1 054-672-1116
오시오숯불식육식당
봉화군 명호면 광석길 46-37 054-673-9012

영주 풍기인삼삼계탕
영주칠향계
영주시 풍기읍 풍기로 57-21 054-638-7797

영주 풍기인삼갈비
영주시 풍기읍 소백로 1933
0507-1384-2382

영주 순흥전통묵집
영주시 순흥면 순흥로 39번길 21
054-634-4614

원주 황금룡
원주시 신림면 치악로 267
033-763-5250

단양 복천가든
단양군 영춘면 온달로 22-4
0507-1401-7206

단양 장림산방
단양군 대강면 단양로 142
0507-1483-0226

단양 박쏘가리
단양군 단양읍 수변로 85
043-421-8825

단양 성원마늘약선요리
단양군 단양읍 삼봉로 59
0507-1402-8777

단양 오성통닭
단양군 단양읍 도전 5길 31
043-421-8400

영주 제일분식
영주시 번영로173번길 19
054-632-0554

영주 횡재먹거리한우
영주시 풍기읍 소백로 2156
010-9151-8736

영주 약선당식당
영주시 봉현면 신재로 887-14
0507-1472-2728

봉화 까치소리
봉화군 명호면 광석길 38
054-673-9777

SNS 핫플레이스

새한서점
단양군 적성면 현곡본길 46-106
0507-1307-8443

솔티 펍 리솜
제천시 백운면 금봉로 365
043-648-5669

카페 카페 산
단양군 가곡면 두산길 196-86
0507-1353-0868

카페 스물넷일곱(브런치카페)
단양군 단양읍 별곡11길 9
010-3040-4004

카페 도깨비 카페
단양군 가곡면 두산길 254-6 0507-1482-3374

카페 제이비커피
단양군 단양읍 별곡12길 10-4 624번지
0507-1366-4860

카페 햅햅
영주시 대학로298번길 20 0507-1327-4684

카페 카페 선비꽃
영주시 인정면 신재로 685 0507-1406-1248

카페 사느레정원
영주시 문수면 문수로 1363번길 30
054-635-7474

카페 오렌지향기는 바람에 날리고
봉화군 명호면 남애길 438-1
0507-1315-4086

빵굽는 고양이(빵집)
봉화군 봉성면 봉명로 566 010-6254-4846

구 간 3

영주 IC~ 남안동IC

영주·예천·안동·영양

Best Course

풍기 IC →

1 영주 수도리무섬마을 →

2 예천 금당실 전통마을 →

3 초간정원림 → 4 용문사 →

5 회룡포&회룡대 →

6 삼강주막마을 → 선몽대 →

7 안동 안동 하회마을 →

8 하회세계탈박물관 →

9 병산서원 → 봉정사 → 안동소주박물관 →
전통문화콘텐츠박물관 → 신세동 벽화마을 →

10 주토피움 →

11 월영교(민속촌&민속박물관) → 낙강물길공원 → 안동군자마을 → 예끼마을 →

12 도산서원 →

13 이육사문학관 → 고산정 → 영양 서석지 →

14 선바위관광지 →

15 장계향 문화체험교육원 → 안동 만휴정 → 고운사 → 남안동IC

01 수도리무섬마을

수도리무섬마을은 아름다운 자연 속에 옛 고택과 정자가 그대로 보존된 전통마을이다. 무섬마을은 안동 하회마을, 예천 회룡포, 영월 선암마을과 청령포처럼 마을의 삼면이 물로 둘러싸여 있는 물돌이 마을이다. 강변에 넓은 백사장이 펼쳐져 있고 건너편으로는 울창한 숲이 있어 더욱 아름답다. 무섬마을을 찾는 가장 큰 이유는 바로 350여 년간 마을과 마을을 잇고 있는 150m 길이의 외나무다리 때문이다. 수도교가 놓이기 전까지 무섬마을의 유일한 통로인 외나무다리의 폭은 30cm에 불과해 긴 장대에 의지한 채 건너야 했다. 또 외나무다리는 해마다 새로 만들었다. 장마철이면 불어난 강물에 다리가 떠내려갔기 때문이다. 본래 외나무다리는 3개로, 농사 지으러 가는 다리, 장 보러 가는 다리, 아이들이 학교 가는 다리였다. 지금은 농사 지으러 가는 다리 하나만이 묵묵히 그 전통을 이어가고 있다.

수도리전통마을 054-638-1127 ₩ 무료 P 무료

02 금당실 전통마을

금당실 전통마을은 물에 떠있는 연꽃을 닮았다 하여 금당이라 한다. 약 700여 가구가 살고 있는 금당실은 주변에 고인돌이 산재해 있을 만큼 오래된 마을이다. 『정감록』에는 전쟁이나 천재지변에도 안심할 수 있는 십승지 중 하나라고 했다. 태조 이성계가 도읍지로 정하려고 했으나, 한강과 같은 큰 물줄기가 없어 아쉬워했다고 한다. 양주대감 이유인의 99칸 저택 터를 비롯하여 초간 권문해의 유적인 종택과 반송재 고택 등의 문화 유적이 많이 남아 있다. 금당실 마을은 송림과 어우러지는 벚꽃길이 마을 입구의 928번 지방도를 따라서 용문사까지 8km나 가꾸어져 있다. 벚꽃이 피는 봄부터 신록이 한참 우거지는 여름과 벚나무 낙엽이 지는 가을까지 걷기에 좋다. 〈영어 완전 정복〉 〈나의 결혼 원정기〉 〈그해 여름〉 KBS 드라마 〈황진이〉 등 각종 영화와 드라마의 촬영지이다.

금당실 전통마을 054-655-0225
₩ 무료 P 무료 ycgds.kr

03 초간정원림

수령이 오래된 소나무 숲 사이로 고즈넉한 정자 한 채가 수줍게 자리하고 있다. 그 사이에 맑은 계곡물이 흐르고 있다. 커다란 암반 위에 정자는 조선시대에 지어진 초간정이다. 건너편에 마주 앉아 초간정을 보고 있으면 옛 선인들의 멋스러움과 자연적인 삶이 느껴진다. 크지도 넓지도 않지만 굽이지는 계곡물과 울창한 소나무들, 그리고 고풍스러운 정자는 한 폭의 그림과도 같다. 풀한 포기, 나무 한 그루, 돌 하나. 어느 하나 과하지도 부족하지도 않고 있어야 할 곳에 있는 초간정의 모습. 그 아름다운 정자는 우리나라 최초의 백과사전인 『대동운부군옥』을 저술한 초간 권문해 선생이 선조 15년(1582년)에 세운 것이다. 임진왜란과 병자호란을 겪으면서 현판을 잃고 근심하던 종손이 오색영롱한 무지개가 떠오른 정자 앞 늪을 파보았더니 그곳에서 현판이 나왔다는 이야기가 전해진다. 드라마 〈미스터 션샤인〉으로 핫플레이스가 되었다.

초간정 ₩ 무료 P 무료

04 용문사

신라 경문왕 10년(870년)에 두운대사가 창건한 천년고찰이다. 고려태조가 삼한통일을 위하여 두운대사를 만나려 동구에 이르니 바위 위에서 청룡 두 마리가 나타나 인도하였다 하여 용문사로 불렸다. 고려시대에는 수백 명의 승려가 상주하였으며, 국난 극복을 위해 기도하고 승병을 훈련하던 곳이기도 하다. 임진왜란 때엔 승군의 짚신을 짜서 보급하던 곳이다. 그로 인해 용문사는 조선시대의 척불숭유의 정책도 피해 갈 수 있었다. 용문사에 있는 대장전은 고려 명종 3년(1173년)에 건립한 가장 오래 된 건물이다. 유일하게 원형 그대로 보존하고 있는 윤장대는 국내 유일 불경 보관대로 이것을 돌리면 한가지 소원이 이루어진다고 전해지는 세계적 문화유산이다. 대추나무로 만든 목불좌상 및 목각탱은 국내에서 가장 오래되고 큰 작품이다.

용문사 054-655-1010 ₩ 무료 P 무료
www.yongmunsa.kr

05 회룡포&회룡대

유유히 흐르던 강이 둥글게 원을 그리며 휘감아 돌아 모래사장을 만들고 다시 상류로 거슬러 흘러가는 기이한 풍경이 연출된다. 그 한가운데 자리한 마을이 회룡포(回龍浦)이다. 회령포를 제대로 보려면 마을 맞은편 비룡산에 있는 회룡대로 올라가야 한다. 회룡대는 정상적인 등산코스로 올라갈 경우 왕복 2시간 30분 이상이 소요된다. 바쁜 일정이라면 비룡산 정상부근에 있는 장안사까지 차로 올라가자. 내려서 회룡대까지 약 15분 정도 걸어가면 된다. 회룡대에서 보면, 굽어진 내성천이 한눈에 들어오고 강으로 둘러싸인 땅의 모양이 항아리 같이 생겼음을 알 수 있다. 그 안에 맑은 강물과 넓은 백사장이 보인다. 논밭이 반듯반듯 정리되어 있는 회룡포마을은 마치 육지 안에 있는 아름다운 섬마을과 같다. 드라마 〈가을동화〉 촬영지이다.

회룡포, 장안사(회룡대) 054-650-6789
₩ 무료 P 무료

06 삼강주막마을

삼강주막은 낙동강 나루터의 나들이객에게 술과 국밥을 제공하고, 보부상에게는 숙식을 제공하던 곳이다. 장날이면 하루에 30번 이상 나룻배가 다녔다고 한다. 보부상과 사공들의 숙소와 주막도 있었으나, 1934년 대홍수로 주막을 제외한 나머지 건물이 모두 떠내려갔다. 낙동강 1,300리 길에 유일하게 남은 이 주막은 규모는 작지만 역사와 문화적 의의를 간직하고 있다. 주막 부엌에는 주모 할머니가 막걸리 주전자에 칼로 외상 표시를 해둔 것이 남아 있다. 마지막 주모 유옥연 할머니가 2006년 세상을 떠난 다음 주막은 그대로 방치되었으나 새로운 주모와 함께 옛 모습 그대로 복원되었다. 이곳에서는 경치 좋은 곳에 자리를 잡고 주모에게 술과 안주를 직접 사다가 마시면 된다. 강바람을 벗 삼아 마시는 시원한 막걸리 한 잔은 바쁜 인생의 짧은 휴식처럼 느껴진다.

삼강주막마을 054-655-3132 09:00~19:00 ₩ 무료 P 무료 3gang.co.kr

07 안동 하회마을

낙동강이 마을을 'S' 자로 휘감아 돌아가는 하회마을은 풍산 류씨의 집성촌으로 한국 전통가옥의 멋스러움이 살아 숨 쉬는 마을이다. 풍산 류씨가 이곳에 자리를 잡은 것은 약 600여 년 전으로 지금도 마을주민의 70%가 류씨이다. 유네스코 세계문화유산으로 등재된 하회마을은 영국 엘리자베스 여왕과 미국 부시 대통령이 방문한, 가장 한국다운 고장으로서 더욱 유명해졌다. 마을을 중심으로 병풍처럼 산이 둘러싸여 있으며, 앞에는 위용 있게 솟아오른 부용대와 그를 보듬으며 흐르는 낙동강, 울창한 노송 숲과 백사장이 하회마을을 더없이 아름답게 만든다. 그 덕분에 하회마을은 영화나 드라마의 단골 촬영지이기도 하다. 미로와도 같은 나지막한 돌담길을 걸으며 마을 곳곳에 숨겨진 보물(?)을 찾아보자. 부용대에 올라서면 낙동강이 하회마을을 감고 흐르는 모습을 한눈에 내려다볼 수 있다. 자가용으로 부용대를 가려면 화천서원에서 도보로 10분 정도 오르면 부용대이다. 하회마을의 또 다른 볼거리인 하회별신굿탈놀이는 서낭신을 즐겁게 하기 위한 탈놀이다(상설공연장 수 · 금 · 토 · 일 오후 2시, 1~2월은 토 · 일만 공연).

안동하회마을 054-852-3588(마을관광안내) 4~9월 09:00~18:00, 10~3월 09:00~17:00
₩ 5,000원 P 무료 www.hahoe.or.kr

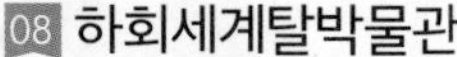

08 하회세계탈박물관

하회세계탈박물관은 하회탈과 하회별신굿탈놀이의 본 고장인 안동 하회마을에 위치하고 있다. 하회탈을 만드는 장인 김동표 선생이 설립한 박물관에는 하회탈뿐만 아니라 우리나라의 모든 탈 19종 300여 점이 일목요연하게 전시되어 있으며, 세계 35개국의 중요한 탈 500여 점을 한국 탈과 비교하여 볼 수 있다. 제1전시실에는 하회탈을 비롯하여 황해도의 봉산탈, 강령탈, 은율탈, 서울의 산대놀이탈(영주별산대탈, 송파산대놀이탈), 영남지방의 야류탈(동래야류탈, 수영야류탈)과 오광대탈(고성오광대탈, 가산오광대탈, 통영오광대탈) 그리고 안동의 하회탈, 영해별신굿탈, 영광농악잡색탈, 예천청단놀음탈, 강릉단오제의 강릉관노가면극탈, 남사당놀이의 덧뵈기탈 등이 전시되어 있다. 그 밖에 제2전시장부터 제5전시장까지는 전 세계 각지의 탈들이 전시되어 있다. 한편 야외 놀이마당에서는 정기적으로 공연을 하고 있다.

안동시 풍천면 하회리 287 054-853-2288
09:30~18:00 무료 P 무료 www.mask.kr

09 병산서원

하회마을에서 흙먼지를 날리며 비포장길을 달리다 보면 바위벼랑과 마주한 병산서원이 있다. 낙동강과 어우러진 경치는 조선시대 세워진 수많은 서원 중 가장 아름답다고 평가받고 있다. 정문인 복례문을 지나면 낙동강과 마주하고 있는 만대루가 있다. 누각에 오르면 낙동강을 병풍처럼 감싸고 있는 병산이 한 폭의 그림처럼 느껴진다. 본래 병산서원은 풍산현에 있던 풍악서당(豊岳書堂)이던 것을 선조 5년(1572년)에 서애 유성룡 선생이 지금의 병산으로 옮긴 것이다. 이후 1607년 유성룡 선생이 타계하자 선생의 학문과 덕행을 추모하기 위하여 이곳에 사당을 세웠다. 철종 14년(1863년)에 '병산'이라는 사액(賜額)을 받아 서원으로 승격하였고, 대원군의 서원철폐령이 내렸을 때도 헐리지 않고 보호되었다. 만대루에 올라 앉아 하회마을을 돌아 나온 낙동강을 바라보며 안동여행의 쉼표를 찍어보자.

병산서원 054-858-5929 하절기 09:00~18:00, 동절기 09:00~17:00 무료 P 무료 www.byeongsan.net

10 주토피움

경북 최대의 허브파크 및 파머스랜드인 온뜨레피움이 주토피움으로 변경되었다. 원래 온뜨레피움은 식물원이었지만, 주토피움은 동물원을 뜻하는 주(Zoo)와 유토피아, 식물이 꽃을 '피움'이란 말을 합친 것으로 기존의 식물원에 동물원이 합쳐진 것이다. 240여 종의 식물이 있는 온실, 17,000여 그루의 열대과수원, 다육식물원, 관엽식물원, 허브가든, 파머스랜드로 조성되었었다. 여기에 희귀곤충관, 양서류관, 파충류관, 거북이관, 미니동물관, 희귀조류관 등 5개의 실내 동물원이 조성되어 가족 단위 여행객이 나들이하기에 좋다.

온뜨레피움 054-859-5988 10:00~18:00, 월·화요일 휴무
15,000원 무료 주토피움.com/index

유교랜드

안동문화단지 안에 있는 유교랜드는 유교문화를 스토리텔링한 테마파크형 체험전시관이다. 가족단위 관광객들이 함께 즐기면서 배우는 에듀테인먼트(교육+놀이)공간이다. 잠시 하루라도 빠르고 스마트한 현대 세상에서 벗어나 시간여행을 해보자.

유교랜드 0507-1439-8836
10:00~18:00, 월요일 휴무 9,000원
무료 www.confucianland.com

11 월영교(민속촌&민속박물관)

안동댐으로 가다보면 주변의 풍광과 어우러진 목조다리가 있다. 월영교이다. 길이 387m로 국내에서 가장 긴 목책교이다. 다리 한가운데에는 월영정(月映亭)이 있다. 월영교는 450여 년 전 이 지역에 살았던 이응태 부부의 아름답고 숭고한 사랑을 오래도록 기념하고자 세운 것이다. 이응태의 무덤에서 편지 한 장이 발견됐는데 먼저 간 남편에 대한 그리움을 구구절절 써내려 간 내용이었다. 그리고 편지와 함께 발견된, 아내의 머리카락으로 만든 미투리 한 켤레는 그들 부부의 아름답고 애절한 사랑을 느끼기에 충분하다. 벚꽃이 만개한 월영교는 아름답다 못해 가슴이 시리다. 달빛 아래 낙동강에 비치는 월영교의 아름다움에 은은한 달빛이 슬그머니 파고든다. 이 달빛 아래 월영교를 끝까지 걸어가는 연인은 사랑이 이루어진다고 한다. 인근에 산책로와 자전거로가 있어 연인들의 데이트 코스 중 하나이다.

🏠 월영교 ₩ 무료 P 무료

12 도산서원

아늑한 영지산 품 안에 자리 잡은 도산서원은 행여 글 읽는 데 방해가 될까 숨죽여 흐르는 듯한 안동호를 바라보고 있다. 산기슭을 타고 빼곡하게 들어선 건물은 퇴계 이황 선생이 생존할 때 지은 서당과 사후에 건립된 건축물들로 구분된다. 입구에 작은 연못 정우당을 마주하고 있는 도산서당은 퇴계 선생이 4년에 걸쳐 지은 건물로 직접 제자들을 가르치던 곳이다. 그 옆의 농운정사는 제자들이 공부하던 기숙사다. 대표적인 것은 당대 명필 한석봉의 친필인 '도산서원' 편액이 걸린 전교당이다. 전교당은 스승과 제자가 함께 모여 학문을 논하던 곳이다. 조선 후기 성리학의 본거지이자 영남 유림의 정신적인 중추역할을 해오던 도산서원은 대원군의 서원철폐령마저도 피해갔다. 강 건너편에 오뚝 솟은 '시사단'은 평소 퇴계 선생의 학덕을 높게 평가하던 정조 임금의 어명으로 '도산별과'를 치른 곳이다. 솔 숲 사이의 천연대에서 서면 강물에 유생들의 글 읽는 소리가 흘러간다.

도산서원 054-840-6599 하절기 09:00~18:00, 동절기 09:00~17:00
2,000원 무료 www.andong.go.kr/dosanseowon/main.do

13 이육사문학관

이육사문학관은 탄생 100주년을 맞아 육사의 고향 땅에 개관하였다. 문학관 내부에는 육사의 친필 원고를 비롯하여 시집과 독립운동 관련 자료들, 시 감상실 그리고 영상실, 탁본체험실이 있다. 인근에 있는 육사의 생가는 안동댐 건설로 수몰될 위기로 인해 안동 시내로 이전하고 그 터에는 「청포도」 시비가 대신하고 있다.

이육사문학관 054-852-7337
3~10월 09:00~18:00, 11~2월 09:00~17:00, 월요일 휴무 ₩ 2,000원 P 무료 www.264.or.kr

14 선바위관광지

남이포 절벽 앞에 거대한 촛대와 같은 선바위가 우뚝 솟아 있다. 두 물줄기가 하나로 합쳐지며 큰 강을 이루는 지점으로 보는 지점에 따라 전혀 다른 풍경을 연출한다. 남이 장군이 역모를 꾀하던 용의 아들들을 이곳에서 평정시킨 일화가 남아있어 남이포라 부른다. 남이포 산책로와 관광단지를 연결하는 석문교의 음악분수쇼와 함께 낙동정맥을 흐르는 물줄기와 바위들로 빼어난 풍광을 연출한다.

영양군 입암면 영양로 883-16 054-680-5376, 054-680-5360 www.yyg.go.kr/sunbawi

15 장계향 문화체험교육원

350여 년 전에 장계향이 저술한 '음식디미방'은 조선시대 양반가의 식생활 문화를 소개하는 최초의 한글조리서이다. 장계향은 서예가이자 시인이며, 화가, 사상가, 사업가이디고 한 여중군자이다. 장계향 나이 일흔을 넘겨 자자손손 전통을 이어가기 바라는 어머니의 마음으로 음식디미방을 써내려 갔다고 한다. 당시 경상도 지방음식 조리법, 저장발효식품, 식품보관법, 가루음식과 떡 종류 조리법(18종) 및 어육류(74종), 각종 술 담그기(51종), 초류(3종) 등을 자세히 기록하여 17세기 중반 한국인들의 식생활 연구에 도움을 주었다. 음식디미방을 기반으로 전통음식만들기, 전통주 만들기, 다도체험, 예절체험, 명상체험 등을 이용할 수 있다.

- 영양군 석보면 두들마을1길 42
- 054-680-6440~4
- 09:00~18:00, 월요일 휴관
- www.yyg.go.kr/jghcenter

선몽대

선몽대는 퇴계 이황의 종손이며 문하생인 우암 이열도(李閱道)가 창건한 정자이다. 선몽대 뒤의 숲은 풍수해로부터 백송리 마을을 보호하기 위하여 조성된 보호림이다. 특히 뒷산에는 병풍처럼 둘러싸인 힘찬 기암절벽이 주위를 황홀하게 한다. 마을 뒤 산중턱에 잎과 나무줄기가 흰색인 소나무가 있어 마을 이름을 백송이라 불렀다. 매년 정월 대보름에는 마을의 무사태평과 안녕을 위하여 동제를 지내고 있다. 정자 내에는 당대의 석학(碩學)인 퇴계 이황, 약포 정탁, 서애 류성룡, 청음 김상헌, 한운 이덕형, 학봉 김성일 등의 친필시가 목판에 새겨져 지금까지 전하여 오고 있다.

선몽대

선몽대 054-650-6607 무료 무료

봉정사

한국에서 가장 오래된 목조건축물을 가진 고찰이다. 통일신라 672년 능인대사가 종이로 접어 날린 봉화가 하늘에서 내려앉은 곳이라 붙여진 이름이다. 일주문과 만세루 앞에는 커다란 소나무가 팔 벌려 반겨준다. 경내에 들어서면 여느 사찰과 달리 단청 없이 세월을 담은 만세루부터 대웅전까지 그 독특함이 사찰보다는 서원에 가깝다는 느낌이다. 극락전은 현존하는 우리나라의 목조건물 중 가장 오래된 건물이다. 비록 고려시대의 건축물이지만 통일신라 시대의 건축양식을 담고 있다. 수백년의 세월로 잘 다듬어진 봉정사는 고찰의 아름다움을 그대로 간직하고 있다.

봉정사

봉정사(안동시 서후면 봉정사길 222) 054-853-4181
무료 무료

전통문화콘텐츠박물관

안동은 지붕 없는 박물관이라 할 만큼 많은 유적들이 남아 있다. 구시가지에 위치한 전통문화콘텐츠박물관은 국내 최초의 유물 없는 박물관이자, 첨단 디지털박물관이다. 기존 박물관에서는 볼 수 없었던 문화 내면의 가치관, 생활양식, 원리를 보고 느끼며 체험할 수 있다. 새로운 이야기가 만들어지는 박물관이다. 안동의 역사, 자연, 건축, 전통문화 등 모든 유물과 문화를 4D디지털 영상 등 다양한 쌍방향 체험을 통해 배우고 경험할 수 있다.

전통문화콘텐츠박물관

전통문화콘텐츠박물관 054-840-6518 09:00~18:00, 월요일 휴무
무료 무료 www.andong.go.kr/tm/main.do

신세동 벽화마을

신세동 벽화마을은 달동네의 지리적 특성처럼 안동 시내를 한눈에 내려다볼 수 있는 곳에 있다. 마을 입구부터 골목골목 채워져 있는 화려하고 이색적인 그림들로 도심 속 힐링 명소로 자리하고 있다. 안동을 대표하는 프리마켓 중 하나인 그림애장터가 매월 마지막 주 토요일에 운영되고 있다.

신세동 벽화마을

안동벽화마을 무료 무료

낙강물길공원

낙강물길공원

안동댐 깊숙한 안쪽에 있는 낙강물길공원은 물길을 따라 숲속정원, 폭포, 쉼터, 산책로가 조성되어 있다. 원래 수자원공사가 관리하던 수목원이자 생태연구장이었다. 댐 건설 후 조성되어 수십년이 지나 어린 메타세쿼이어 나무는 관광객에게 커다란 그늘을 만들어 주고, 맑은 연못에는 온갖 수생식물이 자리를 채워나갔다. 절벽에서 떨어지는 빗물폭포 소리는 공원을 걷는 내내 즐거운 노래가 된다. 해 질 무렵 안동댐 수문정상을 걸어보자. 한쪽에는 잔잔한 댐의 물결이, 다른 한쪽에는 석양과 함께 붉게 물들어가는 낙동강 물줄기를 볼 수 있다.

낙강물길공원 054-850-4203 무료 P 무료

안동군자마을

안동군자마을

예쁜 한옥들이 옹기종기 둘러앉아 있는 안동군자마을. 조선 초기부터 광산김씨가 20여대에 걸쳐 600여 년 동안 살던 곳이다. 과거 안동댐이 생기면서 수몰 위기에 처한 광산김씨의 문화재들과 보존가치가 있는 건축물을 옮겨 놓았다. 풍광이 아름다운 안동군자마을은 고택 체험을 통해 한옥의 멋스러움도 함께 느낄 수 있다. 이중에서도 대표적인 문화재로는 '탁청정'을 들 수 있다. 중종 36년(1541) 김수(金綏)가 지은 가옥에 딸린 정자로서 영남지방의 개인정자 중 가장 아름답다는 평을 듣고 있다. 마을 입구에 있는 숭원각에는 선대유물, 고문서, 서적 수백 점의 유물들이 전시되어 있다.

안동군자마을 054-852-5414 10:00~17:00 무료 P 무료
www.gunjari.net

서석지

서석지

담양의 소쇄원, 보길도의 세연정과 함께 우리나라 3대 원림 중 하나로 손꼽힌다. 석문 정영방 선생이 만든 정자와 연못으로 자연과 원림이 담장으로 구분되는 특징을 가지고 있다. 자연과 인간의 합일사상을 토대로 연못 주위에 있는 사우단에는 사군자를 심어 선비의 지조를 나타냈으며, 400년이 넘은 은행나무와 조화를 이루고 있다. 정자 위에는 당대의 명사들의 시와 건축물에 관한 기록이 남아 있다. 상서로운 모양의 돌마다 이름이 있어 서석이라 한다.

영양군 입암면 서석지1길 10

만휴정

만휴정

조용한 시골마을 안에 있는 만휴정은 정자 바로 앞으로 계곡물이 흐르고, 넓은 바위를 타고 쏟아져 내리는 폭포가 아름다운 풍광을 만들어내고 있다. '늦은 쉼'이란 뜻의 만휴정은 보백당 김계행이 파란만장한 관직생활을 마치고 고향에 돌아와 71세에 지은 정자이다. 폭포 위 높은 바위에 새긴 '내 집에는 보물이 없고, 보물이라면 오로지 청렴뿐'이란 글귀가 그의 삶을 말해준다. 청렴한 선비의 마지막 휴식처로 걸맞은 모습이다. 무채색의 소박한 정자로 건너는 나무다리는 드라마 〈미스터 션샤인〉에서 사랑을 고백하던 곳으로 이곳을 찾는 연인들의 대표적인 포토존이다.

안동시 길안면 묵계하리길 42 2,000원 P 무료

예끼마을

1976년 안동댐 건설로 수몰된 예안마을 이주민을 위한 마을이다. 예끼마을은 '예술에 끼가 있다'는 의미이며, 마을 이름처럼 마을 골목을 정비하고, 담장에 벽화를 그리고, 곳곳에 눈에 띄는 조형물과 상점 간판 디자인을 감각적으로 재조성하였다. 마을 안에 있는 관아건물을 개조해 만든 숙소 선성현문화단지 한옥체험관과 한국국학진흥원 내 유교박물관 등 볼거리도 갖추고 있다.

안동시 도산면 선성길 14 ₩ 무료 P 무료

예끼마을

고산정

안동의 청량산과 낙동강이 어우러져 만들어내는 아름다운 풍광 속에 자그만 정자 하나가 있다. 퇴계 이황의 제자 금난수가 지은 고산정이다. 제자 금난수를 아끼던 이황은 고산정을 자주 찾았고, 정자에서 보는 풍경을 가장 아꼈다고 한다. 정자 앞으로 펼쳐진 가송협은 안동 8경 중 으뜸이라 부른다. 이황과 금난수의 현판이 걸려있으며, 드라마 〈미스터 션샤인〉의 촬영지이다.

고산정(안동시 도산면 가송길 177-42) 054-856-3013 ₩ 무료 P 무료

고산정

고운사

신라 의상대사가 창건한 천년고찰이며, 높은 구름의 절집이란 뜻(高雲寺)이다. 최치원이 이곳에서 세속의 고단함을 비웠다는 이야기가 전해 내려온다. 이후 최치원의 호를 따서 고운사(孤雲寺)가 되었다. 소나무숲과 솔내음이 가득한 고운사에는 사계절 내내 아름다운 풍광을 품고 있다. 가을이면 단풍과 함께 절정에 이르는 천년숲길을 걸으며 피곤한 심신을 달래보자.

고운사 054-833-2324 ₩ 무료 P 무료 www.gounsa.net

안동소주박물관

안동소주는 쌀로 3번 빚은 곡주로 안동 지방 종가에서 대대로 전수되어 오던 증류식 제조가 특징이다. 박물관은 제조공장 안에 자리하고 있으며, 술 만드는 기구와 시대별 술병과 술잔 그리고 영국 여왕이 안동을 방문했을 때 차렸던 여왕 생일상, 안동의 전통음식 상차림 등이 전시되고 있다. 안동소주를 직접 만들어 볼 수 있는 체험장과 시음장도 갖추고 있다.

안동소주박물관 054-858-4541 09:00~17:00 ₩ 무료 P 무료
www.andongsoju.net

안동소주박물관

하회별신굿탈놀이 상설공연

800여 년 동안 우리 조상들의 희로애락을 대변해준 하회별신굿탈놀이는 하회마을에서 계승되어 왔다. 이러한 탈놀이의 진수를 느끼고 싶다면 상설공연장으로 가자.

054-854-3664 www.hahoemask.co.kr(하회별신굿탈놀이보존회)

하회별신굿탈놀이 상설공연

추천 숙소

안동 하회마을 전통문화 체험 감나무집
안동시 풍천면 하회종가길 35-29
054-853-2975

안동 구름에
안동시 민속촌길 190
054-823-9001

청송 주왕산 온천관광호텔
청송군 청송읍 중앙로 315
054-874-7000

안동 농암종택
안동시 도산면 가송길 162-133
0507-1391-1652

예천 삼연재
예천군 보문면 웃노트기길 68
010-4466-3394

예천 더비경 스파풀빌라
예천군 풍양면 덕암로 1123-55
0507-1434-7070

안동 락고재 하회 초가 별관
안동시 풍천면 하회강변길 51
0507-1407-3410

안동 수애당
안동시 임동면 수곡용계로 1714-11
0507-1363-6661

안동 리첼호텔
안동시 관광단지로 346-69
054-850-9700

추천 맛집

예천 용궁토끼간빵
『별주부전』에 용왕이 병을 고치기 위해 애타게 찾았으나 먹지 못했던 토끼 간보다 몸에 좋은 국내산 통밀, 팥, 호두, 헛개나무 및 열매 추출물 등으로 만든 예천군 특산물인 토끼 간 빵을 판다.
예천군 용궁면 용궁로80 용궁역 내
054-652-7737

예천 백수식당
가늘게 썬 육회를 고사리, 숙주나물, 당근, 미나리가 들어가 있는 비빔밥 위에 올리고 일반적으로 고추장으로 비비지만 간장으로 간과 감칠맛을 낸다.
예천군 충효로 284 054-652-7777

안동 찜닭골목
안동찜닭은 갖은 양념의 달콤함, 붉은 고추의 매콤함, 간장 소스의 짭짤함, 닭고기의 담백함이 잘 어우러진 안동의 대표음식이다. 아삭한 야채와 쫄깃한 당면이 안동 고유의 별미이다.
남문동 구시장 내

안동 헛제사밥
제사를 지내지 않고도 제사상에 올라가는 음식을 그대로 만든 음식이 헛제삿밥이다. 각종 나물에 간장, 깨소금으로만 간을 하며 전과 산적을 곁들이고 탕국과 함께 먹으며, 특유의 감칠맛과 담백한 맛을 동시에 즐길 수 있다.
맛50년헛제사밥
안동시 석주로 201 054-821-2944
헛제사밥까치구멍집
안동시 석주로 203 054-855-1056

청송 약수닭백숙
약수닭백숙은 철분 함량이 많은 약수가 닭의 지방을 분해해서 맛이 담백하고 소화가 잘 된다. 약수에 닭, 인삼, 황기, 감초, 대추, 녹두 등을 넣고 푹 삶은 닭죽은 위장병에도 좋고 몸의 원기를 북돋아 준다고 한다.
신촌약수탕
청송군 청송읍 진보면 신촌리 41-6 054-870-6244

안동 문화갈비
안동시 음식의길 32-9 054-857-6565

안동 옥야식당
안동시 중앙시장2길 46 054-853-6953

안동 옥동손국수
안동시 강변마을1길 91 054-855-2308

예천 용궁단골식당본점
예천군 용궁면 용궁시장길 30
054-653-6126

예천 박달식당
예천군 용궁면 용궁로 77
0507-1426-0523

안동 예닮
안동시 서후면 귀여리길 78-28
0507-1356-3134

안동 안동유진찜닭
안동시 번영1길 47 054-854-6019

안동 몽실식당
안동시 도산면 퇴계로 2624-1
054-856-4188

예천 가자한우물회
예천군 예천읍 충효로 390-3
054-652-9595

예천 청포집
예천군 예천읍 맛고을길 30
054-655-0264

영주 너른마당
영주시 구성로 117 054-634-0606

안동 농가맛집 뜰
안동시 와룡면 욋마길 21-10 054-857-6051

안동 일직식당
안동시 경동로 676 054-859-6012

안동 안동화련
안동시 일직면 하나들길 150-23
0507-1310-4335

안동 안동참굳한우
안동시 풍천면 중리시장길 2
0507-1314-1356

안동 신라국밥
안동시 서경지 5길 45
054-854-3135

SNS 핫플레이스

신라식물원
예천군 감천면 충효로 1752
054-652-4857

맘모스베이커리
안동시 문화광장길 34
0507-1438-6019

카페 카페 용궁
예천군 용궁면 용궁로 118
054-655-3080

카페 풍전솥밥&풍전커피
안동시 풍산읍 안교1길 9
054-858-4036

카페 한옥카페 2931
안동시 태화9길 29 054-843-7783

카페 오감
안동시 태사길 53-16 0507-1305-5316

구 간 4

수성 IC ~ 동김해 IC

경산·청도·밀양·김해

Best Course

수성 IC →

① 경산 반곡지 →

② 청도 와인터널 →

③ 청도프로방스 → 유등연지 →

④ 청도읍성 → 청도레일바이크 →

⑤ 운문사 →

⑥ 밀양 시례호박소 →

⑦ 얼음골 케이블카 →

⑧ 표충사 →

⑨ 영남루 → 위양못 → 사명대사 유적지 → 예림서원 → 트윈터널→

⑩ 김해 김해낙동강레일파크 →

⑪ 클레이아크김해미술관 →

⑫ 가야테마파크 → 은하사 →

⑬ 가야의 거리 → 동김해 IC

01 반곡지

물 위로 비치는 나무의 반영이 아름다운 반곡지. 입구에 주차장이 마련되어 있고 저수지 주변으로 목제데크길이 조성되어 있어 산책하기 좋다. 목재데크길 맞은 편에는 수면 위로 가지를 드리운 수령 300년 된 왕버들 나무가 줄지어 있다. 나뭇잎이 연둣빛을 띄는 봄이 되면 화사하게 피어나는 진분홍색의 복사꽃과 어우러져 경치가 매우 훌륭하다. 경산의 사진 명소로 종종 드라마나 영화의 촬영지가 되기도 한다.

반곡지 ₩ 무료 P 무료

02 와인터널

청도 와인터널은 1900년대 초반 증기기관차가 오가던 터널을 고쳐 와인저장고로 바꾼 곳이다. 900m에 달하는 긴 터널은 연중 온도 15℃, 습도 60~70%를 유지하고 있어 와인을 숙성시키기에 적당하다. 청도의 특산물인 감으로 만든 향긋한 감와인을 맛볼 수 있다.

와인터널 054-371-1904
평일·공휴일 09:00~18:00, 주말 09:00~19:00
무료 무료 www.gamwine.com

03 청도프로방스

청도프로방스에서는 1년 365일 화려한 빛의 축제가 열린다. 보통 오후 5시부터 색색의 조명이 켜지기 시작한다. 프랑스풍으로 재현된 마을 곳곳에 아기자기한 조형물이 있어 기념촬영을 하기도 좋다.

청도프로방스 054-372-5050
평일 15:00~21:30, 토요일 14:00~22:00, 일요일·공휴일 14:00~21:30 14,900원
무료 www.cheongdo-provence.co.kr

04 청도읍성

고려시대부터 있었다고 전해지는 청도읍성은 고을의 방어를 목적으로 축성된 성곽이다. 남쪽이 높고 북쪽이 낮은 자연 지형 때문에 산성과 평지성의 중간 형태를 띄고 있다. 기록에 따르면 성의 둘레는 1.88km이고 높이는 1.65m였으나 임진왜란과 일제강점기를 거치며 훼손되어 현재는 성곽 일부만이 남아 있다. 인근에 보물 제323호로 지정된 석빙고가 있으니 함께 둘러보자.

청도읍성 ₩ 무료 P 무료

Tip 석빙고

조선 후기에 축조된 청도 석빙고는 화강암으로 만들어진 얼음 저장고다. 현재 남아 있는 6개의 석빙고 중 가장 오랜 세월을 지내왔다. 빙실의 크기는 14.75x5m로 경주 석빙고 다음으로 규모가 크다. 천정은 많이 훼손되어 천정을 지탱하는 홍예만이 생선 뼈 모양으로 남아있다.

05 운문사

신라시대에 세워진 운문사는 일연 스님이 『삼국유사』를 집필한 곳으로 알려져 있다. 싱그러운 소나무 숲을 따라 올라가면 나지막한 운문사의 돌담이 나온다. 일주문으로 들어서면 가장 먼저 장미꽃밭과 천연기념물로 지정된 처진 소나무가 보인다. 비구니 사찰인 운문사에는 유난히 꽃나무가 많다. 처진 소나무 둘레로 키 작은 꽃나무가 띄엄띄엄 줄지어 있고 대웅전 뒤쪽의 아담한 정원과 사찰 곳곳에서 어여쁘게 피어나는 꽃송이를 볼 수 있다.

운문사 054-372-8800 ₩ 무료
P 2,000원 www.unmunsa.or.kr

06 시례호박소

시례호박소는 밀양 8경 중 하나이며, 둥글게 패인 화강암으로 물줄기가 떨어지는 나지막한 폭포다. 구연폭포 혹은 백련폭포라는 이름으로 불리기도 한다. 계곡 바로 옆에 주차장이 마련되어 있고 시례호박소까지 데크길이 이어져 가볍게 다녀오기 좋다. 짙은 녹색빛을 띠는 웅덩이는 수심이 상당히 깊고 주변이 미끄러우므로 데크길 끝의 작은 전망대에서 시례호박소를 감상하자.

호박소계곡 055-359-5361(산림녹지과)
무료 P 무료 tour.miryang.go.kr(밀양 문화관광)

07 얼음골 케이블카

1.8km의 선로를 왕복하는 케이블카로 해발 1,020m에 위치한 상부역사까지 10분이 걸린다. 상부역사에서 나무 데크길을 따라 280m를 올라가면 주변의 멋진 풍광을 조망할 수 있는 녹산대에 다다른다. 전망대에 올라서면 천황산과 재약산, 백운산 백호바위 등 아름다운 풍광을 한눈에 가득 담을 수 있다. 300여만 평에 달하는 광활한 억새군락지인 사자평을 보기 위해 가을이면 많은 등산객이 이용한다.

얼음골케이블카 055-359-3000
3~9월 (상행) 첫차 09:20, 막차 17:00, (하행) 막차 17:50, 10·11월 (상행) 첫차 08:30, 막차 17:00, (하행) 막차 17:50, 12~2월 (상행) 첫차 08:30, 막차 16:00, (하행) 막차 16:50, 설날·추석 당일 휴무
왕복 17,000원 P 무료 www.icevalleycablecar.com

08 표충사

계절마다 특유의 아름다움을 자랑하는 표충사에는 부처님을 모시는 법당과 유교의 정신을 잇는 서원이 함께 있다. 표충사는 신라시대에 원효대사가 세우고 죽림사라 불렀으나, 조선시대에 사명대사를 기리는 서원을 이곳으로 옮겨오면서 표충사로 불리게 되었다. 서원의 정문 형태를 한 누각인 수충루를 지나면 왼쪽으로 표충서원과 유물관이 나온다. 정면의 계단을 올라 사천왕문을 지나면 보물 제467호인 삼층석탑이 있다. 석탑 뒤로 부처님을 모시는 팔상전과 대광전이 나란히 서 있다.

표충사 055-352-1150 무료 4,000원
www.pyochungsa.or.kr

09 영남루

영남루는 밀양강이 내려다보이는 절벽 위에 자리한 아름다운 누각이다. 중심이 되는 큰 누각의 좌우로 작은 누각인 능파각과 침류각이 붙어있어 웅장한 기품을 지니고 있다. 특히 우측의 침류각은 층층각이라는 계단형 통로로 연결하여 화려함을 더한다. 보물 제147호로 지정되어 있으며 진주의 촉성루, 평양의 부벽루와 함께 우리나라의 대표적인 누각으로 손꼽힌다. 장화홍련전의 모티브가 된 아랑전설이 얽혀있는 곳이기도 하다.

영남루 055-359-5590 무료
공영주차장 30분당 500원

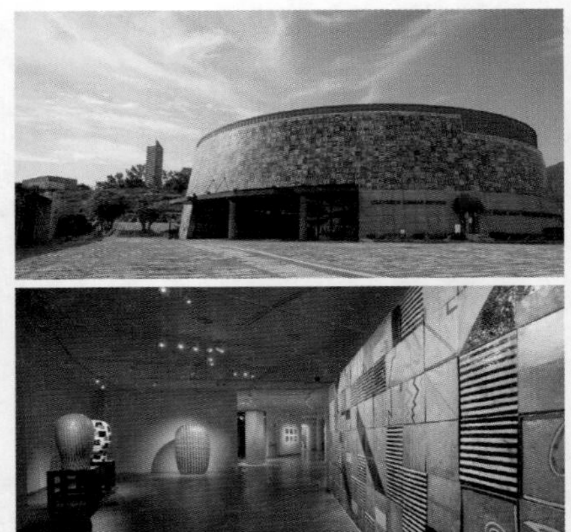

10 김해낙동강레일파크

새롭게 떠오르는 가족 여행지로 다양한 즐길거리를 갖추고 있다. 낙동강 철교는 일제 강점기인 1938년에 착공하였으나 여러 풍파를 거치며 1962년에서야 완공되었다. 왕복 3km의 낙동강 철교를 횡단하는 레일바이크와 생림터널을 리모델링한 와인동굴이 이색적인 즐거움을 선사한다. 와인동굴은 은은한 빛을 뿜어내는 각종 볼거리로 가득한데 그중 '베리의 산딸기마을' 구간은 아이들이 특히 좋아한다. 김해의 특산물인 산딸기로 만든 와인을 맛볼 수 있어 어른에게도 인기 있다. 새마을호 열차 2량을 개조한 열차카페와 주변을 조망할 수 있는 철교전망대도 빼놓지 말자.

낙동강레일파크 055-333-8359
와인동굴 09:30~18:00, 레일바이크 하절기 09:30~18:00, 동절기 09:30~17:00, 월요일 휴무 ₩ 와인동굴 2,000원, 레일바이크 2명 15,000원, 3명 19,000원
P 무료 rp.ghct.or.kr

11 클레이아크김해미술관

클레이아크김해미술관은 건축에 관련된 도자공예 전문미술관이다. 입구로 들어서면 알록달록한 사각의 타일로 꾸며진 돔하우스를 만나게 되는데 이 건물 자체가 'Fired Painting' 작품이다. 돔하우스의 실내 전시실에는 주로 건축도예 작품이 전시된다. 돔하우스를 지나 잘 꾸며진 산책로를 따라가면 체험관이 나온다. 체험관에서는 흙으로 도자 작품을 만드는 도자체험과 작은 타일을 이용하여 액자, 거울 등의 생활 소품을 만드는 아트키친체험을 경험할 수 있다. 체험을 원한다면 홈페이지를 통해 예약해야 한다.

클레이아크김해미술관 055-340-7000
10:00~18:00, 월요일 휴무 ₩ 2,000원(체험료 별도)
P 무료 clayarch.ghct.or.kr

12 가야테마파크

가야시대의 건축물과 커다란 연못, 테마별 공원이 있는 문화공간으로 다양한 체험과 공연을 즐길 수 있다. 가야시대의 유물이 전시된 가야왕궁, 드라마 촬영지인 철기체험장과 회의 중인 무관의 모형이 있는 가야원을 둘러보자. 멀리서도 한눈에 보이는 바위산 모양의 건물에서는 공연을 관람할 수 있다. 아이와 함께라면 가야무사 어드벤처를 들르자. 별도의 요금을 내고 입장해야 하지만 아이들이 좋아할 만한 놀이 공간으로 잘 꾸며져 있다.

가야테마파크 055-340-7900 09:30~18:00
5,000원(어드벤처, 체험, 공연 요금 별도)
무료 gtp.ghct.or.kr

13 가야의 거리

가야 역사의 숨결을 느낄 수 있는 관광 구역으로 국립김해박물관에서 봉황동유적까지 해반천을 따라 이어진 2.1km의 거리다. 가야의 거리에는 김수로왕의 무덤인 수로왕릉을 중심으로 허왕후의 무덤인 수로왕비릉, 국립김해박물관, 대성동 고분박물관, 수로왕과 허왕후의 만남을 테마로 조성된 생태공원인 수릉원, 민속박물관, 봉황동유적 등이 모여 있다.

대성동 고분박물관

가야시대 지배층의 무덤인 대성동 고분군에서 출토된 유물을 전시하고 있다. 박물관 관람 후 주변을 걸어보자. 박물관 앞에 산책하기 좋은 완만한 언덕이 있다. 언덕 중앙에 있는 커다란 팽나무는 저녁노을이 아름다운 촬영 포인트. 가야의 거리 대표 이미지로 종종 등장하는 기마 조형물도 박물관 맞은편에서 찾을 수 있다.

대성동고분박물관 055-350-0401
09:00~18:00 무료 무료
www.gimhae.go.kr/ds.web

국립김해박물관

가야시대의 토기, 공예품, 무기 등 생활과 문화를 알 수 있는 다양한 유물이 전시되어 있다. 박물관 관람 후 뒤쪽 산책로를 따라 걸으면 구지봉 공원을 지나 수로왕비릉이 나온다.

🏠 국립김해박물관 📱 055-320-6800
🕘 09:00~18:00 ₩ 무료 P 무료
🌐 gimhae.museum.go.kr

수로왕릉

여섯 개의 가야국 중 가장 세력이 큰 금관가야를 건국한 김수로왕의 무덤이다. 납릉이라고도 불린다. 지름 22m, 높이 6m 규모의 무덤 좌우로 문관과 무관의 형상을 한 4개의 석상이 능을 지키고 있다.

🏠 수로왕릉 📱 055-332-1094(수로 왕릉 관리소)
🕘 09:00~18:00 ₩ 무료

수로왕비릉

김수로왕과 혼인하여 허왕후가 된 인도 아유타국의 공주 허황옥의 무덤이다. 무덤 앞에는 허왕후가 인도에서 배를 타고 올 때 풍랑을 잠재우기 위해 가지고 왔다고 전해지는 파사석탑이 있다.

🏠 수로왕비릉 🕘 09:00~18:00 ₩ 무료 P 무료

봉황동유적

가야시대의 대표적 조개무덤인 회현리 패총과 가락국 최대의 생활 유적지인 봉황대가 합쳐져 지정된 유적지다. 가야시대의 주거지, 창고로 사용되던 고상가옥, 망루, 선박 등이 복원되어 있다.

🏠 봉황동유적 ₩ 무료 P 무료

유등연지

조선 시대의 이육 선생이 손수 못을 파고 연꽃을 심어 가꾸었던 곳으로 유등지 혹은 유호연화라고 불린다. 청도 8경 중 하나로 여름이면 2만여 평의 연못에 가득 피어나는 연꽃이 장관을 이룬다. 연못이 한눈에 내려다보이는 멋진 카페가 있어 잠시 쉬어 가기 좋다.

🏠 유등연지(청도군 화양읍 연지안길 34-11) ₩ 무료 P 무료

유등연지

청도레일바이크

가족 여행지로 주목받고 있는 체험형 관광지다. 5km를 왕복하는 레일바이크, 2인승 및 4인승으로 가족끼리 함께 탈 수 있는 이색자전거, 캠핑장을 갖추고 있다. 레일바이크 인근에 조성된 올록볼록한 지형의 자전거공원은 아이를 동반한 지역주민의 나들이 장소로 인기 있다.

🏠 청도레일바이크 📱 054-373-2426
⏰ 09:00~17:00(4~6·9·10월의 주말·공휴일 18:00까지)
₩ 레일바이크 25,000원 P 무료 🌐 www.cheongdorailbike.co.kr

청도레일바이크

위양못

농업용수 공급을 위해 만들어진 저수지로 '위양'은 양민을 위한다는 뜻이다. 못 가운데에 다섯 개의 작은 섬과 완재정이라는 정자가 있다. 밀양 8경으로 꼽힐 만큼 경치가 아름다워 드라마나 영화의 촬영지가 되기도 한다. 특히 이팝나무의 하얀꽃이 흐드러지게 피는 봄이 되면 그 경치가 절정에 달한다.

🏠 위양못 ₩ 무료 P 무료

위양못

사명대사 유적지

밀양 출신인 사명대사의 호국정신을 기리기 위해 조성된 공원으로 사명대사 생가, 기념관, 수변공원 등으로 구성되어 있다. 중촌못의 호젓한 경치를 즐길 수 있으며 유적지 뒷산에는 사명대사의 조부모와 부모의 묘소가 있다.

🏠 사명대사유적지 ₩ 무료 P 무료

사명대사 유적지

위양못

예림서원

예림서원

트윈터널

은하사

예림서원

조선시대 사림의 우두머리였던 김종직을 추모하기 위해 세워진 서원이다. 원래 덕성서원이라 불렸으나 박한주, 신계성을 추가로 모시면서 예림서원으로 이름을 바꾸었다. 앞이 낮고 뒤가 높은 지형에 위치한 예림서원은 앞쪽에 교육용 건물을, 뒤쪽에 묘당을 배치하는 전학후묘의 형식을 이루고 있다.

예림서원 ₩ 무료 P 무료

트윈터널

새로운 보금자리를 찾아 길을 떠난 동해 용궁의 왕자와 그를 뒤따르는 수많은 물고기를 모티브로 꾸며진 빛의 동굴이다. 색색의 볼거리와 작은 수족관이 있어 아이와 함께 방문하기 좋다. 터널 안은 15~18도를 유지하므로 여름에 방문한다면 겉옷을 챙기자.

트윈터널 0507-1430-8829 평일 10:30~19:00, 주말 10:30~20:00, 목요일 휴무 ₩ 8,000원

은하사

은하사는 신어산의 서쪽 자락에 숨어있는 한적한 사찰이다. 가파른 산길을 올라 주차를 하고 큼직한 자연석으로 만든 계단을 오르면 경내로 들어서게 된다. 대웅전에 석가모니가 아닌 관음보살을 모시고 있는 것이 독특하다. 관음보살상이 있는 아름다운 연못도 있으니 잊지 말고 둘러보자.

은하사 055-337-0101 ₩ 무료 P 무료

추천 맛집

청도 강남반점
시골에서 흔히 볼 수 있는 외관의 작은 중국집이다. 특이한 점은 고기 대신 버섯을 사용하여 요리한다. '사찰 탕수이'는 표고버섯으로 만든 탕수육. 버섯과 채소로 맛을 낸 자장면과 해물 대신 버섯이 잔뜩 들어간 짬뽕도 인기 있다. 단, 짬뽕은 두 그릇 이상 주문해야 한다.
청도군 금천면 선암로 618 054-373-1569

청도 삼양추어탕
청도 추어탕 거리에 있는 식당으로 영업을 시작한 지 30년이 넘었다. 반찬으로는 김치와 피래미조림이 나온다. 시원한 맛의 경상도식 추어탕이 일품이다.
청도군 청도읍 청화로 206-1 054-371-5354

청도 의성식당 본점
45년 전통의 추어탕집으로 청도 추어탕 거리에 있다. 일반 추어탕과는 달리 맑은 국물이 특징인 경상도식 추어탕을 뚝배기에 한가득 내어 준다.
청도군 청도읍 청화로 202-3 054-371-2349

밀양 동부식육식당
3대째 내려오는 돼지국밥 전문점이다. 소의 사골로 육수를 낸 맑은 국물에 암퇘지 수육을 넣어준다.
밀양시 무안면 무안리 825-8 055-352-0023

추천 숙소

김해 김해한옥체험관
가야의 거리에 있는 한옥 숙박시설로 수로왕릉과 인접해 있다.
김해한옥체험관 055-322-4735
www.hanok.ghct.or.kr

SNS 핫플레이스

카페 두낫디스터브 반곡지
경산시 남산면 반지길 190 0507-1417-0366

카페 버던트
청도군 이서면 연지로 330 0507-1323-5923

카페 덕남
청도군 화양읍 연지안길 33-11 0507-1448-3939

카페 단장면커피로스터스
밀양시 단장면 표충로 679 0507-1449-1517

카페 밀양189
밀양시 용평동 188-1 055-353-7891

카페 카페 헤이브
김해시 내외로77번길 12 경보스포렉스 17, 18층
070-7576-2319

김덕규과자점
김해시 활천로 32 활천시장/호성아파트
055-333-3874

삼양추어탕

김해한옥체험관

인덱스 -가나다순-

1. 지역

2. 관광지

ㅈ

ㅊ

ㅋ

ㅌ

ㅍ

ㅎ

숫자 · 영어